美学：历史与当下

——王德胜学术文集

王德胜 著

人民出版社

目　录

第　一　编

中国美学：百年进程及其学术史话题 ⋯⋯⋯⋯⋯⋯⋯⋯⋯⋯⋯ *3*

走过世纪：中国美学的过去与现在 ⋯⋯⋯⋯⋯⋯⋯⋯⋯⋯ *14*

　　——关于 20 世纪中国美学及当前研究问题的几点思考

现代中国美学历程 ⋯⋯⋯⋯⋯⋯⋯⋯⋯⋯⋯⋯⋯⋯⋯⋯⋯ *37*

　　——中国现代美学史三题

美学：知识背景及其他 ⋯⋯⋯⋯⋯⋯⋯⋯⋯⋯⋯⋯⋯⋯⋯ *51*

　　——对 20 世纪中国美学学术特性的一种思考

功能论思想模式与生活改造论取向 ⋯⋯⋯⋯⋯⋯⋯⋯⋯⋯ *64*

　　——从"以美育代宗教"理解现代中国美学精神的发生

艺术起源理论的中国形态 ⋯⋯⋯⋯⋯⋯⋯⋯⋯⋯⋯⋯⋯⋯ *73*

　　——"中国美学：1900—1949"研究之一

文化张力与现代中国美学理论建构的路径选择 ⋯⋯⋯⋯⋯ *93*

　　——宗白华美学的一种启示

人生体验论与生活改造论的美学 ⋯⋯⋯⋯⋯⋯⋯⋯⋯⋯ *111*

　　——宗白华美学的理论内容与总体特性

意境：虚实相生的审美创造 ·········· 125

　　——宗白华艺术意境观略论

阐扬生命运动表现的理论 ·········· 137

　　——宗白华艺术审美理论中的"动"

从"形象的直觉"到"心物统一论"美学 ·········· 151

　　——朱光潜早期美学理论及其思想之源

转折与蜕变 ·········· 168

　　——朱光潜美学思想的转变

张扬"中华美学精神"的实践性品格 ·········· 183

第 二 编

文艺美学：问题与希望 ·········· 191

文艺美学："双重变革"与"集体转向" ·········· 195

文艺美学：定位的困难及其问题 ·········· 201

论文艺美学的不确定性 ·········· 221

试论艺术审美的价值限度 ·········· 237

"技术本体化"：意义与挑战 ·········· 253

　　——当代审美文化视野中的技术与艺术问题

走向大众对话时代的艺术 ·········· 272

　　——当代审美文化理论视野中的艺术话题

美学的改变 ·········· 292

　　——从"感性"问题变异看文化研究对中国美学的意义

"去"之三昧：中国美学的当代建构意识 ·········· 297

文学研究："后批评"时代的实践转向 ·········· 304

当下文化语境与艺术学学科建构的现实问题 ·········· 311

文化视野中的民族美学 ·········· 323

"亲和"的美学 ······ 335

　　——关于审美生态观问题的思考

美学视野中的生态问题 ······ 347

"以文化人"：现代美育的精神涵养功能 ······ 356

　　——一种基于功能论立场的思考

第 三 编

美学如何可能走向大众生活 ······ 373

重建美学与生活的关系 ······ 377

当下生活的"审美干预" ······ 383

　　——从重建美学与生活的关系出发

陈述"感性"与美学话语社会化 ······ 391

回归感性意义 ······ 397

　　——日常生活美学论纲之一

视像与快感 ······ 410

　　——我们时代日常生活的美学现实

为"新的美学原则"辩护 ······ 418

　　——答鲁枢元教授

身体意识与美学的可能性 ······ 430

"微时代"的美学 ······ 442

微时代："生活审美化"与美学的重构 ······ 456

"微时代"：美学批评的空间意识建构 ······ 461

第 四 编

当代审美文化研究的学科定位 ······ 475

审美文化批评与美学话语转型·····································480

审美文化的当代性问题···488

批评的诞生··501
　　——当代审美文化理论的合法性问题

当代审美文化理论中的"现代性"话题··························519

"真实感性"及其命运···530
　　——当代审美文化的哲学问题之一

后　记··551

第 一 编

中国美学：百年进程及其学术史话题

一、问题的提出

现代意义上的中国美学，迄今已有近百年的学术积累。从学科形态的改变方式来看，古代中国美学那种直觉体验或艺术感悟性质的"发散性"话语，在 20 世纪学术历程中以一种相对自觉的方式，逐步转向了对于思想的体系化、理论的逻辑性和方法的科学性的现代追求。可以看到，这种学科形态的转换，一方面确实产生并规范了 20 世纪中国美学活动的新的内容，使得美学在学术增长的过程中形成了更大的思想包容性；另一方面，也使美学理论从具体观念到整体思维形式都与以往有了很大不同，得以不断尝试从本体论、认识论以及方法论等方面进行各种各样的学术建构。而从更具体的方面来讲，20 世纪中国美学的学术积累又包含有多个层面的形式，其中既有以"对外开放"姿态引进、吸收外来思想的理论准备活动和对于各种本土美学思想所作的学科规范化的重新阐释，同时，许多具有现代创意性质的理论探索在这百年里也常常呈现出独异的风采——尤其是最近二十多年来，美学活动中形形色色的求新、求变努力益发鲜明，仿佛是百年美学开始了一场最后的"世纪冲刺"。由此，我们完全有理由认为，在学术发展的意义上，20 世纪中国美学确乎表现了一种独特的价值，对于它的探讨将可以从两个方面给予我们有益的帮助：其一是对于中国美学的现代发展过程有一个总结性的把握，从中发现现代中国美学在理论道路上的基本精神；其二是反思性地寻求中国美学的学科建设规律，在历史的深入过程中获得思想的创造性根据，构造新世纪中国美学的学术前景。

不过，从现有对于20世纪中国美学的研究状况来看①，一个普遍的现象是，绝大多数学者的工作基本上还保持在一种"美学理论史"的逻辑叙述层次上，重点是讨论美学的各种具体理论概念、命题以及理论方法等的自我独善的逻辑演化进程和关系，或者是个别理论家的美学理论建树，其结果是为20世纪中国美学设置了一个相对封闭的、线性的逻辑框架，在尽力复现理论原来的表现样态之际，往往却遮蔽了纯粹美学逻辑之外各种思想文化进程的存在意义——在理论史的逻辑框架中，概念、命题以及美学家的个人工作总是占有主要的地位，对美学理论本身逻辑关系的不断演绎，已经从历史的进程上驱逐了各种复杂的、难以用逻辑形式去描述的外部思想关系的存在，同时也无须重新考虑一种美学理论形态的学术生成机制。于是，理论史的叙述常常可以是非常简练而条理化的，任何理论概念、命题都可能在这个纯净的叙述体系里找到它的确定位置。然而，倘若我们想对问题作更深入一步的把握，从百年中国社会的总体思想文化进程上，来讨论20世纪中国美学的学术积累过程及其意义，那么，仅仅凭借这种理论史的逻辑叙述方式便显然是有困难的。因为很明显的一点是，作为历史存在的美学进程，不可能仅仅以逻辑必然的方式超然于整个时代的思想文化意识之上，它的生成与展

---

① 在这方面，已出版的著作主要有邓牛顿的《中国现代美学思想史》（上海文艺出版社1988年版），张涵主编的《中国当代美学》（河南人民出版社1990年版），邹华的《和谐与崇高的历史转换——20世纪中国美学研究》（敦煌文艺出版社1992年版），陈辽、王臻中主编的《中国当代美学思想概观》（江苏教育出版社1993年版），封孝伦的《20世纪中国美学》（东北师范大学出版社1997年版）等。

开，总是以思想的潜在关系同一定社会思想文化的复杂生存形态保持着特殊的联系；美学的学术发展过程既与其理论的逻辑演化有一致性，同时它又具有比一般理论史形式更为丰富的文化内涵和意义，体现了更为广泛的思想建构性质。对于 20 世纪中国美学，我们不仅要关注其理论的逻辑演化，更要看到在其历史发展中影响美学理论的学术价值的各种具体复杂的社会文化因素。换句话说，探讨美学在 20 世纪中国的真实发展，一般理论史叙述只是提供了一种我们必须重视的、具有史料学意义的研究方式，而要想对 20 世纪中国美学有更充分的理解，特别是要想从它的思想历程中获取对于百年美学学术发展性质的反思性把握，我们就应当全面进入到整个 20 世纪中国社会及其思想文化的历史真实中，在一种整体联系性中考察包括理论演化在内的美学学术活动——这正是一般美学理论史研究与强调"思想整体性"和"文化联系性"的美学学术史研究之间的不同旨趣。

二、学术史研究的着眼点

对于美学的学术史研究课题来说，各种具体的美学概念、命题以及美学观念等的内在关系和逻辑深度，包括重要美学家的个人工作，必须被讨论并得到阐释，以便能够对整个美学学术演进过程同各种社会、思想文化运动之间关系的理论表现方式有一个基本把握。也就是说，美学的学术史研究包容着一般理论史的工作。所不同的是，美学的学术史研究要把问题往更大方面、更深层面去思考，就必须对提出问题的方式和问题的存在性质进行再探讨，即纳入学术史讨论范围的各种美学理论关系、演化逻辑不是作为一些孤立文本，而是作为学术史考察的具体出发点来提出的；其结果不在于形成某种美学的历史知识，而是发掘美学历史深处的学术价值构造。因此，美学学术史研究的基本着眼点，主要是：

第一，各种重要美学理论话题的提出与深入，以及相应理论观念的形成与发展，与整个时代的思想文化运动之间的具体联系及联系方式；进而在学术活动和学术思想的社会发生学意义上，进行两个方面的确定——确定美学学术演进的文化契机和发展机制，确定美学历史建构的宏观思想模式，造就美学学术史研究的文化视野。着眼于此，是为了能够从学术积累的有机整体中理解美学活动的历史根据。一方面，确认历史过程中的美学作为一种特定价值话语，是如何可能把时代的理想和文化目标转换为自身学术前提的；另一方面，则确认美学思想所体现的历史客观性和具体性。比如，对一个时代的美学活动（包括理论热点的形成、学术争论的发生方式、学术中心的出现等等）以及美学范畴性质、美学观念演变过程的考察，只有从特定社会政治、经济结构变动所带来的文化氛围，以及大众审美方式、审美趣味变异所形成的社会审美意识这样一些宏观历史条件来着手分析，才能从一个比较客观的立场上对美学的学术积累过程形成深刻认识，并透过美学的知识性层面来把握其学术发展的规律。

第二，美学与其他学科，尤其是哲学、艺术学、文学理论、史学、文化学等学术活动之间发生相互影响的可能性，包括不同学科间在思想资源、研究结构等方面发生具体交流的过程、形式和结果，以及美学同这些学科理论成果之间在建构一个时代的整体学术景观方面的关系性质，从而在美学与整个时代的学术发展过程之间建立起一种必要的联系，既将各种具体美学活动的学术资源问题纳入学术史的研究对象之中，把握美学历史形成中的客观学术前提，又从一个时代的整体学术发展中来考察美学的学科建设，充分理解美学"何以如此"的知识性根据，在美学理论的历史存在状态中找出其学术进程的时代意义。这里，从什么样的角度和思想层面来对一个时代的学术活动规律、学术发展形式、学术思想的历史价值等进行全面分析和综合，显然是我们首先要思考的问题——角度和层面的不同与更迭，势必导致对美学的学术前提和知识性根据产生不同的理解方式，并且影响到对于美学历史中各种学术关系的把握。

第三，不同文化背景的学术话语之间的交流和冲突，是影响美学学术活动的展开，从而不断深化或改变美学思想形式、理论方向甚至学科建构性质的重要条件之一，也是我们在寻求美学理论变异的深层思想动机、把握美学发展的内在理论机制时，必须涉及的一个重要方面。特别是，作为历史过程的整体把握形式，美学学术史研究只有深入到这种话语交流与冲突的特殊文化性质层面，才有可能从一个时代美学学术积累的具体成果中，理解其所反映的思想的本质特征，以及美学活动的历史价值。这里，需要强调的是，美学的学术史研究与一般理论史叙述存在很大区别的地方，在于一般理论史的叙述也可能有意识地探讨诸如西方美学对中国美学理论的渗透、中国学者对异域美学理论的研究成就等一些具体问题。但是，在实际研究中，由于出发点、讨论形式和思考的层面并不相同，所以，同一个问题在学术史和一般理论史的探讨过程中，完全可以产生不同性质的理解。更何况，美学的学术史研究不仅关心这种交流、冲突的具体理论表现，还强调考察它们在历史变动中的实际发生、发展过程，及其对于新的美学理论命题的提出方式、学术观念的历史表达方式、理论思维的实际转换方式等构成的深层影响效应。这样，在学术史研究中，我们其实既依据了特定时代美学理论的成果形式，又在不同文化的学术话语交流与冲突层面超越了既有理论形式的有限性，能够看到以一般理论史叙述方式所无法见出的美学发生、转换的文化整合特性。

第四，美学家群体在知识结构、文化意识乃至社会地位等方面的实际存在状况，是美学活动中的主体制约因素，对于美学研究的深化、美学思维的形成与转化、美学的意识形态特性，尤其是对于美学的学术认知形式——内化在研究主体理论观念中的特定学术建构目标和价值立场，是一种潜在地规定着主体理论意识指向的深层根据，也是决定整个理论逻辑图形的思想前提。当然，作为美学的学术史研究，问题不在于我们是否涉及了这方面的内容，而是我们如何可能从美学活动的持续性展开过程中，把这一方面的讨论引入整个学术史性质的确定之中？又何以能够从美学活动的主体形式来界定整个学术进程的客观性？应该说，通过对于这一着眼点的深刻把握，我们可以更加确切地了解美学进程本身的知识含量及其对学术积累过程的具体影响，深入理解主体存在的历史意义。

在我看来，上述四方面着眼点的提出，其根本的目标，是要全面揭示美学历史形成过程的思想持续性特征和意义，将美学史研究形态从单纯的理论逻辑演绎层面，引入对于学术发生、演化活动的整体性考察，把握美学理论、美学观念及各种美学问题的学术建构方式和历史—文化规定性，理解美学历史变动的深层文化蕴涵，进而在学术史范围内"重构"美学发展的历史价值。这样，在美学的学术史探讨中，我们所获得的将是一种生成于宏观思想文化进程中的美学——它不限于某种理论命题、理论观念和方法本身自我独善的逻辑行程，而是集中关注了美学学术积累过程所体现出来的一个时代的思想线索和文化命运，集中思考了一个时代的美学活动的学术价值。同一般理论史叙述形式相比较，美学的学术史研究显然更加突出了美学理论发展的文化和思想意义。也因此，如何从复杂浩繁的理论材料中发现那些直接体现了整个时代社会、思想文化运动精神的学术追求，如何从理论推演上升到思想意义的把握，如何从整个时代社会、思想文化运动的客观事件中把握美学问题生成与深化的精神实质，便是确定美学学术史研究形态时所必须注意到的几个难点问题。如果说，一般理论史研究致力于美学自身理论逻辑的重新整理，那么，学术史研究则要呈现美学在客观历史进程中的整体学术形象，以历史的阐释方式来领会美学的价值论图景，并以此反观一定社会、思想文化运动的特殊面貌。

三、20世纪中国美学的学术史话题

从上述着眼点出发，我认为，对于20世纪中国美学的学术史研究，重点需要探讨以下几个方面的问题：

第一，在20世纪中国学术历程上，美学领域的各种理论活动，无疑是十分引人瞩目的。从30—40年代开始，一直到90年代，除去学术普遍荒芜的十年"文革"时期以外，话题相对集中的美学讨论发生过许多次（比如关于"美的本质和美的规律""美学方法论""美学的学科性质""中国美学的特征""实践美学和后实践美学"，以及关于"当代审美文化"等等的讨论），许多相当有成就的学者纷纷介入其中，形成了各自的看法或理论观点，甚而在讨论中构成了具有一定理论体系的美学学派（如"实践论派""客观论派""主观论派""主客观统一论派""审美关系论派"等等）。这一切，足以表明美学在20世纪中国学术发展中，有其自身特殊的意义和地位。那么，从学术建设的整体过程来看，20世纪中国美学的这种学术"意义""地位"到底是什么？它们是如何——以怎样的方式和怎样的形态——具体体现在20世纪中国美学理论中的？或者说，美学为什么能在20世纪中国学术史上成为一门显赫理论？显然，这个问题如果只是从美学自身的理论逻辑层面来进行演绎，是很难真正得出令人满意的深刻结论的——这也正是我们从诸多相关著作中无法看出百年中国美学特定学术史价值的确定判断的原因所在。从一个具体的方面来说，尽管20世纪中国美学在学术建设上的特殊"意义""地位"有着多方面的成因，也可以有不同层面的诠释过程，但至少有一点是我们不能不考虑到的，即：在整个20世纪的学术道路上，中国的美学和美学研究始终就没有"纯粹"过；美学研究的关注方向、美学思想的生成与展开，总是同20世纪中国社会的文化转换进程、意识形态的变动保持着密切联系，呈现出特有的思想风采：面对衰微国势，救亡图存的社会变革理想和文化价值实践，决定了自 20 世纪初以来，中国的新美学便总是试图把美学放在一个社会伦理实践的"进步"范畴之中，在对旧社会、旧理论的批判的否定方向上，借助"美"的纯洁崇高的人性价值规范的建构，来标举社会进步的理想之途（如梁启超、蔡元培）；30—40 年代中国思想界在对待马克思主义、苏俄社会主义革命与资产阶级"自由"理想、资本主义民主政治模式等问题上的认识分歧和争执，既是中国美学界对反映论和价值论两种美学采取截然不同立场的具体意识形态背景，同时又对美学怎样才能反映时代精神、造就社会"新人"这一理论功能问题提出了不同的思想要求（如周扬、蔡仪和朱光潜）；50 年代的政治实践和社会主义思想改造运动，一方面为发端于"批判资产阶级美学"的理论讨论确立了基本的意识形态前提，另一方面则为以后的中国美学活动规定了"马克思主义"的话语形式，由此，各种美学思想流派的形成及其理论分化过程，便不能不内化了一定的意识形态运动要求和特点，进而也在美学学术进程上强化了各种现实利益的相互矛盾和制约性，突出了美学理论转换的现实动机。及至80 年代，在思想解放这一社会运动和人性解放的文化呼吁面前，诸如"实践本体论"美学等理论体系则获得了自身不断深化的客观前提，围绕人性发展和文化建构的诸多话题，逐渐形成了 20 世纪最后 20 年间中国美学新的学术景观。依此而言，整个 20 世纪的历史中，美学之所以能在中国人文学术领域占有显赫地位，同它在理论上始终保持了与现实思想文化运动的具体关系是密切相关的。正因此，在学术史范围内来把握 20 世纪中国美学的学术"意义""地位"，便应当同样深入到整个 20 世纪中国社会思想文化运动的内部之中："体现了什么"和"如何体现"的问题，具有超出一般美学逻辑之上的性质。

第二，美学理论发展过程与 20 世纪中国人文学术演进及其规律的历史关系。这里，问题的核心是要从美学既有的历史形式中，找到思想活动的深层关系结构及其理论发生机制，为从整体上揭示 20 世纪中国美学的学术价值构造提供具体而明晰的依据。为此，我们有必要注意两点：首先，从总体上看，20 世纪中国人文学术的发展，体现了一种非常鲜明的、极具时代特征的文化建设理想和追求，即致力于通过学术方式来践行全社会的思想启蒙任务，实现传统中国社会和文化的现代转换，为现代中国设计民族振兴、文化进步、生活幸福的理想模式。这是 20 世纪中国人文学术活动的一个不容忽视的特点。所以，包括美学在内，20 世纪中国人文学术发展的一致方向，便是将现实与理想、困厄与超越的矛盾及克服矛盾的强烈意愿，深深地融入形形色色的理论努力之中，由此既影响了人文学术工作本身的存在形态，又制约了各种理论的具体表现形式。我们探讨 20 世纪的中国美学，无疑应从这一方向上去求取有关历史客观性的具体把握，理解美学历史的精神脉动。

其次，从整个 20 世纪中国人文学术的发展状况来看，美学在其中到底是一个怎样的存在？在这个问题上，我们主要不是去说明美学的学科特性，而是更深入地理解美学在 20 世纪中国人文学术领域可能存在的学术影响力，揭明美学的学术进程对于建构 20 世纪中国学术文化的价值——这一点，较之讨论其他学科对美学活动的影响，常常是更容易被人们忽视的，当人们考虑诸如哲学、文学或艺术史等对美学理论话语的渗透形式时，往往很少去深思美学活动对于其自身之外各种理论深化过程的意义——事实上，如果美学活动仅仅是其他学科学术话语的受益者，我们便很难设想 20 世纪中国美学还有什么自己的"学术史"可言。比如，当我们思考 80 年代的文学理论时，是不是经常能够从中寻觅到某种同美学的具体关联呢？又比如，"主体性"除了是一个哲学性的话题以外，它在 80 年代以后的中国文学理论话语体系中，是不是与"实践本体论"美学的固有旨趣有着更为直接而显著的联系？再比如，美学本身提出问题的过程及其讨论方式，对于建构 20 世纪中国学术话语产生了什么影响？是如何影响的？这些问题显然有赖于学术史研究从总体上予以回答了。

　　与此相关的另一个问题是：既然美学活动同整个 20 世纪中国学术发展相与共，那么，作为 20 世纪中国学术史上的重要事件——西方学说及其理论观念、方法等的引进——就不能不被纳入我们的视野。这里，需要提出讨论的主要课题，不是 20 世纪中国美学接纳了西方美学，而是"如何接纳"西方美学？也就是说，对于一个已经成为客观历史事件的对象，美学学术史研究所注重的，是它在产生和展开过程中形成的某些共时性的东西，以及这些共时性方面在历时性活动中的存在本质。对于中国美学的历史发展而言，西方美学理论、学说及方法等的引进与吸收，不仅有力地改变了 20 世纪中国美学的具体存在形态，而且，它在更深的层面上，使得中国美学获得了从未有过的新的思想材料，确立了中国美学走向现代理论之路的思维构架。可以说，在很大程度上，20 世纪中国美学的演进，是一个不断向西方学习的过程——在具体形式上，它是一次又一次的引进与应用工作；在总的精神本质上，则反映了中国美学吸收与借重异邦学术规范的必然性。因此，面对这个 20 世纪中国美学历史中的重要问题，我们有必要从两个方面去深问：首先，接纳西方美学的中国学术语境（特别是中国美学的历史资源和时代境遇）有什么特别之处？这一点，关系到中国美学家具体理解、应用西方话语的可能性和差异性。其次，在 20 世纪中国学术语境中，西方美学从具体概念到基本方法出现了什么样的变异？变异过程的基本特征和规律是什么？变异之于中国美学学术积累的根本影响又是什么？实际上，作为一种外来的文化力量，无论古典、近代或现代的西方美学，它们之能在 20 世纪中国出现并产生某种学术影响，除了有其自身价值和理论必然性起作用以外，很大程度上又是以中国社会的文化现实来决定的。就像有 80 年代全社会高涨的人性呼吁，始有现代西方人本主义美学和心理学美学的大规模引入，西方话语在中国美学学术积累中的存在根据，正在于引入和保存其具体形式的中国学术语境本身的趋势和特点。正因此，在 20 世纪中国美学进程上，西方美学理论的每一特定变异便总是呈现出某些特殊的"中国语境"的意义。把这个问题纳入美学学术史的研究范围，就是力图从西方美学的变异景观中，发现 20 世纪中国美学的自身精神取向、内化外来思想的学术依据及能力，由此把具体理论的演化同 20 世纪中国美学学术发展的真实性质联系起来，加以进一步的考察。

第三，对 20 世纪中国美学学术史的讨论，必定涉及如何重新认识和确定近代以来中国美学自身历史结构这一问题。对此，我们一方面要以一种整体的文化考察立场来看待中国美学在 20 世纪的演进程序，既不是将之依照某个机械的"时间表"而肢解为近代、现代和当代等等段落，使美学的历史完全成为一种时间的片段，或一个又一个片段的线性连缀（这已经是我们许多研究者非常拿手的套路了），又非单纯理解为一套合乎逻辑体系要求的理论概念、命题的排列组合，从而令美学的历史变成诸多概念、命题的整理和堆砌。学术史研究需要的是能够从 20 世纪中国社会、思想文化运动的实际进程上，来寻找美学历史的客观必然性的一面，发现美学活动的总体规律，以便美学的历史同时能够映照近世中国文化的精神变动，揭示出一个完整的、具有内在相关性的思想的历史存在形式（从这一点来讲，当前我们从事的美学研究本身，显然也有必要放回到 20 世纪中国美学的整体学术运动中，才能显示出它在历史结构中的存在特性）。另一方面，应该看到，学术史探讨的重点，又在于把握美学理论演进中的主要历史结构规律、结构性质及结构的方式，因而，需要强调的是某种学术思想本身的结构连续性，而不是历史的时间构架——美学理论的逻辑完整性必须首先体现出思想的有机延续，以及延续过程的思想进化价值。更何况，对于 20 世纪中国美学来说，其历史过程的客观性虽然是既定的，但理论的具体结构活动又存在种种或然性，这样，在历史结构的客观性与或然性之间，便存在某种需要我们去揭示的规律、性质和方式。这些对于那种纯粹以理论逻辑为目标的一般美学史叙述来说，当是无法全面了然的，而需要学术史研究来逐步予以澄清。

（原载《江苏社会科学》1998 年第 6 期）

走过世纪：中国美学的过去与现在

——关于 20 世纪中国美学及当前研究问题的几点思考

20 世纪初，王国维、梁启超等人胸怀民智启蒙理想，脚踏中西文化，奋力开启了中国美学走向自身现代学术进程的大门。从那时以来，中国美学外取欧洲近代以来的各种思想学说，努力追踪着西方科学——无论以"西学"为体，还是拿"西学"为用，在 20 世纪中国美学的学术经验中，"西方"以及对于西方理论的认识与运用，始终是现代中国美学家学问视野中的主要资源，成为中国美学研究走向现代理论建构过程中的重大知识背景。与此同时，百多年间，中国美学研究又近承本土汉民族文化的悠悠精神旨趣和传统思想材料，在追蹑圣哲先贤之思想余脉、学说内蕴的历程中，以理论的现代建构意向而明确标示着"美学中国"继往开来的信念。民族国家的振兴期待，社会文化的强力重建愿望，民众自觉意识的大声呼唤，大众生活自由幸福的现实设计……所有这一切，鲜明地渗融在 20 世纪中国美学形形色色、具体而微的学术努力之中，激励了几代中国美学家一往情深地周游于美学天空，力图借着美学的力量来理性地框画、引导中国文化和中国人新的生命改造与理想生活的希望。巨大的理论激情演绎出 20 世纪中国美学的现代思想蓝图，规划了一个又一个中国美学的现代阐释形式，甚而孜孜以求地构筑着"中国特色的美学体系"。

激情的美学追求，产生出激情洋溢的美学文字。从洋洋数十万言、上百万言的体系性著论，到精致如散文般的思想札记、慷慨激昂的学术评论；从移译古希腊至最近十数年间西方美学的名篇巨著，到归类爬梳、注解诠释汗牛充栋的中国古代典籍……20世纪，"美学"在中国产生了无以计数的文献。学海滚滚，天演淘汰。尽管迄今仍留下许多经典传世，然而忘失于学术史记忆中的又岂在少数？

学术发展的知识性价值衡量法则，无情地揭示出：20世纪中国美学的辉煌，在一百年的激情燃烧中照呈着理论的巨大企图，也显明了思想的内在困顿。"美学在中国"因此成了一个有着充分反省意义的学术史话题。

今天，站在新世纪的起点上，中国美学又将何往？

一、20世纪中国美学的三大特征

简略描述一番20世纪中国美学的"百年风情"，可以看到：

（一）"睁开眼睛看世界"的学术胸怀与"拿来主义"的理论态度。

这是20世纪中国美学践行自身"门户开放"策略的基本学术路线，也是中国美学现代理论建构思维的基点。

应该说，早从王国维开始，拿西方美学理论，尤其是近代以来德国古典美学的观念、方法等作为诠释中国美学和艺术的现成材料，乃至于借助西方近代美学理论和概念、方法来重建中国美学的现代理论大厦，就已经成为20世纪中国美学家的一种基本的"现代"学术姿态。王国维的《红楼梦评论》是这方面的开山之作。在王氏那里，叔本华的悲剧美学观成了他用以解读"红楼世界"中悲剧的审美发生与纠葛的直接依据①。朱

---

① 正像聂振斌所指出的："从《红楼梦评论》的具体内容，明显地看出王国维是按照叔本华的悲剧理论进行具体演绎和发挥的"，他"最早用西方的悲剧观念进行文学批评，第一次揭示了《红楼梦》的悲剧美学价值。"（《王国维美学思想述评》，辽宁大学出版社

光潜的《诗论》则在中国艺术最典型的写作形态——诗歌方面，得心应手地发挥着近代西方心理主义美学的精辟方法①。直至最近的20多年里，许许多多关于中国艺术、中国文学，甚至中国古典美学思想的解析、圆说，都可以看到这样或那样庞大的"西学"身影。不妨这样说，20世纪中国美学的基本态势，就是拿西方美学的具体理论、学术方法来表达中国美学家的阐释意愿和理论立场。于是，当这种态势发展到极致，我们也就可以相信，在学术建构意义上，西方美学不仅成了20世纪中国美学的理论奠基石，而且很大程度上就是20世纪中国美学的"砌墙砖"。

认真分析这种美学基本态势的形成与行进过程，我们将不难发现，它一方面是同20世纪中国美学家急欲追求实现美学的现代理论建构形态联系在一起②。如果说，古典形态的中国美学主要体现为一种在发散性思维引领之下的"诗化"理论，其最典型的呈现方式是以智慧性的、禅悟般的话语来传达非逻辑、非概念思维所能澄明的审美奥妙；那么，这种建筑在古代中国学术特性之上的美学，在整个现代中国学术的理性选择与重建中，便显现了一定的模糊性与不确定性，而这正恰恰同趋近于近代西方学术制度的20世纪中国美学重建理想是相冲突的。因此，借助"西学"成果以改造中国美学门庭、实现美学存在形态的现代

1986年版，第122页）刘梦溪也说：《红楼梦评论》"是中国学者第一次用西方的哲学和美学思想，来解释中国古典小说的尝试"，王国维"是用叔本华的思想来解释《红楼梦》的"。（《王国维、陈寅恪与中国现代学术》，载《文艺研究》2002年第3期）

① 在《诗论》中，朱光潜直接用立普斯的"移情说"和谷鲁斯的"内摹仿"理论等西方近代心理学说来说明诗的起源、诗的境界（情趣与意象）、中国诗歌中的节奏等问题，显露了一种美学上的"心理—生理"分析倾向。而其《文艺心理学》《谈美》等中的心理主义美学痕迹则更为明显。（参见《朱光潜全集》（新编增订本）第3卷、第5卷，中华书局2012年版）

② 傅斯年曾指出："中国学术，以学为单位者至少，以人为单位者转多，前者谓之科学，后者谓之家学。家学者，所以学人，非所以学学也。历来号称学派者，无虑数百，其名其实，皆以人为基本，绝少以学科之别而分宗派者。纵有以学科不同而立宗派，犹是以人为本，以学隶之，未尝以学为本，以人隶之。"（转引自刘梦溪《中国现代学术要略》，载《新华文摘》1997年第3期）

转换，就成为某种顺应现代学术追求的必然过程和结果。换句话说，在20世纪中国美学的现代建构思路中，"西方"首先是作为一种体现了一定先在必然性的理论话语形态而出现在中国美学家视野之中的。而随着美学研究在中国的逐渐推进，这种以话语必然性而出现的形态，最终又逐步扩大为整个中国美学百年建构中的自觉。另一方面，这种基本态势的形成与发展，也是整个20世纪中国文化现代性实践的特殊理论表现形式。因为很显然，当文化的现代性思考和追求直接以西方理性文明为楷模的时候，作为文化理想之精神先锋的学术活动，必定首先从社会意识形态层面上突出肯定了"西方"的价值以及它的学理呈现方式[①]。把美学的学术眼光投向西方的天空，不仅仅是出于理论本身的目的，同时也再现了中国文化在20世纪进程中的实践态度和价值准则。

（二）植根于美学演进中的"审美本质主义"特征。

作为一种坚定的学理精神，一种实质上的文化理想，这种理论上的"审美本质主义"特征既规范了20世纪中国美学的理论建构，同时也强化着最近一百多年来中国美学家的学术／人生抱负，成为美学衡量自身也评判生活的最基本尺度。

尽管有学者指出，在20世纪中国美学发展中，始终存在着功利主义与超功利主义的冲突和矛盾[②]，即中国美学的现代建构追求不断激化了审美态度、审美理想层面的理论分化。但是，我们再深入一些来看，

---

① 在这一点上，美学与整个20世纪中国学术姿态的一致性。恰如梁启超所言："盖大地今日只有两文明：一泰西文明，欧美是也；二泰东文明，中华是也。二十世纪，则两文明结婚之时代也。吾欲我同胞张灯置酒，迓轮俟门，三揖三让，以行亲迎之大典。彼西方美人，必能为我家育宁馨儿以亢我宗也。"（梁启超：《论中国学术思想变迁之大势》，上海古籍出版社2001年版，第8页）

② 聂振斌在《回望百年：20世纪的中国美学》中认为："20世纪中国美学的发展是以超功利主义美学与功利主义美学为基本矛盾的"，"功利主义美学和超功利主义美学之间对立互补的矛盾关系是普遍存在的"，是"20世纪中国美学发展的内在动力"。（见《中国美学年鉴（2001）》，河南人民出版社2003年版，第16、18页）

事实上，这种美学上的"功利"与"超功利"的分化之所以没有集结成大规模的理论对抗，相反却出现了两种美学观在百多年里长期并驾齐驱、共同作为 20 世纪中国美学基本理论发展路线的局面，其内在原因就在于：从最基本的文化立足点来说，无论持守激进人生改造意志的美学理想，还是保持了相对静观内省立场的各种美学主张，它们实质上都是以"审美"为人生理想的生命活动，以"审美／艺术的自由自觉"为生命意识的最高境界，以"审美化"为社会、文化建设的最后归宿。这就是说，在 20 世纪中国美学发展进程上，功利主义与超功利主义的冲突以及它们的并行推进，并不表明它们之间一定存在着绝对相互克制的本体敌对，而只是体现为它们彼此间在如何践行"审美"改造行为、表达"审美"意志等认识性指向方面存在某种分歧或不同。可以说，在 20 世纪中国美学家那里，"美／艺术"始终是最为高尚纯洁的对象，"美的社会""美的人生"总是呈现着无上的价值前景，因而以"审美"作为现实人生的批判尺度和理想人生的实践标准，便是中国美学家在理论上倡行、行动中追慕的价值要义。如果说，美学上的功利主义观念是把"美／艺术"具体落实在了人生行动的"崇高"性实践之中；那么，超功利主义美学观则突出强调了"美／艺术"的社会和谐功能、人生体验的自由本质。这样，不管 20 世纪的中国美学呈现了怎样的理论分化，实际上，在各种美学主张的内部，"审美"一直就是一面不倒的理想大旗。

另一方面，正是由于上面所说的情况，作为 20 世纪中国美学的内在精神体现，"审美本质主义"在理论上也获得了自己独特的形象。要而言之，在 20 世纪中国美学内部，这种"审美本质主义"的理论实质在于：其一，通过对美学认识论问题的"本体化"置换，全面突出了审美／艺术的人生认识功能，强调全部人生、社会问题的解决必须置于这种审美／艺术功能的展开之上。其二，围绕社会、人生的"审美化"改造前景，把对于审美／艺术本质的理解定位在人性自由解放、人格美化提升之上，突出了美学的人文考察特性。其三，从理性的绝对性上规定了生活与审美／艺术的直接关联，并进一步推及到生活本质的展开维度，确定生命活动的价值合理性。第四，以"美"的纯粹性和唯一性来规范艺术存在的本体特性，以审美价值的绝对性来确认艺术活动的合法功能，把美学对于艺术问题的哲学把握紧紧系于"美"的先在基础上；进而，美学之于艺术价值的阐释又直接回到了"美是什么"问题的形而上辩护。

从学术演进的具体过程来看，我们也可以发现，在一定意义上，发生在 20 世纪 80 年代的"美学热"以及由此带来的诸般美学学科"泛化"现象，也同样证明了这种"审美本质主义"的巨大影响及其必然发展。因为有一点很明显，当人们把"美／艺术"作为一种生命价值本体进行确认；或者说，当"美"成了一种不证自明的先在价值，美学也就成了可以包容一切、判断一切、确定一切且无往不胜的理论。因此，纯粹美学最后变得很不纯粹，也就是可以理解的了——至少，从本质主义立场出发，人生的一切、生活的所有领域又何不能够成为"美学"的领地呢？同样，任何一种对于美学"泛化"的批评，其实也都不过是依照了"审美本质主义"的精神意图而对"美"的一种维护罢了，其归结点仍然是为了保持美学的规约作用。

（三）20 世纪中国美学理论转换具有某种理论自身难以逃脱的意识形态强制性，它特定地反照了 20 世纪中国学术的命运。

在 20 世纪中国美学历史中，马克思主义的意识形态功能要远远大于它在理论上对于中国美学的启发作用，而中国美学的现代理论建构追求恰恰是同各式各样"马克思主义美学体系"建构努力联系在一起的。

最迟从 20 世纪 30 年代开始，马克思主义的文艺主张就被一定规模地引进了中国（在此之前，一些马克思主义的宣传中也已经可以陆续见到其文艺观念的某些踪影）。而 1949 年以后，马克思主义更是在美学研究中形成了一家独尊的地位，建构"马克思主义美学体系"几乎成了所有中国美学家的学术口号；诸如《手稿》、恩格斯致哈格奈斯的信（关于典型）等文献，则成了人们据以思辨美学的"马克思主义"性质的基本素材。不过，就美学的学术史审辨而言，在 20 世纪中国美学发展中，"马克思主义"之所以能够成为一个非常重要的话题，其实首先还不在于"马克思主义美学"能否有效确立或者是否真正体现了理论本身的自明性要求（就像许多人所争执的：马克思主义创始人有没有自己的美学理论），而是在于：一方面，马克思主义文艺学说之为现代中国美学家所了解和接受，既服从于社会革命的具体实践，又是学习列宁主义的"苏俄式马克思主义理论"的结果①。它表明，马克思主义在现代中国美学的理论转换过程上，具体产生于特定的意识形态颠覆实践的企图。所

---

① 一方面，早在 20 世纪 20 年代，中国学者有关马克思主义文艺理论与美学观念的译介，主要集中在那些总结和概括苏联文学创作的论著，如《新青年》继发表郑振铎翻译的高尔基《文学与现在的俄罗斯》之后，紧接着又在第 8 卷第 4、5 号上连续发表了震瀛的两篇评述苏联文学创作的文章《文艺和布尔什维克》和《苏维埃政府的保存艺术》。而王统照译有《新俄罗斯艺术之谈屑》（载《曙光》第 2 卷第 1 号，1920）、沈雁冰翻译《俄国文学与革命》（载《文学周报》第 96 期，1923）、任国桢编译了《苏俄的文艺论战》（上海北新书局 1925 年版）。鲁迅、冯雪峰等人都在这方面做了大量译介工作。另一方面，在早期，中国学者对于马克思主义文艺理论与美学观念的了解，主要是通过译介日、俄、法、德，尤其是俄国马克思主义者托洛斯基、波格丹诺夫、普列汉诺夫、高尔基、卢那察尔斯基、沃罗夫斯基、法捷耶夫等人的阐释性论著而获得的，如仲云翻译了托洛斯基的《论无产阶级的文化与艺术》（1926）、鲁迅节译有托洛斯基的《文学与革命》（1926）和卢那察尔斯基的《艺术论》（1930）、普列汉诺夫的《艺术论》（1930）、杜衡翻译波格丹诺夫的《无产阶级艺术的标准》（1928），冯雪峰译有卢那察尔斯基的《艺术之社会的基础》（1929）、普列汉诺夫的《艺术与社会生活》（1929）、法捷耶夫的《创作方法论》（1931）等。之后，列宁的文艺观被大量输入，其中由一声、冯雪峰、博古分别于 1926 年、1930 年和 1942 年翻译了《党的组织与党的出版物》，萧三则在 1947 年编译了《列宁论文化与艺术》，最后才比较完整地引进马克思、恩格斯的文艺思想。然而，尽管冯雪峰 1930 年就翻译了《〈政治经济学批判〉导言》有关艺术生产与物质生产发展不平衡理论和马克思论述出版自由等方面的论述，程始仁在 1930 年译出了《神圣家族》第五章，郭沫若在 1936 年重译了《神圣家族》第五章并首译其第八章，柳若水于 1935 年摘译了《1844 年经济学哲学手稿》，荃麟 1937 年摘译了《德意志意识形态》第一卷，但当时的左翼作家、批评家们更重视的是马、恩直接评论作家作品的五封书信。（见钱竞《中国马克思主义美学思想的发展历程》，中央编译出版社 1999 年版）

以，在实践上，"马克思主义美学"在 20 世纪中国主要体现了其"理论武器"的作用；而在理论上，它又直接依从于苏俄革命对于马克思主义的注解方式，进而养成了整整一个时代中国美学研究对于"苏俄式马克思主义"的绝对信仰①。在这其中，马克思主义的理论变异显然是一个不可避免的存在，这种变异事实上又直接影响了马克思主义在中国的美学建构前景。另一方面，当马克思主义作为一种意识形态制度在中国取得了绝对性胜利之后，美学和美学研究之服膺"马克思主义"则更是超出了纯粹学术的范围，直接同中国社会的意识形态权力活动过程联系在一起，成为一种意识形态的制度性要求。正因此，1949 年以后，在中国美学界出现各式各样的"马克思主义美学"，也就不足为怪了——对于马克思主义的意识形态信仰已经从理论方面滑入到政治利益的追求、获取和巩固方面，"马克思主义"成了某种方便的话语而在美学研究中被无限制地复制。

在这方面，20 世纪五六十年代的"美学大讨论"是一个很有典型意义的事件。所谓美学"四派"的产生及其热烈论争，让人很难看懂"马克思主义"究竟怎么才能"既是唯物的又是辩证的"。当所有各派学说都在那里相互指责、攻击对立面的"唯心主义本质"之际，真正马克思主义在美学研究中的尴尬便在于：马克思主义的哲学本体论问题被有意无意地转移为一种认识论的特性；大家所关心的其实已不是什么"马克思主义美学"的本体基础，而是"美"的认识活动的主体出发点；对

---

① 有材料显示，20 世纪上半叶，中国马克思主义文艺理论家们关注的，主要是列宁如何具体说明"怎样地建设革命文学"这个问题，所以他们译介的也主要是像《党的组织与党的出版物》等几篇与这一问题有关的列宁文章。虽然在 20、30 年代里，列宁具体分析托尔斯泰现实主义创作及其与现代工人运动关系的数篇论文也有四五种中译文，而列宁论述辩证唯物主义和唯物主义反映论问题的论著，如《谈谈辩证法问题》《唯物主义和经验批判主义》《哲学笔记》等，以及列宁的《纪念赫尔岑》《车尔尼雪夫斯基是从哪一边批判康德主义的》和写给高尔基的一系列信函等论述具体作家作品的论著，则在整个 30 年代几乎未引起中国文艺家们的注意。（见朱辉军《西风东渐——马克思主义文艺理论在中国》，燕山出版社 1994 年版）

"美是什么"的回答，在各种"中国特色的马克思主义美学"中已然变异为"人如何可能认识美"的问题。于是，我们便发现，在中国美学的现代性道路上，美学本体论的缺失，一定程度上正是同人们对待马克思主义的态度相关联的。甚至，我们还可以说，在接受、阐释以及确立美学的马克思主义建构方面，一种"学术实用主义"已经暴露无遗。

二、中国美学现代理论建构的真实意味

中国美学在现代理论建构道路上的种种困惑与艰难自不待言。而我们既然注定了还将继续在美学的思想空间里挣扎，那就不能不充分正视这样一些问题：

中国美学现代理论建构的真实意味是什么？回答这个问题，不仅涉及我们对于 20 世纪中国美学历史的再认识条件和方式，而且直接联系着中国美学实现自身现代理论转换的可能性，因而也联系着新世纪中国美学学术价值增长特性的问题。

在不断扩大同西方学术思想的对话过程中，中国美学自身存在的合法性根据如何体现？这个问题的严重性，在于它直接关系到我们应该怎样去分析、清理 20 世纪中国美学的学术资源。同时，更重要的是，由于文化交流的普遍性、思想对话的广泛性在今天已经越来越明确，身处东方文化系统的中国美学现代建构过程已然面对着比过去更为复杂的思想语境，所以，对于我们来说，只有不断通过对自身合法性的有效确认，才有可能真正产生出思想对话的有效性、学术建构的时代价值。反过来，思想对话的普遍性也只有同美学自身合法性的确认联系在一起，才能够产生出自己的真实效应。

如何把握传统承续过程中的现代转换矛盾？这种矛盾如何能够被美学理论本身合法地解决？对于今天的中国美学家来说，丰富的民族

美学资源既是一种无法也是不应该割舍的传统联系，同样也是美学在实现自身现代转换过程中的矛盾集中点。可以这么说，这一矛盾自 20 世纪中国美学发端以来就一直没有消失，并且在进入 21 世纪的时候愈发变得沉重起来。中国美学要想赢得自己在新的百年里的生存合法性，那么，如何把握并合法地解决这个矛盾，便将是一种必须面对的理论挑战。

作为文化现代性建构的精神过程，中国美学的理论重建怎样体现自身的现实功能？这里的重点，一方面是美学理论重建与文化现代性的关系问题，另一方面则是美学理论建构与其现实实践指向、价值维度的关联问题。它们的难点，则在于美学研究如何才能保持自身现代建构追求与功能实现的具体过程的一致性。在这方面，20 世纪 90 年代兴起的当代审美文化研究，也许可以作为一个考察点。尤其是，在当代社会的人文价值观已经发生根本性改变、人的自我精神守护能力日益衰退的时候，这个问题又可以具体化为：美学应当怎样去面对经济社会中大众趣味的世俗性动机及其审美／艺术满足？

这里仅从美学的学术史研究方面出发，略谈一点看法。

第一，在 20 世纪的中国学术史上，美学领域的各种理论活动无疑是十分引人瞩目的。从 20 世纪三四十年代直到最近，除去学术普遍荒芜的"文革"时期以外，话题相对集中的美学讨论便发生过许多次（比如关于"美的本质和美的规律""美学方法论""美学的学科性质""中国美学的特征""实践美学和后实践美学"，以及关于"当代审美文化"等等的讨论）。许多相当有成就的学者纷纷介入其中，形成了各自的看法或理论观点，甚而在讨论中构成了具有一定理论体系的美学学派（如"实践论""客观论""主观论""主客观统一论""审美关系论""生命美学论"等等）。所有这一切，足以表明，美学在 20 世纪中国学术发展中有其自身特殊的意义和地位。那么，从学术建设的整体过程来看，20 世纪中国美学的这种学术"意义""地位"到底是什么？它们又以怎样的方式和形态具体体现在 20 世纪中国的美学理论中？或者说，美学为什么能在 20 世纪中国学术史上成为一门"显赫"的理论？很显然，对于这个问题，如果我们只是从美学自身的理论逻辑层面来演绎，是很难真正得出令人满意的深刻结论的。从一个具体方面来说，尽管 20 世纪中国美学在学术建设上的特殊"意义""地位"有着多方面的成因，也可以有不同层面的解释，但至少有一点是我们不能不考虑到的，即：在整个 20 世纪的学术道路上，中国的美学和美学研究始终就没有"纯粹"过。就像我们前面曾经指出的，20 世纪中国美学研究的关注方向、美学思想的生成与展开，总是同 20 世纪中国社会的文化转换进程、意识形态的变动保持着密切联系，呈现了其特有的思想风采：救亡图存的社会政治变革理想和文化价值实践，决定了 20 世纪初以来中国的新美学便总是试图把美学放在一个社会伦理实践的"进步"范畴之中，在对旧社会、旧理论的批判的否定方向上，借助"美"的纯洁崇高的人性价值规范的建构，标举社会进步的理想之途（如梁启超、蔡元培）；20 世纪四五十年代中国思想界在对待马克思主义、苏俄社会主义革命与资产阶级"自由"理想、资本主义民主政治模式等问题上的认识分歧和争执，既是中国美学界对反映论和价值论两种美学采取截然不同立场的具体意识形态背景，同时又对美学怎样才能反映时代精神、造就社会"新人"这一理论功能问题提出了不同的思想要求（如周扬、蔡仪和朱光潜）；而 20 世纪 50 年代的政治实践和社会主义思想改造运动，一方面为发端于"批判资产阶级美学"的理论讨论确立了基本的意识形态前提，另一方面则为以后中国的美学活动规定了"马克思主义"的话语形式，因而各种美学思想流派的形成及其理论分化过程便不能不内化了一定的意识形态运动要求和特点，进而也在美学学术进程上强化了各种现实利益的相互矛盾和制约性，突出了美学理论转换的现实动机。及至 20 世纪 80 年代，在"思想解放"这一社会运动和人性解放的文化呼吁面前，诸如"实践本体论"美学等理论体系则获得了自身不断深化的客观前提，围绕人性发展和文化建构的诸多话题，逐渐形成了中国美学在 20 世纪最后 20 年里新的学术景观。依此而言，整个 20 世纪的历史中，美学之所以能在中国人文学术领域占有显赫地位，同它在理论上始终保持了与现实思想文化运动的具体关系是密切相关的。所以，在学术史范围内把握 20 世纪中国美学的学术"意义""地位"，便应当同样深入到整个 20 世纪中国社会思想文化运动的内部之中："体现了什么"和"如何体现"的问题，具有超出一般美学逻辑之上的性质。

第二，对于美学理论发展过程与 20 世纪中国人文学术演进及其规律的历史关系而言，问题的核心在于从美学既有的历史形式中找到思想活动的深层关系结构及其理论发生机制，为从整体上揭示 20 世纪中国美学的学术价值构造提供具体而明晰的依据。因此，有必要注意：首先，从总体上看，20 世纪的中国人文学术发展体现了一种非常鲜明的、极具时代特征的文化建设理想和追求，即致力于通过学术方式践行全社会的思想启蒙任务，实现传统中国社会和文化的现代转换，为现代中国设计民族振兴、文化进步、生活幸福的理想模式。这是 20 世纪中国人文学术活动的一个不容忽视的特点。所以，包括美学在内，20 世纪中国人文学术发展的一致方向，便是将现实与理想、困厄与超越的矛盾及克服矛盾的强烈意愿，深深地融入各种理论努力之中，由此既影响了人文学术工作本身的存在形态，又制约了各种理论的具体表现形式。探讨 20 世纪中国美学，无疑应从这一方向上去求取有关历史客观性的具体把握，理解美学历史的精神脉动。

其次，从整个 20 世纪中国人文学术发展状况来看，美学在其中到底是一个怎样的存在？对于这个问题，我们主要不是去说明美学的学科特性，而是更深入地理解美学在 20 世纪中国人文学术领域可能存在的学术影响力，揭明美学进程对于建构 20 世纪中国学术文化的价值——这一点，较之讨论其他学科对美学活动的影响，常常是更容易被人们忽视的。当人们考虑诸如哲学、文学或艺术史等对美学理论话语的渗透形式时，往往很少去深思美学活动对于其自身之外各种理论深化过程的意义——事实上，如果美学活动仅仅是其他学科学术话语的受益者，我们便很难设想 20 世纪中国美学还有什么自己的"学术史"可言。比如，当我们思考 80 年代的文学理论时，是不是经常能够从中寻觅到某种同美学的具体关联呢？又比如，"主体性"除了是一个哲学性的话题以外，它在 20 世纪 80 年代以后的中国文学理论话语中，是不是与"实践本体论"美学的固有旨趣有着更为直接而显著的联系？再比如，美学本身提出问题的过程及其讨论方式，对于建构 20 世纪中国学术话语产生了什么影响？是如何影响的？这些问题显然有赖于学术史研究从总体上予以回答了。

与此相关，还有一个问题是：既然美学活动同整个 20 世纪中国学术发展相与共，那么，作为 20 世纪中国学术史上的重要事件——西方学说及其理论观念、方法等的引进——就不能不被纳入我们的视野。这里需要提出讨论的主要课题，不是 20 世纪中国美学"接纳"了西方美学，而是"如何接纳"西方美学？也就是说，对于一个已经成为客观历史事件的对象，美学学术史研究所注重的，是它在产生和展开过程中所形成的某些共时性东西，以及这些共时性方面在历时性活动中的存在本质。对于中国美学的历史发展而言，西方美学理论、学说及方法等的引进与吸收，不仅有力地改变了 20 世纪中国美学的具体存在形态，而且在更深的层面上，它使得中国美学获得了从未有过的新的思想材料，确立了中国美学走向现代理论之路的思维构架。可以说，20 世纪中国美学的演进，很大程度上是一个不断向西方学习的过程——在具体形式上，它是一次又一次的引进与应用工作；在总的精神上，则反映了中国美学吸收与借重异邦学术规范的必然性。因此，面对这个 20 世纪中国美学历史中的重要问题，我们有必要从两个方面去深问：其一，接纳西方美学的中国学术语境（特别是中国美学的历史资源和时代境遇）有什么特别之处？这一点，关系到中国美学家具体理解、应用西方话语的可能性和差异性。其二，在 20 世纪中国学术语境中，西方美学从具体概念到基本方法出现了什么样的变异？变异过程的基本特征和规律是什么？变异之于中国美学学术积累的根本影响又是什么？实际上，作为一种外来的文化力量，无论古典、近代或现代的西方美学，它们之所以能在 20 世纪的中国出现并产生特定的学术影响，除了有其自身价值和理论必然性起作用以外，很大程度上又是以中国社会的文化现实来决定的。就像有 20 世纪 80 年代全社会高涨的人性呼吁，始有现代西方人本主义美学和心理学美学的大规模引入；西方话语在中国美学学术积累中的存在根据，正在于引入和保存其具体形式的中国学术语境本身的趋势和特点。正因此，在 20 世纪中国美学进程上，西方美学理论的每一特定变异总是呈现出某些特殊的"中国语境"的意义。把这个问题纳入美学学术史的研究范围，也就是力图从西方美学的变异景观中发现 20 世纪中国美学的自身精神取向、内化外来思想的学术依据及能力，由此把具体理论的演化同 20 世纪中国美学学术发展的真实性质联系起来，加以进一步的考察。

第三，讨论 20 世纪中国美学学术史问题，必定涉及如何重新认识和确定近代以来中国美学自身历史结构这一问题。对此，一方面，我们要以一种整体的文化考察立场来看待中国美学在 20 世纪的演进程序，既不是将之依照某个机械的"时间表"而肢解为近代、现代和当代等等段落，使美学的历史完全成为一种时间的片段，或一个又一个片段的线性连缀（这曾经是我们许多研究者非常拿手的套路）；又非单纯理解为一套合乎逻辑体系要求的理论概念、命题的排列组合，从而令美学的历史变成诸多概念、命题的整理和堆砌。学术史研究所需要的，是能够从 20 世纪中国社会、思想文化运动的实际进程上，寻找美学历史的客观必然性的一面，发现美学活动的总体规律，以便美学的历史同时能够映照近世中国文化的精神变动，揭示出一个完整的、具有内在相关性的思想的历史存在形式（从这一点来讲，当前我们从事的美学研究本身以及我们对于新世纪中国美学研究课题的把握，显然也有必要放回到 20 世纪中国美学的整体学术运动中，才能显示出它在历史结构中的存在特性）。另一方面，应该看到，学术史探讨的重点，又在于把握美学理论演进中的主要历史结构规律、结构性质及结构的方式，因而，需要强调的是某种学术思想本身的结构连续性，而不是历史的时间构架——美学理论的逻辑完整性必须首先体现出思想的有机延续，以及延续过程的思想进化价值。更何况，对于 20 世纪的中国美学来说，历史过程的客观性虽然是既定的，但理论的具体结构活动又存在种种或然性。这样，在历史结构的客观性与或然性之间，便存在着某种需要我们去揭示的规律、性质和方式。这些对于那种纯粹以理论逻辑为目标的一般美学史叙述来说，当是无法全面了然的，而需要学术史研究来逐步予以澄清。

三、两个问题的思考

联系 20 世纪的中国美学状况来思考中国美学新的理论建构与深化前景，我以为，当前有两个理论问题需要我们认真对待。

（一）审美现代性问题

如上所述，自从 20 世纪初中国美学进入自身现代理论建构的起步期，"审美本质主义"这样一种坚定的学理精神、文化理想，便规范了 20 世纪中国美学的理论建构。而从某种意义上说，这种"审美本质主义"支配下的理论果实，便是"审美救世主义"的理想情怀主宰了 20 世纪中国美学的百年学术实践。这就是说，20 世纪的中国美学总是把自身对于社会人生问题的认识当作了一种具有充足理由律的生命本体论来对待，试图以此实现现实生活与人生经验的精神疗治，而 20 世纪的中国美学家们也往往乐于充当这样的"精神医生"。就像当初蔡元培希望能以"美育代宗教"一样，一百多年来，中国美学家常常把自己的理论思路最后定格在美／艺术教育的认识与实践方面，这其中便很能反映出一种"救世"的审美／人生价值观。

这里，我们发现一个值得注意的现象：当理论内部的"救世情结"和学术追求上的"社会／人生改造冲动"从外部方面强烈制约了美学的内部建构努力，美学在20世纪中国便呈现了一种特定的"社会学症候"——面对强大而急迫的外部社会压力，理论建构本身的内在逻辑反而失去了它的现实合法性；对于"审美""艺术"的强调，成为特定历史、社会的集体意志表现，而作为个体存在的"人"和作为个体自由意识的选择与行动，则因此消失在美学对于"社会"这一集体利益的原则性肯定之中。从这个意义上讲，实际上，20世纪中国美学的现代理论建构从一开始就非常鲜明地指向了"社会本体"的确立方向，成为一种坚定地站在社会群体意志之上的美学追求，并把社会的改造、人群关系的改善以及人生幸福的不懈奋斗等社会性价值的满足当作了美学唯一合法的现代性根据。

也正是在这里，我们同样看到了20世纪中国美学的一个最大缺失：在社会实践意志、集体理性的高度扩张过程中，美学一方面表达了社会现代性的外部实践需要，另一方面却忽视了审美现代性问题的内在理论建构意义。因为毫无疑问，对于20世纪中国社会来说，社会现代性实践所要求的，是群体的社会自觉、统一而不是个体的生命自立、自由，是社会的规范性而不是个体的选择性。因而，追求社会现代性之实践满足的美学所集中体现的，便只能是那种超个人的社会意志、超感性的集体理性实践。而与此不同的是，审美现代性的核心却在于寻找超越社会本体、集体理性的价值前景，寻求并确立人的个体存在、感性活动的本体地位。因此，20世纪中国美学之现代建构所缺失的，根本上也就是对于个体存在及其生命价值的理论关注。

鉴于这样一种历史的理论情状，中国美学倘若想在新的世纪里继续自己的现代理论建构追求，在我看来，就应当在注意自身历史特点的同时，清醒地看到社会现代性追求在美学目标体系上的局限性，避免在对"社会本体"的确认中淹没掉"个人本体"的存在意义。从健全美学的现代理论建构这一整体要求出发，当前的中国美学研究应在自身内部充分肯定审美现代性问题的理论重要性，重新认识超越一般社会规定性和集体意志之上的个体存在价值。换句话说，审美现代性问题之所以成为新世纪中国美学的重要探讨对象，既是一种学术史反省的结果，更应被理解为美学自身发展的内在逻辑。

围绕审美现代性问题，当前美学研究需要思考的主要有：

一是审美现代性问题的症结及其理论展开结构。在这方面，我们主要应着眼于个体存在的本体确定性及其结构规定，并在这一结构规定上展开审美现代性问题的理论阐释。这里，我们将首先遇到的最大难题，就是如何从美学层面上理解个体、感性与社会、理性的现代冲突，如何把握"个人本体"与"社会本体"的理论关系。由于近一个世纪以来的中国美学始终把"社会"视为一个巨大现实而绝对化了，个体存在与社会利益之间的关系常常被设定为某种无法调和的存在，张扬个体及其感性满足被当作对社会改造实践、集体理性规范的"反动"而遭到绝对排斥。在这种情况下，强调以个体及其存在价值作为现代美学理论建构的思考中心，便需要对其中所涉及的诸多关系做新的理解与确认，才能使美学之于审美现代性问题的考辨真正获得自己的理论合法性。

二是"个人本体"的美学内涵及其现代意义。必须指出，所谓"个人本体"应在一种价值概念范围里被理解，而不是一个具有明确的意识形态属性的社会学或伦理学概念；"个人"首先不是被视为理性的生存，而是一种基于个体心理活动之上的感性存在。这样，强调"个人本体"，意味着中国美学将在突破一般理性主义藩篱的前提下，更加充分地关心个人、个人生存目的以及个人的心理建设，而不是以社会利益消解人的需要、以集体意志消解个人想象、以理性消解感性。事实上，美学原本就是一种形成并确立在个人主体活动基础上的思想体系，离开对"个人本体"的确证，美学的实际思想前提也就被取消了。所以，强调"个人本体"，根本上是要重新确认美学作为一种人文思想体系的学科建构本位，让美学真正站在"人"的立场上。当然，对于我们来说，审美现代性问题的关键主要还在于怎样理解这种"个人本体"的现代内涵？在这一点上，需要解决的理论困难主要是：首先，在现代文化语境中，"个人本体"的现实规定是什么？这种现实规定又是如何在美学层面上具体体现出来的？其次，如果说，对于"个人本体"的确定，意味着对于个人的选择自由、行动自由、感受自由的肯定，那么，这种"自由"的价值目标较之历史的存在形态又有什么具体差异？换句话说，在体现和维护个人生存的基本目标上，"现代个人"的特殊性在什么地方？这样的特殊性在美学系统中将如何获得自己的合法性？再次，由于现代社会本身的结构性转换所决定，传统美学对于统一、完整和完善的理性功能要求逐渐被充分感性的个人动机所消解，其影响到美学的现代建构，必然提出如何理解感性活动、感性需要的现代特性及其意义，以及在现代审美和艺术活动中如何有效把握感性与理性的矛盾关系等问题。对此，美学在自身的现代理论建构中必须予以深入的探讨。

三是审美现代性与社会现代性之间的现实关联。在当代社会现实中，现代性建构作为一个持续性过程，不仅关系着社会实践的历史及其文化现实，而且关系着人对于自身存在价值的自主表达意愿和自由表达过程，关系着个人在一定历史维度上对于自我生命形象的确认方式。所以，社会现代性的建构不仅涉及个人在历史中的存在和价值形式，同时也必然涉及审美、艺术活动对个人存在及其价值形式的形象实现问题。美学在探讨审美和艺术领域的本体确定过程时，理应对此作出有效的回答。这里应该注意的，一是社会现代性建构的理论与实践的具体性质，二是审美现代性追求在社会现代性建构中的位置，三是审美现代性追求的现实合法性维度。

四是审美现代性研究与美学的民族性理论建构的关系。这个问题本来并不应该成为一个主要的讨论话题，只是由于历史原因，在过去的一个世纪里，各种中国美学的"民族性"努力总是相当自觉地把审美和艺术活动与社会进步、审美"人生"的实现与集体意志的完满统一、个人自由与社会解放的关系等，当作一种具有必然性的东西加以高度推崇，并且强调美学理论的"民族性"特征与中国社会固有的实践伦理、集体理性要求之间的一致性。这样，肯定个人及其存在价值、张扬个体自由的审美现代性追求，便不可避免地会同这种美学"民族性"建构思维发生一定的冲突。对于新世纪中国美学来说，能不能真正确立审美现代性研究的合法地位，能不能真正满足美学现代建构的逻辑要求，便需要在审美现代性研究与美学的民族性建构关系问题上进行一定的理论"反正"，厘清其中的关系层次，解除理论顾虑，同时真正从民族思想中发现、发掘和利用"个体本体"的理论资源——在这方面，中国思想系统中其实有许多值得今天重视的东西。

(二) 本土学术资源与中国美学的现代建构

在 20 世纪的中国美学进程中，"西方"曾被理所当然地视为中国美学走向现代学科形态的主要依据，是现代中国美学在追求严格的科学逻辑、规范化的学理思考方式过程中实现自身结构性转换的最基本的学术资源。置身于这种西方话语的权威笼罩之下，中国美学在自身的现代理论建构过程中反而对于那些以传统思想形式存在的本土学术资源缺少一种深刻发现、有效发掘和主动研究。除了像朱光潜的《诗论》、宗白华的《中国艺术意境之诞生》以及邓以蛰有关中国艺术的一些精妙论述等少数著论外，我们几乎很难再从中国美学的现代学科建构努力中找到有力地接续或有意识地利用本土美学传统的优秀成果。及至 20 世纪 80 年代以后，随着西方学术思想的大量涌入，令人目不暇接的西方美学理论、特别是当代美学的各种新鲜成果，更使得中国美学研究大规模地进入了对于西方学术体系的热烈追寻、移用过程，而较少清明自觉地考虑建构中国美学的现代学科理论体系与实现本土学术资源现代转换的关系问题。今天，不仅我们与西方的学术对话变得相当困难，同时也越来越深地陷入了西方话语的支配性体系之中；不仅中国美学的现代理论建构任务尚未完成，而且这一建构行程面对着支离破碎的西方后现代学术语境也益发显得无所适从、犹豫惘然。

在新的世纪，继续着自身现代建构努力的中国美学将如何通达理想的彼岸，从而在一个新的层面上勾画自己的学术宏图、确立自己的学术信心，便成了需要中国美学家们认真加以思考的问题。这其中，怎样认真面对绵长丰富、深厚博大的本土学术资源，如何积极主动而又充分地探讨并实现传统思想体系与美学的现代理论建构意图之间的有效对接，从而在本土学术资源的现代转换方面获得真正深刻的实绩，应该是当前中国美学研究的又一个重大课题。

当然，这个问题不仅要求我们有意识地、系统而集中地探讨传统中国美学思想的特色性成就，以便通过对于本土传统的有效发掘而清晰地呈现中国美学的历史存在形态；在更大程度上，把这个课题当作新世纪中国美学继续进行自身现代学科建构的重点工作之一，意味着我们必须从中国美学的"现代建构"意图及其实际前景方面，重新真正理解传统美学思想的现代转换可能性，深刻发现本土学术资源的有效开发、利用之于中国美学学科发展的"现代性"价值——这一价值既必须体现为美学建构的原创性根据，以切实保证"资源利用"的学科合法性，同时也必须能够充分体现出"资源转换"的"现代性"前景，即能够在真正意义上成为中国美学实现自身现代学科建构策略的内在满足元素。

需要指出的是，一方面，这种对于本土学术资源的重视及其现代转换研究，并非出自于某种狭隘的甚或是"对抗性"的学术企图，不是要以"本土"来搁置、抗拒对于外来理论及其学术方法的必要接纳与综合，也不是要把美学的"民族性"内涵加以夸大化、绝对化，而是力求使中国美学研究通过开发、利用和转换本土学术资源，能够真正找到对外进行平等有效的学术沟通的"对话性"根据。另一方面，实现本土学术资源的"现代性"价值，绝不是为了践行某种美学上的"资源保护策略"，也不是替固守美学的"民族本位主义"寻找堂皇的理由，而是意在通过清理、研究中国美学的思想历史，积极实现由传统向现代、资源向成果的形态转换，使中国美学在新世纪里的发展能够最充分地体现理论的现代形态与思想的历史体系之间的内在关联，进而形成真正"世界的"眼光和胸怀。

把对本土学术资源的有效清理及其现代转换的实现问题纳入当前中国美学研究的视野，要求我们能够真正沉潜下来，既从中国美学现代理论建构方向上深入考察"本土"的现代转换可能性及其机制，又从"本土"的现代转换中深入探索中国美学现代理论建构的具体前景。这其中，需要我们深思的问题主要有：

一是如何在学术史层面上深刻把握中国美学资源的历史构成及其"本土"特征，进而确认这一本土学术资源的"现代性"精神潜质？这里包含了两个方面：首先，对于中国美学资源的历史构成的发现、"本土"特征的把握，要求我们在美学研究中始终保持一种"现实的历史态度"，即能够以中国美学的现代理论建构规定来理解"历史的现实合法性"，在美学的历史承续结构上发现本土学术资源的"现代前景"。其次，对于本土学术资源的清理、研究，始终是同中国美学的现代理论建构目标联系在一起的，因而，如何从学术史层面上诞生出对于中国美学本土资源的"现代性"价值的认识，必然成为一个理论关键。由于中国美学的新的发展并不在于简单接续或使用历史上已有的中国美学学说、范畴、概念或表述形式，而是要致力于将传统有机地连接到美学的现代体系之中，所以，在这方面需要深入探讨的，主要是"本土"与美学现代性的关系问题，亦即必须通过对于中国美学本土学术资源的发掘，寻找到真正符合现代美学理论建构规定的内在精神本质。只有这样，对于本土学术资源的利用才不至于沦为某种理论的赘物。

二是如何从中国美学现代理论建构的目标上，找到有效实现本土学术资源现代转换的机制、学理方式，以及这种"转换"的结构特点？对于当前中国的美学研究来说，实现本土学术资源的现代转换，绝非一件轻易的事情，它的有效性不仅取决于我们对中国美学历史的发掘、清理程度，而且取决于我们对中国文化、中国学术的整体历史把握方式；不仅涉及我们对本土学术资源本身的认识深度和利用能力，同时也同我们在当代条件下对于中国文化、中国学术以及中国美学发展的总体规律的认识联系在一起。因此，一方面，我们必须从理论上更为深入地探寻本土学术资源的现代开发、利用价值，以便为"转换"的实现奠定必要前提；另一方面，由于本土学术资源的"转换"既是一种理论上的自觉方式、自我肯定过程，同时也体现了中国美学在当代情势下的学科发展必然性，它在结构层面上往往具有多层性、多样性和多因素性，所以，我们有必要从学科建构的有效性要求出发来具体考察这一"转换"的机制、方式和结构特点，以便使本土学术资源的现代转换真正构成为新世纪里中国美学发展的内在动力。

三是如何把握中国美学的现代理论建构形态及其前景，并从中发现本土学术资源的转换价值？实现本土学术资源的现代转换，目的在于从历史与现实的内在关联方面完善中国美学的现代理论建构；"本土"的现代转换价值，也正积极地体现在这种内在关联之中。所以，对于中国美学现代理论建构而言，本土学术资源的存在意义并不表现在其历史存在形态本身，而在于它是否可能并且实际地带来了中国美学新的建构满足。而这一切，又都需要我们对中国美学现代理论建构本身的形态特点及其基本追求有一个相当清晰的把握。离开对于中国美学现代理论建构目标的有效确认，"本土"的现代转换价值就不可能得到真正发现，甚至，"转换"本身也将成为一种毫无目的的学术空话或理论装饰产品。

四是如何把开发、利用本土学术资源与确立真正意义上的世界性学术对话机制内在地统一起来？当我们以一种非常认真的态度来探讨中国美学现代理论建构与本土学术资源的现代转换之间的关系时，我们的意图就是为了能够真正确立起一种中国美学的"世界性策略"，即实现中国美学在世界美学格局中的学术推进，摆脱长期以来的模仿与受制局面。因此，对于中国美学的现代理论建构来说，讨论本土学术资源的现代转换问题必须具备一种必要的全球性视野；不是闭门造车，而是眼光朝外，通过返身向内的资源开发、利用而走出西方话语的"单极世界"。正因此，当前，我们在强调美学研究的本土学术资源问题时，应当始终把实现美学的"世界性"和"对话性"放在一个恰当位置上。

（原载《东方丛刊》2003 年第 2 期）

现代中国美学历程

——中国现代美学史三题

从"五四"到 20 世纪五六十年代，在半个世纪的历史跨度中，中国现代美学向我们展示了一个相对完整的历史轨迹。它的方方面面，都在这个巨变的时代中不断生成、展开。

一、中国现代美学史的研究内容

中国现代美学研究，面对着现代中国全部的审美理论表现形式，以及与之相关的社会文化思潮，其中包括对现代中国哲学美学思想、文艺美学理论、审美心理学研究、审美文化学观念和美育理想的历史分析和当代阐释。它意味着，中国现代美学史所研究的，就是美学理论在现代中国发生、发展的线索及其理论本质。

第一，以中国现代美学史上各种美学命题和范畴的发生、发展为基本点，具体探究其理论本质。

中国现代美学史是在一系列特定理论命题、范畴和理论阐述结构所组成的"内在链条"上展开的。只有经过对这些命题、范畴及其逻辑关系的精微分析，才能具体认识中国现代美学的内在理论本质，把握它的形成规律，确定中国现代美学史的内在结构命题、范畴的"历史框架"。当传统和经典意义上的美学理论在近代中国历史的大幕后面逐渐退隐之时，一批现代中国知识分子则以他们新型的头脑和热情的灵魂，继续开拓着中国美学的理论道路。而 20 世纪 60 年代以后中国当代美学的建设，它与传统中国美学的联系，正是由中国现代美学这个媒介所沟通。因此，只有把中国现代美学当作一个内在完整的话语系统，洞察它的诸多理论形式及其思想立场、特殊业绩，才能在深化理论透视能力和感悟能力方面，开拓我们今天的理论视界。例如，中国现代美学"为人生服务"的思想倾向，与"同情说"的美学命题有着本质联系。而"同情说"之确定，它与中国传统美学所弘扬的修养人生的人文理想有着什么样的缘分？这一点肯定会引起我们的理论注意。由此，对于传统美学理想的现代承续轨迹，我们也就不会毫无体会。再如，中国现代美学理论在很大程度上呈现出由形象的艺术思维方式，向抽象的哲学思辨转化的特征。这一点，与外来文化引进过程中西方哲学的理性精神对中国现代美学研究的渗透密切相关，而这种转化之于后来美学理论走向的影响，则将引导我们更加深入地认识当代中国美学的建设——传统的艺术思维方式在当代理论中的生命力、美学的理性形式、中国现代与当代美学之间思维形式的整一性，等等。

第二，以中国现代美学史上的传统美学研究和对西方近现代美学的引进、分析工作为视点，探讨其研究方式、理论成果，既可以看到它们作为中国现代美学理论发展背景的意义，又可看到它们在现代中国的消化形式和转移趋向。

作为一种特殊的文化肯定形式，中国现代美学本质上是两个结构——承续结构和批评结构的理论一体化。它不仅有意识地上承了传统美学的种种理性，而且有意识地接受和利用了西方近现代美学的理论和方法，由此产生出理论上的某种一致性或相似性，或观念的自然延伸，形成中国现代美学内部的承续结构。这是中国现代美学的一种基本态势，一定程度上体现了中国现代美学史的重要性。当然，作为新的文化形式，中国现代美学也有其一定的理论批评态度和话语模式，亦即批判结构。这种批判结构往往表现为传统或西方理论的消化和转移：美学家们常常以自己的理解方式，解释和深化中国传统或西方理论的现代意蕴，从而在理论上达到某种思维的新境界。中国现代美学史上的"移情"研究，就是对德国心理学派美学理论的某种消化、转移。正是在它的影响下，一些新的美学命题和范畴得以在中国现代美学理论中获得确立。宗白华说的"美与美术的特点是在'形式'，在'节奏'，而它所表现的是生命内部最深的动，是至动而有条理的生命情调"[①]，事实上就是在一种现代理解形式中，通过对"移情"作为生命活动之艺术与审美观照过程的把握，确立了美、艺术的生命本质，从而将立普斯等人的"移情"理论，消化在美是生命的表现这一现代命题之中。

在中国现代美学理论中，承续结构和批评结构常常是一体化的。宗白华的艺术意境"三度"（深度、高度、阔度）理论，就是对传统艺术美学理念的现代承续和批评的杰出成果。所以，我们分析中国现代美学理论的发展时，必须深入到承续和批评这两种结构的内部，对中国现代美学的研究方式、理论结果进行理性透视，从中分解出它们所代表的对中国现代美学整个思想历程的特殊贡献。

第三，中国现代美学代表人物与学说的研究。

中国现代美学史研究，只有通过对代表性美学家或流派的思想发展、研究形式作分门别类的探讨，才能更加具体地反映中国现代美学的理论生动性及其历史逻辑性。在中国现代美学史上，朱光潜、宗白华、鲁迅、吕澂、梁宗岱、闻一多、周扬、李泽厚、吕荧等人，他们的理论建构，或多或少，或先或后，都对现代中国美学的形成和发展产生过重要影响。尽管他们中间的大多数人并没有形成自身完全独立的观念

---

① 宗白华：《论中西画法之渊源与基础》，载《文艺丛刊》第 1 卷第 2 期，1934 年。

体系，但是，作为特定理论时代中的俊彦，一方面，他们从不同侧面向我们提供了思想的客观材料；另一方面，由他们所形成的诸种各有中心的美学流派或研究工作，则已经或将要对整个中国美学的长远发展产生特殊的影响。例如朱光潜的西方美学史分析理论，宗白华的中国美学与艺术的诠释方法，梁宗岱的文艺美学观念，等等。因此，对于我们来说，中国现代美学史研究在这一方面的重要工作，一是如何由此而判别整个中国现代美学在理论上的进展情况，二是如何从中国现代美学在理论上的不断丰满而洞见个人思想的历史价值。当然，对代表性美学家或流派的分析，还应该指向全面——美学历史的方面。换句话说，这一方面的研究，还应该同时成为全部中国现代美学思想历史发展的独特象征。

第四，中国现代美学史的发生、发展和终结，都是在一个文化活动的总体历史进程上完成的。因此，对中国现代历史的全部文化活动、文化思想的理性考察，也是中国现代美学史研究不可缺少的部分。质而言之，中国现代美学史研究必须由此形成某些现代中国文化思潮的分析过程。

中国现代美学乃是现代中国文化发展中的一个既独立而又不完全独立的部分：所谓独立，在于其内在理论发展的稳定而系统的逻辑性；所谓不完全独立，则以为它必然联系了现代中国政治、经济、文化、文学艺术的方方面面。现代中国无疑在文化创造方面呈现了许多新的景观，保守的与改革的、本土的与外来的、左的与右的各种理论、观念、态度与立场，汇成一股股既相互冲突又相互渗透的文化思潮，深刻地影响了美学研究及其相关理论，使现代中国的美学研究工作以及由此而生的种种美学理论形成多种新的意味。特别是五四新文化运动和新中国成立初期理论领域所进行的一系列重大思想改造运动，对中国现代美学的发展及其终结，更产生了巨大的影响：它们一方面催生了中国现代美学的新的话语特征和新的格局，另一方面又导致了中国现代美学理论中的某些不可避免的言路断裂。作为一种真正的理性考察过程，中国现代美学史研究应该而且必须能够从审视中国现代文化思潮的立场来周游整个理论世界，亦即应该而且必须是一种美学理论历史的文化价值判断与巡视。在我们的观念中，中国现代美学史必定是一种特殊的文化史或思想史，它的每一个具体构成都意味着审美化观念的独特意义。

中国现代美学史研究应保持一种"整体联系"的理论精神，真正全面透彻地研究中国现代美学史，应该是上述各方面内容的有机整合。当然，在这些方面中，有关第四个方面的研究，则注定应该成为我们全部理论视野上的第一个关注点。

二、中国现代美学史的分期

中国现代美学的发展，不仅因政治、经济形态的一定变化而引起，更由某种"文化迫力"即现代中国社会文化活动、意识形态观念的综合刺激而导致。立足于此，同时又依据中国现代美学的具体演进，我们可以认为，中国现代美学史经历了发生、发展与深入及理论终结三个基本阶段。

第一，发生阶段：这一阶段基本上完成于五四时期至 20 世纪 30 年代中期这一时间内。在这一阶段，由于五四新文化运动所产生的巨大思想震撼和西方文化影响，中国现代美学家们所从事的主要理论工作，是初步接受和尽力介绍他们所了解的西方、特别是康德以后的各种美学与艺术理论，试图以此更新中国人的美学观念和理论话语形式。也就是说，中国现代美学家们开始产生出一种新的历史责任感和理论意识：他们急于把那些过去不被中国人了解或了解甚少的西方美学理论介绍进来，并且试图以此更新、改造中国人的美学观念和美学理想。它表明，中国现代美学史的理论开端，在一定意义上是借助于西方文化，尤其是近现代西方美学思想的冲击而形成的。它构成了中国现代美学史的第一个开放态势。蔡元培、鲁迅、朱光潜、吕澂、瞿秋白、胡秋原、华林、马采诸杰，在这方面起了很大作用。其中尤以朱光潜、吕澂功绩最著。朱光潜的《文艺心理学》《变态心理学》《谈美》和吕澂的《美学浅说》《晚近美学思潮》等著述，都较为系统和专门地为现代中国人展示了西方美学理论的世界。而这一阶段出现于中国美学家面前的，则不仅有康德、黑格尔、叔本华、尼采、弗洛伊德等大家，而且有诸如移情论、直觉论、距离论、意识流、原欲说等众多的美学流派，它们共同开拓了现代中国美学研究的理论视界。

在大量介绍西方美学思想的同时，美学家们也开始着手寻求某种理论的新建构。首先，在美和美感研究方面，他们试图超越以往那种单纯的艺术思维方式，代之以典型的西方式的和寓于哲学思辨的"纯美学"研究。对各种美学、艺术问题的理论探索，基本上都围绕着美、美感、审美标准、审美心理差异等诸多基本理论问题而展开，有着极为明显的哲学抽象性。舒新城、华林、范寿康、铁庐等人的许多文章，以及《谈美》（朱光潜）、《美学》（李安宅）、《艺术家的难关》（邓以蛰）、《美学概论》（陈望道）等著作，都着重从哲学分析、逻辑推演的角度，研究了美与美感问题，其中不乏精彩见解。例如，朱光潜的美感经验三阶段论、范寿康的"美的经验，与其他经验同样，乃成立于主观与客观之对立的关系上面"[1]、吕澂的"美的态度一面是美感的，一面是静观的，合了两面才成一个全体"[2]，等等；很明显地反映了中国现代美学研究在这一阶段的思想成果，反映了美学家们对西方近现代美学的一定的接受能力和消化能力，以及用中国方式阐释西方观念的理论神韵。

其次，美学研究自觉地探入到艺术世界之中，使诸如艺术起源、

---

[1]　范寿康：《美学概论》，商务印书馆 1927 年版，第 8 页。

[2]　吕澂：《美学浅说》，商务印书馆 1931 年版，第 27 页。

艺术创造与欣赏、艺术发展等的研究，上升到审美判断的高度，形成初步的文艺美学、艺术心理学理论构架。比较具体的成果有唐隽《艺术独立论和艺术人生论底批判》、胡秋原《文艺起源论》、熊佛西《论悲剧》和《论戏剧》等文章，以及朱光潜《文艺心理学》和《变态心理学》、洪毅然《艺术家修养论》、梁宗岱《诗与真》等著作。作为中国现代美学主要命题的"同情"理论，则被许多研究者应用于艺术创造与欣赏的分析中，在当时形成了一种以"审美同情"为理论本体的艺术分析思潮。

第二，发展与深入阶段：20世纪30年代中后期到40年代末，中国现代美学研究开始进入理论的自我完善和深化阶段，特别是联系了现实文艺发展，注重阐释艺术的审美鉴赏、艺术意境创构、艺术美本质、艺术功能和艺术理想的发展等重要文艺美学理论。"艺术美在于表现生命活力""艺术表现时代精神""艺术的形式主义"等，这些明显带有近现代西方美学意味的话题，既是此时美学研究的学理对象，又是这一阶段美学理论的主要命题。

不过，这一阶段特别有成就的，还是对中国传统艺术和文艺美学理论的再认识。其中，以宗白华为主要代表，提出了中国艺术的意境生成理论、审美时空理论以及"空灵""充实"等一系列传统艺术研究的范畴。宗白华《中国艺术意境之诞生》《论文艺底空灵与充实》《中国诗画中所表现的空间意识》，傅抱石《中国绘画思想之进展》，许君远《论意境》，以及朱光潜《诗论》，李长之《中国画论体系及其批评》等，代表了这一阶段对中国传统文艺进行美学审视的总体水平。

由于西方近现代美学理论的大量介绍和接受、消化，现代中国美学家们开始形成理论的"立体视界"，比较集中地进行了中西美学与艺术的比较，确立了中国早期比较美学研究的有形系统。宗白华通过比较中西绘画审美观念，认为两者"一为写实的，一为虚灵的"，从而提出中国艺术的审美空间意识是流动的（类似音乐或舞蹈所引起的空间感型）命题①。不难看出，他一方面在努力建构一种有关中国传统艺术的认识原则，另一方面则已经自觉地奠定了中西艺术及其理论形态的总体把握方法，至少已经提出了中西艺术审美比较理论的系统性框架。而丰子恺所论"中国画的表现如'梦'，西洋画的表现如'真'"②，不仅道出了中西艺术创造的差异，而且在比较中揭示了这种差异的观念本质。其他如陈之佛《略述近世西洋画论与中国美术思想共同点》、朱光潜《诗论》等，都是这一阶段中西比较美学研究的具体结晶。

同是这一阶段，马克思主义美学思想的介绍、研究和运用蔚然可观。尽管此前鲁迅、瞿秋白等人已作了一些初步的努力，但唯有到了这一阶段，随着中国历史的戏剧性变迁，随着马克思主义学说由中国革命的推进而日益传播，加上某种历史目的的巨大制约，比较全面、系统而有目的地介绍、运用马克思主义唯物论美学，才在这一阶段成为一种理论现实，从而在大量引进西方美学理论之后，在美学领域再一次激起引入外来思想的理论思潮，在一定程度上改变了一些人的观点，使之有意识地以苏俄形式的马克思主义理论来指导美学研究工作，以"现代人类的艺术也只有一条前进的道路——社会主义的现实主义"的信念来构造美学理论大厦。由此而形成的思想冲击力，与早些时候所形成的西方思想冲击力并驾齐驱，不仅撞击出现代中国美学史上更多的研究课题，也撞击出中国现代美学史上更为复杂的理论论辩局面；既为中国现代美学理论转型提供了启示性的材料，也为当时以及此后的中国美学研究孕育出种种困境、迷惘，为中国现代美学史的理论终结奠定了思想基础。

当然，更加引发我们理论兴味的，主要还不是马克思主义美学思想在这一阶段的全面介绍，而在于这种"引种"工作的长远影响，以及

① 参见宗白华《论中西画法之渊源与基础》（载《文艺丛刊》第 1 卷第 2 期，1934 年）、《中西画法所表现之空间意识》（载《中国艺术论丛》第 1 辑，商务印书馆 1936 年版）。
② 丰子恺：《绘画与文学》，开明书店 1934 年版，第 88 页。

现代中国美学家在当时条件下对它的接受、消化能力。前者自然不是一时间里能够完全看清的，后者则在当时便已有所反映。无论周扬《我们需要新的美学》《马克思主义与文艺》，还是胡秋原《唯物史观艺术论》，蔡仪《新美学》，吕荧《人的花朵》，都已经明显地表现出对马克思主义美学思想的接受与运用的努力。

第三，理论终结阶段：这一阶段出现于1956年到1965年的美学大争论期间。首先，现代中国美学家们在此期间第一次以"自我"反省或"自我"批判的意识，总结了几十年来的理论历史，在理论心态上呈现了一定的"忏悔"。其次，中国美学研究开始遵循一条新的思想路线，努力实践马克思主义的理论原则，为以后当代中国美学的研究工作提供了更多的理论材料和新的基础。当代中国美学正是由于现代美学的理论终结，才获得了自己生长和发展的前提。换言之，中国现代美学在经历这一阶段之后，由它而诞生的，一方面是对一种历史价值的判定，另一方面却是对未来的深刻铺垫。

由于种种原因，中国现代美学在开始和完成自己的理论终结时，经历了从不自觉到自觉的心路历程。思想改造的现实需要，意识形态转换的巨大制约性，使美学家们首先把目光回溯到理论的过去，在新的思想尚未成熟之际，就开始批判地审视自己的历史。这样，就产生了运用马克思主义美学原则（如反映论、经济制约论）与如何真正掌握这些原则的矛盾。朱光潜、蔡仪、李泽厚、吕荧等在"美是什么"上的争执，就反映了这种矛盾。当马克思主义美学原则不是被当作理论的本体论基础，而仅仅作为认识方法时，这种矛盾便必然会产生。从这个意义上讲，中国现代美学理论终结阶段并不充分具备"瓜熟蒂落"的必然性。只是随着意识形态的文化制约性向每一个人心灵的顽强扩散，随着一些理论"新秀"——没有经历过历史的挣扎，因而在理论的自我批判方面毫无内在痛苦的人——的出现，中国现代美学的理论终结过程才开始逐步地走向理性的自觉。于是，着眼于中国现代美学理论终结阶段的全部过程，特别是它的最后结果，我们必须承认，首先，它使得中国美学的发展，一方面进入到一个新的理想境界，另一方面又提供了许多新的理论对象。其次，它使得中国美学研究格局产生了新的变化，至少，在一个新的文化语境中，产生了以主观论、客观论、主客观统一论以及客观性与社会性统一论为旗帜的四大学术派别，产生了如吕荧、高尔泰、蔡仪、朱光潜、李泽厚等当代美学大家，使中国美学界有可能在经历了理论上的周折之后，产生出新的较量。

中国现代美学的理论终结阶段，乃是以理论的形而上学批判为源头，又以理论的形而上学建设为终点。其基本目的，便在于"批判过去的旧美学，建立马克思主义的新美学"，从而寻求"美的本质""美的对象"这类形而上问题的唯物论证明。早在 20 世纪 50 年代初《新建设》杂志发表一系列关于现实主义与美学问题的文章时，这种美学的形而上学建构形式就已初见端倪。而到朱光潜写出《我的文艺思想的反动性》一文时，这种建构形式则被具体化了，并进而使理论的形而上学批判带动整个美学研究走向另一个层面的理想完成过程。吕荧、朱光潜、高尔泰、李泽厚、蔡仪等人在当时所发表的许多论争文章，既体现了现代中国美学家们在新的文化语境中，对以往思想历程的反省立场，也体现了中国现代美学的一种新特性、新理想。它们因自身的鲜明性而在一定意义上规定了中国现代美学理论终结阶段的走向。

可以说，中国现代美学理论终结阶段的重大意义，首先体现在它的思想转换形式方面，其次又体现在它对当代中国美学研究的启发之上。随着理论终结阶段不断趋近于自身的完成，由美学理论的形而上学证明便自然地带出了诸如艺术辩证法、艺术的时代精神、自然美等理论课题，而这些课题以后又都成为当代中国美学研究开始一个新的理论阶段的历史材料。

三、中国现代美学史的特征

（一）中国现代美学史的基本特征，首先表现为它的过渡性。

这一点，最明显地反映在其研究方式的过渡性上。一方面，中国现代美学在引进、介绍外来美学理论的基础上，因着理论自身发展逻辑和美学家的素养，逐步向综合分析、消化融会的方面过渡。它明确地反映出，中国现代美学是一种立足于本身传统、借助外来冲击而向内作更高追寻的理论系统，表现为引进→理解、分析→综合、接受→消化的理论过渡。另一方面，中国现代美学开始脱离传统的艺术说明方式，不再局限于对文艺和社会生活中的审美现象的感性诠释，而是以思辨的理性抽象，对认识领域中的美学问题进行理性阐释，以便向理论的哲学概括方面进展。这就表明，中国现代美学正逐步摆脱那种围绕一个问题进行重复诠释的传统模式，把理论注意力更集中于新观念创构的全部开放过程。因而，它便成为一种积极力量的象征，为中国美学以后的持续发展展示了一个诱人的前景。

中国现代美学史的过渡性，也体现在其发展深入阶段和理论终结的复杂性之中。第一，由于在发展深入阶段上较为集中地介绍了来自苏俄的马克思主义美学和文艺理论，在一定范围里形成了对马克思主义美学的接受、运用局面，从而使中国现代美学内含了两股"力"——西方近现代美学和马克思主义美学的冲撞。由于这两股力实质上是不可能组合的，所以，它们在理论形态上的分歧就造成了中国现代美学发展中的矛盾——在本体论范围内，这种矛盾即"美是什么"；在认识论方面，则表现为"美是怎样被认识或感受的"。这种矛盾既导致了中国现代美学发展深入阶段上的种种不确定性，也造成中国现代美学理论形态的二元分立。这种情况一直延续到理论终结阶段，才以其中一种"力""绝对"克服另一种"力"的意识形态革命形式而获得某种"消除"，但又并没能使中国现代美学产生真正的、最后的超越，它依旧需要形成更高的确定形式。可以说，中国现代美学在其发展中所具有的这种复杂性，总是在为它自己产生着一个又一个材料，进而连接起它与中国当代美学之间的理论桥梁。

第二，中国现代美学经常在某种意识形态革命的形式中，获得其理论对象和理论转换。无论由于中国革命需要而形成的对马克思主义的憧憬，还是为建立新型意识形态所做的思想批判，每一次意识形态领域的斗争都使得中国现代美学产生新的分化、新的期待和新的需要。更何况，由于意识形态革命在中国现代历史上的复杂性和不确定性，这就规定了中国现代美学的纷繁面貌，使之呈现出往后不断过渡的趋势。20世纪五六十年代美学大争论之所以成为中国现代美学史的理论终结阶段，其中原因之一，就是它使得中国现代美学在理论形态上开始由二元分立向统一化过渡，使美学家们能够在一种新的语境中，继续完成他们尚未完成的理论形式。

可见，中国现代美学史乃是美学理论与研究由现代历史向当代条件过渡的渐进历程。

（二）中国现代美学史的另一个特征，则是它虽没有形成总体上较完整的思想体系，却产生了以代表性美学家的理论观念为形式的个别的研究系统。

这其中较有代表性的主要有：朱光潜以"心物相合"论（后来演变为主客观统一论）为核心、主观（主体）与客观（客体）关系为出发点的美的本体论研究系统，它凭借西方近现代美学思想为自身的观念材料，把美学导向一种建立在主体感觉、情绪和观念之上的美与审美经验研究，不仅确立了美学的经验分析基础，而且开创了中国现代文艺美学和审美心理学的历史。而周扬、蔡仪等人有关美的本体论研究，则明确标示了美学中的唯物主义认识方法，注重从具体现实中寻找美的客观本质，极端强调了美学与现实生活、艺术实践的联系。

宗白华的中国传统艺术的现代诠释系统和邓以蛰的艺术创造论研究系统，在中国现代美学史上独具影响。前者对中国传统艺术及其美学理想进行了比较完整的现代思辨，确立了自己独立的美学命题和范畴，开启了涉入中国艺术及其美学理想之境的新的思维之门。后者则在弘扬艺术实践精神的基础上，对艺术、特别是艺术美的创造，有着透辟聪颖的把握，所谓"艺术，是性灵的，非自然的；是人生所感得的一种绝对的境界，非自然中的变动不居的现象"①，这是邓以蛰对艺术美创造本质的总体认识，在当时可谓风骚独领。

种种情况表明，中国现代美学并非像有些人所认为的，完全没有独立的研究系统。在我看来，研究中国现代美学史，就是要通过具体的材料，揭示其中具体的内容，这才是一种对待历史的科学精神。

（三）以弘扬审美教育作用而满足观念上对现实人生的改造理想，是中国现代美学史的又一大特征。

对国家、社会、民众生活的深刻忧思，对艺术生活之精神崇高性的憧憬，使得中国现代美学家们总是突出地强调审美教育的理想作用，借此满足或安慰其观念上对现实人生的改造理想。这一点，同样成为中国现代美学的一个特征。美学家们几乎无一例外地都对现实人生持有强烈的不满，都希冀通过艺术、审美教育来唤起全体民众的自觉精神，拯救人的生命衰落。但是，理论上对审美教育作用的透悟，除去具有一定的观念存在性价值以外，并没有成为某种实践行为的现实基础。作为一种发自内心自觉的不解追求，它安慰了美学家的心灵，却没有真正达致现实的完善。因此，在理论上弘扬审美教育作用，还只能是一种观念的力量，这也是导致现代中国美育理论丰足、具体操作贫弱的原因。

宗白华曾经表示："我们人群社会中所以能结合与维持者，是因为

---

① 邓以蛰：《艺术家的难关》，古城书社 1928 年版，第 7 页。

有一种社会的同情"，因为这份"同情"，使"小我的范围解放，入于社会大我之圈，和全人类的情绪感觉一致颤动"①。事实上，把审美教育作用的理论基础奠定在"同情"——由社会的同情扩大至自然的同情、情感的同情，以及艺术的同情，是中国现代美学在美育理论方面的一大特色。至于以"同情"为根本，用艺术的方法启迪人类心智，改造人生境界和社会现实，则成为中国现代美学在观念上完成审美教育作用的具体途径。应该说，这种弘扬审美教育作用的理想，这种在理论上所从事的功德无量的工作，反映了现代中国美学家们的一种文化观念，也表现了他们对创造新文化的急迫欲求，因而它本身也构成为现代中国文化创造活动的具体内容。

（原载《东方丛刊》1993 年第 4 期）

---

① 宗白华：《艺术生活——艺术生活与同情》，载《少年中国》第 2 卷第 7 期，1921 年。

美学：知识背景及其他

——对 20 世纪中国美学学术特性的一种思考

一、引入知识背景问题的意义

在 20 世纪中国美学学术发展过程中，有一个重要现象不能不引起我们的高度关注，这就是：从学术史层面来看，作为现代中国美学的自觉的理论先驱者，王国维、蔡元培、朱光潜等一批学者所开启的，乃是美学研究作为一种"纯理论"活动在 20 世纪中国学术语境中的特定路向与旨趣。而在这一特定路向上，20 世纪中国美学的发生、发展明显有着一种知识融合与变异冲突的内在迹象——王国维、蔡元培等人的最大学术功绩，就是能够在 20 世纪中国美学进程之初，便非常自觉地探索着一种将中国传统的人文理想情趣、思考对象与西方文化的知识性成果、思想形式进行相互协调的新的学术可能性。如果我们能够承认，这种存在于 20 世纪中国美学现代学术道路上的现象，事实上已经大大地改变了美学在中国固有文化体系中的原有形象，或者说，由于在美学研究的知识背景上所存在的融合与变异过程，导致中国美学在理论的现代建构方面的特定价值特性，那么，我们就必须看到，从知识背景的具体构成及其历史演变来考察 20 世纪中国美学的学术构造和知识增长规律，这正是我们现在从学术史方面对 20 世纪中国美学进行认真的价值反省的重要对象。

这里，我们应当首先明确一点，即：任何一种理论学科的学术史研究，所探讨的，正是特定学科知识在自身历史演变过程中的具体增长与变异，以及这一知识演变过程所呈现的学术价值构造和特性问题。由于具体理论的发生、发展总是存在一定规律性的历史过程，而知识层面的历史增长与变异则是其内在的支持，因而，探讨一种学科的历史演进，其知识背景所具有的问题必定会以一定方式凸现出来。

很显然，对 20 世纪中国美学进行学术史考察，其目的就是要从具体历史过程中发现美学在 20 世纪中国的知识性增长与变异特性。而一定时代美学思想的发生与发展，内在地包含了知识的演化、增值过程——它是一种具体的美学活动和理论之所以能够在一个历史体系中"如此"和"必定如此"的内在支持。这样，在探讨美学的历史架构时，其知识背景便显得十分重要——作为隐藏在理论或思想内部的制约机制，它充分规定了美学的学术形态及其价值呈现方式。在这个意义上，我们说，对于 20 世纪中国美学的学术史探讨，若要彻底探究美学理论活动的历史存在及其可能性价值构造，无疑就需要将美学内部的知识增长与变异问题，引入到具体把握范围之中，以便我们对于 20 世纪中国美学的价值性判断能够确立在一个有效的依据之上。

二、"两脉整合"及其他

从总的方面来看，在整个 20 世纪中国美学的发生、发展中，存在着一种具有知识生成意义的"两脉整合"过程——其一是中国本土固有知识的传承系统，其二是西方近代科学知识（包括美学理论）的引进与认知系统；"整合"则是指中西方两种知识系统在 20 世纪中国文化语境中的融合性转换，以及它们彼此间的相互克服与交汇。毫无疑问，作为20世纪中国美学学术活动的知识性存在背景，这一过程的出现与演变，最值得我们关注的是：第一，中西方两种知识系统在整合过程中所必然出现的矛盾与冲突；第二，这一整合过程对于20世纪中国美学学术价值构造所具有的影响；第三，这种影响的发生本身有着什么样的具体特性和意义，以及这种影响的存在为中国美学学术形态的确立提供了什么样的规范。

具体而言，作为20世纪中国美学学术发生、发展的知识性背景，"两脉整合"现象明显存在一个特定的文化前提——对于中西方美学的知识性传承和认同，与整个20世纪中国学术界对于中国文化在世界范围内的现代化进程的要求和把握是联系在一起的。也就是说，对于不断试图走向现代理论建构形态的中国美学来说，无论是对于中国美学既有思想体系的传承，还是具体认识和借用西方美学知识成果，这一切都直接维系在20世纪中国社会的具体文化实践及其价值意图之上，也直接联系了中国文化在自身现代转换过程中所遭遇的各种意识形态方面的表现因素。质言之，这种联系性的最主要表现，是对于学术追求与文化建构理性之间关系的不同要求和理解——在20世纪中国社会的不同文化发展阶段，由于美学活动本身所处的具体文化语境的差异，以及作为人文知识分子的美学家们对于中国文化的现代建构有着对立的或分歧性的要求，进而导致在美学理论思维、美学观念、美学方法等方面，也同样出现了某种源于传承过程或接受、认同方面的特定差异。这种差异的存在乃至它们之间的相互冲突，往往带来20世纪中国美学在自身现代建构过程中对于知识背景原有情状的某种变异（这一点下面再加以讨论）。因此，一方面，我们说20世纪中国美学因其知识背景上的存在特性，它的学术转换过程明显具有一种深刻的意识形态特性；另一方面，也由于20世纪中国美学的学术追求本身具有鲜明的文化建构意识，它对于自身知识背景也就存在某种变异的内在动机和价值企图。所有这一切，当然都归因于美学活动与 20 世纪中国文化现代化进程关系的变动。

这里，我们从美学活动与 20 世纪中国文化进程的关系方面来概略分析。可以认为，进入 20 世纪以来，中国美学的知识背景发生过这样几个方面重大的性质及功能转换：

第一，对于 20 世纪中国美学来说，自从王国维、蔡元培、朱光潜、宗白华等不断将西方美学作为一种全新的知识成果引入到中国美学的现代建构过程之中，西方美学（尤其是以康德、黑格尔、叔本华为代表的德国美学理论及其学术形式）便一直是中国美学家用以审视审美活动、表达美学观念、构造思想体系、观察和批评现实生活，乃至于重新理解传统中国美学思想的重要学术依据。如果说，这一依据在 20 世纪 30 年代中期以前主要还是作为一种具体知识形态而被中国美学家认可与应用的话，那么，在此之后，特别是经过了 50 年代的美学大讨论，情况则发生了微妙的变化。随着中国文化进程中特定意识形态因素的介入和持续强化，中国美学家对待西方美学的态度开始由原来那种知识性认同立场逐步转向以意识形态为判断准则的选择立场——包括对于西方美学进程的反思和批评、对于当代西方美学知识体系在中国文化语境中的价值前景、中国美学与西方美学的交流关系以及这种关系的具体文化性质、将西方美学从知识论方面转向方法论方面的可能性问题等等，都强烈地体现出一种意识形态方面的意图。这样，我们就发现，作为一种特定的知识背景，西方美学对于 20 世纪中国美学来说，无疑有着两个方面的功能：其一是方法上的功能。20 世纪中国美学家们在从知识层面上接受、认同西方美学的同时，往往更关注这种知识体系本身对于研究美学问题的方法论意义，更乐意将其当作一种可以直接运用的美学方法来加以实施，以此达到引领中国美学走入现代学科形态的目的。其二是理论体系的改换功能，即 20 世纪中国美学在自己的百年进程中，直接拿西方美学的知识成果和知识积累形式作为具体的理论建构目标，因此，尽管我们在这一过程中能够看到其中非常明显的意识形态意图，但从根本上说，20 世纪中国美学的现代建构努力是直接维系在西方美学的知识形态之上的——对于中国美学家来说，美学的现代建构就是走向这种以近代德国美学为模范的理论体系，而传统中国美学的现代延续，同样也是联系在我们对于西方美学的知识接受能力之上的。

第二，由于马克思主义的引进与接受，以及它在 20 世纪中国文化进程上所具有的意识形态的特殊性，使得马克思主义的哲学和美学观念主要不是以一种知识形态，而是作为一种以真理性话语形式来体现其社会实践意愿的理论认识系统，影响并规范着中国美学在这一百年里的学术建构活动及其方向。换句话说，马克思主义美学在 20 世纪中国文化语境中有其自身先在的确定性，而这种"确定性"的意识形态内涵则决定了中国美学家对待马克思主义美学与中国美学现代进程之间关系的普遍态度——虽然在如何理解马克思主义的哲学和美学精神、如何把握"现代形态的中国的马克思主义美学体系建构"等问题上总是充满了意识形态性质的分歧（例如 50 年代的美学大讨论以及此后持续展开的诸美学理论派别的论争），然而，至少在理论的形式存在方面，人们却又竭力标榜了一种坚定的"马克思主义"追求——从而也决定了马克思主义美学在非知识学意义上的话语权力和主流地位。当然，这里也同样存在着 20 世纪中国美学在自身现代理论建构过程中如何对待中国传统的问题——追求理论和观念的现代存在形态的中国美学，无论如何都无法回避把马克思主义真理性话语同中国传统理论的现代延续要求相结合的有效性（合法性）问题。于是，我们便看到：一方面，由于对马克思主义美学及其整个思想体系的理解和运用的方式、程度各不相同，尤其是对于中国的马克思主义美学体系建构的价值要求不一样，所以，马克思主义美学对于 20 世纪中国美学家的意味便有了不同的体现。另一方面，由于马克思主义美学在 20 世纪中国始终是同意识形态问题联系在一起的，因而，它的出现与发展必然造成整个百年里中国美学学术活动的复杂性——在这个意义上，马克思主义美学在 20 世纪中国的重要性，就有了特殊的含义。对此我们必须有足够的认识。

第三，当代西方的科学主义美学思潮，特别是各种心理学美学成果和理论方法的引进，造就了20世纪80年代以后中国美学内部的科学主义取向。尽管我们可以说，中国美学原本也潜在了某种整体性的心理把握传统，而20年代以后中国美学（以朱光潜等个别留洋学者为代表）也曾经将近代以后西方美学的心理流派介绍到了中国，但是，也只有在20世纪80年代以后，随着整个中国学术界、特别是哲学界和文艺理论界对于西方学术的大面积热情高涨，随着当代西方各种具有科学主义倾向的哲学、美学和文学理论思潮对中国学术界的大面积侵入，20世纪的中国美学家才第一次在较为确定的学术意义上认识到美学中科学主义（主要又是心理主义）的功能性魅力，进而产生出对于美学进行科学建构的意愿和追求。就这一点来看，20世纪最后20年里，因着知识背景上出现的这种新的特点，中国美学的现代理论建构努力发生了显著的方向性转移。科学主义的思想方法、理论等，以及西方心理学美学的一系列重大成就，不仅为中国美学家带来了许多全新的理论认识，并且通过对经典美学的思辨理论形态的抵制，而从特定知识层面为中国美学的现代建构活动提供了一种具有怀疑论特性的启示，即：我们曾经热切欲求的美学的体系性建构工作，在科学价值面前必须受到质疑。这既是中国美学为完成自身当代性价值构造所进行的工作，也是中国美学拓展自身学术空间的新的前提。可以认为，虽然在理论的健全性和操作过程的有效性方面还存在许多大的问题，甚至，在如何把握美学的科学价值准则方面也暴露了许多似是而非的矛盾与漏洞，然而，20世纪80年代以来，中国美学在追踪科学主义路向方面却有着一种越来越强烈的倾向——各种形式的心理学美学探索和泛化了的部门美学研究便十足地表现了这一点。这些都显然同20世纪80年代以来中国美学知识背景的改换相关联。

第四，对于20世纪中国美学而言，由于西方美学这一知识背景存在的强大压力，传统中国美学在现代学术语境中的重要性，已经浓缩为一种学术期待的可能性——它使我们不断产生出对于"美学的中国化"的理论热情和信心，使我们能够有意识地以一种特有的文化延续立场和学理方式来对待美学的现代提问形式和解答途径。显然，在这里，最重要的还不是传统理论给予 20 世纪中国美学的现代建构以怎样一种思想资源，即我们在什么意义上来实现美学内部的文化传承，而在于它给 20 世纪中国美学注入了一份意味深长的希望。正是这份希望，支撑了现代中国美学家的理论信念，也使美学在 20 世纪中国赢得了必要的赞誉，产生出更多积极的冲动。尤其是，由于对传统进行阐释所必然伴随的多义性和歧义性，结果反倒使中国美学家有可能在提出"美学的中国化"建构问题之际，对西方美学已经形成的知识性成果作出某种变异尝试。所以，作为一种知识背景，传统美学其实是实现了它对于 20 世纪中国美学的三重功能：一是学术积累的功能，二是融和"西学"的功能，三是形态延伸的功能。应该说，传统美学的现代合法性也正体现在这里。

三、"西方"的"中国化"

我曾经提出，从学术史层面看，"不同文化背景的学术话语之间的交流和冲突，是影响美学学术展开，从而不断深化或改变美学知识形式、知识方向甚至学科建构性质的重要条件之一，也是我们在寻求美学理论变异的深层思想动机、把握美学发展的内在理论机制时，必须涉及的一个重要方面"①。这里，我所要强调的是，美学的学术史研究必须非常具体地去探究理论发生、发展中内含的不同文化性质的学术思想间的交流过程及其关系。如果说，在这样的立场上审视 20 世纪中国美学是

---

① 参见本书《中国美学：百年进程及其学术史话题》，第 7 页。

可能的和必要的，我以为，有一个问题注定将进入我们的考察视野之中，即：如果我们肯定，致力于建构现代形态的理论体系是 20 世纪中国美学学术活动的基本目标，那么，它在这一过程中是以怎样的方式和心态来理解、接纳西方美学知识成果的？换句话说，对于 20 世纪中国美学而言，西方美学（从具体理论学说到方法）是在什么样的学术前提下进入中国美学知识系统的？因为毫无疑问，在我们所要探讨的 20 世纪中国美学学术积累及其价值特性问题中，"西方"作为一个特定的知识存在形态，实际上总是同中国美学的现代学术方向直接相关的。

这里就涉及了 20 世纪中国美学的知识背景问题。具体来说，在整个百年中，中国美学主要采取了两个相关形式来体现自身对于西方学术资源的意愿：一是在理论建构形态上，有意识地吸纳或直接转用西方（尤其是近代以来）的美学学说，以此来完成中国美学由传统向现代的理论转换；二是通过借用西方美学较为成熟的学术方法，以形成自身对于现代美学课题的新的认知性表达。而在这两个相互关联的形式中，西方美学一直是被当作一种现成的和可靠的知识来对待的。这样，在 20 世纪中国美学进程上，作为一种知识背景的"西方"，其与中国美学之间便存在了某种特殊的关系性质。

概括说来，对于 20 世纪中国美学的发生、发展而言，"西方"有着某种既定性——它不只是思想活动的认识对象、思想的参照系统，更是一种已经被确认的有效知识体系，是中国美学在自己的现代路程上所寻找到的知识性根基。由此，作为 20 世纪中国美学发生、发展的特定知识背景，西方美学在被纳入现代中国美学家学术视野之际，必然面临一个如何同中国美学已有的思想体系进行有效融合的问题。这也就是我们通常所说的"美学"在现代学科形态上的"中国化"问题——这里的"美学"常常与"西方美学理论"具有同一性，因而美学的"中国化"实际上便意味着在一种学术价值形态上，将西方美学的知识性成果加以理论转换的"可能性"与"必然性"。而就 20 世纪中国美学历史中的既有情形来分析，现代中国美学家们对于"西方"这一知识背景的"中国化"转换姿态大体有三类：其一，直接拿西方已有的美学理论作为知识模本，以对中国艺术和审美现象的系统化说明，来思辨（逻辑）地构造一个明显具有西方式学术特性的现代中国美学思想形态。在这方面，做得最出色的当属朱光潜。他的《悲剧心理学》《诗论》等，就是一些范例性成果。其他如范寿康、陈望道、吕徵等人，也在这方面下过很大工夫并有不少成就。其二，以中国文化精神和审美理想为学术基点，有选择地利用西方的学术理论、参照西方的审美—艺术实践，以便在阐释中国美学和艺术问题的过程中，打通中西理论和实践的间隔，确立美学的"中国身份"。宗白华美学便为我们具体塑造了这种特定的"中国化"姿态。其三则表现在对于马克思主义理论学说的理解与接受上，有意识地根据意识形态的时代利益来张扬马克思主义对于现代中国美学学术建构的话语权。这使得马克思主义与20世纪中国美学的关系体现了强烈的意识形态化倾向，而马克思主义的"中国化"过程也因此显现了其超知识性的社会学意义。周扬、蔡仪便是这方面的主要代表（20世纪50年代以后，甚至80年代"复苏"中的美学研究，通常也具有这种姿态）。所谓"建设中国的马克思主义美学"，往往由于意识形态本身的复杂性，而在不同美学家那里产生出学术旨趣上的差异甚至理论对立。

不过，将西方美学的知识成果进行"中国化"的过程，无疑是一个持续的历史现象。这不仅是指它发生、展开于中国美学的现代建构进程上，同时也是指这种"中国化"的学术追求本身就构成了20世纪中国美学的历史形象——在这个持续的"中国化"方式上，20世纪中国美学方才特定地产生了自己的历史价值。当然，作为一个历史现象，20世纪中国美学对于"西方"的"中国化"转换，又不断演绎出各种理论的变异性结果。由于这种变异，在20世纪中国美学的学术天空上，原本作为知识背景存在的西方美学，这样或那样地发生了与其原有旨趣和规范、甚或理论出发点相异的歧变。由此，在20世纪中国美学研究中，

"西方"之被"中国化"的过程，便带来了某些新的学术现象或学术生长点——其根源就在于这种"中国化"本身的具体方式总是首先被中国文化的历史和现实语境规定了的。值得我们注意的是：第一，美学的学术史研究，只有在对历史中的理论变异现象与具体文化语境之间的关系作出明确把握的基础上，才有可能获得有关 20 世纪中国美学学术动机及其活动过程的准确认识。因为很显然，由"中国化"的学术意愿所引发的西方理论的变异，不仅受制于现代中国文化语境的主导性要求，同时，它也可能直接影响中国美学在 20 世纪文化语境中的学术建构态度和方式。正因此，我们必须看到，在 20 世纪中国美学进程上，西方美学的理论变异便具有了它的特殊性；这种特殊性也是我们进行学术史考察的重要对象。所有这一切，都需要我们首先对 20 世纪中国文化语境本身的特性有确切的认识。第二，西方美学在中国文化语境中的变异，相应带来了 20 世纪中国美学的一系列具体历史特性。这其中，尤其需要探讨的一个方面是："变异"过程及其结果在什么样的程度和范围上，又是以怎样的方式，对百年中国美学的学术建构及其价值特性产生了影响？这一点，从大的方面来看，首先是西方美学（主要是它的近代理论形式）作为一种外来的知识成果，它在中国文化语境中的变异，并没有能够完全消除它与中国本土理论在知识内容、知识结构和知识对象等方面所存在的潜在对立与冲突，这就决定了美学的"中国化"始终存在一种知识融合的艰难性与有限性。其次是在具体变异过程中，中国美学家的个人知识准备及其运用能力显然是一个非常重要的变因，它不仅可能导致整个美学研究形态的分化，而且可能因此改变美学的历史存在形式。所以，20 世纪中国美学的学术建构又常常是同具体个人的知识背景及其个人运用过程联系在一起的。而在更为具体的方面，西方美学在中国文化语境中所发生的变异，又不断产生出 20 世纪中国美学内部的各种学术冲突与矛盾。这些冲突与矛盾具有这样的特点：其一，美学的"中国化"建构努力，最终是同人们对于"中国—西方"这个文化二元模式的价值取向联系起来的。这样，西方美学在中国文化语境中的变异过程，便具有了学术权力的争夺性质。这一情形也同样发生在有关"马克思主义美学体系"的建构问题上。其二，美学的知识含量也往往很不确定，以至于我们经常难以从知识的有效性层面上去判断百年来中国美学的实际增长。更何况，在20世纪的历史中，中国美学的知识增长本身也常常是很可质疑的。

四、方法的借用

再以百年来中国美学对于西方学术资源的第二种意愿表达形式来看。我们首先要承认，从古典走向现代，从心灵感悟形态走向逻辑分析形态，是20世纪中国美学在现代建构道路上形成的一种有序轨迹。在这一轨迹的深层，潜在着特定的方法论立场，即：20世纪中国美学的有序发展，基本上是同它自身对于西方美学（乃至整个西方学术）具体方法的借用方式直接关联的。这意味着，方法论层面的某种有意识的学术行为，在以"西方"为知识依据的过程中，产生出中国美学百年来的具体学术建构特性，并且充分肯定了中国美学在向"现代"转型过程中的学科定位要求——科学理性和社会精神改造的追求，在逻辑呈现的过程中，得到了方法论层面的直接保证。

进一步来说，作为一种知识背景、学术资源，西方美学的方法体系对于20世纪中国美学至少具有这样两重意义：第一，在知识形态上，以理性的逻辑形式出现的西方美学方法体系，由于是被作为一种可以直接"拿来"的操作手段来对待的，因而，对于20世纪中国美学来讲，方法的"借用"本身其实已经不复考虑学术之本体依据的转换。换句话说，"拿来主义"成为一种普遍的学术心态，具体作用于20世纪中国美学的各种思想和理论活动之中——问题不是西方美学方法是否可以拿来一用，而是我们能够拿来多少"方法"以满足理论认识上的表达需要。于是，在美学的方法论问题上，不同文化特性之于一种理论建构的内在限度常常被有意或无意地忽略了。这也就是为什么我们在把握 20 世纪中国美学的时候，总是不得不经常回到西方美学方法系统中去寻找中国美学理论形成过程的原始出发点的原因。第二，在操作过程中，借用西方美学方法本身，往往直接联系着 20 世纪中国美学进程的某些阶段性特征。这就是说，在不涉及美学方法的本体根据这一基础上，方法的借用在形态方面产生了 20 世纪中国美学的某些阶段性改变。这样，我们发现，从王国维、梁启超、蔡元培等人在 20 世纪初正式引进康德、叔本华等的美学开始，期间经历朱光潜、宗白华、吕徵、陈望道等美学家所做的工作，20 世纪中国美学从西方那里接过了包括近代以来几乎所有的学术方法系统。而这种方法论上的自发性认同，恰恰体现了一定的学术发展阶段性特点——从世纪之初的介绍性引进，到 80 年代轰轰烈烈的"方法热"，几乎每一次方法论层面上对于"西方"的热衷，结果总是带来中国美学研究形态的某种阶段性转换活动，就像马克思主义美学在中国的情形那样。自 20 世纪 40 年代起，虽然中国美学界对于马克思主义的热情不断增长，但与其说人们对于马克思主义美学的接受是出自一种理论本体变革的需要，还不如说它更直接地是在方法层面上被中国美学家看中，目的是能够在特定意识形态条件下完成中国美学向新的可能性形态的迅速转换。因此，在后来，我们看到，尽管到了 90 年代，中国美学的学术生存环境已经发生了很大改变，但是，从阶段性发展特征上来说，由于它仍然不断地重复着 20 世纪中期中国美学在方法论上所持守的特定思维立场，所以我们依旧必须将它放在同样的一个学术阶段上来加以把握。这里，我们便不能不提出一个问题：在学术价值特性上，应该如何去理解 20 世纪中国美学的这一具体现象？无疑，20 世纪中国美学家的学术经历及其理论建构意愿，构成了整个美学百年的完整线索，但是，这种方法形态上的特定现象对于美学家们又意味着什么？

或者，它在中国美学的百年学术建构价值方面，能够提供给我们什么样的启发？

说到这里，我们还应该再问一下：如果说，20 世纪中国美学在对待西方美学方法系统时具有上述特点的话，那么，西方美学之为 20 世纪中国美学知识背景的意义又在何处？在我看来，这种价值也许就在于，它一方面为中国美学完成自己的现代转型提供了具体手段；另一方面，也是更重要的，它在促成中国美学世纪转型过程中，以特定知识材料而在 20 世纪中国美学中带出了诸多对于美学的现代学科建设富有意义的新话题——包括"美学的学科定位"这类多少带有本体意义的学理对象。如此，则我们不能不思考：第一，如果说 20 世纪中国美学的阶段性发展线索是与其对于西方美学方法的借用一定地联系着的，那么，这种话题的形成对于 20 世纪中国美学的学术价值构造产生了怎样的影响？第二，在新的理论话题的提出过程中，方法的借用本身对于美学家个人的知识准备方式提出了什么要求？第三，作为一种知识背景的存在，西方美学学术方法在 20 世纪中国美学转型过程中产生了什么样的特定变异？变异的规律又是什么？这些，显然都是我们今天在学术史层面上探问百年中国美学的意义之所在。

（原载《文艺研究》1999 年增刊第 1 期）

功能论思想模式与生活改造论取向

——从"以美育代宗教"理解现代中国美学精神的发生

整整 100 年前，蔡元培在《以美育代宗教说》中号召中国人"舍宗教而易以纯粹之美育"①。自此，作为中国社会现代进程中最具精神召唤力的思想主张之一，"以美育代宗教"也成为具体引导中国人从生活改造的实践意愿出发，谋划现实社会与人生发展前景的一种思想逻辑——现实生活中我们既然不能直接由传统接续出足以保持人的精神持久的内在信仰，而精神信仰的有无却决定着生活现实乃至整个人生实践的方向性差异，那么，为现实中的中国人和中国社会寻找可以加以实践的精神持久之道，就是有效改造生活现实、不断完善中国人精神结构的必然。

一、现代中国美学的基本精神主调

把蔡元培的这一思想主张及其内在逻辑放到现代中国美学精神的发生问题上来看，可以认为，"以美育代宗教"的提出，实际内含着特定的功能论思想建构模式，它深刻影响了同时期及以后中国美育思想的

---

① 蔡元培：《以美育代宗教说》，见《蔡元培全集》第 3 卷，中华书局 1984 年版，第 33 页。

形成及其实践选择，并且也极具代表性地体现了现代中国美学的特定精神旨趣。

毫无疑问，借助康德哲学"知意情"三分并以情感作用为居间中介的致思路径，蔡元培在对原始宗教所具有的"知识、意志、情感"统合功能进行大致分析的基础上，亦即所谓"知识作用之附丽于宗教者""意志作用之附丽于宗教者""情感作用之附丽于宗教者""最早之宗教，常兼此三作用而有之"，而"当时精神作用至为混沌，遂结合而为宗教。又并无他种学术与之对，故宗教在社会上遂具有特别之势力焉"①。实质性地表达了一种有关美育功能的现代性观念：为社会和人生的长远发展以及人的现实生活活动提供真正有力的价值精神，必须具备一种新的、真正有力的精神纯化能力，而这一能力就体现为美育的具体功能实践；面对中国人、中国社会的生活实际，美育的现代发生正在于能够以一种纯化人的实际精神感受的方式，持续地引导人从生活现实中走出来，走向一个自由、普遍和进步的人生境界。应该说，这也正是蔡元培反复强调在科学与社会进步过程中的宗教精神业已丧失自身原始能力，不可能真正提供足以解决现代社会中人的精神问题的原因所在——在这里，对于功能满足的要求被突出地放在了一个十分具体的生活现实层面。

这一点，在 1930 年蔡元培发表的《以美育代宗教说》一文中有着同样明确的体现。他之所以反对"以宗教充美育"而坚决主张"以美育代宗教"，就是因为"美育是自由的""进步的""普及的"，是面向了"纯粹的美感"，这种能够在生活的具体活动中指引人的情感走向"纯粹性"的功能，不可能从那种统合功能业已瓦解的宗教强制性、保守性和封闭（有界）性中获得产生。所以，即便"宗教中美育的原素虽不朽；而既认为宗教的一部分，则往往引起审美者的联想，使彼受智育、德育

① 蔡元培：《以美育代宗教说》，见《蔡元培全集》第 3 卷，中华书局 1984 年版，第 31 页。

诸部分的影响，而不能为纯粹的美感"①。显然，之所以美育可以"代宗教"而不是反过来以宗教代行美育功能，既是由于宗教精神本身存在极端功利性的问题，更主要的还是宗教原始统合功能随着科学昌盛、社会进步而不断衰落的结果。换句话说，蔡元培的目的在于为现实生活中的人另外找到一条整合精神的实践路径。而在他的思想逻辑中，人的情感作为认识活动和实践活动的中介，只有朝向更为高尚和纯粹性的方向发展，才可能真正引导人在有限的生活现实中摆脱强制、保守和封闭的精神陷阱，现实生活也才能通过以情感纯化为根本的美育功能实践，"提起一种超越利害的兴趣，融合一种画分人我的僻见，保持一种永久平和的心境"②。在这里，我们明显看出一种不同于一般知识论立场而体现了鲜明的功能论建构维度的思想模式——知识论范畴的宗教信仰的解体，为美育在现代生活中的具体实践提供了新的前景；美育功能的现代发生，使得曾经被宗教异化和利用的情感中介作用获得重新启用，并且在审美活动的具体展开中不断满足人在生活现实面前的精神纯化需要。"既有普遍性以打破人我的成见，又有超脱性以透出利害的关系；所以当着重要关头，有'富贵不能淫，贫贱不能移，威武不能屈'的气概，甚且有'杀身以成仁'而不'求生以害仁'的勇敢。这种是完全不由于知识的计较，而由于感情的陶养"，只有这样"才算是认识人生的价值了。"③ 也因此，美育取代宗教而作用于人的精神发展，既可以有效克服宗教知识的精神局限，同时也扩大了审美在人的生活现实中的实际作用。

"对于现代美育来说，内在于美育价值意图、外显于美育操作性活动的功能实践问题，直接联系着对'为什么要美育'和'美育可以做什

---

① 蔡元培：《以美育代宗教》，见《蔡元培全集》第 5 卷，中华书局 1988 年版，第 502 页。

② 蔡元培：《文化运动不要忘了美育》，见《蔡元培全集》第 3 卷，中华书局 1984 年版，第 361 页。

③ 蔡元培：《美育与人生》，见《蔡元培全集》第 3 卷，中华书局 1984 年版，第 267 页。

么'问题的回答，也进一步突出了从功能论立场考察和把握现代美育品格的必然性。"① 这种积极凸显审美在生活现实中的具体作用的功能论思想建构模式，其实已在思想的发生层面，通过把现代中国人和中国社会的精神信仰问题置于现实思考的前沿，以"美育"为理论旗帜，独特地开启了现代中国美学精神的发生过程。事实上，现代中国美学精神的整体建构，就是在现实地关注中国社会和中国文化建设、中国人生活处境的基础上，围绕与之相应的人生实际问题的精神解决之道而展开的。以实现人的精神纯化作为思想发生的起点，不仅是蔡元培"以美育代宗教"这一具体学说的基本核心，同时也直接联系着现代中国美学精神的建构性展开。也可以说，"以美育代宗教"的提出，以及现代中国美学精神的发生、发展，在鲜明地突出特定理论活动的现实意图，以学理方式充分张扬精神层面上的审美"救俗"可能性的同时，往往又非常明确地把这种精神的"救俗"活动与生活现实的改造前景直接联系在一起。就像宗白华所期待的，"人生不复是殉于种种'目的'的劳作，乃是将种种'目的'收归自心兴趣以内的'游戏'。于是乃能举重若轻行所无事，一切事业成就于'美'。而人生亦不失去中心与和谐"，"达到这种文化理想的道路就是'美的教育'。'美的教育'就是教人'将生活变为艺术'"，而如果"人人能实现这个生活理想，就能构成一个真自由真幸福的国家社会。这个理想在现在看来似乎迂阔不近时势，然而人类是进步的，我们现代的生活既已感到改造的必要，那么，向着这个理想去努力，也不是不可能的"②。很显然，通过强调审美所具有的精神建构功能来积极调适人的现实生活方向，标举高尚的新生活精神来取代甚至重塑中国人的现实追求，进而实现中华民族新文化建设的新理想、新方向，乃是现代中国美学的一个基本精神主调。

---

① 见本书《"以文化人"：现代美育的精神涵养功能》，第 361 页。

② 宗白华：《席勒的人文思想》，见《宗白华全集》第 2 卷，安徽教育出版社 1994 年版，第 114—115 页。

二、现实生活的精神超越的必要性与可能性

在"以美育代宗教"这一思想主张中，通过美育的具体实施以实现现实生活的精神超越的必要性与可能性问题，被蔡元培放在了全部思考的核心。它一方面联系着蔡元培"超功利"的美育本体观，另一方面也体现了他对"情感陶养"作为现代美育功能实践的内在自觉。

早在 1912 年发表的《对于新教育之意见》中，蔡元培就曾经明确提出："现象世界与实体世界之区别何在耶？曰，前者相对，而后者绝对。"[①] 现实活动作为"现实世界"的相对性，前提性地决定了要想真正超越人的生活现实，实现人生意义的普遍性，便只能通过人对于绝对的超越性本体（实体世界）的把握而获得。在"现象"和"实体"、"相对"和"绝对"之间，后者才是确立人生意义普遍性的根本，而前者却是对于这种普遍性的遮蔽与破坏。因此，蔡元培十分强调"非有出世间之思想者，不能善处世间事，吾人即仅仅以现世幸福为鹄的，犹不可无超轶之观念，况鹄的不止于此者乎？"[②] 能否获得现实生活的超越性认识，进而实现人生意义普遍性的绝对化，成为蔡元培思考现代美育功能实践问题的关键。

当然，对于蔡元培来说，这种人生意义普遍性的确立，与"美的普遍性"直接联系在一起。"美以普遍性之故，不复有人我之关系，遂亦不能有利害之关系。"[③] 这里存在一个基本的逻辑关系：美的普遍性——无利

---

① 蔡元培：《对于新教育之意见》，见《蔡元培全集》第 2 卷，中华书局 1984 年版，第 133 页。

② 蔡元培：《对于新教育之意见》，见《蔡元培全集》第 2 卷，中华书局 1984 年版，第 132—133 页。

③ 蔡元培：《以美育代宗教说》，见《蔡元培全集》第 3 卷，中华书局 1984 年版，第 33 页。

害关系的实现——超越（不复有、不能有）生活现实的有限性——人生意义普遍性的确立。其中，"无利害关系"的实现是充分体现美育功能的根本，美育的实际作用就在于将一种普遍性价值引入生活的当下，将人从现实的有限与相对中引向"超绝实际"的普遍性人生。应该说，这也是蔡元培为美育的现代发生所寻找到的落脚点：以美的普遍性价值确立人生意义普遍性的现实维度，不断跨越生活现实的功利关系而趋近于"破人我之见，去利害得失之计较"的"无差别"人生境界。"人既脱离一切现象世界相对之感情，而为浑然之美感，则即所谓与造物为友，而已接触于实体世界之观念矣。故教育家欲由现象世界而引以到达于实体世界之观念，不可不用美感之教育"①。正是基于这样一种对于美育本体的基本认识，蔡元培特别看重美育不同于宗教那种"感情激刺"作用且可以真正代替宗教的"情感陶养"功能。"美育之附丽于宗教者，常受宗教之累，失其陶养之作用，而转以激刺感情"，"宗教之为累，一至于此，皆激刺感情之作用为之也"，"鉴激刺感情之弊，而专尚陶养感情之术，则莫如舍宗教而易以纯粹之美育"②。宗教之不能成为人在现代生活中的精神信仰，恰恰是因其单向度情感的过度激化反而带来人生发展的狭隘性。而美育之于人的情感强化却不以激化人的单向度情感投入为鹄的，它在践行更为广大深刻的"情感陶养"活动中，注重的是美育本身内在的"超功利"本体与其功能性"教养"方法的统一，以此把握那种不以特定利害关系为目的的人生意义的普遍性。"纯粹之美育，所以陶养吾人之感情，使有高尚纯洁之习惯，而使人我之见，利己损人之思念，以渐消沮者也。"③ 由此，我们也可以发现，当蔡元培在超功利的生

---

① 蔡元培：《对于新教育之意见》，见《蔡元培全集》第 2 卷，中华书局 1984 年版，第 134 页。

② 蔡元培：《以美育代宗教说》，见《蔡元培全集》第 3 卷，中华书局 1984 年版，第 32、33 页。

③ 蔡元培：《以美育代宗教说》，见《蔡元培全集》第 3 卷，中华书局 1984 年版，第 33 页。

活改造前景上将个体情感"陶养"与人的"性灵"联系起来，提倡"美育之目的，在陶冶活泼敏锐之性灵，养成高尚纯洁之人格"①，他其实最终是把美育功能具体落实在养成人的高尚精神底色，以此作为在人生普遍性意义层面找寻生活有限性的根本改造之道。

如果说，在蔡元培这里，"以美育代宗教"而确立人的现实的精神价值维度，最终目的是为了能以超越性精神来具体引导中国社会、中国人生活现实的改造，那么，这一思想旨趣既出自于蔡元培，也同样体现为现代中国美学精神的发生旨趣。其如华林当初所揭示的，"中国人之生活，干枯残酷，极单调无味之生活也！人与人之间，狡诈欺骗，视为惯技，无创造之能力，无变化之趣味，目之所接耳之所闻，均给一种卑劣污秽之印象，混乱无秩序之生活，令人心闷而脑裂"，"吾人感于生活之烦闷，而欲在时间空间上，变更实际之生活，吾人只有从文艺上提高人生之'欲望'趋于极端之感情和意志在'爱与恨'上，发展伟大之创造力"②。在理论思考的具体层面上，现代中国美学从始至终关注着如何能够通过审美（艺术）的途径和方式来实现人的精神提升和生活改造等实际问题。从思想发生的角度来看，在强调"超功利"的审美活动可以完成现世"救俗"功能之际，现代中国美学非常明确地突出了一种"生活改造论"的价值取向。这一取向主要包含有两点：

第一，生活现实既是功利主导的和狭隘的，它极大地阻碍了人生发展，是对人生普遍性意义的反动，但它同时也有着被拯救和改造的可能，因而仍然是有希望的。这就像朱光潜在《无言之美》里指出的："我们所居的世界是最完美的，就因为它是最不完美的"，"人生最可乐的就是活动所生的感觉，就是奋斗成功而得的快慰。世界既完美，我们如何能尝创造成功的快慰？这个世界之所以美满，就在有缺陷，就在有

---

① 蔡元培：《创办国立艺术大学之提案》，见《蔡元培全集》第 5 卷，中华书局 1988 年版，第 180 页。

② 华林：《生活之节奏》，见华林《艺术文集》，上海大光书局 1936 年版，第 102 页。

希望的机会，有想象的田地。换句话说，世界有缺陷，可能性才大。这种可能而未能的状况就是无言之美。"①生活改造的现实前提，在于人生生活有实际的基础，改造的可能与前景都存在于生活的现实之中。在这个意义上，作为现代中国美学精神价值取向的"生活改造论"，体现了相当充分明确的现实性，而以审美的"超功利"或"非功利"来实现生活现实的具体改造，便内含着一份对于人生现世的价值关怀。"艺术和美育是'解放的、给人自由的'"，而"我们要想复兴民族"，就"必须提倡普及的美感教育"②。可以认为，现代中国美学精神的发生，在张扬现实功能性的同时，又保持着具体的生活立场。它强调超越，但却不是对生活现实的绝对放弃，而是要努力从现实当中为人的生活发展寻找精神的出路；它寻求确立非功利的人生关系，却又主张通过强化审美的功能性作用来实现人生意义的普遍前景。正因此，现代中国美学在自身发展中往往具体选择了"美育"来转换美学的知识力量。

第二，以生活现实作为具体出发点来追求实现人的生活改造，固然需要选择具体的路径，但更重要的是如何把握这一改造路径的功能价值。无论是蔡元培试图"以美育代宗教"，抑或其他各种以具体审美（艺术）活动形式来实现生活改造的思想意图，应该说，在"生活改造论"价值取向的内部，"美"也好，"美育"也罢，都不是生活改造的目的本身，而是其所带来的去蔽除障、疗治人的精神有限性的作用。"因美之刺激而生变化，是即美感足以潜移吾人之精神活动；换言之，即足以发展吾人之精神生活；更换言之，即为吾人人类本然性之要求。盖人类本然性，乃时时欲为不绝的向上发展，但非有以刺激之，或刺激之而非由于美的刺激，则不容易使之发动"，为此，李石岑特别强调"美育

---

① 朱光潜：《无言之美》，见《朱光潜全集》（新编增订本）第 1 卷，中华书局 2012 年版，第 74 页。

② 朱光潜：《谈美感教育》，见《朱光潜全集》（新编增订本）第 1 卷，中华书局 2012 年版，第 234 页。

者发端于美的刺激，而大成于美的人生，中经德智体群诸育，以达美的人生之路"①。同样，丰子恺也把"恢复人的天真"视为"学艺术"的根本，以为"在不妨碍现实生活的范围内，能酌取艺术的非功利的心情来对付人世之事，可使人的生活温暖而丰富起来，人的生命高贵而光明起来"，进而"体得了艺术的精神，而表现此精神于一切思想行为之中。这时候不需要艺术品，因为整个人生已变成艺术品了"②。在直面社会与人生的过程中，作为生活改造路径的美育"救俗"功能，积极践行着人生普遍性的意义指向。换句话说，蔡元培的"以美育代宗教"或整个现代中国美学的展开，都内在地指向了以审美（艺术）方式改造生活现实的具体功能实现问题。由此，蔡元培不仅观念性地提倡以美育确立人的现实精神维度，而且高度重视、反复强调美育实施方法的操作性和具体性。而宗白华则在《青年烦闷的解救法》里提示当时的青年"常时作艺术的观察，又常同艺术接近，我们就会渐渐的得着一种超小己的艺术人生观。这种艺术人生观就是把'人生生活'当作一种'艺术'看待，使他优美、丰富、有条理、有意义。总之，就是把我们的一生生活，当作一个艺术品似的创造"③。显然，将美育对于现代人生、生活现实的改造功能加以具体化，将生活改造的价值意图实践化，充分体现了包括"以美育代宗教"在内的整个现代中国美学的精神方向。

（原载《郑州大学学报》2017 年第 5 期）

---

① 李石岑：《美育论》，见《李石岑哲学论著》，上海书店出版社 2010 年版，第 103、107 页。

② 丰子恺：《艺术修养基础》，见《丰子恺文集·艺术卷》4，浙江文艺出版社 1990 年版，第 126、124、123 页。

③ 见《宗白华全集》第 1 卷，安徽教育出版社 1994 年版，第 179 页。

艺术起源理论的中国形态

——"中国美学：1900—1949"研究之一

20 世纪上半期是中国美学走向自身现代理论建构的重要时期，"艺术起源"探究恰是期间中国美学学者比较集中的话题。如果说，作为现代美学系统的重要方面，"艺术如何和为何起源"这一发生学问题曾在近代以来的西方引起纷纷议论，那么，它在 20 世纪上半期中国美学现代理论建构发展中，在竭力以西方学术为模范的现代中国美学学者那里，同样没有获得一致的解决。事实是，尽管 1919 到 1949 年间中国美学学者对艺术起源问题有过种种不同理解，但他们从始至终又都追踪、仿效了西方美学的相关知识。在这个问题上，我们又一次看到了 20 世纪中国美学学术演进的鲜明特征：现代中国美学学者在整个百年中主要采取了两个相关形式来体现自身的"现代意愿"，即一是在理论建构形态上有意识地吸纳或直接转用西方（尤其是近代以来）美学学说，借以完成中国美学由传统思想向现代理论的转换；二是借用西方较为成熟的学术方法，以形成自身对于现代美学课题的新的认识性表达。而在这两个相互关联的形式中，西方美学一直被努力走向现代理论建构道路的20 世纪中国美学学者当作了一种现成和可靠的知识来对待①。

---

① 参见拙文《"西方"的"中国化"：百年中国美学的知识背景及其变异》，载《文艺研究》1999 年第 1 期。

考察 20 世纪上半期中国美学现代理论建构过程中的诸多艺术起源观念，我认为，把艺术起源归于劳动实践或游戏或同情，是艺术起源理论在现代中国的三种具体形态。

一、"艺术起源于劳动实践"

在 20 世纪上半期中国美学走向现代理论建构的道路上，"艺术起源于劳动实践"观点有着最为广泛的影响。它最初以蔡元培、胡秋原为理论代表，至 20 世纪 40 年代以后则主要以周扬、吕荧等人为代表。其基本核心则是将人类艺术的最初发生归于原始人类的生产劳动，视艺术起源于人类生活实践的发展需要。

早在 1920 年，蔡元培的《美术的起源》一文就曾详细考察了原始人类的"艺术"创造活动及其审美趣味发生、发展问题。他通过引用大量原始材料，认为由于"游猎时代生存竞争上必须的"要求，使得原始人类"有锐利的观察与确实的印象"，有"他们的主动机关与感觉机关适当的运用"，从而使原始人类从大自然中获得装饰品，更进一步创造出带有萌芽状态的艺术品，模仿自然以表达原始人类自身感情。在他看来，这种最初形态的艺术创造冲动"不必到什么样的文化程度，才能发生"，而与原始人类"生活很有关系"①。蔡元培的这一观点，可说是 20 世纪上半期中国美学学者从劳动实践方面探寻人类艺术起源之谜的第一声，此后则有更多人循着这条路去摸索开启艺术起源究竟的大门。这其中，胡秋原作为一个相当有分量的现代学者，不仅是 20 世纪中国最早系统运用唯物主义方法论研究美学、艺术问题的专家，而且在一系列美学著论中有意识地将唯物史观用于艺术的发生学研究。在代表作《文艺

---

① 蔡元培：《美术的起源》，见《蔡元培全集》第 3 卷，中华书局 1984 年版，第 414、423 页。

起源论》中，胡秋原旗帜鲜明地阐明道：

> 人最初艺术发生与发展，大部分是起源于实用的动
> 机——工作先于艺术。实用是艺术最原始的动因，最初的艺
> 术是从实用生活的必要而起……最初决不是先有"美感"才
> 有艺术，而反是在实用工作中才发生美的现象，连带着"美
> 感"对象的原素。①

依据唯物史观考察人类艺术，胡秋原发现"原始人的心理，最大部
分几乎全部是凭倚经济活动的时候，生产活动直接地左右艺术的生与长。
换句话说，（1）经济促进伴随艺术的产生与发展；（2）经济影响艺术的
形态与变化。"②这一发现根本上源自马克思主义唯物论立场。因为在马克
思主义创始人那里，正是人类劳动实践使得自然对象"人化"，人在自己
的劳动产品中看到了人的存在和力量，从而产生审美的喜悦，"一个民族
或一个时代的一定的经济发展阶段，便构成为基础"，艺术"就是从这个
基础上发展起来的"③。胡秋原对艺术起源的理解正应合了马克思主义创始
人的思想。当然，对于胡秋原，来自马克思主义阵营的普列汉诺夫的影响
更为直接。普氏在艺术起源问题上贯彻始终地坚持了唯物史观基本原则，
明确主张艺术的产生"决定于一定生产过程的技术操作性质，决定于一定
生产的技术"，而"劳动先于艺术"④，其如原始人的舞蹈"是人的生产活
动在娱乐中、在原始艺术中的再现。艺术是生产过程的直接形象"⑤。在这

---

① 胡秋原：《文艺起源论》，《北新》第 2 卷第 22 号，1928 年。
② 胡秋原：《文艺起源论》，《北新》第 2 卷第 22 号，1928 年。
③ 《马克思恩格斯选集》第 3 卷，第 574 页。
④ [俄] 普列汉诺夫：《论艺术（没有地址的信）》，曹葆华译，人民文学出版社 1962 年版，
   第 11 页。
⑤ 《普列汉诺夫哲学著作选集》第 2 卷，生活·读书·新知三联书店 1961 年版，第 754—
   755 页。

里，我们分明可以看出胡秋原对普氏思想的忠实程度，两者观点竟如出一辙。也因此，胡秋原不仅专门撰写《唯物史观艺术论——朴列汗诺夫及其艺术理论之研究》一书探讨普氏美学，还在《文艺的起源》里热情评价其"艺术起源论认为艺术是受经济活动的影响，原始劳动者的技巧动作的情态是表明有用物体的制造，是在社会学上找得确实的根据而颠仆不破了"[1]。

除了普列汉诺夫以外，胡秋原对艺术起源的认识还受了日本学者厨川白村的一定影响。后者在《苦闷的象征》中论及艺术发生时指出："因为他们（指原始人）对于自然力抵抗的量很微弱，所以无论对于地水风火，对于日月星辰，只感谢、赞叹，或者诅咒、恐怖的感情去相问，于是乎星辰、太空、风雨便都成了被诗化、被象征化的梦而被表现。尤其是，在原始人类的幼稚的头脑里，自己和外界自然物的差别是很不分明，因此就以为森罗万象都像自己一般的活着，而且还要看出万物的喜怒哀乐之情来……诗和宗教这双生子，就在这里生长了。"[2] 从艺术的象征性方面，厨川白村发现了艺术起源与宗教观念产生之间的相似关系。对此，胡秋原肯定厨川白村从"日常生活上的实利的欲求"着眼，是"最值得我们注意首肯的地方"，因为在他本人看来，"宗教，实在是艺术第二的母亲，或者也可以说是艺术的保姆"。不过，胡秋原更强调把这种宗教对艺术起源的作用放到劳动实践基础上考察，"'祈祷'还是在劳动之后，宗教也还是劳动过程的产物……他们（指原始人）的祈祷，无非是希求'生活'上的一种满足罢了"[3]。如是再三强调劳动实践是艺术的起源，已不难看出胡秋原的根本立场了。而在胡秋原之前，现代中国还没有人能如此系统、准确地运用唯物史观于艺术起源的

---

[1]　胡秋原：《唯物史观艺术论——朴列汗诺夫及其艺术理论之研究》，上海神州国光社1932年版。

[2]　[日] 厨川白村：《苦闷的象征》，鲁迅译，上海北新书局1928年版。

[3]　胡秋原：《文艺起源论》，载《北新》第2卷第22号，1928年。

研究。

随着 20 世纪上半期中国美学现代理论建构的演进，特别是随着 30 年代以后中国美学、文艺理论界对马克思主义理论的译介、研究规模不断扩大①，艺术起源之"劳动实践"观点也得到进一步发展和系统化。吕荧和周扬是其中两个重要代表，他们都试图用唯物史观的方法论来考察人类艺术发生，希冀从马克思主义那里找到艺术起源问题的真正答案。吕荧曾为此专门写了一系列文章来进行讨论，而最能反映其艺术起源见解的，是他在 1946—1947 年间几经修改的《艺术散记》。在该文中，吕荧开宗明义地指出："人类的艺术活动从原始时代就开始了"。他与蔡元培相似，同样从原始人类"艺术"作品入手，通过原始素材来探寻艺术源头，以为"艺术是社会生活的反映，而生活是艺术创作的源泉，最早的人类的作品再一次证明了这个真理"②。不过，与同样持守"劳动实践"观点的其他中国学者有所不同，吕荧主要从艺术创作的现实主义这个角度探寻艺术起源，更致力于从人类社会生活方面研究问题。显然，从"劳动实践"观点到"社会生活"的观点，有关艺术起源观念的这个变化，可以被看作 20 世纪上半期中国美学现代理论建构中的一个初步发展。正是从原始人类"艺术"活动中，吕荧不仅看到了其

---

① 如仲云翻译了托洛斯基《论无产阶级的文化与艺术》（1926），鲁迅节译了托洛斯基的《文学与革命》（1926）、卢那察尔斯基的《艺术论》（1930）和普列汉诺夫的《艺术论》（1930），杜衡翻译了波格丹诺夫的《无产阶级艺术的标准》（1928），冯雪峰译有卢那察尔斯基的《艺术之社会的基础》（1929）、普列汉诺夫的《艺术与社会生活》（1929）和法捷耶夫的《创作方法论》（1931）等。而一声、冯雪峰、博古则分别于 1926 年、1930 年和 1942 年翻译了列宁的《党的组织与党的出版物》，萧三在 1947 年编译有《列宁论文化与艺术》，冯雪峰翻译了马克思《〈政治经济学批判〉导言》有关艺术生产与物质生产发展不平衡理论和马克思论出版自由等的论述（1930），程始仁译有马克思《神圣家族》第五章（1930），郭沫若重译了《神圣家族》第五章并首译其第八章（1936），柳若水摘译《1844 年经济学哲学手稿》（1935），荃麟摘译《德意志意识形态》第一卷（1937）等。见钱竞《中国马克思主义美学思想的发展历程》，中央编译出版社 1999 年版。

② 《吕荧文艺与美学论集》，上海文艺出版社 1984 年版，第 58 页。

与人类生产活动实践的关系，而且发现了艺术同人类社会生活的"真实"沟通，即原始人类"生活在原始共产群体里，没有受到私有财产社会制度之下的生活观念的残伤；他们的生活是粗野的，可是质朴的，纯真的。在这样的生活中成长起来的人，他们也以粗野、质朴、纯真接触世界。于是，在绘画和雕刻里，他们达到艺术创作的原始的真实的境界"，"正是从生活的'无量的光源'中涌出了这样的艺术作品"①。如此，"艺术源于生活真实"的观点，便在吕荧那里具体诞生了。它同吕荧之前其他学者观点的区别在于：用"社会生活"解释艺术起源，已不再简单地围绕艺术的原始状态来谈论问题，而是力图深入艺术本质的"真"中探寻艺术的发生，从创作方法上求解艺术起源的究竟。这种方法上的差异，便造就了同派观点中的新见解。而从艺术源于生活"真实"出发，当吕荧再度探求艺术的起源时，他便认同艺术生命从属于一个更广大更高的原则——善，而艺术的起源总是同"求善的思想和愿望联系着的"；"善"是"勇敢的面对现实的战斗。'善'是人类寻求幸福的生活的愿望和行动"，在寻求幸福和光明的生活中爆发了人类艺术创作的冲动，所以艺术的导火索又是求善。原始人类"在寻求人类的幸福的生活的战斗中，他们得到了创作的力量，他们完成了艺术"。如此，归结到艺术的现实主义方面，吕荧才会说："现实主义，这不单是真的战斗，而且也是善的战斗。"② 毫无疑问，在吕荧这里，"艺术起源于劳动实践"观点已经一定地深化，被联系到一个更为广阔的思想天地中去了。

周扬在20世纪40年代撰有《唯物主义的美学》《马克思主义与文艺》等论文，还翻译了车尔尼雪夫斯基的《生活与美学》。他在《生活与美学》的译后记《关于车尔尼雪夫斯基和他的美学》中特别指出："车尔尼雪夫斯基使艺术和生活紧密地结合起来，引导人热爱生活，并

---

① 《吕荧文艺与美学论集》，上海文艺出版社1984年版，第56页。
② 《吕荧文艺与美学论集》，上海文艺出版社1984年版，第57—59页。

为美好的生活而斗争。"正是在车氏"美是生活"、艺术是"再现自然和生活"命题引导下,周扬从马克思主义创始人以及列宁、毛泽东等人思想中领悟到艺术起源于群众现实生活这一点。在《马克思主义与文艺》①中,周扬用马克思主义者的口吻毫不犹豫地肯定"人类一切的文化,包括艺术与文学,都是群众的劳动所创造的"。他并根据恩格斯思想对此做了相应论证:"正是由于劳动,由于适应日益复杂的新的工作,人的手才达到了这种熟练的程度,以致它仿佛着了魔力似地产生了拉斐尔的绘画,托儿华尔德森的雕塑,巴加尼尼的音乐……劳动先行于艺术。"由是,周扬便从劳动实践角度确定了艺术起源于群众生活的观点,并同当时中国革命文艺的现实要求相适应——实际上,正是中国革命文艺朝向真正人民性发展的现实要求,使得马克思主义文艺和美学观得以在 20 世纪上半期中国美学发展中产生出变革观念的巨大影响力,也才有现代中国美学学者在马克思主义旗帜下对艺术起源问题的不断探究。

应该说,"艺术起源于劳动实践"观点在 20 世纪上半期中国美学发展中完全确立并发生重大理论与思想作用,始于吕荧和周扬所处的 20世纪 40 年代中期。更具体地讲,它以《生活与美学》一书的移译、出版为标志,而鲁迅、洪毅然、蔡仪、何思敬等的相关研究也都为之增添了不少思想光色。对之作深入分析,可以发现,首先,无论是初期比较单纯地把艺术起源归于原始人类生产劳动,还是此后以理论变化姿态出现而综合理解艺术发生与社会生活、生活真实的关系,"劳动实践"观点对艺术起源的解释根本上都是以原始人类劳动实践为起点的——把艺术看作起源于劳动群众的生活或生活真实,其内核仍凝结在原始人类的原始生产劳动这一焦点上。而从人类生产劳动实践的发生、发展过程来看艺术发生,所谓"生活"其实就是劳动实践的生活,是人类改造自然同时又改造人自身的生活。在这方面,"劳动实践"观点持有者的态度

---

① 周扬:《马克思主义与文艺》,《解放日报》1944 年 4 月 8 日。

非常明确，其特点也是相同的。其次，在最初论述艺术发生与劳动实践关系时，现代中国美学学者在具体考察中更多注意了原始人类生产劳动的细节、艺术审美观念的微小萌芽，而缺乏更深入细致的阐发和精深的见解，其观念的"科学性"或"可靠性"建立在现象考证之上而缺乏必要的理论系统性。即使是胡秋原这样较早接受唯物史观的学者，也几近囫囵吞枣般搬用现成理论于自己的观点中。进入三四十年代后，由于马克思主义唯物史观的深入宣传和俄国马克思主义思想家的影响，吕荧、周扬等学者开始较好地消化、吸收唯物史观的基本方法和理论，并将之与中国文艺现状及其发展任务联系起来，艺术起源之"劳动实践"观点才有了更进一步的展开和比较完整、深刻的见识，从而使该理论不再囿于原始材料考证的"西式"圈子，而同中国现实社会生活、社会斗争更直接地联系起来，其影响力也变得更大。再次，从发展过程来看，"劳动实践"观点愈是往前一步，就愈具体地受到马克思主义理论的深刻影响。它同唯物史观的联系最为密切，唯物史观直接就是其"理论之母"。尤其到了后期，这种联系更为明显。唯物史观、马克思主义美学和文艺观对 20 世纪中国美学现代理论建构的影响，在该派观点的形成、发展中得到了最具体的体现。

二、"艺术起源于游戏"

同样作为 20 世纪上半期中国美学学者对待艺术起源的重要主张，"艺术起源于游戏"观点的最大理论代表当属朱光潜。此外，吴蒲若、刘金荣等人也都持有相同的见解，即认为艺术冲动源自于人的游戏冲动，由于游戏冲动的发展而产生出人类最初的艺术创作。

显而易见的是，这一观点在 20 世纪上半期中国美学现代理论建构中的形成和发展，直接反映出西方近代心理学家如皮亚杰、德拉库瓦

（Delacroix）等人的重大影响①，其基本的理论资源，就是席勒、斯宾塞的"精力过剩说"和谷鲁斯的"练习说"。因为在席勒那里，游戏和艺术便都是人的不带实用功利目的的自由活动，是人的精力过剩的表现，"当缺乏是动物活动的推动力时，动物是在工作。当精力的充沛是它活动的推动力时，盈余的生命力在刺激它活动时，动物就是在游戏"②。斯宾塞更直接以生理学来解释过剩精力的由来，认定这种过剩精力发泄于无目的的模仿行为，游戏就是真实活动的模仿，而艺术也是如此。谷鲁斯则在批评席勒、斯宾塞理论的基础上，强调游戏属于实用生活的准备和练习，它总是带着外在的目的并过渡到艺术活动，而艺术正属于模仿性的游戏。

正是根据了这些西方理论，20世纪上半期一些中国美学学者开始用"游戏"理论来解释艺术的起源。李石岑便肯定"游戏，与美实根本相通"，"席勒形命相即之说，本康德以来既以阐发之；兹特为标出者，以游戏一语，殊有玩索之价值"③。朱光潜的《文艺心理学》《谈美》《诗的起源》等著论更是充分体现了这种基于"游戏"的艺术起源观念，这也使他成了"游戏说"之中国形态的中坚人物（更准确地说，是近代西方"游戏说"在20世纪中国美学现代建构过程中的主要传播者和理论代表）。

在《谈美》中，朱光潜明白无误地提出："艺术的雏形就是游戏。游戏之中就含有创造和欣赏的心理活动"，"艺术和游戏都是意造空中楼阁来慰情遣兴"④。其《文艺心理学》也同样强调：

---

① 朱光潜坦言其写作《文艺心理学》的动机，直接是受了巴黎大学德拉库瓦教授讲授《艺术心理学》的启发。而他专门提到的导师，就有英国心理学家竺来佛、法国斯特拉斯堡大学心理学教授夏尔·布朗达尔。见《朱光潜美学文集》第1卷"作者自传"，上海文艺出版社1982年版。

② ［德］席勒：《美育书简》，徐恒醇译，中国文联出版公司1984年版，第140页。

③ 李石岑：《艺术的特征》，《李石岑论文集》第1辑，商务印书馆1924年版，第112页。

④ 朱光潜：《谈美》，见《朱光潜全集》（新编增订本）第3卷，中华书局2012年版，第56、61页。

> 我们纵然否认艺术就是游戏，艺术起源于游戏仍是一个
> 可能的假设……艺术和游戏都要在实际生活的紧迫中发生自
> 由活动，都是为着享受幻想世界的情趣和创造幻想世界的快
> 慰，于是把意象加以客观化，成为具体的情境……艺术冲动
> 是由游戏冲动发展出来的。①

从心理学尤其是儿童心理特征出发，朱光潜寻找着艺术在游戏活动里的源头。在他看来，游戏之为艺术之源，因为它和艺术"都是意象的客观化，都是在现实世界之外另创意造世界"，"它们对于意造世界的态度都是'佯信'（make-believe），都把物我的分别暂时忘去"，并且"都是无实用目的的自由活动，而这种自由活动都是要跳脱平凡而求新奇，跳脱'有限'而求'无限'，都是要用活动本身所伴着的快感，来排解呆板现实所生的苦闷"②。换句话说，"艺术起源于游戏"的理论根据在于：首先，游戏造成的意象虽似扮演外物，其样本却还是人自己心中的意象而不是意象所本的外物，这同艺术把意象客观化、把艺术家心中意象加以改造而成为一个具体形象是完全一致的，都是在现实之外另创了一个理想世界。其次，游戏的幻想既根据现实又超脱了现实，是拿意造世界弥补现实世界的缺陷，是一种欲望的满足，其如德拉库瓦所谓"在这个世界上面架起另一个世界出来，使自己得到自己有能力的幻想"，这同艺术也是人的欲望满足和"无外在目的"的结果是相同的。再次，游戏过程把主体情感移到外在对象上，忘去了物我、真伪的分别，虽在游戏却不自觉是游戏，在聚精会神中把幻想的世界就当成了现实世界并在其中保持了郑重其事的主体态度。这同艺术创造把热烈的

---

① 朱光潜：《文艺心理学》，见《朱光潜全集》（新编增订本）第3卷，中华书局2012年版，第277—288页。

② 朱光潜：《文艺心理学》，见《朱光潜全集》（新编增订本）第3卷，中华书局2012年版，第284—285页。

幻想外射为具体形象而不觉其所意造的艺术世界之虚幻，也是一致的。第四，游戏和艺术的目的都不在活动以外的结果，而在于活动本身所伴随的快感，在无实用的活动中见出人的权力并因此享受生存的快乐；它们都只是为了活动而活动，都是自由的活动。很显然，朱光潜力求在游戏和艺术之间架起一座桥梁，进而把艺术之水的源头引向游戏，在游戏活动中找出艺术的特征——艺术成为游戏的产物。虽然朱光潜并非没有意识到艺术与游戏的差别，即"游戏和艺术虽相类似，但是究竟是两回事"①，"游戏究竟只是雏形的艺术而不就是艺术"②，其《文艺心理学》和《谈美》也都一再提到，"艺术都带有社会性，而游戏却不带社会性"，"游戏不必有作品，只是逢场作戏，而艺术必须有作品以传达天下"，"艺术传达必须有媒介——技巧和创作方法"③。并且他也看到艺术"逐渐发达到现在，已经在游戏前面走得很远，令游戏望尘莫及了"④。但这并没有使他从根本上怀疑游戏之于艺术起源的作用，而依然把艺术看作伏根于游戏、产生于游戏，"艺术冲动是由游戏冲动发展出来的"。

朱光潜对于艺术起源的理解，在 20 世纪上半期中国美学界之"游戏说"一派中是很有代表性的，也很具权威性。以后"游戏说"持论者们基本都是按着朱光潜这条路走的，并且没有超出他的理论深度。只是这一派学者队伍较小，在 20 世纪上半期中国美学现代理论建构进程上虽有一定影响，但也只是发一家之言、成一家之说。至于"游戏说"之现代中国形态发生、发展的具体特点，则在几方面是比较明显的：

其一，西方近代心理学美学有着直接具体而深刻的影响。席勒、

① 朱光潜：《文艺心理学》，见《朱光潜全集》（新编增订本）第 3 卷，中华书局 2012 年版，第 285 页。

② 朱光潜：《谈美》，见《朱光潜全集》（新编增订本）第 3 卷，中华书局 2012 年版，第 59 页。

③ 见《朱光潜全集》（新编增订本）第 3 卷，中华书局 2012 年版，第 286—288、59—60 页。

④ 朱光潜：《谈美》，见《朱光潜全集》（新编增订本）第 3 卷，中华书局 2012 年版，第 60 页。

斯宾塞、艾伦（G.Allen）、朗格（K.Lange）以及"移情学派"代表人物费肖尔、立普斯、浮龙·李、谷鲁斯等人的理论，大多由该派学者介绍到中国。尤其是席勒、斯宾塞、谷鲁斯、朗格的理论，更对朱光潜等人具体理解艺术起源问题产生了至关重要的影响。可以说，艺术起源之"游戏说"的现代中国形态，正完成于该派学者大量介绍西方近代心理学美学的过程中。而事实上，该派学者对于20世纪上半期中国美学现代理论建构发展的贡献，也主要在于通过他们的译介、传播，使现代中国学者了解到更多近代西方心理学知识，不仅丰富了20世纪上半期中国美学的现代建构内容，活跃了现代中国美学研究，也为消化、融合中国传统美学与艺术思想奠立了一定的现代理论基础。

其二，高度重视心理学成果在美学研究中的应用。艺术起源之"游戏说"的立论基础，是群体和个体心理行为的研究。朱光潜在《文艺心理学》中对艺术起源与游戏活动关系的阐述，就完全建立在儿童心理学研究之上。皮亚杰、斯宾塞、弗洛伊德、霍尔（S.Hall）、萨利（J.Sully）关于儿童心理的研究成果，都被他具体运用于讨论艺术的发生。他甚至认为，艺术（诗）的起源"实在不是一个历史的问题，而是一个心理学的问题"[1]。正是在心理学成果之上，朱光潜得出了"艺术的雏形就是游戏"的论断。而用他的话来说，这样研究的目的，便在于能够"采用自然科学的方法，根据各方面的实证，作理论的建设"[2]。这里，"实证"成为在艺术起源问题上持论"游戏说"的基本前提，心理学研究则成为一种主要手段。由于它相对全面地调动了近代自然科学手段于艺术和美学的研究，其方法和形态都已完全不同于传统理论的直观性，因而显现了20世纪上半期中国美学现代理论建构中的一个重大转向，即排除直观经验而通向美学学科的科学化。

---

[1] 朱光潜：《诗论》，见《朱光潜全集》（新编增订本）第5卷，中华书局2012年版，第11页。

[2] 朱光潜：《诗的起源》，载《东方杂志》第33卷第7期，1936年4月。

其三，艺术起源之"游戏说"的最大问题，是它夸大了艺术活动与游戏活动的相似性或共同点，视游戏的模拟为艺术模仿，把游戏中的幻想活动直接当作艺术创作中的主体想象活动，"艺术家的创作和儿童的游戏，繁简虽有不同，而历程却是一样。他也是把意象加以客观化，也是把心境从外物界所摄来的影子做样本，加以若干意匠经营之后，换个新面目返射到外物界区，造成一个具体的形象"①。在朱光潜那里，游戏"所用的象征和象征事物总有几分类似点，所以含有几分模仿作用在内，但是它也是创造的。像艺术家一样，儿童观察事物只注意到它的最新奇的片面，把其余一切都丢开"，而"就满足欲望一点说，文艺和儿童幻想显然有直接的关联"②。这种取消游戏活动的情感满足与艺术活动中有意识的审美满足的区别，将它们合二为一并用以证明艺术起源的论证，毕竟是可疑的。把游戏活动中人的筋肉感觉的生理过程看作艺术创造中的主体情绪变化过程，同样也是牵强的。特别是，把游戏活动中初级的想象同艺术创造中主体高级的、创造性的想象力发挥沾挂在一起，更是完全抹煞了艺术想象的特殊性。

其四，与主张"劳动实践"的艺术起源理论相反，"游戏说"由于注重心理研究，基本上排除了人类劳动实践在艺术起源过程中的作用。这一观念显然又受了康德和克罗齐的某些影响——其最根本处，就是"不沾功利目的和概念"的"自由活动"。在康德那里，"人们只能把通过自由而产生的成品，这就是通过一意图，把他的诸行为筑基于理性之上，唤做艺术"③。自由是艺术的精髓，艺术创造必须经由自由意志和理性，而这一点正与游戏相通——艺术被"人看作好像只是游戏"，而

---

① 朱光潜：《文艺心理学》，见《朱光潜全集》（新编增订本）第 3 卷，中华书局 2012 年版，第 278 页。

② 朱光潜：《文艺心理学》，见《朱光潜全集》（新编增订本）第 3 卷，中华书局 2012 年版，第 279、280 页。

③ ［德］康德：《判断力批判》上卷，宗白华译，商务印书馆 1964 年版，第 148 页。

游戏就是一种"自由活动"，是想象力的自由和感觉的自由，"一切感觉的变化的自由的游戏（它们没有任何目的做根柢）使人快乐，因它促进着健康的感觉"①，因而艺术与游戏的相通，便在于它们都标志了活动的自由和生命力的畅通。正是在这里，康德把艺术与劳动对立了起来：通过强调游戏的自由性与劳动的强迫性的对立，肯定游戏与艺术在"自由活动"本质上的一致。克罗齐则在《美学纲要》中认为，艺术起源必然与人的实践活动无缘，因为既然艺术是直觉，而"直觉就其为认识活动来说，是和任何实践活动相对立的"，所以"艺术也不可能是功利的活动"，即不是带有实践性的"经济活动"或"道德活动"②。这种理论正为 20 世纪上半期持守"艺术起源于游戏"观念的中国学者所看重。以朱光潜来说，艺术之与游戏一致，在他看来就在于"游戏和艺术的目的都不在活动本身以外的结果，而在活动本身所伴着的快感……是为活动而活动的，所以它们是自由的活动"，并在"这种毫无实用的活动之中"见出生存的快乐③。这种在"自由活动"基础上把艺术起源联系到游戏的观念，既从根本上取消了实践活动的意义，便也在另一个侧面断然否定了艺术的实际改造作用。应该说，这也是艺术起源之"游戏说"在20 世纪上半期中国美学中的根本立场。

三、"艺术起源于人类同情"

"艺术起源于人类同情"观念之所以能在 20 世纪上半期中国美学现

---

① ［德］康德：《判断力批判》上卷，宗白华译，商务印书馆 1964 年版，第 149、178 页。
② ［意］克罗齐：《美学原理　美学纲要》，朱光潜、韩邦凯等译，外国文学出版社 1983 年版，第 211—213 页。
③ 朱光潜：《文艺心理学》，见《朱光潜全集》（新编增订本）第 3 卷，中华书局 2012 年版，第 282 页。

代理论建构中发生一定影响，与其特别重视人类情感研究不无关系。它着力从人类情感发生、发展过程及其与社会生活、客观对象的联系中发掘人类艺术的根源，由此而把人类的情感交流理解为艺术的起源。它的代表性学者有宗白华、唐隽、许君远等。

1921 年 1 月，宗白华在《艺术生活》一文中写道：

> 艺术的生活就是同情的生活呀！无限的同情对于自然，无限的同情对于人生，无限的同情对于星天云月、鸟语泉鸣，无限的同情对于死生离合、喜笑悲啼。这就是艺术感觉的发生，这也是艺术创造的目的。

依着宗白华的意思，艺术发生于社会的同情生活；由于人类社会有"情"，有"同情"，所以有进化、运动和创造，也才有艺术创造的动机；"同情是社会结合的原始，同情是社会进化的轨道，同情是小己解放的第一步，同情是社会协作的原动力"。这里，宗白华所谓"同情"，实际就是人与人、人与社会的情感统一。他视艺术为"能使社会上大多数的心琴同入于一幅音乐"，尽管每个人对自然、社会的感受不同，但只要自然、社会入于艺术，就必定能引起全社会人的注意及其情感的一致。在这一基础上，"艺术底起源就是由于人类社会'同情心'的向外扩张到大宇宙自然里去"，因为自然和人一样也有生命和同情感，"无论山水云树、月色星光，都是我们有知觉有感情的姊妹同胞。这时候我们拿社会同情的眼光，运用到全宇宙里，觉得全宇宙就是一个大同情的社会组织"。人在这个境地不能不发生艺术的冲动，"由于对自然，对于人生，起了极深厚的同情，深秘中的冲动想把这个宝爱的自然、宝爱的人生由自己的能力再实现一遍"，于是艺术便诞生了①。

---

① 宗白华：《艺术生活——艺术生活与同情》，载《少年中国》第 2 卷第 7 期，1921 年。

在宗白华思想的深层，可以看到西方"移情说"的影子。在"移情说"那里，艺术创造和审美体验的过程就是将人自身情感移植到对象身上，进而在对象身上发现与人的情感相一致的地方，发现人自身，从而产生艺术的想象和审美的愉悦。宗白华对艺术起源的"同情"假说，正一定地依据了这一"移情"理论。把自然、社会中的客观现象看作具有主观情感的东西，也就是把对象"拟人化""情感化"，把人的特征移入自然、社会的众多现象，人与对象交流情感并在感情交流的需要和冲动中创造了艺术。对此，宗白华在《中国艺术意境之诞生》中进一步印证说：艺术"以宇宙人生底具体为对象，赏玩它的色相，秩序，节奏，和谐，借以窥见自我的最深心灵底反映"，"艺术意境底创构，是使客观景物作我主观情思底象征"[1]。

唐隽也持了"同情"观念来解释艺术起源，其《自然在艺术上的权力》一文[2]便具体表达了这样的观点：艺术是自然与艺术家情感一致所养育的产物，"艺术家与自然本是两心合一的一对爱人。艺术家的心明如一扇大镜，立在自然的面前——自然哭，艺术家也哭，自然笑，艺术家也笑……自然的一言一笑，一喜一怒，都会映射到那块明如一扇大镜的心灵里兴起一种同情的运动。再由这种同情的运动所产生的结果，便是艺术家与自然两个情人所共同养育的'新儿'"。像宗白华一样，唐隽也从"移情"角度理解客观存在的自然现象，用"同情"眼光打量艺术与自然对象的相通，在自然身上发现"似人"的情感。"自然中的一切都是生动的……那强烈的日光，刺激的色彩，便好像是些高声的调子。那淡白的月光，银灰的色彩，便好像是些温柔的语言"，唐隽以为，"人类是住在这些成千成万的潜在的语言噪声之中。他们的感官，他们的精神，现在都是和这种语言呼声，交相呼应着"。在交相呼应的情感

---

① 宗白华：《中国艺术意境之诞生》（增订稿），载《哲学评论》第 8 卷第 5 期，1944 年。
② 唐隽：《自然在艺术上的权力》，《东方杂志》第 28 卷第 2 期，1931 年 1 月。

交流里，产生了艺术创作的原始冲动、艺术的萌芽，而此后艺术的发展同样是由人与自然情感交融的发展所带来的。

综观艺术起源之"同情说"的整个立论基础及其理论本质，可以认为，第一，主张艺术发生于人与自然、社会的"同情"，实际是把人类情感与自然、社会的某些外在现象先行同质化，然后再把艺术的发生与人类情感的发生联系一起，在人类情感的需要、表现和满足中寻觅艺术的源头——艺术创造是为了满足人类情感交流的需要，艺术所表现的就是人类日益增长和完善的情感内容、人同自然和社会环境交往中诞生的情感内容，艺术起源于人类情感表现的过程之中。对此，丰子恺有一段话很能说明问题："艺术家的同情心，不但及于同类的人物而已，又普遍地及于一切生物无生物，犬马花草，在美的世界中均是有灵魂而能泣能笑的活物了……儿童大都是最富于同情的，且其同情不但及于人类，又自然地及于猫犬，花草，鸟蝶，鱼虫，玩具等一切事物……所以儿童的本质是艺术的。换言之，即人类本来是艺术的，本来是富于同情的。"①

在"同情说"背后，我们可看出它同西方理论的内在联系。宗白华、唐隽多次提到的德国学者希尔莱斯，就在《艺术起源与原则》一书中指出："自然不仅是外部的事物，不仅是给眼看的一种景致，还不仅是人类的寄所，而是大大的一个生物，一个和我们的灵魂相吻合的大大的灵魂……（自然的）悲愁和快乐、热狂和败应，从事物的外部而达到我们的情感，再由这种情感发出一种反射的运动把我们带到自然，带到裹着我们的无限，带到一个宇宙的大心中。"将此与"同情说"对艺术起源的解释比较一下，其间关系不言自明。此外，被宗白华等人较多提及的英国浪漫主义诗人雪莱、法国美学家维隆（Eugène Véron）和芬兰美学家希尔恩（Y.Hirn），也同样用他们的理论直接影响了"同情说"

---

① 丰子恺：《艺术趣味》，开明书店1934年版，第50—51页。

持论者①。只是作为 20 世纪上半期中国美学现代理论的自觉建构者，宗白华等人没有把这种外来理论简单照搬到艺术起源的探究中，而将其与同样来自西方的"移情"理论相结合，试图从二者的结合部位找出艺术的发生学根据：不仅把艺术发生看作人类情感交流的需要，而且视艺术起源为人类情感交流同人与自然、社会相契合的情感需要之间统一的结果。这样，作为现代中国形态的艺术起源理论，"同情说"内部实际包括了两部分——人与人的情感交流以及自然、社会与人的情感流通——这正是其理论独特处所在。

进一步来看，在 20 世纪上半期中国美学现代理论建构过程中，法国学者居约（J.M.Guyan）对"同情说"有着最大的理论影响。不但宗白华等人专门提到居约对他们观点形成的影响②，而且就居约的一系列研究来看，她与"同情说"持论者的关系也是相当直接的。其如居约在《当代美学问题》《从社会学观点看艺术》等著论中一再强调，自然界一切有机现象和社会现象只能用生命原理解释，生命本身包含一种以不同形式向多方面扩张的自我表现力，所以人不是孤立自私的个体，而是通过同情的纽带与众生相连；人类所有欲望和需要都是由于符合人类生活的本质原因，才能作为一种审美特质而发生，所以艺术与实际生活无法分离。这种建立在心理学和社会学统一之上的艺术发生学观点，理解到社会环境、社会生活同艺术的血缘关系，看到人类情感、意志的发生对于社会生活的溯源，看到人的情感要发生美感就必须依赖社会生活。也正是从这里，我们看到居约理论在现代中国的回声：尽管宗白华及其同

---

① 在雪莱看来，原始人类之所以有用艺术形式表现生活的需要，是因为艺术形式充当了情感的载体并给无形式的东西以形式，通过艺术可以表达原始人类情感。作为"艺术是情感表现"理论的倡导者，维隆直接把艺术定义为情感表现，强调情感是艺术的决定因素和主要表现内容。希尔恩在 1900 年出版的《艺术的起源——一个心理学和社会的探索》中认为，"在原始部族中无论哪一种低级的艺术形式——舞蹈、哑剧甚至装饰——也都是交流思想的重要手段"。

② 参见宗白华《艺术生活——艺术生活与同情》，载《少年中国》第 2 卷第 7 期，1921 年。

道者对艺术与社会生活、人类情感与社会生活关系的理解还不甚完全，但他们终究看到了人类情感对社会生活的依赖性，看到了个人情感及其社会交流与艺术创造之间的关系。特别是，在宗白华等现代中国美学学者那里，艺术起源之"同情说"同样也是建立在心理学与社会学的统一基础上的。

第二，就"艺术起源于同情"观念本身而言，其理论局限性也相当明显。首先，它以心理学方式混同了人类情感与自然、社会局部现象的差别，亦即混同了情感主体与对象客体之间质的区别。而实际上，自然、社会现象自身无所谓情感和意志，并不为人的情感和意志左右，客观实在乃是其本质特征。当人用艺术的眼光、情感充溢的心灵去观察、体验自然和社会的纷呈现象时，人所觉察到的现象的"情意"活动其实是人的一种心理错觉、"以己度物"，是以人自身情感活动为外在对象的情感活动。即便这样，人类情感与自然、社会现象间质的差异仍在，客观对象的"情感化""拟人化"也只能是艺术的现象而非实在。而"同情说"把星月云雾、山水花树当成有情有义的实在，无视了实在本身的客观特性，夸大了人类情感体现的范围，取消了物理现象与心理现象的分界，这就造成了它易受攻击的理论漏洞。其次，"同情说"有把艺术的社会作用混同于艺术发生之嫌。对此，我们从宗白华的话里可以有所觉察。"'同情'本是维系社会最主要的工具。同情消灭，则社会解体"，而"艺术底目的是融社会的感觉情绪于一致"，"能结合人类情绪感觉的一致者厥唯艺术"，所以"不单是艺术底目的是谋社会同情心的发展与巩固，本来艺术底起源就是由于人类社会'同情心'的向外扩张到大宇宙自然里去"①。这样，宗白华就把艺术的社会作用（同情）和艺术的发生等同了起来。这种从作用而求起源的方法，其实是由末求本，忽视了艺术发生过程与艺术功能展开的具体差别，也在质上否定了艺术起源的

---

① 宗白华：《艺术生活——艺术生活与同情》，载《少年中国》第2卷第7期，1921年。

特殊意义；虽欲求艺术之源，实际却不如说是求艺术之用更为恰切。

由于这两个混同，"同情说"在解释艺术起源问题时，理论上不免有所牵强。尽管注重情感研究，注重人类情感在艺术发生过程中的作用，原本是有现实的和理论的根据的，但夸大情感范围，却反使该派观点显得苍白脆弱①。

除了上述三种艺术起源理论，在 20 世纪上半期中国美学学者那里还有艺术起源之"模仿说""宗教说"等，但理论影响不大，没有占据特立地位，是以从略。

（原载《山东社会科学》2008 年第 1 期）

---

① 许多年后，宗白华本人也修正了自己早期的观点。他在 1957 年发表的《美从何处寻?》里直接用"移情"概念代替"同情"，主张"移情"是主体与客体、主观与客观相互交融的一系列活动过程，包含"移我情"与"移世界"的内在统一。参见拙著《宗白华评传》第 5 章，商务印书馆 2001 年版。

文化张力与现代中国美学理论
建构的路径选择

——宗白华美学的一种启示

一、"中国传统—西方—中国现代"的文化张力

从 20 世纪初开始，现代中国美学家在渐进式展开中国美学的现代理论建构及其体系化建设过程中，便处于一种相当困难的文化语境之中：一方面，现代中国美学的理论建构直接面临着如何具体接受且"本土化"各种域外思想资源的现实问题，即如何在"中国—西方"这一关系结构体的显在文化冲突与潜在观念纠葛中，进行理论范式与知识建构的具体抉择。20 世纪 20—40 年代，这一问题大多通过各种美学命题或美学概念 / 范畴的知识性确定、美学知识的体系化结构形态得以呈现。黄忏华的《美学略史》（1924）、吕澂的《美学浅说》（1923）和《晚近美学思潮》（1924）、陈望道的《美学概论》（1926）、范寿康的《美学概论》（1927）、徐庆誉的《美的哲学》（1928）、李安宅的《美学》（1934）以及傅统先编著的《美学纲要》（1948）等，这些最早让中国人知晓"美学的知识"的著作，便相当具体地反映了"中国—西方"关系在现代中国美学理论建构中的基本存在模式。

　　另一方面，同"中国—西方"关系模式结伴而行，现代中国美学理论建构无法摆脱"如何弥合传统与现代的分裂关系"问题。对于现代中国美学所欲展开的理论建构而言，置身于 20 世纪中国社会文化的时代特殊性，其潜在的本土资源的现代转换任务或者说文化精神传统及美学思想话语的现代承继工作，随着"西方"的介入而产生出不同以往的崭新的、"现代的"文化价值指向——既保持着某种一以贯之的"中国人"的文化情怀，凸显了对中国社会与中国人生活遭际的现实关切，又在具体引入"西方"眼光且直接参照或借用西方知识话语的过程中，连接着传统资源的重新体认及其"现代"发现历程。由此，这一新的、"现代"的美学理论建构，便始终与整个 20 世纪中国美学的思想特性及其实践功能相关联。换言之，在 20 世纪中国美学理论建构中，西方资源的引介或借重、本土传统的清理或再发现与再认识，其前提都在于服从美学上的"现代中国"这一具体建构目标。它鲜明地呈现了现代中国美学的内在价值立场，也将现代中国美学建构途径的理论特殊性予以具体化——在"中国—西方"这一特定文化关系模式中，本土思想资源的重新发现、现实体认或理论接续，需要能够同时有效解决由"传统—现代"的文化分裂所带来的理论建构的有效性问题。可以说，"中国—西方"和"传统—现代"作为共时性存在，既分别影响着 20 世纪中国美学的理论建构，同时又相互交织一道，在"中国传统—西方—中国现代"的文化张力中制约了现代中国美学理论的建构观念与路径选择。

　　从上述两个方面来看，可以发现，从 20 世纪初期的梁启超、王国维、蔡元培，到二三十年代的吕澂、范寿康等人，借重"西方"并以西方学术概念、命题和学说来说明美学问题的根由，不仅在文化转换的现实层面确立了中国美学"现代"建构的前提，也在知识构造层面为美学理论奠定了"现代中国"叙事方式的基本依据。也因此，在吕澂、陈望道、范寿康等人的美学撰述中，举凡美、美感、美感经验、美的形式与分类等取自西方近代以来的知识性话题，便一再进入他们各自的体系性理论视野。就像范寿康所看到的，"美学乃研究关于人类理想之一就是美的理想方面的法则之科学"，"就美学的历史而论，他的发达实较论理学伦理学更迟。西洋最初把美学组成为一个独立学科的学问家乃是德国的巴姆加敦……巴姆加敦系哲学家，所以他的美学也以哲学的议论为主"，"为研究美的法则起见，我们第一就非先把美的经验加以研究不可。美的经验是什么？美的经验的特色是什么？这是研究美学的人们第一件不可不加考虑的问题"①。与此种情形相一致，朱光潜重在以西方的"直觉说""距离说"作为其在 20 世纪 30 年代讨论文艺心理问题的知识论工具。而吕澂则根据近代西方美学的知识发展线索，反复强调美学作为"学的知识""精神的学""价值的学""规范的学"的性质②，以为美学"虽不能囫囵的说研究美，又不能偏重的说研究美意识，或美术，或价值，却可以说研究'美的原理'"，因而"依着论理的次序，自然要从美意识、艺术、价值各方面去分别研究才得明白"③。事实上，面对"中国—西方"与"传统—现代"的交织互构，现代中国美学家大多以看齐"西方"、朝向现代知识谱系探进的路径选择，来"科学地"完成美学的"现代中国"建构。这种情况其实也一直持续到 20 世纪的最后几十年间——随着西方学术思想特别是各种当代美学理论的大规模引入，20世纪八九十年代以后中国美学之于西方思想体系、理论资源的追寻和移用，再一次达到了一个新的、较世纪初期有过之而无不及的规模。

显然，在"中国—西方""传统—现代"的冲突与纠葛中，现代中国美学对于自身理论建构的选择，始终无法摆脱"在文化复杂性中有效处理自身资源的利用及其现实转换"的问题。这其中，既包括"西方""现代"对于中国美学的选择意义问题，也包括了面对"中国""传

① 范寿康：《美学概论》，商务印书馆 1927 年版，第 1—2、6—7 页。
② 吕澂：《现代美学思潮》，商务印书馆 1931 年版，第 9 页。
③ 吕澂：《晚近的美学说和〈美学原理〉》，见《中国现代美学丛编（1919—1949）》，胡经之编，北京大学出版社 1987 年版，第 5 页。

统"的文化态度与价值立场问题。而由于笼罩在"西方""现代"之上的外在文化强势，长期以来，现代中国美学在思考自身理论建构并进而确立"现代"话语的过程中，"中国""传统"往往成为被遮蔽的理论存在。除去邓以蛰《诗与历史》（1926）、滕固《艺术之节奏》（1926）以及宗白华《中国艺术意境之诞生》（1943、1944）等少数学术著论外，我们很少能在现代中国美学的早期理论阐述中找到有意识地向内利用、接续"传统""中国"的本土性建构选择及具体策略。相反，以西方尤其是近代西方美学概念和理论来现成地"提取"、说明中国美学与中国艺术的思想材料①，成为现代中国美学在理论建构上强势突显的一种"知识性习惯"。

作为一种理论的生产方式，面向"现代"而渐离"传统"有其不可忽视的特定时代的文化心理。而作为一个时代的具体症候，崇"西"弱"中"则直接影响了现代中国学人在"美学"建构选择上的现实立场。可以看到，无论在 20 世纪早期抑或以后的中国美学"现代"建构中，"西方"在向现代中国美学家们提供丰厚理论资源之际，往往以其相对于"传统"中国的先行性文化"现代"优势，为美学在现代中国的知识性构造设置了巨大的心理障碍和理论盲点，以至于 20 世纪最初的一段时间里，中国美学的"现代"发生不能不经常引进并借助西方美学概念、命题或理论方法，从否定性地清理本土资源的知识可靠性而开始。如依照朱光潜看来，由于中国观念习惯于从强烈的道德感出发来面对人的命运发展，"深信善有善报，恶有恶报，善恶报应不在今生，就在来世"，"有这样的伦理信念，自然对人生悲剧性的一面就感受不深"，"他们的文学也受到他们的道德感的束缚"。这样一种戏剧（文学）观念与朱光潜所理解的希腊悲剧观念之间明显存在巨大的知识性差异，亦即中国人"认为乐天知命就是智慧，但这种不以苦乐为意的英雄主义却是

---

① 参见本书《美学：知识背景及其他》，第 54—57 页。

司悲剧的女神所厌恶的"。故而当朱光潜在西方知识框架下解释中国戏剧现象时，便不能不肯定"戏剧在中国几乎就是喜剧的同义词"，"其中没有一部可以真正算得悲剧"①。至于王国维，由于使用叔本华的悲剧理论来解读宝黛爱情，也便不能不将宝玉之"玉"解释成终极层面的人生之"欲"的纠葛；而尼采的权力意志则成为王国维在《宋元戏曲考》里个人化地理解《窦娥冤》和《赵氏孤儿》的知识性依据。由此，在以中国传统的文艺材料去注解或印证西方理论的过程中进行现代美学的知识性建构，有关中国美学传统之独特意涵的阐释与转换，无疑有着某种现实的知识性障碍。这一现象在 20 世纪 20—40 年代的一批美学基本理论著述中同样十分明显，陈望道、范寿康、徐庆誉等人都或多或少地呈现出这样的理论取向。而正是由于这种知识性障碍的存在，由于传统中国美学话语在其中主要是作为知识性接受西方美学并由此再造"现代中国"美学理论的一种注脚，而有意或无意地搁置了中西美学出自不同文化系统的事实，所以，从西方看东方，从西方美学知识系统出发来反观中国文化精神及其美学资源的现代转换可能性，自然会生出种种困惑与偏移。

不过，由于"中国—西方""传统—现代"作为一个关系结构体的复杂性，对于"中国"和"传统"的再发现与再审视却不会随着"西方"的出现、"现代"的闯入而自我取消。如何能够从对"西方"的文化被动、"现代"的知识性体验中获得中国传统之"现代"意义重构的理论自觉？如何在借重"西方"知识话语的同时而又发现并有效开掘"中国"思想的现代性转换方向及其价值，将其与"现代中国"的美学理论建构意图进行具体对接？这些不仅是 20 世纪早期中国美学家所面临的重大挑战，对于整个 20 世纪中国美学的建构努力来说也是一个十

---

① 朱光潜：《悲剧心理学》，见《朱光潜全集》（新编增订本）第 4 卷，中华书局 2012 年版，第 214、215 页。

分沉重的理论话题。

事实上，作为本土学术资源的传统中国思想形态、美学观念，在现代中国美学理论的具体建构过程中，必然先在而无可回避地渗透在美学家们对于西方美学的知识性把握与接受运用之中。当现代中国美学的开拓者们学习、吸收并且知识性利用西方美学成果之时，"中国—西方""传统—现代"的张力则制约了他们的理论建构指向与范围。在这一过程中，移花接木式地移用西方知识成果体系，或者援古入今地对待中国思想传统，都将难以真正深入而根本地解决现代中国美学理论建构的归趋问题。如何在"中国—西方""传统—现代"之中破除西方美学话语的知识藩篱？如何在融合西方学术资源的同时，将中国美学核心概念、思维方式等有效融入美学的现代理论建构，而不至使现代中国美学成为"现代中国的西方美学"？这样的问题，既是现代中国美学理论建构的路径选择问题，也构成为我们今天重新审视现代中国美学理论建构的核心关注。

二、向内发现和阐扬"中国文化的美丽精神"

面对"中国—西方""传统—现代"的复杂扭结，宗白华为现代中国美学所开拓的理论建构道路，有着特别的意义。作为现代中国美学的代表性人物，宗白华在较长时间里接受过西方近现代哲学的训练，其知识视野完全能够与西方理论进行有效对接[①]。与此同时，身处20世纪中

---

① 宗白华在哲学上曾直接受到叔本华、康德的影响。早在1917年6月，他便在《丙辰》杂志第4期发表了自己第一篇哲学论文《萧彭浩哲学大意》，探讨叔本华哲学的基本命题。此后又连续发表《哲学杂述》《欧洲哲学的派别》《康德唯心哲学大意》《读伯格森创化论杂感》等一系列讨论西方哲学家思想的文章。而留学德国期间，他又在法兰克福大学研习哲学、心理学，对西方知识体系有着直接的认识。参见王德胜《宗白华美学思想研究》第1章，商务印书馆2012年版。

西文化的时代交汇点，宗白华又始终保持了一份鲜明坚定的现实文化建设意识与"中国价值"立场。在他那里，"中国—西方""传统—现代"的关系，归根结底是一种现实文化建设、实际生活中的价值选择关系。就像他曾经指出的："中国民族很早发现了宇宙旋律及生命节奏的秘密，以和平的音乐的心境爱护现实，美化现实，因而轻视了科学工艺征服自然的权力。这使我们不能解救贫弱的地位，在生存竞争剧烈的时代，受人侵略，受人欺侮，文化的美丽精神也不能长保了，灵魂里粗野了，卑鄙了，怯懦了，我们也现实得不近情理了。我们丧尽了生活里旋律的美（盲动而无秩序）、音乐的境界（人与人之间充满了猜忌、斗争）。一个最尊重乐教、最了解音乐价值的民族没有了音乐。这就是说没有了国魂，没有了构成生命意义、文化意义的高等价值。中国精神应该往哪里去？"而"近代西洋人把握科学权力的秘密（最近如原子能的秘密），征服了自然，征服了科学落后的民族，但不肯体会人类全体共同生活的旋律美，不肯'参天地，赞化育'，提携全世界的生命，演奏壮丽的交响乐，感谢造化宣示给我们的创化机密，而以撕杀之声暴露人性的丑恶，西洋精神又要往哪里去？哪里去？这都是引起我们惆怅、深思的问题。"① 显然，对于宗白华来说，在整个"中国—西方"与"传统—现代"的关系结构体中，美学的理论建构亦如现代中国文化建设一样，都面临着一个"往哪里去"的选择性展开：这是一个问题（所以令人"惆怅"），更是一份深思熟虑的建构（因此促人"深思"）。既然中国文化的现代缺失，根本上在于"没有了构成生命意义、文化意义的高等价值"，而西方文化的"征服"权力也不能带来"人类全体共同生活的旋律美"，那么"往哪里去"的问题便超越了中西二元的排异性价值选择，其选择视野需要投向更加深邃广大的"中国—西方""传统—现代"

---

① 宗白华：《中国文化的美丽精神往哪里去？》，见《宗白华全集》第 2 卷，安徽教育出版社 1994 年版，第 402—403 页。

的关系结构体之中。而宗白华在现代中国美学理论建构方面所做的，无疑就是在直面现实文化建设、持守特色性理论思维、体现理论研究时代指向的过程中，将美学建构深刻地奠基于中国文化精神的价值重建、中国人审美意识的现代发现之上，"始终把美学研究的关注重点、理论建构的中心立场，放在深刻发掘、系统总结和高度阐发中国文化、中国人审美意识与中国艺术精神之上。他以哲学思辨作为观念深化的基础，以个体实践作为人生体验的途径，以诗性阐发作为问题呈明的方式，在持续深入、细微发掘中国文化意识、中国美学精神、中国艺术创造实践的过程中，不仅深刻揭示了审美活动、艺术创造的内在生命价值意味及其具体表现特征，而且积极张扬了中国文化的美丽精神、中国美学的特殊理论意识、中国艺术的独特创造价值。"① 质言之，在"中国—西方""传统—现代"的复杂关系中，宗白华不是择其一，而是意图明确地从其现实张力中具体落实美学的建构落脚点。今天，我们回过头来重新理解宗白华在现代中国美学史上的独特性，便能够发现，以西方美学（特别是康德美学和德索的艺术理论）为知识性参照，在中国传统文化精神、哲学命题与美学思想范畴的现代阐释中，完成中国与西方、传统与现代的现实对接，进而促成中国传统资源的现代转换，正是宗白华为现代中国美学理论建构所奠定的一条选择路径。而宗白华美学本身就是成功践行这一建构路径的现代意义上的"中国美学"。

尽管宗白华对西方思想，尤其是德国古典哲学与美学有着相当深入的考察，其早年的哲学思考也曾直接受到叔本华"唯意志论"的影响，而康德思想更在其一生的美学活动中如影随形②。不过，面对美学在现代中国的具体建构，宗白华并没有像同时代其他许多美学家那样，直接选择西方美学知识范畴并利用其知识框架来把握美学中的"中国—

---

① 参见本书《人生体验论与生活改造论的美学》，第 113 页。
② 参见王德胜《宗白华美学思想研究》第 6 章第 1 节，商务印书馆 2012 年版。

西方""传统—现代"关系结构，以此规定和展开中国美学的现代转换工作。对于宗白华来说，在现代中国美学理论建构问题上，"中国—西方""传统—现代"在文化空间上属于以中国立场为建构支点、西方知识为"比照"视野的共时结构，而其历时性展开则以现代形态为归结、传统发生为溯源。对此，宗白华很早就有着十分清醒的意识。在1944年1月发表的《中国艺术意境之诞生》（增订稿）中，他便指出："现代的中国站在历史底转折点。新的局面必将展开。然而我们对旧文化的检讨，以同情的了解给予新的评价，也更形重要。就中国艺术方面——这中国文化史上最中心最有世界贡献底一方面——研寻其意境底特构，以窥探中国心灵底幽情壮采，也是民族文化底自省工作。"[①] 正是由于这种坚守，在宗白华那里被寄予理论厚望的"中国""传统"才有了实现其现代转换发展的生命力，而"西方""现代"也才能在此基础上成为宗白华的具体关注。也是在这个意义上，宗白华在"中国—西方""传统—现代"的张力关系中对于以意境范畴为核心的中国美学的现代阐释，在充分体现中国文化智慧、具体张扬人生指向的中国美学传统的过程中，独具了一种现代的、中国文化的理论建构品格。事实上，不同于西方文化注重世界和人之本体的知识性把握，人生、人生出路及人生现实的改造问题始终居于中国思想核心。与之相应的是，迥异于西方美学兢兢于知识理性的不断深入，中国美学的传统思想兴趣集中在人生生活的具体领域。无论儒家崇尚"文质彬彬""尽善尽美"的人格追求，或者道家寻求"天人合一"的生命境界，努力寻求将现实人生塑造成为"艺术品的存在"，可以说是中国美学一以贯之的精神理想。而始终不离人和人生现实，始终把审美问题置于人生整体的思考之中，以艺术/审美实现作为最高的现世价值，是传统中国美学思想智慧的根本。由此，相较于那种从知识论立场出发的西方美学传统，传统中国美学的思想重

---

① 宗白华：《中国艺术意境之诞生》（增订稿），载《哲学评论》第8卷第5期，1944年。

心并不在于把艺术、审美当作个别具体的知识对象，而是在与人生现实活动关联一体的过程中，突出强调了从人生生活本身出发去体会、把握审美与艺术的精神气象。宗白华牢牢把握了中国美学的这一内在核心，始终把美学的视野投向深刻发掘、系统总结和高度阐发中国文化、中国审美意识与艺术精神，清醒而自觉地把承继中国美学的特殊理论意识、阐发中国艺术的独特创造价值确立为建构现代中国美学理论的中心立场。在宗白华那里，在西方美学知识体系与中国美学智慧体悟之间打通传统向现代的理论转换路径，其基本前提便在于能够向内发现和阐扬"中国文化的美丽精神"。

具体来看，进入 20 世纪 30 年代以后，宗白华便已开始更多从中国文化传统及其思想智慧中寻找资源，用以丰富其在美学问题上的建构性思考。正是在对照、比较西方文化精神及其哲学、美学知识构造的过程中，宗白华敏锐地发现和把握了与西方完全不同的中国人的时空意识及其文化深髓。在他看来，中国哲学既非西方"几何空间"的哲学，也不是柏格森式的"纯粹时间"的哲学，而是"四时自成岁"的历律哲学。"《象》曰：'君子以正位凝命'。此中国空间天地定位之意象，表示于'器'中，显示'生命中天则（天序天秩）之凝定'。以器为载道之象！条理而生生。鼎为烹调之器，生活需用之最重要者，今制之以为生命意义，天地境界之象征。'正位凝命'四字，人之行为鹄的法则，尽于此矣。此中国空间意识之最具体最真确之表现也。希腊几何学求知空间之正位而已。中国则求正位凝命，是即生命之空间化，法则化，典型化。亦为空间之生命化，意义化，表情化。"① 宇宙天地、世间万物、人的生命既存于时间，同时在空间展开；是空间中的存在，也是时间性的绵延，"时中有空（天地），空中有时（命）"，其中蕴含着生命，包容了情感，是一种充满生命意趣的生生不息。进而，宗白华通过大量的比较

---

① 宗白华：《形上学》，见《宗白华全集》第 1 卷，安徽教育出版社 1994 年版，第 612 页。

研究，从中西绘画（艺术）最显著的差别——空间表现入手，着力揭示空间意识差异（也是文化精神差异、哲学思维的差异）对于中西艺术和审美意识之差异性特征的决定性作用。用宗白华的话来说，中国人眼中的空间万象、中国诗画表现的空间意识，不是代表希腊空间感觉的立体雕像，也不同于代表欧洲近代精神的伦勃朗油画中那一追寻无着的深空，"而是'俯仰自得'的节奏化的音乐化的中国人的宇宙感"[①]。具体而言，在西方文化的知识性构造中，人与世界的对立是其空间意识的哲学基点，所以西方绘画在透视法则的知识性运用中展现出一个由近及远、层层推出的空间平面，体现了西方人对空间的无穷探索、控制与征服的欲望，象征着一种欲壑难填的精神"苦闷"。而尽管早在西方透视法发明之前，中国人宗炳就已经发现了这种方法的秘诀，但中国的山水画不仅没有将之"知识化"于艺术表现，反而拒斥它。究其原因，便在于"深潜入于自然的核心而体验之，冥合之，发扬而为普遍的爱"[②]，乃是中国哲学的根本。按照宗白华的理解，正是由于"沉潜体会"作为一种与"对立紧张"的西方文化意识截然不同的价值态度，决定了中国艺术的审美空间呈现为物我的交互浑融，亦即生生不息、循环往复，是一种节奏化、音乐化了的"时空合一体"。因此，如果说西方艺术重视对自然之"真"的模仿，追求和谐、圆融、整齐、比例等形式之美，凸显了西方美学对"形式与内容"问题的知识性关注。那么，以"气韵生动"为最高境界的中国艺术却融最高度的韵律、节奏、秩序、理性于一体，凝聚了最高的生命、旋动、力和热情，象征着宇宙创化的过程。而对于宗白华来说，这种"用强弱、高低、节奏、旋律等有规则的变化来表现自然界、社会界的形象和自心的情感"[③]的中国艺术，相较于西方艺术在

[①] 宗白华：《中国诗画中所表现的空间意识》，载《新中华》第 12 卷第 10 期，1949 年。

[②] 宗白华：《〈纪念泰戈尔〉等编辑后语》，见《宗白华全集》第 2 卷，安徽教育出版社 1994 年版，第 296 页。

[③] 宗白华：《中国书法里的美学思想》，《哲学研究》1962 年第 1 期。

体现严密逻辑系统的宇宙观的同时，却缺少在绝对形式的追求中体会生生不息的对象内在生命运动，显然更有理由在美学理论建构上获得高度认同。

毫无疑问，从中西艺术审美空间意识及其表现境界的差异中，宗白华既生动还原了中国文化的价值意识、中国艺术的生命精神，同时也因其对"新艺术精神"的时代把握，而对现代中国美学的理论建构保持了相当清醒的前瞻意识——"将来的世界美学自当不拘于一时一地的艺术表现，而综合全世界古今的艺术理想，融合贯通，求美学上最普遍的原理而不轻忽各个性的特殊风格"①。在这个意义上，宗白华对中国文化、中国艺术和美学传统的层层阐发及其现代美学建构的理论寻求，向内体现为一份承继传统精神的个体自觉，向外则张扬了20世纪中国文化新的创造期待。质言之，以空间意识作为具体切入点，在中西文化精神的互参对照、广泛比较中，热情阐扬中国艺术的创造特质，积极揭明中国文化、中国人生命意识的现代转换方向，正是宗白华在"中国—西方""传统—现代"的现实张力中为中国美学所指点的创造性建构方向。由此，我们也可以认为，鲜明的中西比较意识、独特的中西比较视角、深刻的中西比较方法，其中恰恰体现了宗白华在一个特定时代里的文化胸怀与价值归趋意识、生活实践立场。

三、在本土立场上把握"中国—西方""传统—现代"关系

应该看到，宗白华美学之所以在今天"重新"被世人所发现并不

---

① 宗白华：《介绍两本关于中国画学的书并论中国的绘画》，见《美学散步》，上海人民出版社1981年版，第122页。

断获得多方面的阐论，一方面如上所述，在于他通过对传统中国美学范畴、美学意识的精准考辨及其学理发掘，在"中国—西方""传统—现代"的现实张力中努力为中国美学寻找时代性的理论建构，从而在一定意义上为中国文化智慧的深刻阐扬、中华美学精神的现实承继，提供了独具理论魅力的学术方向。而另一方面，也应该看到，面对"中国—西方""传统—现代"关系的现实态势，宗白华不仅把眼光具体放在了美学建构的内部理论问题上，而且十分自觉地将这一理论建构的探寻，与中国社会新文化的建设期待、人生生活的精神改造目标直接联系起来，进而一方面持续发掘了中国传统的人生智慧，深情张扬着"人物品藻"的魏晋风习，另一方面又将其有机地纳入美学的现代性功能把握之中，在美学上强化了一种"不脱实际"的人生关怀意识，突显了现代中国美学理论建构与现代中国人生生活改造追求之间的内在同构。

在 20 世纪中国美学理论的现代建构进程上，新文化建设的紧迫性与现实人生问题即生活的现实改造、人生幸福的意义前景等总是相互关联，在美学中被直接内化为"审美救世"的理论情结。因而，将现世人生的改造及其幸福价值置于艺术／审美的认识能力展开之中，便构成现代中国美学理论建构的一项重大目标。尽管宗白华始终把自己的工作主要放在艺术和美学问题的探讨方面，但其思想核心所系，仍在于能够以艺术／审美的方式来改造生活现实、疗治社会疾患、指引人生信仰。这既在总体上体现了现代中国美学的理论价值指向，也代表着现代中国美学本身内蕴的伦理维度。事实上，从宗白华早期思想的发生中，我们已经可以清晰地看到，其寻求中国美学之现代生命力的理论努力，从一开始就不单纯是一种知识话语的建构，更是一份创造"少年中国"、重建现代生活前景的中国文化自觉。早在 1919 年，宗白华在给康白情的信中就曾经强调："我们青年的生活，就是奋斗的生活，一天不奋斗，就是过一天无生机的生活……我们的生活是创造的。每天总要创造一点东西来，才算过了一天，否则就违抗大宇宙的创造力，我们就要归于天演淘汰了。"① 生活的可创造性前景，恰是中国新文化建设的希望所在——它不在于过去而在于当下和未来。由此，在传统、现在与未来的历史发展性上，宗白华尤为重视柏格森"绵延的""生生不息"和"创造"的生命哲学，以为这种伟大入世、创造与积极进取的精神是最适合于中国青年的宇宙观/生活改造观。如果说，这一点代表了宗白华对于近代以来人类知识体系演进的一种直觉感受，那么，它也同时表明了宗白华对于现代中国文化、中国人生活状况的强烈的个体直观把握方式。同样，宗白华早期大力倡导歌德的人生观及其人生实践，显然也是试图以此为镜来求取中国社会的生活改造之道。而当宗白华对中西文化精神以及中国未来文化的可能性有了更加清醒的比较认识之后，"中国—西方""传统—现代"的紧张性便进一步体现出一种新的、现实的意义，此即"中国将来的文化决不是把欧美文化搬来了就成功。中国旧文化中实有伟大优美的，万不可消灭的。譬如中国的画，在世界中独辟蹊径，比较西洋画，其价值不易论定，到欧后才觉得。"② 对于宗白华来说，在"中国—西方""传统—现代"的张力中，来自西方的知识性认识有着"比照"的意义，而现代中国文化、现代中国人生活改造的可能性，包括现代中国美学建构的基本目标，恰恰是要从这种"比照"中反身寻得中国文化本身尊重生命的智慧和生活创造的智慧。正因此，进入 20 世纪 30 年代以后，宗白华日益自觉地转向对中国文化的再发现、中国智慧的诠释。这样，从新文化的建设意愿而来，不断走向在本土立场上对"中国—西方""传统—现代"关系的现实把握，进而在美学中自觉地持守中国文化本位而又不失其"现代"建构特质与方向，在宗白华美学中呈现出一

---

① 宗白华：《致康白情等书》，见《宗白华全集》第 1 卷，安徽教育出版社 1994 年版，第 41 页。

② 宗白华：《自德见寄书》，见《宗白华全集》第 1 卷，安徽教育出版社 1994 年版，第 321 页。

种合乎思想逻辑的发展线索。

进一步来看，早在"五四"时期，宗白华就积极主张中国青年——中国新文化的建设者们自觉地将自己的人生生活当作艺术品的创造，在"艺术式的人生"中培育"少年中国精神"。他在《青年烦闷的解救法》里曾经提示当时的青年，"常时作艺术的观察，又常同艺术接近，我们就会渐渐的得着一种超小己的艺术人生观。这种艺术人生观就是把'人生生活'当作一种'艺术'看待，使他优美、丰富、有条理、有意义。总之，就是把我们的一生生活，当作一个艺术品似的创造"①。这一点，与他此后深情倡导像晋人那样在艺术／审美生活中培育和健全自由独立的人格，在思想逻辑上显然是完全一致的。尽管宗白华深受德国古典美学的影响，但这并没有影响他在中西文化"比照"中发现康德哲学以理性检讨理性、黑格尔试图以逻辑精神统摄生命精神，其实都没有能够真正做到将艺术／审美精神内化于个体人格的养成之中。而从"中国—西方""传统—现代"关系的现实反省中，宗白华却在晋人及其生活中欣喜地发现了艺术生命与现实人格完满融合的"中国方案"——自由解放的人格精神将晋人生活引向了宇宙人生活跃生趣的发现和体味，对自然、哲理、友谊的"一往情深"造就了一个时代意趣超脱、深入玄境、尊重个性、生机活泼的艺术人生。而如果说在一个混乱黑暗的时代，晋人依旧能够执着美的追寻、培养壮阔的精神人格，那么这种以唯美态度将现实人生当成一件艺术品似的看待，在一切丑的现象中找寻美的存在，在现实的有限、矛盾和缺陷里发现生活前行方向的态度，显然也正可以从艺术境界与人格创造的契合维度，现实地启迪后世生活与人格精神的艺术化前景。

这样，在宗白华那里，对晋人生活及其艺术活动的揭示，转而为一份现世人生的改造自觉，即"艺术底作用是能以感情动人，潜移默化

---

① 宗白华：《青年烦闷的解救法》，载《时事新报》1920 年 1 月 30 日。

培养社会民众底性格品德于不知不觉之中，深刻而普遍"①。而要求美学能够在现实中为人指引新的正确人生观、生活改造的强有力方向，"替中国一般平民养成一种精神生活，理想生活的'需要'，使他们在现实生活以外，还希求一种超现实的生活，在物质生活以上还希求一种精神生活"，"积极地把我们人生的生活，当作一个高尚优美的艺术品似的创造，使他理想化，美化"②，则理所当然地成为宗白华在美学建构上的具体面向。质言之，在指向人生生活改造与审美重建的方向上，宗白华美学对于个体人生实践的高度关注、艺术精神与个体人格创造关系的深心体会，以及对于审美改造人的现世生活的热情憧憬，在高度吻合中国文化精神本质的同时，也从理论上进一步拉近了现代美学建构与传统中国美学精神的现实关系，具体内化了中国美学一以贯之的生活意趣。

对于宗白华来说，建设性地满足新文化的创造需要、理想性地持守生活改造的功能性思维，这一指向在积极体现美学的理论自觉之际，也同重建中国文化的现代价值、实现中国人审美意识的现代发现与转换，形成了一体两面的关系。而宗白华美学本身之于这一关系的深刻意识及其立足中国文化本位、融西方知识成果于传统中国美学精神的现代阐释之中的理论建构路径，则向我们提供了一份独特而深刻的方法论启示。

在这个意义上，当宗白华说"和谐与秩序是宇宙的美，也是人生美的基础"③，他其实是把美学建构的现代指向与人生现实的具体考量直接关联了起来。而这一关联的基础，就是他从中国文化、中国美学中

① 宗白华：《艺术与中国社会生活》，载《学识》第 1 卷第 12 期，1947 年。
② 宗白华：《新人生观问题的我见》，见《宗白华全集》第 1 卷，安徽教育出版社 1994 年版，第 204、207 页。
③ 宗白华：《哲学与艺术——希腊大哲学家的艺术理论》，载《新中华》第 1 卷第 1 期，1933 年。

所发现的本土传统。即如宗白华在深度探讨中国艺术意境时所颖悟的，以宇宙为模范，乃是中国艺术意境创造、中国人审美人格建构的根本。在寄情自然、超越世俗的生活努力中，"以一种拈花微笑的态度同情一切；以一种超越的笑，了解的笑，含泪的笑，惘然的笑，包含一切以超脱一切，使灰色黯淡的人生也罩上一层柔和的金光"①，体现了中国艺术、中国美学的人生意趣，"中国古代哲人是'本能地找到了宇宙旋律的秘密'。而把这获得的至宝，渗透进我们的现实生活，使我们生活表现礼与乐里，创造社会的秩序与和谐"。只是这样一种"模范宇宙"的精神传统在现代中国生活里已经失落。用宗白华的话来说，丧失了"生活里旋律的美""音乐的境界"，现世生活便是"盲动而无秩序"；"人与人之间充满了猜忌、斗争"的生活，既失了国魂，也没有了构成生命意义、文化意义的高等价值②。宗白华为之惆怅，为之深思，进而现实地提出了"中国文化的美丽精神往哪里去""西洋精神又要往哪里去"的问题。在这里，我们可以看到，面对"中国—西方""传统—现代"的现实张力，宗白华根本上是立于"长保"/承继中国"文化的美丽精神"之上，从中国艺术、中国美学精神由传统向现代的价值转换中，思考如何将美学理论建构现实地引向生活改造的具体方向，以使人的生活亦如艺术般地生气活跃。也因此，虽然宗白华从来不是一个文化上的狭隘民族主义者，但他却又始终能够在中西"比照"中，从中国文化本身发现人生生活的前景、汲取生活改造的力量。在这一过程中，宗白华美学无疑对中国文化精神、中国美学传统的现代创造性转换价值作了深刻的呈示。

"西方"的意义，在于为宗白华从美学上有效激活中国资源提供了"现代"的视角；对"传统"的重新发现和再阐释，则完成了宗白华对

① 宗白华：《悲剧幽默与人生》，载《中国文学》创始号，1934 年。

② 宗白华：《中国文化的美丽精神往哪里去?》，见《宗白华全集》第 2 卷，安徽教育出版社 1994 年版，第 401、403 页。

于现代美学理论的"中国"建构。这其间，宗白华对于青年问题、妇女问题、人生问题、社会文化问题等的广泛关注，在彰显其济世救人的人道情怀、生活改造的诗意追求的同时，同样也为其在美学上完善生活改造理想提供了丰富的思想材料。

（本文与王倩合作发表，原载《西北大学学报》2018 年第 4 期）

人生体验论与生活改造论的美学

——宗白华美学的理论内容与总体特性

整个 20 世纪里，中国美学以一种逐步自觉、开放吸收、持续展开的建构姿态，在学科形态改变、理论话语转换与转换方式等方面，不断朝着思想的体系化、理论的逻辑化、方法的科学化方向发展。这种新的学术建构姿态及其引导下的学术努力，带来了 20 世纪中国美学具体理论思维、理论观念和理论指向等的显著改变，也形成了 20 世纪中国美学的新的建构意识和理论内容，特别是呈现出比之以往更大的思想包容性——民族国家的振兴期待、社会文化的重建意愿、大众生活的幸福设计，在 20 世纪中国美学理论话语中集中交织，体现了具有鲜明时代文化特征的新气象。

宗白华的美学，正是诞生并行进在这样一条理论建构道路上的"现代中国美学"。一方面，宗白华早从 20 世纪三四十年代开始，就通过深入探讨中国文化精神，具体研究中国哲学与美学思想，细心领悟中国艺术观念与艺术创造实践，尤其是进行广泛的中西文化、美学与艺术比较研究，在《论中西画法之渊源与基础》《中西画法所表现之空间意识》《论世说新语和晋人的美》《中国艺术意境之诞生》《论文艺底空灵与充实》《中国诗画中所表现的空间意识》等一批论文中，提出了一系列影响深远的美学命题和重要理论思想，形成了极为丰厚的学术成果，为 20 世纪中国美学的现代理论建构及其发展作出了卓越贡献。而 20 世纪 50 年代以后，他又在《美从何处寻？》《美学的散步》《康德美学思想述评》《中国艺术表现里的虚和实》《中国书法里的美学思想》《中国古代的音乐寓言与音乐思想》等重要研究成果中，进一步探讨和阐发了中国美学与艺术的精妙理论、特别是中国艺术创造的丰富实践，十分独特地形成了以"散步"为风格的美学思想和美学方法。

另一方面，宗白华的美学，也是热情提倡、认真践行"人生艺术化"的美学。20 世纪 30 年代，宗白华在全面介绍歌德思想、深入考察歌德人生探索的基础上，曾经以《歌德之人生启示》《歌德的〈少年维特之烦恼〉》，对歌德的人生世界、生命理想及其《浮士德》《少年维特之烦恼》作了最初、也是全面细致的分析，并产生了相当广泛的影响。不仅如此，宗白华"拿歌德的精神做人"，以歌德为人生价值实践的模范，通过深心体会中国传统人生理想，尤其是庄子式超越凡俗、回返生命本真的人格精神追求，在美学和艺术研究领域深情不懈地呼唤社会文化的理想创造、人生生活的审美改造、个体人格的艺术修养与审美提升，从而将美学的理论建构与对人生实践理想、生命价值的最高实现问题的思索紧紧联系在一起，鲜明地体现了以解决人生现实问题为价值指向的理论精神，深刻启示和积极引导了 20 世纪中国美学的现代建构方向。

一、意境理论与中西比较

作为一个接受过西方近现代哲学训练的现代理论家，宗白华立于 20 世纪中西文化时代交汇点上，始终保持了自己鲜明坚定的现实文化意识与理论立场，即"现代的中国站在历史底转折点。新的局面必将展开。然而我们对旧文化的检讨，以同情的了解给予新的评价，也更形重要。就中国艺术方面——这中国文化史上最中心最有世界贡献底一方面——研寻其意境底特构，以窥探中国心灵底幽情壮采，也是民族文化底自省工作"①。可以认为，宗白华始终把美学研究的关注重点、理论建构的中心立场，放在深刻发掘、系统总结和高度阐发中国文化、中国人审美意识与中国艺术精神之上。他以哲学思辨作为观念深化的基础，以个体实践作为人生体验的途径，以诗性阐发作为问题呈明的方式，在持续深入、细微发掘中国文化意识、中国美学精神、中国艺术创造实践的过程中，不仅深刻揭示了审美活动、艺术创造的内在生命价值意味及其具体表现特征，而且积极张扬了中国文化的美丽精神、中国美学的特殊理论意识、中国艺术的独特创造价值。正是在面向现实文化建设、持守特色性理论思维、体现理论研究时代指向的工作中，宗白华美学深刻地奠基在中国文化精神的价值重建、中国人审美意识的现代发现之上，并且向我们贡献了独特而深刻的思想成果。

概括地说，作为 20 世纪中国美学现代理论建构的重要标志，宗白华美学以艺术审美活动及其创造性价值为切入点，最主要地包含了这样两方面理论内容：

（一）以艺术意境为核心，集中阐发了中国美学、中国艺术创造的文化精神意蕴及其具体表征。

从 20 世纪中国美学的现代理论建构意义方面来看，宗白华美学完全可以被视为一种"现代形态的中国美学理论"：一方面，在宗白华对美学、艺术问题的具体研究中，总是体现了一种鲜明而强烈的现代文化意识，其理论指向积极地联系着现实中国文化的新的生命发扬与不断趋前创造的建设目标。另一方面，在宗白华美学的具体理论中，明显体现出一种现代学者的思想理性，它建立在宗白华对于近代以来人类知识体系演进的深刻认识与把握之上，同时又相当深刻地渗透了他个人对于以

———————

① 宗白华：《中国艺术意境之诞生》（增订稿），载《哲学评论》第 8 卷第 5 期，1944 年。

西方文明为代表的现代文化成果本身的精神质疑与价值反思。即如我们可以看到的，宗白华有关中国艺术意境问题的大量研究成果，在集中体现其个人深刻理论眼光和高度理论成就的同时，在核心处实际也传递了宗白华对于以审美的人生实践方式来实现现代文化改造前景的热切意愿：当他强调主观生命情调与客观存在物象的交融互渗是艺术意境的特殊呈现，艺术意境就是"以宇宙人生底具体为对象，赏玩它的色相，秩序，节奏，和谐，藉以窥见自我的最深心灵底反映"①，这一人类"自我的最深心灵底反映"，不正可以体会为一种对于理想性文化建构与人的生命活动关系的价值指向吗？

　　正因此，宗白华既从美学的现代理论建构需要出发——这种需要表现在他对于中国美学与"世界美学"前景的认识、艺术精神的新的时代要求、以绘画为典型的中国艺术现代发展的理解等方面，集中讨论了艺术意境的内在价值结构、生命意义的创造性呈现等问题，同时又总是将艺术意境的研究与积极阐扬中国美学、中国艺术创造的文化精神意蕴紧密联系在一起。当我们看到，宗白华着力突出和深化"虚""实"关系在艺术意境创造中的重要地位，强调通过"虚实相生"的创造性统一而诞生艺术审美的无穷意味、幽远境界，可以认为，这种独特的理论意识就体现了宗白华美学对于蕴含在中国艺术创造实践中的中国人宇宙观之"虚""实"辩证性的充分肯定，亦即如其所说"虚和实的问题，这是一个哲学宇宙观的问题"②——这个"宇宙观"，恰恰是站立在中国艺术创造背后的中国文化精神的体现。而当宗白华深入中国艺术的内部，发现了"高、阔（大）、深"这样一种层级化的意境创造表现，并将之提升为以"情胜""气胜""格胜"为体现的"艺术意境三层次"理论，进而意味无尽地持续阐明并强调"格胜"之境作为艺术创造之最高理想

---

① 宗白华：《中国艺术意境之诞生》（增订稿），载《哲学评论》第 8 卷第 5 期，1944 年。
② 宗白华：《中国美学史中重要问题的初步探索》，载《文艺论丛》第 6 辑，上海文艺出版社 1979 年版。

的终极性审美价值——超旷空灵而如"禅境"，在拈花微笑中深心领会自然与人的生命的微妙精神，他其实正是以一种特殊的美学阐释方式，向我们呈现了生命价值的体验结构、人生意义的积极实现方向。特别是，当宗白华在艺术审美实践领域将意境创造与人格的创造直接联系起来，反复强调艺术意境创造首先必须成为一种人格的创造，要求将养成一份"空灵"而"充实"的艺术心灵作为实现艺术家人格修养的关键，这其中不仅反映了宗白华对于艺术意境创造深层核心的独特理论意识，而且高度体现了他对于以自然体验为核心、人格生命为象征的艺术创造本质的指向性把握。很显然，这种把握又直接联系着宗白华个人深心中的文化价值建构自觉、人生实践的意义追求，亦即在"能空，能舍，而后能深，能实"的艺术心灵所达到的最高境界里，发现"宇宙生命中一切理一切事"[1]。

宗白华曾言："在艺术史上，是各个阶段、各个时代'直接面对着上帝'的，各有各的境界和美。至少我们欣赏者应该拿这个态度去欣赏他们的艺术价值。而我们现代艺术家能从这里获得深厚的启发，鼓舞创造的热情，是毫无疑义的。"[2] 应该说，在"获得深厚启发，鼓舞创造热情"这一方面，宗白华美学引导了我们：中国美学的现代理论建构不可能简单完成于一般性接续或使用已有的中国学说、范畴、概念或表述形式之上，它需要我们通过对于已有资源的充分发掘，找到真正合乎现代学科建构规定的内在精神本质。同样，本土思想资源的存在意义，既在于其历史存在形态本身，更在于它是否可能并实际带来中国美学在新的时代语境下的理论建构满足。在这里，宗白华美学既开启了我们思想的门径，也留下了供我们进一步思考和探索的问题。

（二）深刻比较、研究了中西美学与艺术理论的相异性旨趣，以及

---

[1] 宗白华：《论文艺底空灵与充实》，载《观察》第 1 卷第 6 期，1946 年。

[2] 宗白华：《略谈敦煌艺术的意义与价值》，见《美学散步》，上海人民出版社 1981 年版，第 131 页。

它们在各自艺术实践领域的表现特征。

在 20 世纪中国美学史上，宗白华美学的突出贡献，体现在其较早自觉地开展了中西美学、艺术理论与艺术创造实践的比较性研究。《中国诗画中所表现的空间意识》《论中西画法之渊源与基础》《中西画法所表现之空间意识》等一系列著论，作为宗白华个人的美学代表作，同时也是 20 世纪中国美学界在中西文化比较研究领域的开拓性成果，它们一直被后来学者奉为理解中西文化精神、探讨中西美学与艺术观念、诠释中国艺术创造实践的"学术经典"。从宗白华美学鲜明的中西比较意识、独特的中西比较方法、深刻的中西比较观念中，不仅可以发现一种高度自觉的理论建构，以及内具于理论建构之中的现代意识特性，同时也能够看到一份特定文化时代中国知识分子的文化情怀及其明确的中国文化归趋立场。我们完全有理由认为，宗白华把中西艺术审美空间意识作为一个问题的具体切入点，着重发现其中中西文化精神、哲学意识的差异并加以互参对照、广泛比较，在很大程度上，正是为了能够在阐扬中国艺术创造特性的基础上，更有利于充分揭示中国文化、中国人生命意识的创造性转换价值。而这一点，也正是宗白华美学呈现其深远学术魅力的重要方面。即如宗白华通过大量比较分析，从总体上发现，西方人空间意识的哲学基点在于持守"人与世界对立"，而"深潜入于自然的核心而体验之，冥合之，发扬而为普遍的爱"[①] 却是东方智慧的根本。对立紧张与沉潜体会，这样两种不同的文化心理意识渗透在中西艺术审美创造实践中，便导致了两种截然不同的空间意识表现：在西方，由于持守着人与对象正面对立的观照立场，因而艺术家对于外部空间的态度大都是追寻的、控制的、冒险和探索的，其艺术审美空间意识往往暗示着物我之间对立相待的紧张与分裂，表现为"向着无尽的宇宙作无止境的奋勉"。而中国艺术的审美空间意识则呈现为"无往不复，天地际

---

① 见《宗白华全集》第 2 卷，安徽教育出版社 1994 年版，第 296 页。

也""饮吸无穷于自我之中"，艺术审美空间随着人的心中情绪变化或收或放、变化流动，在俯仰往还、远近取与中形成为一幅回旋无尽的音乐节奏，物我在其中交互浑融。可以发现，宗白华在各种研究场合通过广泛对照、比较中西艺术审美创造方式与创造成果，不断强化阐释和热情肯定了"充满音乐情趣的宇宙（时空合一体）是中国画家诗人的艺术境界"①。基于此，宗白华反复提醒我们，由于对自然之"真"的模仿，对和谐、比例、平衡、整齐等形式之美的追求，造就了西方艺术"静穆稳重"的空间感型特征，其中凸显了西方艺术家、美学家对于"形式与内容"问题的重点关注。而中国艺术以追求"气韵生动"（"生命的律动"）为最高境界，舍具体而趋抽象，轻形似而重神似，因而"由舞蹈动作伸延、展示出来的虚灵的空间，是构成中国绘画、书法、戏剧、建筑里的空间感和空间表现的共同特征"②。这个作为一切中国艺术意境创造典型的"舞"，体现了最高度的韵律、节奏、秩序、理性，同时也凝聚了最高度的生命、旋动、力、热情。这样，在广泛比较、具体举证的基础上，宗白华获得了有关中西艺术审美创造理想的总体性结论：西方艺术重"形似"，中国艺术重"神似"。而如果说，形式美的理性追求在象征西方世界形式严整的宇宙观的同时，缺少了一种对于对象生命精神内在不息运动的心灵体验，那么，"用强弱、高低、节奏、旋律等有规则的变化来表现自然界、社会界的形象和自心的情感"③的中国艺术，当然就更应该获得我们的高度认同。这也是宗白华所说的，"舞""不仅是一切艺术表现底究竟状态，且是宇宙创化过程底象征"④。宗白华特别强调中国书法通于诗画、音乐和建筑，认为它是贯穿整个中国艺术创造历史的核心，"我们几乎可以从中国书法风格底变迁来划分中国艺术史的时

---

① 宗白华：《中国诗画中所表现的空间意识》，载《新中华》第 12 卷第 10 期，1949 年。

② 宗白华：《中国艺术表现里的虚和实》，载《文艺报》1961 年第 5 期。

③ 宗白华：《中国书法里的美学思想》，见《哲学研究》1962 年第 1 期。

④ 宗白华：《中国艺术意境之诞生》（增订稿），载《哲学评论》第 8 卷第 5 期，1944 年。

期，像西洋艺术史依据建筑风格底变迁来划分一样"①，便是因为书法完满表现着中国人深心里、意识中那种生命精神运动的心灵体验，"抽象线纹，不存于物，不存于心，却能以它的匀整、流动、回环、曲折，表达万物的体积、形态与生命；更能凭借它的节奏、速度、刚柔、明暗，有如弦上的音、舞中的态，写出心情的灵境而探入物体的诗魂"②。显然，在宗白华所提供的这样一种对于中西艺术审美创造理想之差别境界的把握中，其理论立场及其内在的指向性，恰恰在于通过揭明中西艺术审美空间意识的文化差异与创造表现的差异，通向对于艺术表现理想的把握与确立，它不仅生动还原了中国文化的生命意识、中国艺术的创造精神，也具体体现了宗白华自己的深心追慕。

二、由艺术而人生，由人生而艺术

以审美为核心的生命价值体悟，对于艺术化人生实践的热情关注，是宗白华美学十分鲜明的总体立场，充分显现了宗白华美学"不脱实际"的人生关怀意识。显然，这也是宗白华美学引起人们强烈兴趣和高度重视的重要方面。

由于时代的特性、中国社会与文化建设紧迫性所造成的特定思想意识等原因，在20世纪中国美学内部，现实生活改造、人群关系改善以及人生幸福的不懈奋斗等社会性伦理实践目标，往往被自觉或不自觉地内化为美学上的"审美救世"情结。也因此，把人生改造实践加以本体化，将现实困惑的化解、人生缺陷的克服置于审美／艺术的认识

---

① 宗白华：《中西画法所表现之空间意识》，载《中国艺术论丛》第1辑，商务印书馆1936年版。

② 宗白华：《论素描——〈孙多慈素描集〉序》，见《宗白华全集》第2卷，安徽教育出版社1994年版，第116页。

能力展开之上，便构成为 20 世纪中国美学的重大理论目标。这一情形在宗白华美学中有着同样的体现。事实上，虽然宗白华美学十分具体地指向各种艺术审美问题的深刻发现、精妙阐发，特别是，宗白华在深入发掘中国文化精神、中国哲学与美学、艺术观念及其创造性实践的基础上，结合他本人对于西方文明发展、文化理想与价值意识、艺术精神与美学理想的认真思考，在中西哲学、美学与艺术思想、艺术创造实践的比较研究方面，形成了一系列堪为后世之表的具体思想成果。但与此同时，认真研读宗白华的著述，我们却又不难发现，宗白华致力于艺术和美学问题的研究，其理论上的根本心结，终究还在于如何能够实现以"审美／艺术"来改造现实人生、疗治社会疾患、确定人生价值信仰。因为很显然，从始至终，宗白华都在理论上热情倡导了"艺术的人生观"，在实践上积极践行"人生艺术化"的理想追求。如果说，在宗白华早期的思想中，"艺术的人生观"体现了克服现实困惑、提升生活信心、确立人生目标的社会性指向意义，它具体要求"我们要持纯粹的唯美主义，在一切丑的现象中看出他的美来，在一切无秩序的现象中看出他的秩序来，以减少我们厌恶烦恼的心思，排遣我们烦闷无聊的生活"，同时"把'人生生活'当作一种'艺术'看待，使他优美，丰富，有条理，有意义"，进而在"消极方面可以减少小己的烦闷和痛苦，而积极的方面又可以替社会提倡艺术的教育和艺术品的创造"①，甚至"艺术的人生观"可以具有"解救""青年烦闷"的方法论意义，亦即经由审美／艺术的途径而超脱现实人生的心理苦闷与价值困境。那么，这种建立在唯美的、艺术的立场看待自然与人的相互关系、世界现象与社会人生百态的"艺术的人生观"，在宗白华来到美学的理论国度并具体展开艺术和审美问题的理论探讨时，便进一步深化为一种以审美生活、艺术化人生克服具体现实的矛盾不安、引导现实生活

---

① 宗白华：《青年烦闷的解救法》，载《时事新报》1920 年 1 月 30 日。

中人的生命实践方向的特定价值旨趣。宗白华高度赞赏魏晋时代那样一种热情智慧的文化自觉气象，强调自由解放的人格精神引导晋人不断从生活中发现了、体味着高超远逸的生命情趣，显然正是从人生价值的实现维度，积极肯定了审美生活、艺术化人生的深远意义，其中也充分凸显了宗白华深心里那份"仍旧保持着我那向来的唯美主义和黑暗的研究"①的执着追求：以唯美的态度将现实人生当作一件艺术品看待，"在一切丑的现象中看出他的美来"，进而发掘人类深心中的生命理想，因而它保持着真切深挚的人生之爱——爱人生现实虽然痛苦不安却仍有着朝向优美、丰富、有条理和有意义的人生改造的希望；"黑暗的研究"是为了从现实的有限、矛盾和缺陷里找到人生的前行方向，从具体生活的彷徨不安与失落无望中发现生命内在的宁静与光亮，"在伟大处发现它的狭小，在渺小里也看到它的深远，在圆满里发现它的缺憾，但是缺憾里也找出它的意义"②，总之要"在一切无秩序的现象中看出他的秩序来"③，因而也同样蕴含着对人生现实的深切关怀和价值实践意愿。

这样，在宗白华那里，无论面对现实生活，还是在理论指向性方面，人生问题的解决前景最终已被生动积极地引向了一个"审美／艺术"的理想生命境界：在"艺术的人生观"里，宗白华发现了审美精神、艺术心灵对于现实人生态度的转化和改造意义。"艺术底作用是能以感情动人，潜移默化培养社会民众的性格品德于不知不觉之中，深刻而普遍"④。由此，在理论层面上，宗白华便进一步要求美学必须着重探讨和引领人的"美的态度"，包括"鉴赏的态度"和"创造的态度"。这种"美的态度"，就是"积极的把我们人生的生活当作一个高尚优美的

---

① 《三叶集》，上海亚东图书馆 1920 年版，第 1 页。
② 宗白华：《悲剧幽默与人生》，载《中国文学》创始号，1934 年。
③ 宗白华：《青年烦闷的解救法》，载《时事新报》1920 年 1 月 30 日。
④ 宗白华：《艺术与中国社会生活》，载《学识杂志》第 1 卷第 12 期，1947 年。

艺术品似的创造，使他理想化，美化"①，所以根本上就是一种人对于自身生活的创造性要求、生命意义的实现欲望，它在把现实人生活动当作艺术品创造的追求目标中，不仅内在地表达了人的生命实践情绪，同时积极地张扬了美学的价值指向作用。

当然，对于宗白华来说，"美的态度"所倡导的生活创造的积极要求、生命意义的价值实现，归结到艺术化的人生实践方面，其关键还系于人的自身心灵改造能力、人格精神的培育修养。"人生若欲完成自己，止于至善，实现他的人格，则当以宇宙为模范，求生活中的秩序与和谐。和谐与秩序是宇宙的美，也是人生美的基础。"② 现实人生的艺术化离不开心的感悟、心的发现、心的改造。而我们从宗白华全部的美学研究中又可以看到，他同时是把人的心灵改造能力非常明确地寄托在超越世俗功利的生活努力之中，把人格精神的修养方位定向在寄情自然、忘怀得失、甚至超然于一般所谓善恶的精神自由与旷达，以便能够"用一种拈花微笑的态度同情一切，以一种超越的笑，了解的笑，含泪的笑，惘然的笑，包含一切以超脱一切使色色黯淡的人生也罩上一层柔和的金光"③。也因此，宗白华深情赞叹晋人对于自然和生活有一股身入化境、浓酣忘我的生命情趣，"以虚灵的胸襟，玄学的意味体会自然，乃能表里澄澈，一片空明，建立最高的晶莹的美的意境"，强调这种超越性人生境界的实现，正是源于"精神上的真自由真解放，才能把我们的胸襟像一朵花似地展开，接受宇宙和人生的全景，了解它的意义，体会它的深沈的境地。近代哲学上所谓'生命情调'，'宇宙意识'，遂在晋人这超脱的胸襟里萌芽起来"④。同样，宗白华在探讨艺术意境的生成、艺术

① 宗白华：《新人生观问题底我见》，载《时事新报》1920年4月19日。
② 宗白华：《哲学与艺术——希腊大哲学家的艺术理论》，载《新中华》第1卷第1期，1933年。
③ 宗白华：《悲剧幽默与人生》，载《中国文学》创始号，1934年。
④ 宗白华：《论世说新语和晋人的美》（增订稿），载《时事新报》1941年4月28日、5月5日"学灯"第126、127期。

审美创造的理想时，也常常将它们落实在"风神潇洒""不滞于物"的艺术化人格境界层面。

在这里，宗白华美学相当清晰而生动地呈现了一个基本的思想逻辑：现实社会与人生改造的要求——"审美／艺术"的理想人生实践（"艺术人生观"的提倡和"人生艺术化"的追求）——改造心灵与修养人格（超脱和自由）——真实生命的体验性展开与人生意义的价值实现。可以认为，宗白华美学始终不离这样一种明确的思想逻辑，而他本人之所以能够一生持守"艺术人生观"而不断追踪、践行艺术化的人生生活，归根结底，是同其整个美学的这一内在特性联系在一起的。

以"审美／艺术"的人生价值实现为基本核心，向外，宗白华美学明确指向现实社会和人生生活的改造目标；向内，宗白华美学具体规定了现实社会和人生生活改造的个体心理／精神实践方式。向外的指向与向内的规定结合在一起，使得宗白华美学充分体现了一种具有鲜明时代文化特征的认识意愿和价值意识。在这个意义上，如果说，宗白华美学是一种具有现代意识的"生命美学"的话，那么，它所关怀的生命本身也并非一个抽象性的价值体系，而是具体指向了生动活跃在现实人生改造过程中的生活实践及其意义呈现。换句话说，在宗白华美学中，"生命"从来不是一个仅仅具有象征意义的价值坐标，而始终是游行于、展开在现实生活行程中的人生体验性过程。在这个意义上，应该说，宗白华美学更是一种将深情沉着的生命体验，内化为现实人生的认识意愿与价值实现追求的"人生体验论与生活改造论的美学"——它深，深于生命运动的内核，一往情深地用心体会自然宇宙、人类精神的气象流行，捕捉生命价值的玄远微妙；它高，站立在人类生活的最高理想境层，启示着人生经验的深刻积累与生活实践的创造性方向；它实，直面现实人生意义缺失的痛苦不安与矛盾困惑，在深刻的同情中积极探索现实生活的改造途径，为人生现实描绘实现审美超越的价值希望。

值得指出的是，宗白华美学在指向现实人生改造、社会问题解决与生活的审美重建的过程中，对于个体人生实践、个体人格精神给予了高度的关注。这一点，也充分反映在他对于艺术审美创造与个体人生、人格精神关系的深刻把握之上。就像我们所看到的，在讨论艺术意境的创造性价值、艺术审美创造中的人格修养境界等问题时，宗白华常常热情地流露出对于个体人生的强烈关爱、个体生命价值的深入捕捉。即如在讨论艺术创造及其真实性问题的时候，他便反复强调"艺术之创造是艺术家由情绪的全人格中发现超越的真理真境，然后在艺术的神奇的形式中表现这种真实"[1]。"情绪的全人格"乃是对以艺术家为代表的个体人格实践的全面肯定。正是借由这种个体人格的实践活动，艺术家才能够沉浸在个体心灵的最深处，全心体验生命至深至真的存在，进而实现艺术真实的创造。这也就是宗白华所谓"伟大之制作，亦须要伟大之人格为之后盾"，"非有伟大之人格，坚强之耐性，决不可告成"[2]。由此，宗白华在探讨中国艺术意境创造问题时，总是将艺术家长期刻苦的艺术修养功夫和心灵境界，与艺术创造所实现的意境层次、审美风格直接联系在一起，强调艺术家心灵的培养是艺术意境创造的关键，艺术意境的创造首先就是一种个体人格的艰苦创造；无论壮阔幽深的宇宙意识、高超莹洁的生命情调，"都植根于一个活跃的，至动而有韵律的心灵"[3]，都离不开艺术家个体人格修养的刻苦过程。宗白华深情赞叹徐悲鸿绘画艺术的高超成就，便主要着眼于其"幼年历遭困厄；而坚苦卓绝，不因困难而挫志，不以荣誉而自满"[4]，强调内在的人格精神力量是造就徐悲鸿辉煌艺术成就的重要原因。

　　这样，我们可以看到，在宗白华那里，对于个体人格、生命精神

① 宗白华：《哲学与艺术——希腊大哲学家的艺术理论》，载《新中华》第 1 卷第 1 期，1933 年。

② 宗白华：《美学》，见《宗白华全集》第 1 卷，安徽教育出版社 1994 年版，第 464 页。

③ 宗白华：《中国艺术意境之诞生》（增订稿），载《哲学评论》第 8 卷第 5 期，1944 年。

④ 宗白华：《徐悲鸿与中国绘画》，载《国风半月刊》1932 年第 4 期。

的关注，成为引导人们不断深入艺术审美核心、深刻体会艺术创造性价值实现的第一道途径。"心的陶冶，心的修养和锻炼是替美的发见和体验做准备。创造'美'也是如此。"① 而人生实践、现实改造既以"审美／艺术"的人生价值实现为核心，也便当然同样要求个体人格创造指向与艺术实现相同的精神境界，即一方面"能空，能舍，而后能深，能实"，以虚灵的胸襟体会自然人生，实现与虚实相生的宇宙生命相契合的心灵结构；另一方面也同时要求生活体验与情感的丰富、心灵的"充实"，"养成优美的情绪，高尚的思想，精深的学识"②，能够像"歌德的生活经历着人生各种境界，充实无比。杜甫诗歌最沉着深厚而有力，也是由于生活经验的充实和情感的丰富"③。

由艺术而人生，由人生而艺术，宗白华对个体人生实践、人格精神的要求，一头连着艺术创造的审美价值结构，一头连着向艺术境界奋力归趋的现实人生指向，其中汇合了艺术审美的本体规定与主体精神的伦理意涵。当我们听到宗白华深情呼吁："人当完成人格的形式而不失去生命的流动！生命是无尽的，形式也是无尽的，我们当从更丰富的生命去实现更高一层的生活形式。"④ 我们将可以体会到，他正是拿了这种人生的透悟，指导了自己、同时也指导着现实人生的审美实践方向——生命的最高清纯境界。

（原载《艺术评论》2012 年第 8 期）

---

① 宗白华：《美从何处寻?》，载《新建设》1957 年第 6 期。
② 宗白华：《新诗略谈》，载《时事新报》1920 年 2 月 9 日"学灯"。
③ 宗白华：《论文艺底空灵与充实》，载《观察》第 1 卷第 6 期，1946 年。
④ 宗白华：《歌德之人生启示》，见《歌德之认识》，钟山书局 1933 年版，第 21 页。

意境：虚实相生的审美创造

——宗白华艺术意境观略论

30 年前，李泽厚就曾十分精准地指出，宗白华先生"相当准确地把握住了那属于艺术本质的东西，特别是有关中国艺术的特征"[①]。可以认为，宗白华留给 20 世纪中国美学的最重要贡献，就是他对建基在中国文化独特传统之上的古典美学整体特性的精妙认识，包括他对以书画为代表的中国艺术审美理想的精微研究，以及对中西艺术时空意识的比较性阐发。从学术史角度看，宗白华美学的这些贡献，既是 20 世纪中国美学的特定学术经验，也为后来者继续讨论和阐释中国美学、中国艺术搭建了思想的阶梯。这一点，在宗白华对艺术意境的深度阐发中有最充分的体现。

一、文化自觉与艺术意境的阐发

意境为何？何为艺术意境的创造？这个问题的提出，在宗白华那里不单纯是一个美学问题，而是如何从美学的立场来承继民族心灵、民

---

① 李泽厚：《美学散步》序，上海人民出版社 1981 年版，第 2 页。

族精神的问题，也是如何能够以现代文化的创造性追求为目标来真正确立民族文化自觉的问题，"就中国艺术方面——这中国文化史上最中心最有世界贡献的一方面——研寻其意境的特构，以窥探中国心灵的幽情壮采，也是民族文化底自省工作。"[①] 因此，我们理解宗白华关于艺术意境的一系列理论揭示，其实也是在理解他对民族文化所做的一种特殊"自省"。在这个意义上，我们才可能真正了然宗白华置身 20 世纪文化洪流而深情执着地回望民族心灵"幽情壮采"的特殊意义。

就此而言，宗白华讨论艺术问题，指向的往往是中国艺术的文化精神；他探寻艺术意境创造的审美本质，直接联系的是中国文化"美丽精神"的心灵意识根源；他发掘中国艺术意境的至深创造根源，眼光始终投向中国人的宇宙意识、中国文化的生命情怀。《易经》乾卦象曰："大哉乾元，万物资始，乃统天，云行雨施，品物流行，大明终始，六位时成，时乘六龙以御天。"宗白华从中领悟："'乾'是世界创造性的动力，'大明终始'是说它刚健不息地在时间里终而复始地创造着，放射着光芒。'六位时成'是说在时间的创化历程中立脚的所在形成了'位'，显现了空间，它也就是一阴一阳的道路上的'阴'，它就是'坤'、'地'。空间的'位'是在'时'中形成的"，"'位'（六位）是随着'时'的创进而形成，而变化，不是死的，不像牛顿古典物理学里所设定的永恒不动的空间大间架，作为运动在里面可能的条件，而是像爱因斯坦相对论物理学里运动对时间空间的关系"，"六位就是六虚（《易》云：'周游六虚'），虚谷容受着运动"[②]。这种对中国古代时空意识的独特的哲学把握，深刻地发掘了中国人、中国文化对待宇宙整体、生命运动的一致性态度：主张"以空虚不毁万物为实"的老庄，强调"虚"作为一切真实的原因，是万物生长、生命活跃的存在基础；孔子讲"文质

---

① 宗白华：《中国艺术意境之诞生》（增订稿），载《哲学评论》第 8 卷第 5 期，1944 年。

② 宗白华：《中国古代时空意识的特点》，见《宗白华全集》第 2 卷，安徽教育出版社1994 版，第 477 页。

彬彬"，孟子讲"充实之谓美"，儒家从"实"出发，又从实到虚，直至神妙境界——"充实而有光辉之谓大，大而化之之谓圣，圣而不可知之之谓神"。显然，"虚""实"关系是"儒道互补"（李泽厚语）之中国文化的基本精神，而宗白华则以为道、儒两家其实都关注宇宙本质的虚实结合特性，所谓"虚而不屈，动而愈出"，虚空是万有之根源、万动之根本，是生生不息的生命创造力之所出。

这样，从"虚""实"关系上，宗白华看到了中国人基本的哲学态度，更发现了中国人深刻的文化精神气象、生命情怀。可以认为，宗白华要求艺术必须虚实结合，强调"主于美"的艺术意境"以宇宙人生底具体为对象，赏玩它的色相，秩序，节奏，和谐，借以窥见自我的最深心灵底反映"[1]，既是他对于艺术审美本质的一种美学阐释，同样是他从美学立场返身追寻中国文化的心灵意识、中国人生命精神的一种文化自觉。正是这种独特的文化自觉，使得宗白华能够以独特的理论意识深刻揭示艺术意境的内部创造问题。

二、对"虚实相生"审美本质的确认

宗白华对艺术意境的把握，首先体现在他对艺术意境创造之"虚实相生"审美本质的确认之上。

就中国艺术而言，美感力量的根本，不是别的，而在于意境之美的完美传达。即如苏轼论陶渊明的诗，直言"陶诗'采菊东篱下，悠然见南山'，采菊之次，偶然见山，初不用意，而意与境会，故可嘉也。"[2] 所谓"可嘉"，就在于陶诗之"意与境会"，诗人的内在情绪、感

---

① 宗白华：《中国艺术意境之诞生》（增订稿），载《哲学评论》第 8 卷第 5 期，1944 年。
② 苏轼：《书诸集改字》，转引自林衡勋《中国艺术意境论》，新疆大学出版社 1993 年版，第 338 页。

受、心灵活动，与身处的环境对象契合无间、融会一体。事实上，自司空图《二十四诗品》以降，至近代王国维"境界说"，在艺术意境问题上大体都主张艺术意境是"情""景"交融的结果。唐代张璪论画，有所谓"外师造化，中得心源"之说，讲的就是造化（景）与心源（情）两相凝合，构成生机活跃的艺术生命。王国维则强调"文学之事，其内足以摅己，而外足以感人者，意与境二者而已。上焉者意与境浑，其次或以境胜，或以意胜。苟缺其一，不足以言文学"，"文学之工不工，亦视其意境之有无，与其深浅而已"①。应该说，宗白华对艺术意境的总体认识，在这一点上无出前贤之右。他所持守的艺术意境观，同样强调主观生命精神与客观自然景象的交融互渗，"意境是'情'与'景'（意象）底结晶品"，"景中全是情，情具象而为景，因而涌现了一个独特的宇宙、崭新的意象"，"成就一个鸢飞鱼跃，活泼玲珑，渊然而深的灵境；这灵境就是构成艺术之所以为艺术的'意境'"②。

不过，宗白华的创造性之处，是他从中国人、中国文化对待宇宙整体、生命运动的一致性态度中，看到"情景合一"的艺术意境，在创造本质上与中国文化心灵意识、中国人生命自觉的内在一致性，即"中国古代诗人、画家为了表达万物的动态，刻画真实的生命和气韵，就采取了虚实结合的方法，通过'离形得似''不似而似'的表现手法来把握事物生命的本质"③。而这一点，恰恰又与他对中国文化的基本认识是一体的：从孟子"圣而不可知之之谓神"中，宗白华强调"圣而不可知之"是虚，而"虚"就是只能体会而不能模仿、解说，它指向了"神"。

立足于此，宗白华进一步从艺术意境创造的虚实相生性出发，对艺术意境创造的审美本质及其层次结构作了全面精细的阐发，进而也呈

---

① 王国维：《人间词乙稿序》，据《蕙风词话　人间词话》，人民文学出版社 1960 年版，第256 页。

② 宗白华：《中国艺术意境之诞生》（增订稿），载《哲学评论》第 8 卷第 5 期，1944 年。

③ 宗白华：《形与影》，见《美学散步》，上海人民出版社 1981 年版，第 234 页。

现了其美学理论的文化高度。

"唯道集虚，体用不二，这构成中国人的生命情调和艺术意境底实相。"① 按照宗白华的看法，艺术意境创造的审美本质在于"化实景而为虚境，创形象以为象征，使人类最高的心灵具体化，肉身化"②。这里，艺术意境内在的"情""景"统一，被更加深刻地表述为与特定文化意识相一致的意境创造本质——"虚""实"统一性，亦即以虚带实、以实带虚，虚中有实、实中有虚。这种艺术意境创造"虚实相生"的审美本质，在具体的艺术家那里，也就是想象活动与形象实体的统一。"艺术家创造的形象是'实'，引起我们的想象是'虚'，由形象产生的意象境界就是虚实的结合。"③ 这样，宗白华实际上不仅是把"虚"与"实"视为艺术意境创构的两元，而且着力强调了艺术意境的内在统一性。而由于离形无以想象，去想象无以存形，所以唯有通过"虚""实"相合的审美创造，才能真正写出心情的灵境而直探物体的诗魂、生命的本原。应该说，就艺术意境创造的审美本质而言，采取"虚实相生"二元统一的意境表现方法，通过"离形得似""不似而似"的审美意象来把握对象生命本质，这种中国艺术家一以贯之的审美创造态度，根本上正是源于中国文化本身对生灭变动的世界本质的理解。艺术作为世界生命的精神表现形式、现实载体，理当体认这种世界"虚""实"相生相运的哲学领会。而既然艺术意境创造是"虚""实"二元的统一，那么这种统一就应表现为互相包容、渗透的关系，从而使世界构成之"二元"真正成为艺术意境的两元。从这里，我们也可以发现，宗白华在进行中西艺术审美比较研究时，之所以常常高度肯定中国艺术意境创造的独特性，一个十分重要的原因，就是因为中国艺术意境创造的审美本质合乎

---

① 宗白华：《中国艺术意境之诞生》（增订稿），载《哲学评论》第 8 卷第 5 期，1944 年。

② 宗白华：《中国艺术意境之诞生》（增订稿），载《哲学评论》第 8 卷第 5 期，1944 年。

③ 宗白华：《中国美学史中重要问题的初步探索》，载《文艺论丛》第 6 辑，上海文艺出版社 1979 年版。

这一"虚""实"关系的辩证性。他曾引方士庶《天慵庵随笔》："山川草木，造化自然，此实境也。因心造境，以手运心，此虚境也。虚而为实，是在笔墨有无间"，强调整个中国绘画精粹尽皆体现在"于天地之外，别构一种灵奇""弃滓存精，曲尽蹈虚揖影之妙"——宗白华所要提示我们的，正是那种虚实统一的艺术意境创造本质。

宗白华特别重视"化景物为情思"的艺术创造问题。在我们看来，这个"化"的方法论命题，其核心在于充分明确了"虚实相生"的艺术本体特性。它既是宗白华在深刻揭示艺术意境创造的审美本质基础上对艺术创造方法论的精确定义，同时也体现了宗白华美学之于艺术创造的本体规定。

宗白华认为，艺术本身是一种创造活动，真正的艺术意境只有通过创造性的活动才能自然涌现。不过，艺术创造的难题在于如何有效地实现以形象表现精神、以可描写的东西传达不可描写的东西？解决这个难题的唯一出路，在宗白华那里就是"化实为虚，把客观真实化为主观的表现"①。他曾引宋人范晞文《对床夜语》中的一段话："不以虚为虚，而以实为虚，化景物为情思，从首至尾，自然如行云流水。"通过大量分析中国艺术创造的特点，宗白华具体指出：这个"化"，终究是"以虚为实"，"化实为虚，化景物为情思"，亦即虚实结合、虚实相生。即如中国古代文学家常用虚虚实实的文笔描写事件、人物，"作家要表现历史上的真实的事件，却用了一种不易捉摸的文学结构，以寄托他自己的情感、思想、见解。这是'化景物为情思'。"在这里，"化"作为一种"虚""实"的沟通、转换，不是技术性的，而是精神性过程的实现；"化"既是艺术传达、表现的手段，更是艺术传达的本质，而这种本质决定于"虚""实"关系的辩证统一。宗白华以荀子《乐论》"不全

---

① 宗白华：《中国美学史中重要问题的初步探索》，载《文艺论丛》第6辑，上海文艺出版社1979年版。

不粹之不足以谓之美"，具体阐释了"化"的虚实统一关系：由于"粹"即去粗存精，艺术方能"洗尽尘滓，独存孤迥"（恽南田语），其表现才为"虚"；由于"全"，方能实现"充实之谓美，充实而有光辉之谓大"（孟子语）。"全""粹"统一，"虚""实"包容，才真正构成艺术的审美真实，"完成艺术的表现，形成艺术的美"①。因此，无论"化"的方式本身如何——是"化"实体性之"实"为欣赏主体情感中的"虚"，还是转"虚"成"实"，通过主体行动带（"化"）出虚设的幻想——艺术创造最终实现的，是世界本体、生命本体的呈现即意境之美、"核心的真实"，"唯有以实为虚，化实为虚，就有无穷的意味，幽远的境界"②。这样，宗白华便从理论上统一了"虚""实"关系的方法意义与本体规定。特别是，当他把建立在"虚""实"关系之上的"化景物为情思"的艺术创造，同自然主义和现实主义两种艺术形式的审美价值联系起来的时候，这种独特的"化"的艺术方法论之本体意义的深度就显得更加清晰起来：自然主义单纯描摹物象表面，以实为实，难以表现艺术家的丰富情感和深刻思想；现实主义诞生于艺术家至深心灵和造化自然相接触时的领悟和震动，"从生活的极深刻的和丰富的体验，情感浓郁，思想沉挚里突然地创造性地冒了出来的"③。不同艺术创造观念和形式的分别，在宗白华这里完全对应着其化虚化实的"景""情"关系，其如方士庶《天慵庵随笔》所谓"山川草木，造化自然，此实境也。因心造境，以手运心，此虚境也。虚而为实，是在笔墨有无间"。

---

①　宗白华：《中国艺术表现里的虚和实》，见《美学散步》，上海人民出版社 1981 年版，第 75 页。

②　宗白华：《中国美学史中重要问题的初步探索》，载《文艺论丛》第 6 辑，上海文艺出版社 1979 年版。

③　宗白华：《中国书法里的美学思想》，载《哲学研究》1962 年第 1 期。

三、对艺术理想道路的把握

很有意思的是，宗白华不仅在方法论与本体论相一体的高度，提倡艺术意境创造之虚实相生、虚实统一的审美本质，而且在强化"虚""实"关系基础上，特别主张艺术创造与审美价值的内在一致，强调"实化成虚，虚实结合，情感和景物结合，就提高了艺术的境界"，"化实为虚，化景物为情思，于是成就了一首空灵优美的抒情诗"①。质言之，在宗白华美学中，虚实统一的艺术意境作为艺术真正的审美价值所在，可以被用来作为考察艺术审美特征与价值的思维起点。因而，在艺术实践的意义上，意境的创造结构同时也就是艺术的审美价值结构。对于这一点，宗白华主要通过透彻研究中国艺术意境的"三度"结构——阔度、高度、深度，做了相当深刻的揭示，即："函盖乾坤是大，随波逐浪是深，截断众流是高"②；包含宇宙万象的本质生命是艺术意境的"阔度"，独发异声、独抒情怀是意境的"高度"，而直探世界生命本质、发掘人类心灵至动则成就了意境的"深度"。值得重视的是，这种对艺术意境创造的结构分析，在确认艺术意境"虚实统一"审美创造本质这一点上，同宗白华对艺术审美价值三层次结构的把握直接联系在一起——由意境创造"阔度"而诞生模写直观感相的"情胜"（"万蕚春深，百色妖露，积雪缟地，余霞绮天"），由意境创造"高度"而诞生传达活跃生命之"气胜"（"烟涛倾洞，霜飙飞摇，骏马下坡，泳鳞出水"），由意境创造"深度"而诞生启示最高灵境的"格胜"（"皎皎明月，仙仙白云，鸿雁高翔，坠叶如雨，不知其何以冲然而澹，筱然而远

---

① 宗白华：《中国美学史中重要问题的初步探索》，载《文艺论丛》第 6 辑，上海文艺出版社 1979 年版。

② 宗白华：《中国艺术意境之诞生》（增订稿），载《哲学评论》第 8 卷第 5 期，1944 年。

也"）。意境创造与艺术审美价值在不同层次相互对应，艺术的创造活动与价值实现彼此共通联合。如果说，在宗白华那里，一切艺术创造的最高理想，是"澄观一心而腾踔万象"，是执着于意境"深度"的实现，那么，即实化虚、化景为情的最高体现，就是"鸟鸣珠箔，群花自落"，是"格胜"之境，也是"意境表现的圆成"，所以宗白华又认同其为艺术的"禅境"——超旷空灵，镜花水月，羚羊挂角，无迹可寻。如是，宗白华把艺术意境的理想创构，与艺术意境"虚"与"实"统一性的认识再一次紧紧相联。

尤其是，宗白华美学讨论艺术意境创造问题，其理论内部是有偏重的。在他看来，人类虽未真正实现对生命的积极崇拜和精神表现，但这种最高表现境界却永远是人类的渴望和追求，艺术则是人类实现这一追求和渴慕的唯一可能。因此，艺术的理想境界应归于从艺术创造的深度去体会人和自然的生命本真，"书法的妙境通于绘画，虚空中传出动荡，神明里透出幽深，超以象外，得其环中，是中国一切艺术底造境"[1]。显然，这种艺术理想之境的内在意蕴正与"格胜"之境同一，都要求"以追光蹑影之笔，写通天尽人之怀"，在艺术内部呈现直探生命内核的深度，实现最高生命的传达。"深，像在一和平的梦中，给予观者的感受是一澈透灵魂的安慰和惺惺的微妙的领悟。"[2] 这一艺术审美的理想性要求，也正体现了宗白华对意境创造之虚实相生的深刻把握：即实而虚、虚而实，"于空寂处见流行，于流行处见空寂"。在美学的纯粹性上，宗白华把握住了艺术的理想道路，"空寂中生气流行，鸢飞鱼跃，是中国人艺术心灵与宇宙意象'两镜相入'互摄互映的华严境界"[3]。

---

[1]　宗白华：《中国艺术意境之诞生》（增订稿），载《哲学评论》第 8 卷第 5 期，1944 年。
[2]　宗白华：《中国艺术意境之诞生》（增订稿），载《哲学评论》第 8 卷第 5 期，1944 年。
[3]　宗白华：《中国艺术意境之诞生》（增订稿），载《哲学评论》第 8 卷第 5 期，1944 年。

四、人格生命创造境界的显现

"艺术的境界，既使心灵和宇宙净化，又使心灵和宇宙深化，使人在超脱的胸襟里体味到宇宙的深境。"①"深化"源于意境创造所实现的宇宙生命、人类心灵的至深探寻，"净化"体现为艺术意境创造所实现的现实人生功能。可以认为，宗白华对虚实相生之意境创造审美本质的独特诠释，同时联系着他个人的人格精神追求。

面对现代物质文明发达与人类生命衰微的文化冲突，面对精神颓靡的现代生活与新时代精神紧迫建设的双重压力，宗白华把目光坚定地投向"中国文化的美丽精神"。他深入中国艺术幽深意远之境，把召唤生命精神同意境创造本质、艺术审美价值结构联系一起："虚"与"实"体现了生命的无穷尽及其与现实对象的统一，"阔、高、深"之意境创造结构体现了世界人生的广度、高度和深度，而"格胜"之境更源于生命本真的强烈自觉——"澄怀观道"，在拈花微笑里领悟色相中的微妙至深。由是，艺术意境创造的审美本质与世界生命、人类生命的本真探寻结合一致，不仅在现实之境慰籍人的灵魂，而且在超远的意义上传达人生不尽的追寻。至于艺术意境如何从"虚""实"关系的辩证性上实现"深化"和"净化"，宗白华把它具体落实在艺术家心灵精神、生命意识的"虚""实"统一方面。"心的陶冶，心的修养和锻炼是替美的发见和体验做准备。创造'美'也是如此。"② 在他看来，艺术意境的创造首先是人格的创造，而人格创造的关键在于艺术家自身具有与虚实相生的宇宙生命相契合的心灵结构，"能空，能舍，而后能深，能实，然后

---

① 宗白华：《中国艺术意境之诞生》（增订稿），载《哲学评论》第 8 卷第 5 期，1944 年。
② 宗白华：《美从何处寻?》，载《新建设》1957 年第 6 期。

宇宙生命中一切理一切事无不把它的最深意义灿然呈露于前"①。因此，艺术意境的创造一方面要求艺术家心灵的"空灵"、精神的淡泊，从而由实入虚、即实即虚、超入玄境，以虚灵的胸襟体会自然人生；另一方面，意境创造也要求艺术家个人生活体验与情感丰富的心灵"充实"，其如"歌德的生活周历着人生各种境界，充实无比。杜甫诗歌最沉着深厚而有力，也是由于生活经验的充实和情感的丰富"②。这样，我们看到，在宗白华那里，艺术意境的虚实统一性，一头连着艺术创造的价值结构，一头连着艺术活动的主体人格，艺术审美的本体规定与主体精神的伦理意涵在此会合。于是，当宗白华说："李杜境界底高，深，大，王维底静远空灵，都植根于一个活跃的，至动而有韵律的心灵。承继这心灵，是我们深衷底喜悦。"③这"心灵"，直指那空灵而又充实的艺术心灵、超迈的人格精神。

宗白华对艺术意境的诠释，还直接联系了他对自然和人的生命运动的人格深情。人格生命中"动"的弘扬和自觉意识，造就了宗白华高超的艺术眼光，也使他对艺术意境的把握同其个人人格精神构成了相融相即的一体化关系。他从自然、社会中发现了"生命本身价值的肯定"，看到生命整体就在永恒运动之中。从爱光、爱海、爱人间的温暖、爱人类万千心灵一致的热情，到倡导"心似音乐，生活似音乐，精神似音乐"的艺术精神描写，"生命在运动"的人格精神伸进艺术理想的弘扬与阐释——在虚实统一中表现运动生命的艺术意境，包含了生生不息的生命本质。因此，宗白华始终强调艺术意境创造的"虚"与"实"，就是生命运动的二元，意境的创造结构与审美价值结构同时体现为活泼生命的层层深入与捕捉，"山川大地是宇宙诗心底影现；画家诗人底心灵活跃，本身就是宇宙底创化，它的卷舒取舍，好似太虚片云，寒塘雁

①　宗白华：《论文艺底空灵与充实》，载《观察》第 1 卷第 6 期，1946 年。

②　宗白华：《论文艺底空灵与充实》，载《观察》第 1 卷第 6 期，1946 年。

③　宗白华：《中国艺术意境之诞生》（增订稿），载《哲学评论》第 8 卷第 5 期，1944 年。

迹，空灵而自然！"① 这种对艺术意境之运动生命表现的把握，处处与宗白华自身人格精神中对于生命运动的无限崇仰相一致。离开人格精神的"动"，就没有宗白华对艺术意境表现生命运动的追求理想。在他那里，个人生命既是情感的奔放，又具有严整的秩序；既是纵身大化之中与宇宙同流，也是反抗一切阻碍压迫而自成独立的人格形式；而完满人格精神的塑造，就是在这一矛盾中得到统一的构造。以这种透悟指导精神人格的方向，宗白华所欲达到的，就是生命精神的最高清纯境界。所以，他崇奉晋人的自由任诞，同时强调把道德的灵魂重新建筑在生命的热情与率真之上，以使道德的形式成为真正生命的形式。而他主张意境创造首先是人格的创造，强调空灵而充实的心灵化为超迈的人格精神乃是意境创造的准备，更可视为其自身人格精神的起点与艺术理想的起点的同一。

艺术意境的审美创造，联系着人格精神的生命律动。艺术最高理想的实现，显示了人格生命的创造境界。这是宗白华美学向我们的交待。

（原载《文艺争鸣》2011 年第 9 期）

---

① 宗白华：《中国艺术意境之诞生》（增订稿），载《哲学评论》第 8 卷第 5 期，1944 年。

阐扬生命运动表现的理论

——宗白华艺术审美理论中的"动"

宗白华曾言："美学是研究'美'的学问，艺术是创造'美'的技能……艺术也正是美学所研究的对象，美学同艺术的关系，譬如生物同生物学罢了。"这句话显然并非简单地解释了美学与艺术的相互关系，而是在更大程度上强化着美学思考与艺术审美创造的基本联结，即它们从人类思想与实践两个不同的方向上，共同指向了同一个人类生命体验的中心价值——美。因此，宗白华强调"美学底主要内容就是：以研究我们人类美感底客观条件和主观分子为起点，以探索'自然'和'艺术品'的真美为中心，以建立美的原理为目的，以设定创造艺术的法则为应用"[①]。可以说，在宗白华这里，美学的出发点和归结点就是一个，亦即艺术审美创造与审美阐释的问题。艺术审美创造的哲思、艺术意境的诗意阐发、中国人生命理想与艺术精神的热情追寻，正构成为宗白华美学的基本主题与内容，同时在总体上呈现了其美学思想的学理价值及其深邃的哲学意涵。

更进一步来看，宗白华有关艺术审美问题的全部思考，处处坚守着一个核心观念——艺术意象是鲜活灵动的生命运动的创造性呈现，艺

---

① 宗白华：《美学与艺术略谈》，载《时事新报》1920 年 3 月 10 日。

术体验及其审美理解则是这一生命运动呈现和呈现方式的主体经验。应该说，宗白华美学之于艺术问题的把握，根本上就是建立在生命与运动关系的本体性思考基础之上，是一种积极阐扬生命运动表现的艺术审美理论。

一、生命运动的本来状况

宗白华对于生命运动作为艺术审美本体的理解，既有着一般艺术经验的基础，更是一种深刻的哲学意识、独特的本体观念。

早在《康德唯心哲学大意》等早期论文中，宗白华就在探讨认识论问题之际，敏感地意识到站立在经验现象背后的生命运动的真实存在特性，主张"物质运动"乃"万象变化之因"，而"世界诸相迁流，即是物质元子之变化运动。物质是真，诸相是妄，是以今日科学之唯物，乃是以色相后不可直觉之物质运动，为世界真相。不同世俗常人执色相为实相也"①。人在日常经验活动中所直觉到的，就是这种无声无嗅的自然运动本体之"色相"。尽管此时宗白华还只是以一种间接的方式肯定了"运动"存在的客观性（"世界真相"），尚未充分意识到这种自然运动与人的生命存在方式、生命意义的全面关系，但毫无疑问，对于他来说，"运动"作为自然存在的本体，不仅确立了人的经验活动的前提，也决定着现象世界本身的真实性。

集中体现宗白华关于生命运动本体观念的，是他在《少年中国》1921 年第 2 卷第 9 期上发表的《看了罗丹雕刻以后》一文中所阐述的思想。该文中，宗白华以一种相当诗意的方式，生动揭示了生命运动的

---

① 宗白华：《康德唯心哲学大意》，见《宗白华全集》第 1 卷，安徽教育出版社 1994 年版，第 10 页。

本来状况，"我自己自幼的人生观和自然观是相信创造的活力是我们生命的根源，也是自然的内在的真实。你看那自然何等调和，何等完满，何等神秘不可思议！你看那自然中何处不是生命，何处不是活动，何处不是优美光明！这大自然的全体不就是一个理性的数学、情绪的音乐、意志的波澜么？"对自然生命的诗意沉入，养成了宗白华对于运动存在的直接感悟，"何处不是生命，何处不是活动"，正是他眼中的自然、世界的本然状态。进一步来看，在宗白华这里，自然生命运动的积极呈现，具有三个方面的基本意涵：其一，运动是自然生命的存在本体，也是一切世界现象的究竟状态。"大自然中有种不可思议的精神，推动无生界以入于有机界，从有机界以至于最高的生命，理性，情绪，感觉。这个精神是一切生命底源泉，也是一切'美'底源泉"①。这个"不可思议的精神"，就是自然生命的运动内核、内在活跃的生命本质。它是自然生命存在的本真，也是自然生命与精神生命的交汇；它内在地生成自然生命的存在与变化，同时是世界现象的经验把握状态。因而，所谓"自然万象无不在'活动'中，即是无不在'精神'中，无不在'生命'中"②，便意味着生生不息、活泼灵动的运动，构成了自然生命存在及其呈现的终极。它表明，在宗白华这里，以运动的客观本质为核心的生命本体观念已经十分清晰地得到确立。

其二，运动不仅是自然生命的存在本体，而且是自然生命成其为一种"内在真实生命"的根本，这也便是宗白华所谓"自然的内在的真实"。应该看到，宗白华所揭示出来的这一自然生命运动的内在深层意涵，源自于他本人对罗丹艺术的敏锐感受和深刻领悟——"罗丹认定

---

① 宗白华：《看了罗丹雕刻以后》。"精神"一词在《美学散步》和《宗白华全集》第 1 卷中作"活力"（安徽教育出版社 1994 年版，第 310 页），此处依据《少年中国》1921 年第 2 卷第 9 期所刊原文做了更正。

② 宗白华：《看了罗丹雕刻以后》，载《少年中国》第 2 卷第 9 期，1921 年。以下引文未标注者，均见该文。

'动'是宇宙的真相"。正是从罗丹的思想出发并且又通过感悟罗丹的艺术创造，宗白华对自然生命运动与生命存在的一体性关系作出了基本确定，主张"'自然'是无时无处不在'动'中的。物即是动，动即是物，物质与动，不能分离"，"非是动者，即非自然"。生命存在的至深性与至真性，无一刻、无一处不是源于其自身内在而活跃变化的运动，这个"无时无处不在"的内在的运动本质，恰是自然生命存在的真实呈露、同时也是其呈露方式；"不能分离"既体现为自然生命本身动静一体、内外相合的存在方式，也是自然生命的存在之所、存在之根。因而，当宗白华说"非是动者，即非自然"，便已然揭示了自然生命存在的本体真相。

其三，自然生命的内在运动沉潜恒久，并且积极地向外呈现其绵延活跃的变化轨迹与形态，因而"'动'是自然的'真相'"、自然生命存在的本体根据。与此同时，自然生命运动又必定有其一定的具体实现（表现）形态即"动象"——它是人们在实际过程中体验和把握自然生命运动的前提。"唯有'动象'可以表示生命，表示精神，表示那自然背后所深藏的不可思议的东西"。质言之，离开自然生命运动的具体实现（"象"），自然生命的存在本质便无法获得真实呈现，更无从引导人们通过实际的经验方式而达到至深至真的生命感受与领会。不过，由于"这种'动象'积微成著，瞬息变化，不可捉摸"，因而它必定不是人的主体思考的对象或者一种理解性对象——用宗白华的话来说，"能捉摸者，已非是动；非是动者，即非自然"，而是在"瞬息变化"之中作为人的感受对象、经验活动的对象而存在。也就是说，在宗白华看来，运动之为自然生命的本体，其具体实现既是客观自在的，又是经验把握的；既是自然的，也是主体的。积微的"动象"经由主体经验活动而跃然成著，方才真正引导了人对于自然生命本质的深心领会。在这个意义上，我们也就可以发现，宗白华之所以反复强调"动者是生命之表示，精神的作用"，主张"大自然中有种不可思议的精神"，就是因为他始终瞩目于自然生命运动的实现形态，而这一实现形态则始终不离人自身的生命感受和感受经验。换句话说，运动是自然生命存在的本质，而自然生命运动的实现形态则必定联系着主体的存在。正是在这里，艺术之为"象"的把握与创造的精神活动，才能真正地同自然生命运动的表现联系到一起——"描写动者，即是表现生命，描写精神"。也由此，我们进一步理解宗白华在《形上学》中所提示的："'象'，则由中和之生命，直感直观之力，透入其核心（中），而体会其'完形的，和谐的机构'（和）"①，也就可以看到，由自然生命运动本体（"动"）到运动的具体实现（"动象"），其实也正是一个将自然生命与人的生命联系起来的过程，主体经验的发生不仅依据了自然生命运动本身，同时也直接指向经验过程的建构（"象"的呈现）。

二、艺术审美问题的把握路径与理论观念

进入艺术审美的领域，上述有关自然生命运动的本体思考，直接影响并具体规定了宗白华的艺术审美观念。当宗白华由《中庸》之"人莫不饮食也，鲜能知味也"而加以阐释性发挥，认为"由序秩数理中聆出其内在的节奏和谐，音乐，即能'知味'，即能'以情絜情'。以情体其意味。此时当暂时摆脱'饮食'之实用目的，实际关系，而以解放活跃之情绪抚摩体贴之，而意味出矣，音乐生矣，生命适悦矣！"②我们便已可以看到，对于他来说，艺术审美正在于能够"以情絜情""以情体味"，通过主体生命之情去感受、把握自然生命运动的"内在的节奏和谐"，在主体生命的深心灵动中体会自然生命运动的"序秩"，两相契

---

① 宗白华：《形上学》，见《宗白华全集》第 1 卷，安徽教育出版社 1994 年版，第 627 页。
② 宗白华：《形上学》，见《宗白华全集》第 1 卷，安徽教育出版社 1994 年版，第 627 页。

合，方才真正诞生出艺术的终极之美（"意味"）。它意味着，艺术审美的关键，在于艺术家或鉴赏者不是一般性地去捕捉或感受对象之形，而是真正深入对象内里，在其中发现生命运动的韵律与节奏；艺术呈现了生命运动的活跃，它本身就是一个生命运动的意象。

关于这一点，我们从宗白华对德国诗人歌德创作成就的热情阐扬中，也可以看得非常分明。在宗白华看来，世界是动，人心也是动，艺术创造的过程其实就是一个个体生命之"动"与自然造物主之"动"相互接触融合的过程，而歌德的创作生命及其作品恰恰显示着这一激越的"动"的生命世界：歌德以其整个"动"的、活跃的心灵，体验着整个"动"的、活跃的世界，"不去描绘一个景，而景物历落飘摇，浮沉隐显在他的词句中间。他不愿直说他的情，而他的情意缠绵，宛转流露于音韵节奏的起落里面。他激昂时，文字境界节律音调无不激越兴起；他低徊留恋时，他的歌辞如泣如诉，如怨如慕，令人一往情深，不能自己"①，因此才真正成就为一曲人心之动与世界之动会合而成的生命流动的交响篇章。显然，宗白华不仅把歌德艺术创作中那份随处不在的"动"的精神，与其个人生活中流动不止的创造性生命探索联系在一起，而且将这一艺术之"动"的意象性呈现系在了歌德对于自然生命运动的积极发现与深心体会之中。

由此，在"自然生命运动——艺术（创造与体验）——意象呈现"这一具有内在紧密逻辑关系的阐释体系中，宗白华独特地建立起有关艺术审美问题的理论把握路径及其具体观念。

具体而论，宗白华更多是将这一路径及其观念具体落实在艺术审美创造问题之上。这其中，与艺术表现自然生命运动问题内在关联且同时体现了宗白华个人独特思考的方面，主要有二：一是艺术审美创造基于本体的"真实性"要求，这种本体真实正是通过自然生命的运动而呈

---

① 宗白华：《歌德之人生启示》，见《歌德之认识》，钟山书局 1933 年版，第 23 页。

现出来的；二是自然生命运动的艺术表现力问题。

在第一个方面，宗白华所谓艺术审美创造的真实性，不止于对象形式方面的实在，它更深刻地指向自然生命运动的表现问题——艺术审美创造的"真实"，终归是一种运动生命的意象呈现。因为毫无疑问的是，对于宗白华来说，一方面，宇宙自然、世界人生本来就是一个"真"的存在——本体真实之所在，而艺术审美创造的真实性则无非既立于这一本体真实之所在、又归于此本体真实，因此它根本上源于宇宙自然、世界人生之真。另一方面，当宗白华强调"艺术不只是艺术家的生活记录，且是艺术家对于宇宙人生的沉思默照，把握真际，启示真理。艺术'真力弥满，万象在旁'，'素处以默，妙机其微'"①，这其实已经不只是强调艺术审美创造与世界人生的具体关系，也是强调艺术审美创造总须充满内在的"真力"，是在一种入乎其内、深入表里的过程中，把对生命的直观转换为一种发现和揭示自然、社会和人生活动之核心精神（"真际"）的意象呈现过程，亦即在"素处以默"的艺术审美创造中更加深刻地指向自然、社会和人生的核心，故而"一切艺术虽是趋向音乐，止于至美，然而它最深最后的基础仍是在'真'与'诚'"②。质言之，把握本体真实（"妙机其微"），是艺术审美创造超越于"记录"式的反映、一般表象而实现自身真理性生命启示的关键。也正是在这个意义上，宗白华强调"艺术家创造一个艺术品的过程，就是一段自然创造的过程。并且是一种最高级的，最完满的，自然创造底过程"③。这个"自然创造的过程"不仅根据本体真实的宇宙自然、世界人生，同时又是在艺术的审美创造中呈现"自然"的意象构造——审美之力与自然之力的会合，亦即"艺术家以心灵映射万象，代山川而立言，他所表现的

---

① 1942年10月8日《时事新报·学灯》"编辑后语"。见《宗白华全集》第2卷，安徽教育出版社1994年版，第321页。

② 宗白华：《论中西画法之渊源与基础》，载《文艺丛刊》第1卷第2期，1934年。

③ 宗白华：《美学与艺术略谈》，载《时事新报》1920年3月10日。

是主观的生命情调与客观的自然景象交融互渗"①。

这样，我们就可以发现，宗白华对于艺术审美问题的把握，从一开始就是在"创造"的高度引入了真实性的要求，并且将这一"真实性"的前提安置在本体真实的基础上，从而为艺术审美问题的解决奠定了本体性基础。

当然，仅仅是强调或解决艺术审美创造的前提和基础，还只是宗白华思考的一个方面，是他从自然生命运动的体会走向艺术审美创造的意象世界的第一步。事实上，在宗白华更为具体的观念中，同本体真实的世界之"真"内在一体的，是他对于这一本体真实的具体理解，这也就是宗白华对于世界之"真"在于其自身内在而活跃运动的生命精神的肯定。

在1947年所写的《艺术与中国社会生活》中，宗白华曾经这样分析道："中国人在天地底动静，四时底节律，昼夜底来复，生长老死底绵延里感到宇宙是生生而具条理的。这'生生而条理'就是天地运行底大道，就是一切现象底体和用……这种最高度的把握生命，和最深度的体验生命底精神境界……中国人感到宇宙全体是大生命底流行，其本身就是节奏与和谐。人类社会生活里的礼和乐，是反射着天地的节奏与和谐。一切艺术境界都根基于此。"② 显然，宗白华把宇宙自然的生命运动视为其存在的根基、存在的本体；世界之真、天地宇宙之真，无非因其"具条理"而生生不息的内在运动；它是"天地运行的大道"，也是"一切现象的体和用"即存在的本体。这样，我们可以看到，从中国文化的宇宙观念中，宗白华不仅发现了一种"最高度的把握生命，和最深度的体验生命的精神境界"，同时深刻地把握到了这一生命体会本身对于世界最深根源的进入——在运动生命的无尽流行中，体会世界存在

---

① 宗白华：《中国艺术意境之诞生》（增订稿），载《哲学评论》第8卷第5期，1944年。
② 宗白华：《艺术与中国社会生活》，载《学识》第1卷第12期，1947年。

的至真本体，而一切艺术创造无非是对这一"真实性"的特殊把握和把握方式。正因此，对于宗白华来说，"艺术家要想借图画雕刻等以表现自然之真，当然要能表现动象，才能表现精神，表现生命。这种'动象底表现'，是艺术最后的目的"①。"动"是自然生命的存在之基，"动象"则是自然生命运动之"真"的呈现；艺术审美创造的真实性一方面终极性地根源于生命运动的本体真实，另一方面又在于生生不息的自然生命运动的表现——唯有真实而深刻地表现了这一内在生命的活跃运动状态（"动象"），艺术审美创造才能获得自身存在和发展的根基，"动者是生命之表示，精神的作用。描写动者，即是表现生命，描写精神"②。

在审美创造的高度，自觉地引导艺术走向自身的真实之境，决定了宗白华在艺术审美问题上必定特别关注世界运动的表现。而实际上，宗白华对于艺术审美创造的理想性观念，归结到一点，就是重点要求艺术能够真实地捕捉世界运动的内在状态、进而揭示自然生命的内在精神。在他那里，艺术审美创造的真实性不仅有着形式方面（静的存在）的真，而且有着内容方面（生命运动）的"真"，是形式之真与内容之真的完美结合，"艺术底根基在于对万物底酷爱，不但爱它们的形象，且从它们的形象中爱它们的灵魂。灵魂就寓在线条，寓在色调，寓在体积之中"③。这"灵魂"，就是艺术所要表现的自然、宇宙生命运动本质，也是艺术以形式创造（线条、色彩、形体）加以揭示的本真内容。

为此，宗白华进一步将生命运动的艺术表现力问题引入艺术审美思考之中。这其中的核心，是艺术家如何凭借"动象"的呈现来"表示生命，表示精神，表示那自然背后所深藏的不可思议"④。

① 宗白华：《看了罗丹雕刻以后》，载《少年中国》第 2 卷第 9 期，1921 年。
② 宗白华：《看了罗丹雕刻以后》，载《少年中国》第 2 卷第 9 期，1921 年。
③ 宗白华：《中国艺术的写实精神——为第三次全国美展写》，载《中央日报》1943 年 1 月 14 日"艺林"。
④ 宗白华：《看了罗丹雕刻以后》，载《少年中国》第 2 卷第 9 期，1921 年。

在这方面，很明显，宗白华一方面受着罗丹的启发和影响，同时又站在中国艺术的审美创造本位，从生命运动的空间形象创构中发现其内部的时间性关系，进而以中国艺术的审美创造方式回答了这一生命运动的艺术表现力问题。

罗丹曾经反复指出：在艺术作品中，"动作是这一个姿态到另一个姿态的过渡""姿势的中间的变化"，而"画家或雕刻家之使他的人物有动作，正是这一类的变化。他描写这一个姿势到另一个姿势的变化的过程。他指出第一个姿势不知不觉地转换到第二个姿势的程序。在他的作品中，人们可以看出一部分已经过去的动作，同时又可认出一部分将要实现的动作"①。对于这一来自鲜活艺术经验的创造观念，宗白华不仅深表赞同，而且准确地将其理解为"我们要先确定'动'是从一个现状转变到第二个现状。画家与雕刻家之表现'动象'，就在能表现出这两个现状中间底过程。他要能在雕刻或图画中表示出那第一个现状于不知不觉中化入第二现状，使我们观者能在这作品中同时看见第一现状过去的痕迹和第二现状初生的影子。然后'动象'就俨然在我们的眼前了"②。任何一个生命运动的发展，都必定经历不同（时间）阶段的转换过程（"化"），它是艺术家所要捕捉并在空间形态上加以表现的——这个表现的"过程"就是艺术之"真"的实现。只是由于每一种艺术的审美创造都会有其空间方面的限制，因而艺术家只有通过特定的空间"暗示"才能揭示各个连续性的生命运动发展阶段间的关系，并且深刻地呈现这一转换过程，进而在有限的实体空间内部呈现生命运动的无限绵延。应该说，在这里，宗白华抓住了罗丹艺术观念的真髓：运动生命的艺术呈现，在于艺术家能够通过空间之"象"而把握时间进程中的生命变化轨迹。而这也正是宗白华在比较中西空间意识问

① ［法］葛赛尔：《罗丹艺术论》，傅雷译，中国社会科学出版社1999年版，第69、70页。
② 转引自宗白华《看了罗丹雕刻以后》，载《少年中国》第2卷第9期，1921年。

题时，从形而上的意义所强调的"中国则求正位凝命，是即生命之空间化，法则化，典型化。亦为空间之生命化，意义化，表情化。空间与生命打通，亦即与时间打通矣"①。时空一体的艺术意象所呈现的，正是运动生命在空间之"象"的生动流行、不断变化；生命空间化且空间与时间的打通，体现着"时间率领着空间"、时间的空间化。由此，艺术创造的空间结构便已不是一种纯粹的物理存在，而是一个包孕着生命的广大与流转、与人对世界生命运动的强烈体验直接合一的意象空间。

进一步来看，宗白华之于艺术呈现生命运动方式的理解，与其对于中国艺术审美创造问题的深刻把握直接相系，其中也直接反映出他对罗丹艺术观念的接受，始终是在一种中国文化立场上进行的。而他的"动"的艺术审美创造观念，则最终完成于他对中国艺术审美精神的精致阐发。我们可以从两个层面来看：

其一，从观念接受的层面来看，宗白华之所以接受罗丹的艺术观念并赞叹其艺术创作深入自然的中心、直接感受着自然生命的呼吸和理想情绪，是因为在宗白华看来，自然生命充满着运动的客观性和必然性，而艺术向我们呈现的，就是一个运动与生命存在内在统一的意象结晶（"气韵生动"）。换句话说，艺术审美创造所面对的，无非是一个在根本上体现为生机活泼、运动无限的广大世界，而罗丹则不仅明了千变万化的万种自然形象无一不是深沉浓挚的大精神——宇宙意志、自然生命的表现，并且他能够借着艺术的材料来表现出花，表现出光，表现出云树山水，以至于鸢飞鱼跃、美人英雄。由此，在宗白华看来，罗丹的艺术创作及其美学观念其实与中国艺术的审美精神、艺术实践相一致——如果说，"中国画的主题'气韵生动'就是'生命的节奏'或'有节奏的生命'"，"画幅中每一丛林，一堆石，皆成一意匠的结构，神

---

① 宗白华：《形上学》，见《宗白华全集》第 1 卷，安徽教育出版社 1994 年版，第 612 页。

韵意趣超妙，如音乐的一节。气韵生动由此产生。书法与诗对于中画的关系也由此建立"①，那么，罗丹的作品也同样如此生动地提示我们："你看那自然中何处不是生命，何处不是活动，何处不是优美光明！这大自然底全体不就是一个理性底数学、情绪底音乐、意志底波澜么？""自然万象无不在'活动'中，即是无不在'精神'中，无不在'生命'中。"② 很明显，在"活动"中、"精神"中亦即在"生命"中的罗丹艺术，契合于宗白华内心中对于"气韵生动"这一中国艺术审美精神的把握，而他对于罗丹艺术的倾慕，无非是从另一个更加直观的角度又一次回返于标举运动生命表现的中国艺术审美精神当中。

其二，从观念展开的层面来看，宗白华同时从中国文化意识、艺术审美精神的深邃性之中，积极深化着"'动象'的呈现是艺术审美创造力的实现"这一理想。

在讨论中国艺术对于生命运动及其外部实现方式——节奏、韵律的表现时，宗白华始终把探究目光投向中国人的宇宙意识、中国文化内在的生命情怀，并且常常结合了"虚""实"关系问题来展开。他曾根据《易经》之乾卦象"大哉乾元，万物资始，乃统天，云行雨施，品物流行，大明终始，六位时成，时乘六龙以御天"，而阐发性地认为："'乾'是世界创造性的动力，'大明终始'是说它刚健不息地在时间里终而复始地创造着，放射着光芒。'六位时成'是说在时间的创化历程中立脚的所在形成了'位'，显现了空间，它也就是一阴一阳的道路上的'阴'，它就是'坤'、'地'。空间的'位'是在'时'中形成的……'位'（六位）是随着'时'的创进而形成，而变化，不是死的……'时乘六龙以御天'，就是说时间骑在这六爻所代表的六段活动历程上统治着世界，这六段活动历程千变万化像六条飞龙。六位就是六虚（《易》

---

① 宗白华：《论中西画法之渊源与基础》，载《文艺丛刊》第 1 卷第 2 期，1934 年。
② 宗白华：《看了罗丹雕刻以后》，载《少年中国》第 2 卷第 9 期，1921 年。

云：'周游六虚'），虚谷容受着运动。"① 在这里，宗白华既深刻发掘了中国人、中国文化对待宇宙整体、生命运动的内在态度——"虚""实"关系是中国文化的基本精神，同时又深刻揭示了"虚空"作为万有之根源、万动之根本，正是生生不息的生命创造力之所从出——"虚而不屈，动而愈出"② 是自然生命运动的根本特性。由此我们可以看到，从"虚""实"关系出发，宗白华发现了中国人最基本的哲学态度，进而也发现了中国人对于自然生命运动的独特艺术呈现方式——"抟虚成实，使虚的空间化为实的生命"③，"能空，能舍，而后能深，能实，然后宇宙生命中一切理一切事无不把它的最深意义灿烂呈露于前"④。我们把宗白华的这一阐释性理解用于考察他有关罗丹艺术及其观念的态度，则可以发现，宗白华指称中国艺术的审美创造擅以"简练与布白"来表现宇宙、对象生命的运动流行，这在艺术方法背后的精神本质层面，便同罗丹所谓"画家雕刻家之表现'动象'，就在能表现出这两个现状中间底过程"，是完全一致的。因为很显然的是，所谓"简练"，根本上就是要求能够在一片生气运行的艺术空间里极富暗示性地传达生命运动的"一刹那"，而非舍弃对象从一个状态转变到第二个状态的"过程"表现——这个"一刹那"是生命运动内在过程的艺术呈现，也就是罗丹所讲的"一个艺术家不特能表现瞬间的举动，且能表现——照戏剧的术语说来——一个长时间的动作。"⑤ 关于这一点，我们也可以从宗白华对中国画的"笔法"阐释里获得确证。宗白华曾强调，中国画"笔下的'点'和'线'，能以它的轻重浓淡表达出物体的生命，把握住物体的精神，自然便会涌现出空间的氛围。八大山人在一张白纸中心用两三

---

① 宗白华：《中国古代时空意识的特点》，见《宗白华全集》第 2 卷，安徽教育出版社 1994 年版，第 477 页。

② 《老子道德经》第五章，王弼注，台湾商务印书馆 1983 年影印本。

③ 宗白华：《中国诗画中所表现的空间意识》，载《新中华》第 12 卷第 10 期，1949 年。

④ 宗白华：《论文艺底空灵与充实》，载《观察》第 1 卷第 6 期，1946 年。

⑤ ［法］葛赛尔：《罗丹艺术论》，傅雷译，中国社会科学出版社 1999 年版，第 77、81 页。

笔墨画一条鱼，顿觉江湖满眼，烟波无尽。石涛画几笔兰叶，也觉周围是空气日光，春风袅袅。"① 这就是说，作为艺术的审美创造，这个"空白"其实正是充满生命内容的运动过程的"一个顷刻"，它"不是几何学的空间间架，死的空间，所谓顽空。而是创化万物的形而上的道。这'白'是'道'底吉祥之光"②。就像中国画，画面线条之间既是空白，但却又虚灵动荡、生命往来，正所谓"以虚带实""虚中有实"。

可以认为，在观念层面上，宗白华正是通过"虚""实"关系所体现的时间与空间的一体性，体会到罗丹所谓运动"顷刻"的表现与"时间率领着空间"的中国艺术审美创造之间的一致性，从而进一步深化了"动象"呈现之于艺术的可能性。正因此，在《看了罗丹雕刻以后》发表40多年之后，宗白华依旧能够从罗丹的创作中发现"离形得似的方法，正在于舍形而悦影。影子虽虚，恰能传神，表达出生命里微妙的、难以模拟的真。这里恰正是生命，是精神，是气韵，是动。"③

（原载《文艺争鸣》2017 年第 3 期）

---

① 宗白华：《〈笔法论〉等编辑后语》，见《宗白华全集》第 2 卷，安徽教育出版社 1994 年版，第 232 页。
② 宗白华：《中国诗画中所表现的空间意识》，载《新中华》第 12 卷第 10 期，1949 年。
③ 宗白华：《形与影——罗丹作品学习札记》，载《光明日报》1963 年 2 月 5 日。

从"形象的直觉"到"心物统一论"美学

——朱光潜早期美学理论及其思想之源

一、关于"美感经验"

自 1924 年在《民铎》杂志发表第一篇美学论文《无言之美》，60 多年里，朱光潜美学思想大致经历了三个发展阶段：早期（20 世纪 20 年代初期—40 年代后期）、中期（20 世纪 50 年代—60 年代初期）、晚期（20 世纪 70 年代后期—80 年代中期），其间呈现了一种"螺旋式"的回归。而他早期全部美学思想的实质内容，又几乎都反映在有关"美感经验"理论方面。因此，我们只有透过"美感经验"这一特定问题，方能从容而透彻地把握朱光潜早期的思想。

（一）审美感受——形象的直觉

朱光潜所谓"美感经验"，就是审美感受。对此，其《文艺心理学》中曾作了大量探讨。在他看来，审美感受是审美主体在观照自然美或艺术美时的一种心理内部活动，是一个心理直觉过程，与形象的直觉同一。可以看到，这一认识源于朱光潜对审美活动的基本认识，即：审美感受作为认识活动，是"心知物的一种最单纯最原始的活动"；主体在审美感受中以直觉面对对象，对象呈现在主体面前的只是它纯粹的形象；而作为人类认识活动的构成，直觉的特点正在于只见形象不见意义，具有"最单纯最原始"的特点——审美感受与直觉正是在这种最基本的意义上构成同一关系。对于朱光潜的这一认识，如果单从审美感受的心理方面而言，应该予以肯定：在审美心理活动中，主体以全整的心灵去感应对象，对象在主体审美心理中以它最直接的形象出现；心灵所感受到的，是对象形象对主体而言的美的意蕴。但是，如果就审美作为认识活动的全部本质来看，仅仅把审美感受限制在心理过程中，便是片面的，因为实际的审美感受不能不涉及主体意志活动，对象的形象总是浑化在主体直觉与意志的统一活动中，是一种有"意味"的形式。因此，人的审美感受实质是一种最丰富、最复杂的认识活动，其中直觉、知觉与概念是融汇统一的。

很显然，朱光潜主要是从审美的非功利性和绝对静观这两层意义上来把握审美感受本质的。在他看来，审美感受并不涉及主体对对象的实际思考，主体的全部注意力只需凝聚在对象的无关一切的形象上，就足以从纯粹的对象形象上见到美的光辉。美感的世界因此是一个单纯的意象世界，"注意力的集中，意象的孤立绝缘，便是美感的态度的最大特点"[1]。对于朱光潜来说，审美的非功利性和绝对静观的心理状态，乃是审美直觉的基础。倘或剥离了这个基础，独立自足的对象形象就无从为审美主体所直觉。

由此，朱光潜进一步认为，审美主体直觉到对象的形象，即是在内心世界中创造了一个审美对象，直觉就是"创造"，因为形象"是观赏者的性格和情趣的返照。观赏者的性格和情趣随人随时随地不同，直觉所得的形象也因而千变万化"[2]。不过，问题是，这种审美感受的随机

---

[1] 见《朱光潜全集》（新编增订本）第 3 卷，中华书局 2012 年版，第 12 页。

[2] 朱光潜：《文艺心理学》，见《朱光潜全集》（新编增订本）第 3 卷，中华书局 2012 年版，第 124 页。

应变究竟是产生了同一对象的不同形象，还是只反映了主体感受的复杂性？朱光潜回答是前者。而在我们看来，由于审美感受不可能彻底超然于主体的全部认识活动之上，必须在复杂的认识活动中由对象的整体来体验其最丰富的意蕴，并且对象形象本身也绝非完全离开其全部意义的孤立的"自在物"，所以审美感受的变化只是表明了它的复杂性和差异性，而不是创造了新的对象。所谓审美感受中对象形象的变化，究其根本，是审美感受的变化和丰富性。把直觉与"创造"等同，实际上就是把心理的主观认识活动夸大为实践性的客观活动，既取消了主观与客观的界限，也泯灭了审美感受与艺术创造的区别。事实上，朱光潜本人也察觉到了自己的认识偏颇。他在后来补进《文艺心理学》中的有关艺术与道德关系的论述，以及在《谈美》和《诗论》中，都对这个认识作了一定程度的纠正（参见本文第三部分）。在那里，他认为"美感经验只是艺术活动全体中的一小部分"，"美感经验只能有直觉而不能有意志及思考；整个艺术活动却不能不用意志和思考"①，何况艺术创造除了审美直觉之外，还需要"传达"，而"传达"并不是直觉的任务。这样，直觉与创造的等同关系，由朱光潜自己改写"为不等的关系"。当然，即便这样，朱光潜也并没有完全放弃他的"审美感受就是形象的直觉"这一观点，只是当他来到艺术创造领域，发现艺术创造过程同"纯粹心理直觉"的审美感受相冲突时，他才做了一些让步。

出于对审美感受本质的理解，朱光潜还在他的美学中区别了三种认识态度：美感的、实用的和科学的。在《文艺心理学》中，他举了梅花的例子来说明：对象价值在实用态度和科学态度中是"外在的"，在美感态度中却是"内在的"。这里，朱光潜的目的显然是要在任何一种情况下，都把建立在实际目的和逻辑范畴之上而人为地凌驾于现实界的专断和假想，从审美感受中抛离出去，以便达到人的内心存在与对象形

---

① 见《朱光潜全集》（新编增订本）第 3 卷，中华书局 2012 年版，第 220、221 页。

象本身的直接同一。而对于我们来说，重要的不是朱光潜区别了三种认识态度，而在于他完全是从审美感受的直觉性方面来推断这种区别的：实用态度和科学态度的非直觉性，决定了它们无法确立形象自身的独立精神世界；美感态度则以其直觉特性，使对象只以它的形象便可以唤起审美主体的审美情感和愉悦，形象的意义就在它本身，而并不包含在其他意义和关系之中。于是，朱光潜便最大程度地保证了审美感受作为形象直觉的单纯性以及直觉活动的不可侵犯性。

当然，朱光潜也曾注意到，"我们固然可以在整个心理活动中指出'科学的'、'伦理的'、'美感的'种种分别，但是不能把这三种不同的活动分割开来，让每种孤立绝缘。在实际上，'美感的人'同时也还是'科学的人'和'伦理的人'"①。而他之所以这样说，是由于他把直觉活动只限于审美欣赏或创造的白热化状态的一刹那，而在这"一刹那"之前和之后，在他看来则有一个长久的蓄积和准备过程，有一个意象转化为情趣并在整个主体心灵中产生回流的过程。这样，朱光潜的这个审美感受三阶段论中，便留下了道德和科学的地位。只不过，虽然朱光潜看到了这三种认识态度之间关系的复杂性，但最终，他还是坚持要把来自实用和科学两方面的意义赶出审美感受的圣地。而正由于这样，才使他在自己的美学中坚持了审美心理距离、审美移情和物我同一等一系列观点，从而诞生出他对美的本质问题的完整看法。

（二）审美感受——心理距离与物我同一

在朱光潜那里，直觉的本质在于超越多数人生活其中的直接的、习常的现实世界，去把握另一个更为深入和"真实"的意象（形象）世界；而实现这一本质，有赖于"审美心理距离"。

---

① 朱光潜：《文艺心理学》，见《朱光潜全集》（新编增订本）第3卷，中华书局2012年版，第222页。

在《文艺心理学》第二章中，朱光潜曾以海雾为例，表述了他对审美心理距离的认识（在《悲剧心理学》和《谈美》中也有相同例子）。在他看来，审美感受就是将现实世界放到实用世界之外，在审美主体与对象之间保持适当的心理距离，一味用客观（主观的客观化）的态度去欣赏对象。显然，朱光潜的这个观点，同我们上面所谈的他对"审美感受是形象的直觉"的认识完全一致，所增加的只是一个"心理距离"概念，而它们之间实际上正是以一条主线——直觉——贯穿的。

可以认为，审美心理距离之所以在朱光潜早期美学思想中显得那么重要，就因为它是朱光潜所主张的审美的非功利性和绝对静观得以存在的前提。如果没有这个前提，实用的和科学的态度就会涌进主体意识中，审美也就不成其为"形象的直觉"，这样就会把朱光潜对审美感受的界说完全推翻。所以，朱光潜特别强调，审美心理距离作为审美的条件，是审美主体和对象在实用观点上的隔绝，它的价值就体现在"要见出事物本身的美，我们一定要从实用世界跳开"。

具体来看，朱光潜更多是从艺术活动领域来阐述有关审美心理距离问题的。

第一，"艺术是一种精神的活动，要拿人的力量来弥补自然的缺陷，要替人生造出一个避风息凉的处所。它和实际人生之中应该有一种'距离'"①。艺术创造是这样。同样，艺术作品对于它的欣赏者来讲，也应该体现出"距离"，成为一种在现实世界中不可能找到现成原型的东西，从而使人从实际生活的牵绊中解放出来②。

第二，艺术家在进行艺术创造时，也必须在心理上同现实人生保持一段距离。在《诗论》中，朱光潜就认为，诗的情趣都是从沉静中回味得来，诗人的特别之处，就在于他既能沉醉到至深的情感中，其后却

---

① 朱光潜：《文艺心理学》，见《朱光潜全集》（新编增订本）第3卷，中华书局2012年版，第135页。

② 参见朱光潜《悲剧心理学》第2章，人民文学出版社1983年版。

又能很冷静地把情感当作形象来直觉，即在对象和自我感受中间设置了一段距离①。从这里，我们就不难发现，朱光潜所反复要求的"主观的经验须经过客观化而成意象，才可表现于艺术"，实质就是要把主观感受摆到一定的心理距离之外，成为独立自足、孤立绝缘的形象，以适用于审美主体的直觉和艺术的表现；"客观化"其实就是"距离化"，是审美直觉的前提。

不过，虽然心理距离可以促成审美直觉的进行，但在实际过程中，仅仅有审美的心理距离还无法解决这样的难题：在审美感受（直觉）中，主体既要从实际生活中跳脱出来，又不能脱尽实际生活；一方面要客观化，另方面又要主观化；主观和客观在审美过程中要完全统一，就必须消除"我"与"物"的分别。对于朱光潜来说，这个难题的解决还须靠"移情作用"。

朱光潜是在"移情"与"内摹仿"的一体化关系上来探讨移情作用的："移情"作为一种外射运动，把在内的主体知觉或情感外射到在外的对象身上，使它们变为"对象的"。这里，先光潜仍以审美感受的直觉性为出发点，因为在他看来，"情趣是可比喻而不可直接描绘的实感，如果不附丽到具体的意象上去，就根本没有可见的形象"②，"移情"正是审美感受过程的一部分。然而，如果仅仅是这样的话，朱光潜并没有必要在他的"审美心理距离"之外再引入"移情"。事实上，在朱光潜那里，移情作用并不满足于简单的外射，它进一步的要求是对象与主体在情感方面的同一，实现由我及物、由物及我的双向同构的情感流程。这样，朱光潜明确地把单纯的移情作用和单纯的"内摹仿"运动统一在物我同一的关系之中，"人不但移情于物，还要吸收物

---

① 参见朱光潜《诗论》第 3 章，见《朱光潜全集》（新编增订本）第 5 卷，中华书局 2012 年版。

② 朱光潜：《诗论》，见《朱光潜全集》（新编增订本）第 5 卷，中华书局 2012 年版，第 51 页。

的姿态于自我，还要不知不觉地模仿物的形象"①。由此，对于朱光潜来说，第一，移情作用将审美主体的自我情感灌注于对象，从而在对象身上发现一个带有主体自己的形象，并直觉这个形象；第二，在直觉形象的同时，对象的精神通过不知不觉的器官摹仿运动又返投于主体，在主体方面见出对象的精神；第三，移情于物和于物摹仿是非自觉地同时并进的，它们在物我的回流中共同构成了物我同一的形象，即审美感受。

必须看到，无论朱光潜怎样来论述移情作用和内摹仿运动的同一，其根本落脚点是要消除主体与对象、主观与客观的对立，实现物我同一。因此，"所谓美感经验，其实不过是在聚精会神之中，我的情趣和物的情趣往复回流而已"②。这一点，便代表了朱光潜早期美学思想中"移情"理论的核心。

当然，在高度重视移情作用的同时，朱光潜也清醒地认识到，尽管审美感受中时常出现移情现象，不过美感经验"不一定带移情作用却是事实"，"不能起移情作用也往往可以有很高的审美力"③。因为在实际审美过程中，审美主体既可以把我放在物里，设身处地地分享对象的活动和生命，也可以在明察物是物、我是我的非移情过程中静观形象，直觉它的美④。朱光潜认为，这两种审美方式和创造方式同样都是真实、可能的，它们证明了"虽然审美同情可以大大有助于观看悲剧的快乐，但是它却不可能是悲剧快感的唯一因素"⑤，"移情作用与物我同一虽然

① 朱光潜：《谈美》，见《朱光潜全集》（新编增订本）第3卷，中华书局2012年版，第26页。

② 朱光潜：《谈美》，见《朱光潜全集》（新编增订本）第3卷，中华书局2012年版，第23页。

③ 朱光潜：《文艺心理学》，见《朱光潜全集》（新编增订本）第3卷，中华书局2012年版，第156页。

④ 参见朱光潜《悲剧心理学》，人民文学出版社1983年版，第63、65、66页。

⑤ 朱光潜：《悲剧心理学》，人民文学出版社1983年版，第55页。

常与美感经验相伴,却不是美感经验本身"①。这样,朱光潜就在审美感受和移情作用之间划开了一条界线,使他对审美移情作用的认识显得更为全面。

二、美 = 形象的直觉 = 审美感受

在了解了朱光潜对审美感受的基本认识之后,再回过头来分析朱光潜对美的本质的理解,我们就不会感到很困难了。朱光潜告诉我们:"美就是情趣意象化或意象情趣化时心中所觉到的'恰好'的快感。"②

促使朱光潜产生这种观点的,是他对主体和对象关系的考虑。"美的问题难点就在它一方面是主观的价值,一方面也有几分是客观的事实。"朱光潜认为,解决了这个难题,也就解决了"美是什么"的问题。而他对这个难题的回答是:美在心与物、主体与对象的关系——心与物、主体与对象的统一就是美。

需要指出,朱光潜所见到的物、对象,本质上都只是一种"形象"(意象),而非实有之物。虽然朱光潜在表述中常常无意地混淆了这种分别,但我们却必须看到,他早期的这一观点同他后来在 20 世纪五六十年代提出的"美是主客观的统一"观点之间的实质差别:朱光潜在此依旧是从审美感受与形象直觉相同一的基础上来看问题的,"美在心与物的关系"的实质就是"美 = 审美感受"。我们这样说,是因为在朱光潜那里,第一,主体在心与物的关系中是一个主动者;主体感受对象,使自身情感、情绪对象化,并主动地从对象形象中见出投合自己心灵的情

---

① 朱光潜:《文艺心理学》,见《朱光潜全集》(新编增订本)第 3 卷,中华书局 2012 年版,第 159 页。

② 朱光潜:《文艺心理学》,见《朱光潜全集》(新编增订本)第 3 卷,中华书局 2012 年版,第 253 页。

趣，两者融汇而成美、美感。而审美感受是形象的直觉，在物我同一中，直觉过程正是一种主体与对象的情趣同构、流返过程，其中的主体也是主动的、创造的。第二，主体在直觉形象的同时，便也是在创造形象，直觉与创造并无二致。而美"所形容的对象不是生来就是名词的'心'或'物'，而是由动词变成名词的'表现'或'创造'"①。第三，当朱光潜说美是"心中所觉到的'恰好'的快感"时，其中就包含了审美感受的"心理距离"；主体唯有从一定距离之外去直觉形象，才能使审美感受真正是超越的、无关实际人生的。而"恰好"的快感作为美，正说明了美是主体心灵中呈现的不关概念、意志和实用考虑的情趣形象，它也是对实际人生的一种超越结果。第四，美是"情趣的意象化"，便包含了移情作用，而"移情"恰恰又是审美感受的特质。

也因此，当朱光潜说："凡美都是'抒情的表现'，都起于'形象的直觉'，并不在事物本身"②，其中主词和实词就是一个意思，即美＝形象的直觉＝审美感受。

正是从这样的立场出发，朱光潜否认单纯的"自然"也有"美"。在他那里，所谓"自然"就是"现实世界"，而单纯的自然并不含有主体在内，它是作为一种实体而非一种形象出现，主体与它之间还没有建立起超越实体之上的同一关系。而当我们说"自然美"的时候，这里的"自然"已经成为表现情趣的意象，属于艺术品而不再属于单纯的自然。显然，朱光潜的目的是要把美从对象的实体中抽绎出来，否定美是实体的性质。"在一般情况下，事物与我们没有甚么关系，只有当它们以某种方式与我们的兴趣相关，也即能唤起我们一定的心理态度时，它们才能给人以快乐或痛苦。这就取决于在那特定时刻，它们是与我们的心理

---

① 朱光潜：《文艺心理学》，见《朱光潜全集》（新编增订本）第 3 卷，中华书局 2012 年版，第 253 页。

② 朱光潜：《文艺心理学》，见《朱光潜全集》（新编增订本）第 3 卷，中华书局 2012 年版，第 321 页。

态度相符还是相悖。"① 也许是出于对艺术的偏爱，朱光潜把美统统给了艺术，因为艺术不是现实世界的，而是"情趣意象契合融化为整体"，真正实现了主体与对象、心与物的同一。在《诗论》中，朱光潜便以诗的节奏来说明了"美在艺术"的观点②。

这里，我们便可以看到朱光潜对"美"与道德的"善"、科学的"真"进行价值区分的理论依据了。在他看来，道德"善"在于对事物自身有用或是对人生社会有用；科学"真"的价值在于推理、判断；而"美"的价值则在于对实际生活和概念、意志的远离。不难发现，这些区分完全没有跳出"美＝审美感受"的见解：毫无疑问，只有在孤立独存、与外物绝缘的纯粹形象直觉基础上，才能见出"真""善""美"之间的这种分别。而说明这种分别，其深层意义并不在于划分工作本身，而是在划分中朱光潜又回到了审美感受，进一步强化了审美感受的直觉性。

可以认为，朱光潜在美的本质问题上所持的，完全是一种直觉基础上的"美的双重统一"论：既有主体个人的心灵感受，又有对象的形象；既没有涉及对象的实际概念，又不能彻底放弃对象。"美不完全在外物，也不完全在人心，它是心物婚媾后所产生的婴儿。美感起于形象的直觉，形象属物而却不完全属于物，因为无我即无由见出形象；直觉属我却又不完全属于我，因为无物则直觉无从活动。"③ 这其中包含的全部真理在于：人物合一，对象与情感一致。然而，这种认识乃是彻底的心理学认识，而不是建立在哲学认识上的。朱光潜对"心与物"关系的界定，正是从心理活动的描述开始而又折回到心理活动之中。对他来

---

① 朱光潜：《悲剧心理学》，人民文学出版社 1983 年版，第 162 页。
② 朱光潜：《诗论》，见《朱光潜全集》（新编增订本）第 5 卷，中华书局 2012 年版，第 128 页。
③ 朱光潜：《谈美》，见《朱光潜全集》（新编增订本）第 3 卷，中华书局 2012 年版，第 45 页。

说，美的问题只具有心理学上的意义；美就是美感，就是审美感受活动的全体；对象只有进入人的心理活动领域，才开始呈现它的特殊价值。"美就是事物呈现形象于直觉时的特质。"① 这里也反映出朱光潜早期美学研究的特点，即他对心理学的重视和灵活应用。应该说，在心理学范围内讨论美的问题，固然可以得到片面真理的认识，但其局限性恐怕也正在于此。而要摆脱单纯的心理学认识，对朱光潜来讲又是不可能的，因为他深深受着德国心理学派美学家的影响。

三、朱光潜与克罗齐、尼采

有学者认为，朱光潜早期思想来源于克罗齐"直觉"说，是克罗齐主义的忠实信徒。这其实是对朱光潜美学的误解，忽视了朱光潜早期思想中存在的矛盾。的确，朱光潜早期在"直觉"问题上同克罗齐有着许多一致之处，尤其是他们都认为：第一，审美感受是不涉及概念、意志和实用考虑的形象；第二，"形象"是独立的意象，意象的孤立绝缘是审美感受的特征；第三，审美感受（形象的直觉）就是表现，是创造。

然而，必须看到，朱光潜之所以同意并把自己的早期理论建立在"直觉"基础上，是因为克罗齐的"直觉"论投合了他早年在《无言之美》中的理想（那时他还没有接触到克罗齐主义，还只是一个纯粹的理想主义者）："现实界处处有障碍有限制，理想界是天空任鸟飞，极空阔极自由的"，"现实界没有尽美尽善，理想界是有尽美尽善的"②。早在那个时候，朱光潜就已经存在美或艺术是超越现实人生或物质对象之上、不沾实际物质的理想境界的看法。

---

① 朱光潜：《谈美》，见《朱光潜全集》（新编增订本）第 3 卷，中华书局 2012 年版，第 12 页。

② 见《朱光潜全集》（新编增订本）第 1 卷，中华书局 2012 年版，第 70 页。

不过，在著述《文艺心理学》时，他对克罗齐主义的认识还是有限的——由于简单的混淆术语，更引致了某种解释上的模棱两可。因而，随着朱光潜对克罗齐主义的认识不断深入，他开始对克罗齐不满意起来，并陆续填充进许多在他看来更能把美学问题搞透的新思想。

这样，在朱光潜与克罗齐主义之间便开始产生了一系列分歧：

第一，对于克罗齐来说，直觉不是与经验世界相联系的心理学范畴，而是精神认识活动中的一个超验因素，而朱光潜却只接受能够帮助他解决美的问题的心理学标准。在他看来，布洛的心理距离理论和立普斯的移情说，不仅可以修正克罗齐的局限，而且足以使得同对现实世界持"不计厉害的凝神观照"的特殊态度相联系的情感活动更为明朗化。

应该说，朱光潜所强调的移情作用，与克罗齐的"直觉"说是完全不能调和的。因为在克罗齐那里，直觉是最简单的"知"，是与知觉、概念对立的基本的知解活动，它只能见到孤立绝缘的意象，而不能唤起任何由经验得来的联想。至于移情作用的本质和起源，却在于心理联想作用。尽管朱光潜为了调和直觉说与移情作用的矛盾，把联想限制为"接近联想"和"类似联想"，并认为"联想有助美感，与美感为形象的直觉两说并不冲突"[①]，但实际上还是无法真正消除联想和直觉、移情说和直觉说的矛盾。而且，从另一方面看，联想作为想象活动的心理基础，在朱光潜同意里波（Ribot）把创造的想象划分为三个组成因素——理智的、情感的、潜意识的时候，他其实也已经把克罗齐竭力要从艺术活动中驱除的理智因素，又当作一个创造的必要因素重新容纳了进来。这样，朱光潜想调和矛盾，结果却造成了自己思想的混乱不清，最后只得将本不相容的理论勉强并列在一起，用理论表述的逻辑性掩盖实质上的冲突对立。《文艺心理学》第六、七、八、十、十一诸章同全

---

① 朱光潜：《文艺心理学》，见《朱光潜全集》（新编增订本）第 3 卷，中华书局 2012 年版，第 198 页。

书其他部分的矛盾，就根源于此。

第二，朱光潜同克罗齐的最大分歧，是对直觉和艺术关系的认识。我们曾指出，朱光潜有把直觉等同于创造的理论倾向，但同时，他也对自己思想作了初步的纠正。正是在这种纠正中，我们发现了他对克罗齐主义的三大反拨：首先，情趣饱和的意象是各种艺术的共同要素，见到一个意象恰能表现一种情趣，则是艺术共同的心理活动。在这一点上，朱光潜承认克罗齐是正确的，因为克罗齐也主张，艺术的完成必须是心理直觉到一个情趣意象。但进一步，对于克罗齐所主张的：心理直觉到一种情趣饱和的意象，就已经完成了一件艺术品，至于用媒介符号把心理所直觉成的艺术作品记载下来，已不再是艺术活动，因为这个阶段起于意志欲望及其实用目的，所产生的只是物理事实而非艺术事实。朱光潜指出，这是"过甚其辞"的观点，是把感性直觉与艺术直觉混同了。朱光潜就此提出了四个疑难：A.想象与把所想的"象"凝定于作品之中还有一定距离；B.在实际的艺术创造中，想象中包含有部分"传达"，因为它已使用"传达"所用的媒介，所以传达不像克罗齐说的只是"物理的事实"；C.传达的媒介不同，艺术因而可以分类为文学、绘画、音乐等，就此来说，克罗齐取消艺术分类是轻率的；D.抹煞传达出来的作品就是抹煞批评的对象，批评的对象不仅是意象本身，而且是意象传达的方式，克罗齐在这里没有分清"创造性的传达"和"无创造性的记载"之间的差别。

其次，克罗齐否认美可以在程度上作比较。而朱光潜则认为，"既是艺术，就只是美，无所谓丑；既不是艺术，就不能有艺术的价值，所以克罗齐如果彻底，就只能承认艺术与非艺术的分别，而在艺术范围以内，不能承认美与丑的分别"①。这样，朱光潜就根本驳倒了克罗齐主

---

① 朱光潜：《克罗齐哲学述评》，见《朱光潜全集》（新编增订本）第7卷，中华书局2012年版，第83页。

义："美"在克罗齐那里没有程度上的差别，就成了一种绝对价值，它其实根本取消了价值的存在。而事实上，我们不仅常对艺术作比较，并且所比较的也不仅是艺术的完美形式，而且是内容本身。由此，朱光潜便指责克罗齐主义为一种形式主义。

再次，克罗齐的独创性不在于把直觉概念引入艺术，而在于承认直觉和艺术的同一。而朱光潜把直觉视为瞬间经验和内心修炼过程的统一结果，就不可能同意把直觉和艺术完全等同起来。对朱光潜而言，"美感经验只能算是艺术活动中的一部分"①。

可见，朱光潜虽然受到克罗齐的深刻影响，但其骨子里还远不是忠诚的克罗齐主义信徒。他对克罗齐的怀疑，特别是《克罗齐哲学述评》中对克罗齐主义的全面反省，表现了对克罗齐主义的某种程度超越。而促成这种超越的，主要是英国文化、法国文化和德国近代心理学美学。特别是德国心理学美学，为朱光潜完成对克罗齐的批判提供了科学的方法，立普斯、谷鲁斯、费希纳等人对朱光潜具有莫大的理论影响。

学术界还有一种看法，认为早期的朱光潜是尼采主义的追随者，甚至朱光潜也说自己是"尼采式的唯心主义信徒"②。依我们之见，朱光潜与尼采主义之间的精神投契，其立足点应归结到朱光潜思想中浓重的中国儒家精神（而不是有些学者所认为的道家精神）之上。

朱光潜与尼采主义的精神投契，主要表现为对黑暗现实的超脱和对人生改造的要求。"超越到哪里去？"朱光潜和尼采的共同答案是：以艺术的精神——"日神精神"和"酒神精神"的综合来实现超越。在尼采看来，在自然界本身的层次上，日神冲动是对"个体化原理"的肯定，它"以歌颂现象的永恒光荣来克服个人的苦恼，用美战胜生命固有

---

① 朱光潜：《文艺心理学》，见《朱光潜全集》（新编增订本）第 3 卷，中华书局 2012 年版，第 266 页。

② 见《悲剧心理学》中译本自序，人民文学出版社 1983 年版。

的痛苦","使我们喜爱个别的东西";而酒神冲动则通过否定"个体化原理"而肯定世界生命意志,使个体体验到复归自然界原始统一的狂喜①。在日常生活层次上,自然界本身的二元冲动表现为梦与醉——日神冲动是梦,酒神冲动是醉,它们是日常生活中两种基本的审美状态:梦是对外表的静观,它美化人的生活并使之值得一过;醉是"神秘的自弃"状态,人的主观意志在其中逐渐消失于完全的忘却自我之中。可以发现,尼采"日神精神"和"酒神精神"的二元冲动,在朱光潜那里得到了具体化。朱光潜以他自己的方式指出,日神精神和酒神精神的统一,就是艺术家的观照方式,是理想的人格精神,"在服从自然限制而汲汲于饮食男女的寻求时,人是自然的奴隶;在超脱自然限制而创造欣赏艺术境界时,人是自然的主宰,换句话说,就是上帝。"② 这种明显的尼采式语言,表明了朱光潜与尼采在精神上的同一。而且,这种同一绝不仅是形式上的,而是内在于心灵的:第一,朱光潜和尼采都以艺术(审美)态度去评估人生。在尼采看来,审美的人生态度首先是一种非伦理的态度,它要求我们超于善恶之外,享受心灵的自由和生命的欢乐。这里,尼采的本意在于反对用道德或科学来指导人生。朱光潜依据尼采的本意而认为,艺术把对人生的同情和了解渗透到欣赏者心里,使他们避免狭陋和自私,让心灵得到自由,情感得到健康的宣泄和怡养,精神得到完美的寄托,从而超脱现实的秽污而徜徉于纯洁的意象世界。应该说,这种发挥抓住了尼采的精神实质,从而与尼采并驾齐驱。

第二,在尼采那里,酒神精神的意义在于用艺术的超脱的慰藉来鼓舞人生,使人与宇宙大我融合。对此,朱光潜敏感其悟出了"从形象得解脱"的真髓,并在他自己的美学中具体表述为:从现实中摄取来的

---

① [德]尼采:《悲剧的诞生》,周国平译,生活·读书·新知三联书店1986年版,第16、21、22节。

② 朱光潜:《谈美感教育》,见《朱光潜全集》(新编增订本)第1卷,中华书局2012年版,第234页。

"本是一刹那，艺术灌注了生命给它，它便成为终古"；"本是一片段，艺术予以完整的形象，它便成为一种独立自足的小天地，超出空间性而同时在无数心领神会者的心中显现形象"①。这里，朱光潜所发挥的，无疑是尼采的真实艺术灵魂——"我们在这短促的一瞬间真的成了万物之源本身，感到它的热烈的生存欲望和生存快慰"②，亦即通过个体的毁灭，我们反倒感到了世界生命意志的丰盈和不可毁火。

第三，朱光潜和尼采一样相信，现实虽然是苦难的，但艺术还必须从人生出发，尽管它最后达到的境界不同于现实人生。的确，肯定生命，连同生命必然包含的痛苦和毁灭，从中获得审美快感，这正是尼采酒神精神的要义。而他的日神精神则从另一个高度使我们看到，我们生活于其中的现实世界是永恒地生存变化的，我们停留在它的外观，却不去追究它的真相。可以认为，尼采要求的艺术超然性正是由这种酒神精神和日神精神所创造。因此，尼采精神最终还是落在了现实人生上面。而朱光潜把艺术定源在现实人生，正是忠实体现了尼采精神的这一特征。在他那里，凡是艺术都要根据现实人生而铸成另一超现实的意象世界。唯其能够返照人生，人才能在艺术中像酒神迪奥尼苏斯那样，在迷狂中与世界生命同运动；唯其是对人生的超脱，人才能在艺术中像日神阿波罗那样静观，对人生世相有深广的观照与了解。

现在，我们基本可以了解朱光潜同尼采主义的精神默契了。然而，进一步推敲，我们又可以发现，在朱光潜与尼采主义之间，显然还存在一个重要差别：尼采的艺术形而上学，是基于人生和现实世界缺乏形而上意义这一事实。在尼采看来，人对艺术的选择是为了替人生寻找形而上根据的无可奈何的出路。朱光潜则不同，他对艺术的热衷，完全是出

① 朱光潜：《诗论》，见《朱光潜全集》（新编增订本）第5卷，中华书局2012年版，第47页。
② [德] 尼采：《悲剧的诞生》，周国平译，生活·读书·新知三联书店1986年版，第7、17节。

于改造社会、人生的现实考虑。他的"人生艺术化"的主张，就代表了这种考虑：现实人生虽然可恶，充满尔虞我诈，但它毕竟是我们所不能脱离的，所以我们应该以艺术的方式去改变它。因此，朱光潜要把虽不追求道德表现却起道德影响的艺术，当作教化人心的一种超脱方式，在修养人性的过程中逐步实现世界人生的美丽。"必以教化正心术"，而"教"侧重于艺术，所以朱光潜十分赞赏"兴于诗，立于礼，成于乐"①。这种思想与尼采主义的分别，究其根本，还在于朱光潜身上的儒家精神。他早在《无言之美》中的思想，就无疑同孟子所谓"居天下之广居，立天下之正位，行天下之大道。得志，与民由之；不得志，独行其道"是相通的。正是儒家那种匡世济俗、平正民风的温和主义精神，促使他在反对"文以载道"的同时，又从不放弃艺术或审美感受的现实作用。对现实的不满使他感到茫然，但他却又不肯轻易地对人生采取厌世的或道家的绝对出世态度②。可以说，用艺术来修正社会人生，正是朱光潜早期思想中浸透到骨子里的精神，尽管他一再否认艺术的直接目的是为了改造社会——其实，艺术不带直接功利性和艺术必定产生功利作用，本来就是两码事。

综上所述，朱光潜同克罗齐主义的关系其实是很形式化的，而与尼采主义倒是很有相通之处，只不过他是站在儒家精神的起点上与尼采主义握手——尼采主义与儒家精神相交并融，从而在他那里折射出了思想的异彩。

（原载《首都师范大学学报》1996 年第 6 期）

---

① 朱光潜：《政与教》，见《政治与教育》，南京正中书局 1948 年版，第 5 页。

② 参见朱光潜《无言之美》，见《朱光潜全集》（新编增订本）第 1 卷，中华书局 2012 年版，第 74 页。

转折与蜕变

——朱光潜美学思想的转变

20 世纪 50 年代中期到 60 年代初,是朱光潜美学思想发生剧烈转变的时期。政治风云的急剧变幻,使得朱光潜思想的转变显得有些戏剧性;而由一个美学上的唯心主义者到一个马克思主义信奉者和追随者的历程,对朱光潜来说,又难免有些痛苦和艰难。不过,我们最后从他那里发现的,却是一种异样的沉稳。仅就这点来说,我们也不能不佩服朱光潜。

一、自我批判:思想转折的标志

朱光潜美学思想转折的标志,是他 1956 年 6 月发表在《文艺报》上的《我的文艺思想的反动性》。在这篇文章中,他把自己过去的美学思想归结为"是从根本上错起的,因为它完全建筑在主观唯心论的基础上"①。

---

① 朱光潜:《我的文艺思想的反动性》,见《朱光潜全集》(新编增订本)第 14 卷,中华书局 2013 年版,第 11 页。

这种挖祖坟式的检讨，一方面表现了朱光潜对自己的苛责，另方面也表明，他的思想认识方式已从原先的心理学基础转到哲学基础上来了。有一点很明显，朱光潜在这一时期的美学研究，基本上都是按照哲学探讨方式来进行的。这也许是因为他不再满足于单纯在心理学领域建设自己的美学理论，而要使自己的思想更牢靠地建筑在哲学的深刻基础上。我们在这里见到的朱光潜，无疑更是作为一位哲学家而出现。

就在同一篇文章中，朱光潜归结自己过去美学思想的主要错误为：第一，在问题的提出方式上，把文艺本质狭窄化为仅仅是美的问题，而美的问题又被狭窄化为主观感受问题，因而文艺问题被狭窄化到个人审美感受中的心理活动上，文艺成了孤立绝缘的个人主观幻想。第二，在问题的答案上，跟着克罗齐主义把作为知觉素材的直觉和想象（形象思维）等同起来，从而把形象思维与抽象思维割裂开来，复杂的问题被简单化了。第三，在直觉问题上，走调和折衷的路线，没有彻底坚持把直觉活动限制在创造或欣赏自然化的一刹那、而实际艺术活动并不限于那一刹那，在其前或其后都有抽象思维和道德政治等考虑，以及联想要起作用这样的正确观点。第四，在移情说和距离说的问题上，把移情作用看作一切正常知觉的现象，把许多客观事物的属性都说成主观感受，把全部对于客观事物的认识都说成幻觉，而思想的基础则是"人神感通"，目的是用移情作用来阐明主观唯心主义；并且主张艺术脱离现实而另造一世界，标榜形式主义。第五，在什么是"美"的问题上，认为美毕竟还在心、在知觉，是主观的，从而把创造、欣赏和批评三方面等同起来。在做了这样的归结之后，他批评自己的文艺、美学思想是"反现实主义的"。可以认为，朱光潜的这个自我批评有其中肯的一面，即他掘出了自己的思想之根，看到了自己的不足。但另一方面，也说明朱光潜对自己过于严厉了，因为他把自己过去的思想统统认作是"反动的"，而没有勇气正视自己过去思想中合理的一面，这也就难怪他在以后进一步的学习和研究中，在真正认识到自己思想的价值后，会呈现思想反复。

二、思想转折："复合"上升过程

如果说，朱光潜的转折是从批评自己的过去而起步的话，那么，在这以后的一系列文章中，他则进一步重塑了自己新的美学观点。在这一重塑过程中，朱光潜的认识发展经历了前后两个阶段：前阶段是从单纯的认识论角度来看待美学问题；后阶段则主要从生产劳动的观点来探讨美学。但无论是前阶段还是后阶段，都反映出他思想变化的加速，而加速的动力是1956年开始的全国性美学大讨论。在这场大讨论中，朱光潜遭到过许多人的攻击，被认为没有真正转变自己的思想。这一则使朱光潜感到不被人理解的痛苦，一则却也使他认识到，要想真正使自己的思想体现新的精神，就必须重新学习马克思主义的哲学和文艺理论，从马克思主义那里找到自己的思想根据。

就前阶段来说，朱光潜的美学思想在某种程度上的确还没有完全放弃他本人过去的立场。他关于"主观与客观的统一"的初步设想，也与他过去的理论有某种联系。在《美学怎样才能既是唯物的又是辩证的》一文中，他明确地提出：

> 美感的对象是"物的形象"而不是"物"本身。"物的形象"是"物"在人的既定的主观条件（如意识形态，情趣等）的影响下反映于人的意识的结果，所以只是一种知识形式……就其为对象来说，它也可以叫做"物"，不过这个"物"（姑且称物乙）不同于原来产生形象的那个"物"（姑且称物甲），物甲是自然物，物乙是自然物的客观条件加上人的

主观条件的影响而产生的，所以已经不纯是自然物。①

这毋宁在说，"美是形式"，它依赖人的主观而产生，而审美感受就是对这个"形式"的反映。所以，当朱光潜在这里说美感是"主观和客观的统一"时，其实质还是"主观与主观的产物的统一"。这同他早期的观点是有因果联系的。但必须指出，朱光潜已分明看到了客观实在的地位；美感已不再像他过去所认为的那样完全是"悬空"的，而有了客观的基础，只是单纯的客观实在有必要转化为主观化的形式之后才能成为审美对象。况且"主观的产物"在审美中也还是作为一个客体而出现。这就又同过去的思想划开了一定的界线。如果我们把朱光潜在这里的观点列一个简单的公式的话，那就是：

自然存在＋人的主观＝美的形象（主观的产物）＝审美对象

主观的产物＋主观＝审美感受＝美感

审美对象和审美感受之间的分别由此一清二楚。我们应该同意朱光潜的这个观点。因为毫无疑问，客观实在的事物如果要进入审美领域，就必须首先经过审美者的心理再塑，成为审美的客体；审美感受就是在客体和主体之间建立一种联系，审美感受之外的本然的美是不可能存在的。朱光潜的敏锐，使他不是从审美感受之外去寻找美，而是在审美感受的领域内发现美。为此，他批评那种把美看作是脱离无数人的美感而超然独立的一种绝对概念的观点是"柏拉图式的客观唯心论"。

为着进一步证明自己的观点，朱光潜从哲学角度分析了美与美感

① 朱光潜：《美学怎样才能既是唯物的又是辩证的》，见《朱光潜全集》（新编增订本）第14卷，中华书局2013年版，第41页。

的关系。在他看来，美感可以影响美：第一，美感受时代、民族、社会形态、阶级、文化修养的影响而千变万化，美同样不是一成不变的。第二，审美对象是物的形象，而物的形象是物的客观条件与人的主观条件交互影响并统一的结果，不可能脱离主观的成分。第三，存在决定意识，意识同样可以反作用于存在，把美的形象放在客体存在的位置上，它就不能不受到美感的反作用。因此，深入一步，美感不但可以影响美，而且"在美感力日渐精锐化的过程中，事物的美不但在范围上而且在程度上都日渐丰富和提高起来"[①]，这一切都充分地说明，美与美感不是孤立的两极，而是密切统一的。

在这里，我们看到了两个问题：

首先，朱光潜在其思想转折中，虽然没有完全放弃自己过去的观点，但他的新观点与旧观点间的联系已纯粹是一种形式意义上的。他接受了自己过去思想中的合理因素，却又不停止在那里，而要不断容纳新的内容。当他提出"美感和艺术不仅是自然现象，而且有它的社会性"，"美感的对象不是自然物而是作为物的形象的社会的物"[②] 时，他就已经更多地从美的社会学角度来研究问题了。既然美、美感具有社会意义，那就不能不更多地从人的社会性方面来对应地看待，而人的社会性则明确地表现为他不是一个机械的物，而是一个具有丰富思想和情感的活的有机体，具有主观方面的能动作用。朱光潜的正确性，在于他区分了自然形态的"美"（美的条件）和社会意识形态的"物的形象"（美），辩证地看到"美既有客观性，也有主观性；既有自然性，也有社会性"[③]，是辩证的统一。

---

① 朱光潜：《美学怎样才能既是唯物的又是辩证的》，见《朱光潜全集》（新编增订本）第14卷，中华书局2013年版，第46页。

② 朱光潜：《美学怎样才能既是唯物的又是辩证的》，见《朱光潜全集》（新编增订本）第14卷，中华书局2013年版，第41页。

③ 朱光潜：《论美是客观与主观的统一》，见《朱光潜全集》（新编增订本）第14卷，中华书局2013年版，第53页。

并且，在朱光潜看来，即使是自然物也还是有社会意义的，即它是人的认识对象和实践对象。认识和实践密切联系，认识的目的在于通过实践改造自然，而实践的结果一方面是改造了自然，另一方面也改造了人。人在认识自然和改造自然的过程中，就由自然的人提高为社会的人。这里，主体和客体、人和自然结成不可分割的关系。所以，朱光潜在《关于考德威尔的〈论美〉》中指出："人一方面根据对客观世界必然规律的认识，一方面根据自己的情感理想和愿望，要在客观世界中掀起一种改变，结果不但改变了环境，也改变了自己。"① 人和自然同具社会因素，而"社会"正是人和自然对象之间的中介。审美客体就是社会性的"物的形象"，审美主体就是社会性的人，它们通过社会并在社会中而统一。就此来看，朱光潜的"主观和客观的统一"论也就是一种"社会性和自然性的统一"论。

其次，朱光潜的新观点的内核，最根本的还是他把美理解为"社会意识形态性"的。这是他在这个时期思想转折的最新基础。最早在《美学怎样才能既是唯物的又是辩证的》一文中，他已初步提出了这个思想。到了《论美是客观与主观的统一》和《美必然是意识形态性的》等文章中，他则完全确立了这个思想。他从马克思主义创始人关于"文艺是一种意识形态或上层建筑"的思想，推断"美是社会意识形态性的"，并由此发展出他的一系列思想：第一，朱光潜认为，作为美的集中体现的艺术，是一种社会意识形态；而美既然是艺术的一种属性，就不能同时是一种社会意识形态，它只能是意识形态性的。他看到，现实事物是艺术所要描写的起点，是艺术活动的感觉素材，是第一性的。然而，这感觉素材还只是"原料"，不成其为"美"，要成为美，就必须有艺术形象。在艺术形象的创造过程中，意识形态起了决定性的作用。艺

① 朱光潜：《关于考德威尔的〈论美〉》，见《朱光潜全集》（新编增订本）第14卷，中华书局2013年版，第168页。

术本身是客观与主观的统一，它的特征"美"当然也是客观与主观的统一。在这里，朱光潜是把社会意识形态看作"实体"，艺术正是这样一种实体；美是这一实体的属性，必然就带有这个实体的特征，成为社会意识形态性的东西，即不是客观存在的性质，而是意识形态的性质。第二，艺术是反映现实的，它作为社会意识形态是第二性的；而美既是艺术的属性，就不能同它所属的"实体"一样是第二性的。就此，朱光潜否定美单纯是自然界客观事物本身的一种属性。在他看来，自然物只能有美的条件，它是人的认识和实践对象。在未经意识形态作用前，自然并不是美，而只是美的条件，还不能构成美学意义上的"美"；只有引起了意识形态的共鸣，"客观方面的对象必定有某种属性投合了主观方面的意识形态总和。这两方面的霎时契合，结成一体，就是自然所呈现的具体形象"①，这时自然才是美的。换言之，美学意义的"美"只能是一种意识形态性（经过人的主观加工）的东西，不可能是客观对象本有的一种特质。一般所谓物本身的"美"，是自然形态的，非意识形态性的，所以只够上成为美的条件。对于自然美来说，它就是一种雏形的起始阶段的艺术美，它取得了艺术的特性，是自然性与社会性的统一、主观与客观的统一；包括社会美也是如此。第三，人的社会意识形态通过美感对美起作用，美感活动的整个过程便是就客观事物和主观意识形态两方面所供给的素材而加以选择、安排、集中和融会，所以美感也是社会意识形态性的。第四，朱光潜从美是主客观的统一、是意识形态性的这个大前提出发，统一了艺术美和自然美，即它们的共同特征都是主观与客观的统一、自然性与社会性的统一。第五，朱光潜认为，从艺术是社会意识形态、美是社会意识形态性的这两个理由，就可以推认，任何艺术和审美活动都是"作为有生物机能的有机体的人（生理基础）""作

---

① 朱光潜：《论美是客观与主观的统一》，见《朱光潜全集》（新编增订本）第14卷，中华书局2013年版，第80页。

为有历史传统和社会意识形态的社会人（社会基础）""作为单纯物质及其运动的自然事物（自然的自然性）""作为具有社会意义和功用的自然事物（自然的社会性）"等四种因素的统一。实质上，这仍然是说明，艺术和美是主观与客观、社会性与自然性的统一，即人与对象的统一。这个观点反映了朱光潜从全面结合的立场看待美学问题的特点。

从上述方面，朱光潜最后总结出一个完全正确合理的结论："美是客观方面某些事物、性质和形状适合主观方面意识形态，可以交融在一起而成为一个完整形象的那种特质。"[①] 这个定义的全部深刻含义就在于：它在"美是社会意识形态性的"这个基础上，统一了人和对象，既不是把人或对象当作孤立绝缘的两项，也不是把美单纯地归为其中的某一项，而是在辩证统一的矛盾关系中见到了双方的相互作用。我们在这里看到了朱光潜统一主观与客观的努力，也看到他强调美的社会意识形态性，根本目的是为了补正机械唯物主义美学的弊病：机械唯物主义美学由于仅仅把美看成是客观对象的一种本性，绝对强调了客观的独立性，因而就割裂了主观与客观的统一，而朱光潜恰恰要统一两者。所以在这一点上，他比其他任何美学家都要站得高些。

有理由认为，朱光潜美学思想的转折基础，就是马克思主义的社会意识形态理论。"美是社会意识形态性的"这个论断，既标志了他同自己以往观点的决裂，也反映出他与机械唯物主义美学的分歧。而朱光潜美学思想转折的全面完成，则表现在他对克罗齐主义美学的再次批判。

早在《克罗齐哲学述评》中，他已经对克罗齐主义美学进行了初步批判。但由于那时批判的基础依然是唯心主义的，所以他在其中感受到的是一种"惋惜与怅惘"。而一旦他接受了马克思主义的思想以后，

---

① 朱光潜：《论美是客观与主观的统一》，见《朱光潜全集》（新编增订本）第 14 卷，中华书局 2013 年版，第 79 页。

他就不再满足于过去的那种批判，而要毫不犹豫地对之加以重新批判。《克罗齐美学的批判》一文便显示了朱光潜思想的成熟。

在这一转折的完成过程中，朱光潜同克罗齐主义的分别表现了三个新的特点：

第一，认识论的分别。朱光潜看到，克罗齐的认识论最明显的破绽，就是把一切直觉活动都看作表现或艺术活动，从而混淆了感性直觉与艺术直觉，割裂了直觉与概念、形象思维与抽象思维的关系。也就是说，在克罗齐那里，作为审美对象的"材料"是从心灵活动本身来的，它就是实践意志活动中的快感、痛感、情欲和情绪等；而朱光潜则力图从辩证唯物主义的反映论出发，认为不是心灵产生客观事物，而是客观事物触动了人的主观情感，因而才诞生出作为审美"材料"的"美的形象"。在他看来，克罗齐主义的这个认识论，最终是要取消物质世界，否定个人经验，所以是一种"独角主义"。而根据朱光潜的认识论，物质世界的客观存在是不容否定的，它是感觉反映的来源，艺术感觉无论来自人的外部还是人的内部，本质上都是依据而且必定包含认识的实践活动，既与历史相联系，又与个人经验相联系，在人与对象的交流关系中形成；它通过两个阶段形成：第一阶段是一般感觉阶段，就是感觉对于客观现实世界的反映；第二阶段是真正的美感阶段（审美过程），是意识形态对于客观现实世界的反映。这两个阶段紧相联系。这里，朱光潜显然区别了一般感觉与艺术感觉（美感）。

第二，方法的分别。克罗齐的逻辑方法是形而上学的。在玩弄概念的游戏中，他一方面企图打消康德的物自体，一方面又企图修正黑格尔的辩证法，只是用意识去解释意识形态，从而把社会基础这一根源抛掉了，结果是放弃了辩证法而发展为一种自相矛盾的极端唯心主义。朱光潜则依据辩证法的原理，把审美活动的出发点确定为客观现实界的经验，认为一个完整的人必定是艺术的人、思考的人、经济的人和理论的人的统一，直觉与抽象思考是不能截然分开的，既必须考虑到意识形态的交互作用，又特别要显出社会存在的决定作用。

第三，关于艺术传达的分别。这个分别也是朱光潜在同克罗齐主义最近的分别中最重要的一方面。克罗齐向来是把直觉与艺术创造看作一回事。在他那里，直觉等于传达，直觉过程就是创造的过程，至于把直觉到的意象用艺术媒介传达出来则已是"物理的事实"，而不是"艺术的事实"了——传达不属于艺术的范围。朱光潜则坚决反对这种认识。他除了重复在《克罗齐哲学述评》中已做过的批判之外（即"构思与完成作品之间还有很大的距离，传达与想象在实际艺术创造中不可分开，艺术的创造必定要使用特有的媒介"），更进一步从艺术的社会性角度即他所注重的艺术作为意识形态的角度，对克罗齐主义美学进行了驳斥。他在这里认为："作为一种意识形态，艺术反映一定历史情况下面的社会存在，它的根源就是当时人民大众的社会生活。"[①] 艺术的根源在社会，它的作用也在社会性上，即要帮助人认识现实，从而借实践活动去改变现实；艺术并非纯粹是艺术家个人的主观情感表现，而有它的实践意义。这样，朱光潜就从社会实践的观点把握了艺术的特质，看到了艺术传达与它的实践意义之间的关系，从而确立了"艺术不仅是一种认识活动，而且也是一种实践活动"的观念。

由上述分别可见，朱光潜在新的基础上对克罗齐主义的批判，表明他已完全站到辩证唯物主义立场上来了。对实践活动的重视，也将使他最终成为美学上的实践论者。

总之，朱光潜美学思想的转折，基本上是一个"复合"上升的过程。最低点是他的自我批评的初步尝试，经过对美与艺术的社会性和意识形态性的考察，最后在对克罗齐主义美学的再批判中得到完成。通过这一系列的认识伸展，就为他最后形成完整的实践论美学奠定了基

---

① 朱光潜：《克罗齐美学的批判》，见《朱光潜全集》（新编增订本）第14卷，中华书局2013年版，第161—162页。

础。当然，由于时代的特点和个人认识的原因，朱光潜在这里更多的是从认识论方面来讨论问题，他的一系列新观点基本还是建立在唯物主义认识论基础上的。所以，这种转折还不能说是朱光潜美学思想真正的蜕变。

三、思想蜕变：从生产劳动观点出发

朱光潜美学思想的真正蜕变，表现在他从生产劳动这一实践观点来全面研究美学问题，并把自己的美学确立为实践意义上的美学。

早在《论美是客观与主观的统一》中，朱光潜就已初步领会到马克思主义创始人关于生产劳动的一系列观点的重要意义。他在其中分析指出，马克思主义创始人首先是把艺术看成起源于生产劳动，审美感官是在劳动过程中发展起来的。由此他得出自己的结论认为："从生产劳动观点去看文艺和单从反映论去看文艺"的区别，就在于"单从反映论去看文艺，文艺只是一种认识过程；而从生产劳动观点去看文艺，文艺同时又是一种实践的过程。辩证唯物主义是要把这两个过程统一起来的"①。不难看出，朱光潜已经初步意识到了自己单从认识论角度谈美和艺术的局限。他的自我要求是把美学建立在生产劳动的实践观点上，从中找到美学的实践性基础。而他在这个基础上提出的美学必须建立在"一、感觉反映客观现实；二、艺术是一种意识形态；三、艺术是一种生产劳动；四、客观与主观的对立和统一"②四个基本原则上，无疑就是他最初所设想的马克思主义美学大纲。他以后的工作都是为了实现这一大

---

① 朱光潜：《论美是客观与主观的统一》，见《朱光潜全集》（新编增订本）第14卷，中华书局2013年版，第67页。

② 朱光潜：《论美是客观与主观的统一》，见《朱光潜全集》（新编增订本）第14卷，中华书局2013年版，第71页。

纲，并且他的思想蜕变也正在其中完成。因为在 60 年代发表的一系列文章中，朱光潜始终围绕这一方面来进行美学研究。不过，我们也应当注意到，朱光潜所理解的生产劳动的观点，始终是与"用艺术方式掌握世界"这个内质联系在一起的。在他看来，艺术中包含的生产劳动性质就是作为艺术掌握世界的方式的性质；这种方式包括：创造性劳动、专门性艺术、对现实生活进行审美活动三类因素，但作为美学研究的内容，中心问题却是艺术；艺术是艺术掌握的最高形式，最足以见出艺术掌握的本质和规律。这一点，便显示了朱光潜把握问题的深刻性，因为马克思主义创始人所说的"艺术掌握方式"虽然不仅是指艺术这一种形式，但就其在美学研究范围内的意义来说，唯有艺术这个最高的"艺术掌握方式"才能成为美学研究的对象，否则就很难分清美学与其他科学的区别与联系。并且，由于艺术同创造性劳动、对现实的审美活动之间有着内在的联系，后二者在艺术中都得到了反映，因此，把握了艺术这一因素，就可以贯通于整个"艺术掌握方式"。

朱光潜首先鲜明地提出："客观世界和主观能动性统一于实践。"① 马克思主义最本质的思想，就是它的实践观点。对于美学研究来说，最关键的是不仅把审美对象看作单纯的认识对象，尤其要把它看作实践的对象。作为人的创造物，对象无论在主观认识和主观能力方面，还是在客观物质条件和社会条件方面，都有人类生活的悠久的具体的历史条件在起决定作用，并且，认识过程本身又总是与实践过程相联系的。因此，美就不会是孤立物的静止面的一种属性，而是人在生产实践过程中既改变世界又从而改变自己的一种成果，所谓的审美关系便是人与世界的辩证关系。能够证明朱光潜比前此进步的地方在于：他并不限于这样的解释，而是从中发现了问题的本质——生产劳动就是一种改变世界、

---

① 朱光潜：《生产劳动与人对世界的艺术掌握》，见《朱光潜全集》（新编增订本）第 9 卷，中华书局 2012 年版，第 138 页。

实现自我的艺术活动或"人对世界的艺术掌握"。

马克思在《经济学手稿》(《政治经济学批判》导言)里指出："呈现于人脑的整体，思维到的整体，是运用思维的人脑的产品，这运用思维的人脑只能用它所能用的唯一的方式去掌握世界，这种掌握方式不同于对这个世界的艺术的、宗教的、实践精神的掌握方式。"这个掌握方式就是科学的理论性的掌握方式，而艺术的掌握方式与科学的理论性掌握方式的不同，恰恰就在于它所对的不是"思维到的整体"，而是现实世界的具体事物的整体。

同时，马克思在《资本论》第一卷中又说："劳动的对象就是人的种族存在的对象化：因为人不仅在认识里以理智的方式复现自己，而且还在实际生活中以行动的方式复现自己，他就在自己所创造的世界里观照自己。"

与上一段话联系起来看，就可以看出，它是包括在"人对世界的艺术掌握"之中的。作为"人的种族存在的对象化"，也就是"现实世界的具体事物的整体"的对象化，它们都是劳动的对象，因而也都是"艺术掌握方式"的对象。特别的，它表明了在"艺术掌握方式"中人与对象的关系：人在劳动生产过程中改变了自然，自然经过"人化"，成为"对象化"了的"人的本质力量"，因而具有人的意义即社会意义；人在生产劳动过程中也改变了自己，发挥了自己的"本质力量"，在对象中肯定自己、观照自己、认识自己，因而丰富了自己的物质生活和精神生活。

朱光潜看到了这一点，所以他清醒地认识到，"对美学特别有意义的是人'在自己所创造的世界里观照自己'这句话。这正是'用艺术方式掌握世界'，说明了劳动创造正是一种艺术创造。"根据这一精神，他认为："无论是劳动创造，还是艺术创造，基本原则都只有一个：'自然的人化'或'人的本质力量的对象化'。基本的感受也只有一种：认识到对象是自己的'作品'，体现了人作为社会人的本质，见出了人的

'本质力量'，因而感到喜悦和快慰。"①

这样，美和美感都同生产劳动这一实践活动过程联系起来了。美的社会性建筑在实践性的高层次上，是人的"本质力量的对象化"；美感也构筑在实践过程中，产生于人看到自己本质力量在对象身上得到肯定的那种喜悦，是精神方面的满足。也因此，美或美感的发展也通过人的劳动实践，在物质世界的发展中得到发展。与此前关于美的社会性观点结合，朱光潜就得出"只有社会人才能创造，所以也只有社会人对社会才能有审美关系"的结论，其思想在实践观点基础上得到进一步的升华。同时，为了理论上的严肃性，朱光潜还考察了艺术在资本主义时代的命运，认为在资本主义时代，虽然生产力得到了空前的发展，但人的"本质力量"却并未得到相应充分的发挥。人的创造物成为人的敌对力量，产品对人来说是个"异化物"；劳动者本身的本质特性也"异化"为自己的对立面，人失去了为人的功能；更何况"异化"还使人成为自己种族的对立物。这一切，都迫使劳动实践不再是人的自由活动，而是使劳动者痛苦的根源，因而就不可能有美，也不可能产生美感。这里，朱光潜不但初次接触到了"异化"问题，而且依照马克思主义创始人的观点，确立了只有人的本质力量得到充分实现的劳动实践才是人的艺术掌握世界的唯一真正方式和唯一真正的美感源泉的思想。

朱光潜不仅初步理解了"艺术掌握方式"在美学中的意义，而且提出了"人对世界的艺术掌握是一个包括一系列矛盾的辩证统一过程"的看法：首先是人与自然（主体与客体对象）的对立和统一，人在自然中"对象化"了自己的本质，而自然也同时得到了人的本质力量即"人化了"。其次是个人与社会的对立和统一，艺术掌握体现了个人的本质力量，而这力量之所以是本质的，正因为它是"种族的"即社会的。再

---

① 朱光潜：《生产劳动与人对世界的艺术掌握》，见《朱光潜全集》（新编增订本）第9卷，中华书局2012年版，第145—146页。

次是认识与实践的对立和统一，即"人还能按照美的规律制造事物"以及"只有通过人类存在中对象方面展开来的丰富性，才能培养出或创造出主观方面人的感觉的丰富性"，认识和实践相互影响、相互推进。不消多说，这个矛盾的辩证统一过程，实质就在于人和自然、主观和客观在生产劳动中的对立统一。个体体现在作为主体的人身上，就是人的各种本质力量的统一；体现在人的审美冲动上，就是功利和消遣的统一；体现在审美过程中，就是形象思维和抽象思维的统一；体现在艺术创造活动中，就是必然性和偶然性的统一；体现在艺术作品中，就是审美主体与客体的统一。彼此对立的各个命题在实践关系的网络中都失去了独立的意义，而构成互相依赖、互相制约的辩证关系。

总结朱光潜在这一问题上的全部实质性结论，我们可以简单概括为：艺术是一种生产劳动，是人对世界的艺术掌握的最高形式；美或美感都是劳动实践的产物，人在生产劳动过程中既改变了对象，也改变了自己，对象呈现出人的"本质力量"，正是它使人产生了美感。并且，朱光潜也证明了，人通过艺术可以而且必然达到人与自然（主观与客观）以及人自身各种本质力量的统一。可以认为，朱光潜的全部的结论无一不是通过实践的观点提出和论证的，这就使得朱光潜的美学思想全面地蜕变为实践论的美学，而他在这里提出的所有观点也都可以被认为散发着实践精神的光辉。到此为止，朱光潜实现了自我思想转变的全过程，其美学思想上升到了一个全新的高度，为他在 20 世纪 80 年代初期的美学思想发展奠定了理论前提。

（原载《北京社会科学》1996 年第 3 期）

张扬"中华美学精神"的实践性品格

习近平总书记在文艺工作座谈会重要讲话中深刻指出:"中华优秀传统文化是中华民族的精神命脉,是涵养社会主义核心价值观的重要源泉,也是我们在世界文化激荡中站稳脚跟的坚实根基。""要结合新的时代条件传承和弘扬中华优秀传统文化,传承和弘扬中华美学精神。""只有坚持洋为中用、开拓创新,做到中西合璧、融会贯通,我国文艺才能更好发展繁荣起来"①。

一、"中华美学精神"命题的实践性指向

"中华美学精神"作为习近平总书记讲话中首次明确提出的一个重要命题,一方面明确地把当代中国文艺的文化建设责任,同新的时代、新的条件下大力传承与弘扬"中华美学精神"联系在一起,突出强调了当代中国文艺创作与理论批评活动在精神层面所应持守的"中华立场",亦即以中华优秀传统文化作为"我们在世界文化激荡中站稳脚跟的坚实根基"。另一方面,这一命题对当代中国文艺内在的美学追求作出了更

---

① 习近平:《在文艺工作座谈会上的讲话》,人民出版社 2015 年版,第 25、26 页。

加具体的规定，在赋予蕴含深厚的"中华美学精神"以深刻而现实的价值生命的同时，从实践层面进一步明确、高度强化了对文艺创作与理论批评活动的价值构建要求。

在这个意义上，对"中华美学精神"的具体理解，既要有深入的学理分析，以便经由充分的理论阐释而全面彰显其特定的学术意涵。与此同时，我们更应该看到，在当代条件下，"中华美学精神"又不仅仅是一个重要的理论命题，而更是指向鲜明的实践性命题，我们只有将这一命题本身及其现时代的提出置于一种实践把握的层面，才有可能避免概念化的把握，真正实现当代中国文艺的美学追求。

毫无疑问，什么是"中华美学精神"？何为"中华美学精神"的基本内涵和具体特质？这些问题在学术层面上必定有着多样化的思考和多层次的把握。即如强调生命活动内在的和谐性，倡导个体生命体验向自然生命运动的沉浸投入，讲求天、地、人相合，就是中国传统美学的一个主导性理想，构成为"中华美学精神"的一个重要特质。所谓"乐者，天地之和""和，故百物皆化"，正是这种审美理想的极致体现。至于强调文学艺术对现实人性和人生的改造与提升作用，突出文艺活动的人生教育功能和伦理构建功能，这一具体体现了"中华美学精神"内在人生情怀的文艺功能观，则始终贯穿于中国美学思想的历史发展过程，直接影响着中华民族对于文学艺术的基本要求和价值判断。可以说，中华文化本身广博深厚、悠久绵长，有着多样的显现特性，而"中华美学精神"同样是蕴含丰富、指向多元的价值存在。特别是，作为中华文化的特定价值显现，"中华美学精神"在整个中华民族发展历史中，总是一个具体历史的存在，始终处于不断生成、淀积和丰富的展开过程之中，在不同时代往往被赋予新的价值意涵。因此，在理论上，"中华美学精神"必定呈现出意义的开放性、思想的丰富性。它在体现"中华性"的同时，交织融合了中华民族历史积淀的精神历程和多样性的思想追索，而且随时代变化而不断丰富着自身，且愈渐深隽醇厚。

但是，对于今天的中国文艺实践而言，强调"中华美学精神"的传承和弘扬，其更为现实的要求，在于如何可能以"中华美学精神"自觉引导文艺创作与理论批评的当下实践，充分关注和具体把握中国文艺实践的当代价值构建。应该说，这正体现了我们对于"中华美学精神"时代生命力的一种具体把握。事实上，在当代中国文艺实践过程中，作为历史传统的"中华美学精神"，因其意义的开放性而具有延续文化血脉、塑造文化品格、强化文化使命的实践意义。时代在变，文艺创作的内容与形式在变，文艺批评活动的具体对象和价值指向也在变，然而不变的却是中国文艺实践理应具有的民族品格、民族气质、民族风采。这种品格、气质和风采，决非简单的"民族形式"外观修饰，而是在中国文艺实践内在精神层面凝聚、升华而出的文化价值，呈现了民族文化精神深度的真正美学魅力。即此，在实践层面上，传承和弘扬"中华美学精神"的具体要求，就在于它突出了文艺审美价值构建过程中历史与现实、文化传统与当代实践的统一性，进而深刻指向了当代中国文艺实践的文化维度。正因此，"中华美学精神"命题的提出，进一步明确化、具体化了当代中国文艺实践的美学品格。而对于今天的文艺创作与理论批评活动来说，"中华美学精神"则不仅是一种审美的风格象征，更是一种文化实践的价值构建。

二、"中华美学精神"的时代生命力

更具体地说，在当前文化变革情势下，在现时代中国社会发展的具体要求面前，肩负"弘扬中国精神、凝聚中国力量"现实使命的中国文艺创作与批评，要实现"不断进行美的发现和美的创造"，就不能不认真面对一个问题，即在坚守社会理想价值、提升大众精神品质的同时，文艺创作与理论批评活动如何能够更加具体地贴近当下生活现实，更加充分地体会大众的生活情感，更加深刻地揭示社会生活的变化节奏？换言之，当代中国文艺实践既要能超越现实功利生活的有限性，但又不离生活功利的现实出发点。离开了对生活功利的现实介入，文艺创作与批评就难以具体深入地进行"生活和艺术的积累"；没有对现实功利生活的精神性超越，文艺实践就会陷于思想苍白化、价值平面化、趣味低俗化。显然，这个问题不仅关涉当代中国文艺审美功能的具体实现，而且体现了现实文化建设本身对于文艺的文化功能与历史价值统一性要求。因而，尽管它始终是任何时代文艺实践的一个基本问题，但当代中国文艺却不能不首先加以认真思考。

在这方面，以宗白华为代表的现代中国美学"人生体验"追求与"生活改造"理想结合一体的思想探索，在传承和弘扬中华文化内在的美学情怀方面，可以作为我们今天的一个重要借鉴。应该说，中华美学始终强调审美价值创造过程中个体体验与心性修养的统一性，同时又以这种统一性关系来具体审视和判断诗文、音乐、绘画、书法等具体艺术实践形态，努力追求个体体验活动向心性修养境界的积极提升。而进入 20 世纪以来，面对民族国家生存与发展的危机、现代中国文化重建的紧张，宗白华等一批美学思想家高举生活改造的思想旗帜，一方面在思想资源方面接续了中国传统文化内在的心性修养追求，将个体审美体验的艺术实践与个体生命内在价值实现直接联系在一起，强化了艺术实践、审美活动本身向内的人生指向；另一方面又着力将这种向内的人生指向、人的自心改造追求，与文艺实践功能层面上向外的社会实践目标直接结合在一起，积极关注现实社会中人与人自身生活的关系境界，主张通过具体张扬"中国文化的美丽精神"，以内在的人生价值信仰（美）普照整个社会人生的改造前途，以此实现现实生活品质的提升。在这样一种现代中国美学的思想探索中，人的具体生活现实恰恰成为实现文艺价值功能的具体前提：以"生活改造"作为功能目标的文艺实践，没有因具体生活的有限性而舍弃生活的具体现实，而是将之当作为实现文艺价值功能的具体实践领域，把"人生"的永恒性与"生活"的现实性、个体生命的精神价值与社会改造的实践价值，同文艺实践的现实目标与文化责任统一在一起。如此则既深刻延续了中华文化一以贯之的生命精神，又对现实人生的发展前途给予了深情的关注；既坚守了人生的精神指向，同时落实了文艺实践的现实目标。

现代中国美学的这一思想探索，可以引导我们在今天这个时候更加真实地思考文艺实践与现实的关系，也为我们在努力传承中华文化、中华美学精神的过程中，更加积极地把握文艺创作与批评的方向、完善文艺实践的价值功能，提供了一个极富意义的范例。

（原载《人民日报》2015年2月27日。本次收录有修改）

第 二 编

文艺美学：问题与希望

一、"应时而生"的问题

对于当代中国美学界来说，"文艺美学"的兴起，既是一个洋溢着激情的学理事件，同时也伴随了理论扩张的艰难、学科建构的困惑。在此之前，虽然王国维、朱光潜、宗白华以及邓以蛰、丰子恺、华林等现代中国学者对于文学艺术问题的诸多考察和探讨，实际上都已经在现代学科意义上直接进入了文学艺术的审美研究领域；甚至，再往前追溯，全部中国古典美学的行程，也大体可以看作是在文艺创作与体验活动基点上展开的美学思想发生、发展的历史。但是，文艺美学被正式当作一门特定的理论"学科"来对待，毕竟还是 20 世纪 80 年代以后的事情。作为 20 世纪中国美学接受西方美学学科方法之后在自身后期发展中的一种努力，文艺美学研究及其学科化建构不仅历史地追蹑了现代中国美学的理论意图——把美学的思辨过程延伸进感性形象的文学艺术活动之中，正是自王国维以来中国美学一以贯之的学理追求之一，同时也在一定程度上体现了当代中国美学界对于"美学的中国化""美学体系建设"的一种具体回应方式和现实态度。

令人瞩目的是，在一段并不太长的时间里，文艺美学研究在当代中国已经有了相当规模的发展。除去出版、发表了许多以"文艺美学"或虽不以"文艺美学"标明身份、但实际作为文艺美学研究成果出现的论著以外，文艺美学还进入到国家教育部颁布的学科专业目录以及国家社会科学基金资助的研究课题范围。这不能不说是当代中国美学的一份骄傲。

不过，也正因为文艺美学的历史之短，在其学术发展中便难免存在种种问题。这其中最大的问题，便集中体现在有关文艺美学的学科定位。如果说，提倡文艺美学的学科化建构，在最初的时候具有某种"应时而生"的性质，主要是为了克服文艺实践与理论领域的"政治至上"倾向，着重强调文学艺术要回归其自身的审美属性，因而有着鲜明的理论应用企图。那么，随着文艺美学研究活动的不断展开，我们便不能不严肃地面对这样一个问题：被当作特定学科或美学分支来进行建构的文艺美学，又如何才能有效确定它自身的学科性质？对此，目前各种有关"什么是文艺美学"的认识，基本上都倾向于认为文艺美学是美学（包括文艺理论）问题的特殊化或具体化。然而，这种认识还是不能真正令人满意，因为它仍然无法从研究对象的特殊性方面真正有效地区别文艺美学与美学、文艺理论的学科界限：难道为了保证文艺美学的独立性，美学在思辨层面对于文学艺术审美特性和审美规律的探讨、文艺理论从具体审美过程出发对于文学艺术活动的研究，就必须无条件地"让渡"给文艺美学？如果真是这样的话，它又将带出一个新的、悖论性的学科建构难题，即：为了区别于美学的存在形态，文艺美学必须有意识地淡化对于美本体的思辨，弱化美学思维之于具体的文学艺术问题的统摄性；而为了撇清与文艺理论研究的相似性，文艺美学又必须有意识地强化文学艺术问题的美学抽象性，增加文艺美学的哲学光色。

应该承认，这个学科建构上的难题，还没有在当前的文艺美学研究中得到具体有效的克服。它不仅影响了文艺美学其他问题的解决，同时也一定地动摇了我们对文艺美学本身存在合法性的信心。

二、从学科形态转向具体研究形态

解决文艺美学的定位问题、化解文艺美学学科建构难题的希望在哪里？在我看来，这个希望，就在于我们转换态度，把文艺美学从一种学科形态转向一种具体研究形态来加以理解，即文艺美学研究在理论层面上明确指向了对文学艺术问题的深刻把握。因为很显然，既然文艺美学的讨论话题基本上都可以在美学和文艺理论体系中找到其叙述形式，而20世纪以来各种美学、文艺理论研究不仅没有拒绝对文学艺术的审美考察，而且正越来越趋向于把研究视点深入到文学艺术的母题之中，那么，文艺美学的研究其实就可以被理解为美学、文艺理论本身内在话题的当代延伸，而它的任务就是提供一种从内在结构层面观照文学艺术的具体审美存在特性、审美表现方式、审美体验过程和规律等的特定理论思路或讨论形态。质言之，文艺美学的定位可以在当代美学、文艺理论的自身问题中获得确立，"学科化"的"文艺美学"其实是一种当代形态的"文艺的美学研究"。

因此，依照美学、文艺理论的当代发展特性来寻找和深化文艺美学的真实理论问题，以对问题的确定来奠定文艺美学作为一种当代研究形态的合法性基础，以对问题的阐释来展开文艺美学研究的合法性过程，应该说是一种明智的做法。而在当前文艺美学研究所面临的许多问题中，有三个方面需要我们特别关注：第一，艺术现代性追求与文化现代性建构的关联。这其中又包括了三层，即：文化现代性建构的理论与实践的具体性质、艺术现代性追求的内涵及其在文化现代性建构中的位置、艺术现代性追求的合法性维度。第二，当代大众传播制度对于文学艺术活动、文学艺术作品的效果的具体影响，以及这种影响的实现过程和美学意义。由于当代文学艺术的变异在很大程度上受制于大众传播的具体特性，因而只有把艺术效果问题与整个文化的大众传播制度问题加以整体考虑，我们才能获得对于文学艺术审美本质的当代性把握，在理论上真正体现现实的价值和立场，文艺美学研究也才可能产生理论的现实有效性。第三，文学艺术活动与人的日常活动的现实美学关系。在当代文化语境中，文学艺术本身已经发生巨大的、甚至是带有本体颠覆性质的改变。原本超然于日常生活趣味之上的文学艺术活动，正在不断被当代社会生活的世俗化、享乐化追求所打破，有时甚至不得不屈服于人的日常意志的压力。把文学艺术活动与人的日常活动的关系放在现实生存语境中进行把握，既是对当代文学艺术的美学追求的一种具体认识，也是美学和文艺理论研究扩大自己的学术视野、体现自身当代追问能力的内在根据。

（原载《光明日报》2003 年 12 月 23 日）

文艺美学："双重变革"与"集体转向"

1978 年开始的中国社会改革与思想解放运动，为最近 30 年间中国人文学科的建设和发展提供了前所未有的机遇，同样也为中国美学的学科建设、理论创新与思维变革创造了崭新条件。从这个意义上说，中国社会在改革开放、思想解放道路上走过的 30 年，也是中国美学开放改革、解放思想的 30 年，是中国美学自 20 世纪初开始尝试现代理论建构以来最为生动的 30 年。特别是，这 30 年中，跨越两个世纪的中国美学在中西各种学术思潮复杂影响下，经历了学科建设形态的多重改变，呈现出空前活跃的学术气象，从而为多层次、多侧面地书写 30 年中国美学学术史提供了丰富的理论资料。

一、学术思维与理论建构的变革

在所有变化中，诞生于 20 世纪 80 年代初、转型于 20 世纪 90 年代中期以后的文艺美学研究及其理论建构，应该说是相当引人瞩目的。这种对文艺美学的瞩目，大致可以从两个方面来分析。

作为一种基本上属于"本土特色"的理论，在文艺美学出现之始，便承载了学术思维与理论建构"双重变革"的艰巨任务。就文艺美学的学术思维"变革"方面而言，它所针对的，是 20 世纪 80 年代之前数十年间中国美学研究的"政治化"思维形式——美学的任务与革命社会的总体意识紧紧捆绑在一起，凭恃社会建设的政治目标来确立美学的理论功能，进而以"革命思维"驾驭"审美思维"，以社会守护责任"修正"美学的人性建设责任，美学在各种文艺现象、文艺活动面前基本上扮演了一个以特定"政治医术"实现自身特定社会功能的"代言"角色。毫无疑问，这种"政治化"思维形式既不符合美学本来的功能定位，同样也有悖于改革开放与思想解放整体语境下的中国社会文化局势与需求。而如何能够成功"变革"原有学术思维形式，让美学重新回归其本来的方向，正是 20 世纪 80 年代初中国美学界迎面而来的问题。显然，文艺美学的提出，是改革开放初期中国美学界一个非常适合时宜的"思想解放"行动①。正因此，当文艺美学倡导者们打破理论上的各种禁忌，张扬文艺的"审美"特性研究——尽管"审美"原本就应该无可争议地成为文艺的基本存在形态——以此或回避或抵制那种强调政治义务、社会革命功能的"美学"思维，这种对"政治化"美学思维的大胆变革，在中国美学界迅速获得普遍认同和积极响应；"文艺美学"这一几乎完全"中国式"的理论形态，不仅异军突起于当时的中国美学研究领域，而且很快以"学科化"建设姿态赢得人们的广泛关注。值得指出的是，在文艺美学诞生之初，几乎所有文艺美学研究者都强烈地关心这一"新的"理论区别于一般美学的不同思维指向，即强调文艺美学研究直接指向文学艺术本身，关注文学艺术的审美本体特性及其特殊规律，这一点显然也是以"回避"正面冲突的方式呈现了 20 世纪 80 年代中国美学对"政治化"思维形式的反叛——在这里，直接的社会政治意识形态原则不再被摆在首要位置，"审美"以其曾经被压抑的巨大魅力冲破并化解

---

① 从这个意义上来说，"文艺美学"的提出，是中国美学界积极参与中国社会改革开放、思想解放运动的重要举措，也是中国美学自身"改革开放""解放思想"的一个带有标志性的成果。

了人们在理论上对政治意识形态利益的服从意识。就此而言，最近 30 年里，文艺美学研究从无到有地崛起为美学领域的主要理论形态，并且成为人们的重要关注对象，不能不说是 20 世纪中国美学后半期发展进程上的一个重大事件，也是一个具有特定的超学术史意义的重要事件。

文艺美学所担负的"变革"理论建构的使命，则主要涉及美学本身的学科形态改造工作。在"文艺美学"被提出以前，现代中国美学基本上定位于哲学学科属性，逻辑思辨的研究理路与注重抽象的理论特性几乎成为美学唯一的存在形态。即便是审美心理的研究，也大多放弃经验实证的工作而转向与哲学演绎相关联的理论阐释——在一定意义上，也正是这种高度概念化的美学学科形态构造，为数十年间中国美学被特定社会意识形态"政治化塑造"提供了必要的条件。而 20 世纪 80 年代以后，文艺美学研究及其理论建构一个不可忽视的方面，就是它为美学打开研究门路、从单纯的哲学方向进行突围提供了一个实际有效的文本，进而也为致力于实现美学学科形态改造的中国学者提供了一种理论希望，即在抽象思辨的哲学话语之外，美学还可以、也应该拥有更加广大的话语空间，以便更加具体而感性地表达自身对人性建设的理论话语权。事实上，在很长一段时间里，由于政治意识形态的一元性主导，中国美学很少也很难以"真正美学的"方式进入文学艺术领域；审美立场的严重缺席，使得中国美学几十年间只能在"政治化"思维下，以哲学式的抽象，表达对文学艺术的概念性说明。文艺美学的提出及其理论研究活动的展开，一方面体现了中国美学力图建构自身审美话语的意图，另一方面也开启了 20 世纪最后年代里中国美学打破既有学科形态、拓展学科发展空间、丰富美学建构内容的门户。特别是，文艺美学所主张的对文学艺术现象进行具体细致的审美经验研究的学术理路，无疑启发了 20 世纪 80 年代中国美学界对各种具体审美问题的探究热情，使得各种"非哲学的"现象得以进入美学研究视野。20 世纪 80 年代中国美学界各种部类美学研究的泛起，不能不说与文艺美学所揭示的具体现象研究方向没有关系。可以认为，至少，在建构具体现象、具体问题的审美研究形态这一点上，文艺美学提示了一种"具体研究"的可能性范式。而这一点，对于现代以来、特别是 20 世纪后半叶以来的中国美学，显然是一种不可忽视的变革行动。也正是 20 世纪 80 年代以后，中国美学理论建构首先通过学科形态改造的方式，产生了前所未有的变化。

二、超越"审美 / 非审美"二元对立的理论转向

文化视野的获得与确立，导致文艺美学研究在 20 世纪 90 年代以后发生"集体转向"。相比较而言，这一点对今天的中国美学可能更具有实质性意义，同时也是近些年来人们格外关注文艺美学研究及其理论建构意图的重要原因。进入 20 世纪 90 年代以后，随着中国社会文化的大变革、大转型，尤其是代表都市市民精神诉求和文化利益的大众文化活动的广泛崛起，中国社会的文化价值建构目标发生了新的、广泛的改变，包括艺术 / 审美在内的人的精神活动呈现出明显的指向性转移。特别是，随着大众文化消费性生产模式向整个社会文化活动领域的迅速扩张，包括文艺美学在内，整个美学价值体系都面临直接的挑战。曾经作为文艺美学理论之本体根据的"审美原则"，开始直接遭遇种种"非审美"甚或"反审美"精神的威胁。纯粹审美精神在世俗的现实价值目标面前的脆弱与无奈，文学艺术本身对感性利益的形象书写，等等；既直接限制了文艺美学行使自身"审美"话语的能力，也从本体层面质疑了文艺美学作为审美立法者的权力。也因此，20 世纪 90 年代中期以来，通过直接引入西方文化研究的理论与成果，在文化研究的广泛性中"集体转向"超越一般文学艺术现象与活动的泛审美 / 艺术文化研究，便不仅是文艺美学研究的一种学术策略，更应该被理解为整个文艺美学建构基础和理论内容的"自我革命"。

这种“革命”的最实质性的意义，集中体现在：由于文化视野的获得与确立，20世纪90年代中期以后，文艺美学研究及其理论建构工作初步形成了突破一般艺术现象、艺术经验的研究范式。如果说，在文艺美学的早期倡导者那里，文艺美学研究及其理论建构的基本指向，是以“审美范式”替换“政治范式”、以审美经验研究的具体性突破哲学思辨的抽象性，那么，随着文化丰富性的不断展开，随着艺术现象、艺术经验在人的日常生活领域“非审美”乃至“反审美”的泛化呈现，原先那种具有精神纯粹性和独立性意义的“审美范式”开始变得模糊和歧义。文化多样化的结果，同样也使得审美经验研究的具体性出现多样化、复杂化的趋势。因此，文艺美学研究及其理论建构在实现对“政治范式”的替换、哲学思辨抽象性的突破之后，其本身也面临了“范式变革”的难题。而解决这一难题的契机，正是通过20世纪90年代中期以后文化视野的获得与确立来实现的：文艺美学研究开始不再固守纯粹审美的本体自设，而是主动利用新近获得的文化视野，在一个更为广泛的领域里形成了一种“泛文本化”审美批评的研究范式——一方面，作为研究对象的独立艺术经验泛化为文本形态的文化经验，艺术现象的审美纯粹性流落于作为文本存在的文化的审美呈现方式和呈现形态；另一方面，文艺美学研究的理论工作主要不是继续为艺术现象、艺术经验进行“审美立法”，也不再局限于为精神超越性的艺术理想进行本体辩护，而是转向对于以审美文本形式呈现出来的各种文化经验展开生动的批评。这样，一般艺术经验研究范式的单纯性、独立性和有限性被打破，作为“泛文本化”审美批评的文艺美学不仅扩大了自身在当代文化语境中对于艺术活动本身的言说能力，同时也从艺术经验本身出发确立了自身对于整个文化领域的价值建设功能。尽管这种研究范式的又一次转换迄今为止仍有不少质疑和反对之声，但它依然成为今天文艺美学研究领域一道集体性的“风景”。

进一步分析，就20世纪90年代中期以后中国的文艺美学研究及其理论建构工作而言，已然发生的这一"集体转向"的核心，是它在致力于一种新的研究范式的建构过程中，在一个更加广泛的文化活动层面，有意识地为文艺美学提供了超越"审美／非审美"二元对立的理论前景。事实上，由于文化变迁的广泛性和多样性，不断带来日常生活经验向艺术经验的直接扩张，进而导致以艺术活动为"集散地"的人的审美活动的经验分化与变异；原来界线分明的"审美"与"非审美"价值对立的基本前提，已不再是文艺美学研究可以理所当然地凭恃的根据。对文艺美学来说，纯粹审美的超然精神已不能作为理论建构的绝对价值目标，同时也丧失了其作为文艺美学行使价值判断权力的唯一性。相反，对于人和人的具体生活之本体存在根据的"感性"的高度关注，则有可能使文艺美学在超越绝对化的"审美／非审美"对立中重新建构价值批评话语，并且同时超越"审美／非审美"的二元对立。由此，在文艺美学研究"集体转向"中，一个令人感兴趣的事实是：当文化视野的获得与确立带来文艺美学研究范式的突破之际，对人的感性利益与原则、感性表达与实现的具体关注，成为文艺美学在展开自身新的理论建构之时，超越"审美／非审美"对立的基本形式。这一基本形式的形成，使得文艺美学研究在面对超越"审美／非审美"对立的当代艺术现象和艺术经验时，不至于无话可说。

可以认为，文艺美学研究的这一"集体转向"，在很大程度上甚至已经影响到 20 世纪 90 年代以后整个中国美学的研究方向。美学已然不是仅仅关心各种精神概念和概念历史的抽象理论，美学研究也不再是逍遥于文化多样性变革之外的独立理论活动，而是通过文化的省思来展开价值批评的一种人文思想体系。

（原载《山东社会科学》2008 年第 11 期）

文艺美学：定位的困难及其问题

随着中国美学界理论研究热情的复苏、高涨与回落，"文艺美学"在 20 世纪八九十年代的兴起，既是一个洋溢着激情与希望的学理事件，也是一场充满了理论扩张的艰难、学科建构的重重困惑的过程。尽管在此之前，20 世纪初王国维拿叔本华美学的眼光来考察《红楼梦》的悲剧世界、30 年代朱光潜对于文艺活动的心理学探究和诗艺的审美发微、40 年代宗白华之于中国艺术意境创构的深刻体察，以及邓以蛰、丰子恺、梁实秋、华林等中国学者对于文艺问题的诸多美学讨论，实际都已经在美学层面上直接进入了艺术活动的领域，并也已经提出或构造了种种有关文艺的美学观念和理论；甚至，再往前追溯，全部中国古典美学的行程，大体就是一个在文艺创作与体验活动的基点上所展开的美学思想发生、发展和变异的历史；但是，"文艺美学"被正式当作一门特定的"学科"理论来研究，文艺美学研究在一种"学科"的意义上得到展开，毕竟还是 20 世纪 80 年代以后的事情。我们有理由认为，作为 20世纪中国美学接受了西方美学学科方法以后在自身后期发展中的一种特殊努力，文艺美学研究活动不仅在一般意义上追蹑了中国美学的现代建构意图，而且它在某种程度上还超出了人们对美学的思辨理解，在 20世纪中国美学进程上呈现了一种新的理论尝试图景。

然而，也正因为文艺美学研究只是最近才出现的事情，所以，迄今为止，在其短暂的学术经历中还存在种种不成熟的方面，或者说还存在这样那样的疑问，便也就在所难免——它在一定程度上也折射出当代中国美学研究中某些学科性的困惑。

一、如何定位"文艺美学"

一般而言，"文艺美学的学科性质"涉及了"文艺美学何以能够成立"这一根本问题，以及它作为一门特定理论学科的存在合法性——为什么我们在一般美学和文艺学（诗学）之外，还一定要设置同样属于纯理论探问性质、同样必须充分体现学科体系的内在完整性建构要求，并且又始终不脱一般美学和文艺学（诗学）学理追求的这样一种基本理论？因此，在我们讨论"文艺美学"问题的时候，总是需要首先解决这样两个方面的疑问：

第一，"文艺美学"学科确立的内在、稳定和连续的结构规定是什么？也就是说，我们根据什么样的方式来具体确定"文艺美学"自身唯一有效的理论出发点和归宿点，以及它们之间的逻辑关联？

第二，在"文艺美学"与一般美学、文艺学（诗学）之间，我们如何确认它们彼此不同的学科建构根据？又如何在这种根据之上来理解作为一门理论学科的"文艺美学"建构定位？换个表述方式，即："文艺美学"之成为"文艺的美学研究"而不是"美学的文艺学讨论形态"的学科生长点在哪里？

显然，在上面两个问题中，有一个共同的症结点，这就是：当我们把"文艺美学"当作一种自身有效的学科形态来加以对待的时候，我们总是将之理解为有别于一般美学和文艺学的具体规定（范围、对象、范畴及范畴间的联系等）的特殊理论存在；然而，由于这种"特殊性"又不能不联系着一般美学和文艺学的研究过程、讨论方式和学理对象，甚至于还常常要使用它们的某些带有本体特性的理论范畴，因而，对于"文艺美学是什么"的理解，总是包含了对于"美学是什么""文艺学（诗学）是什么"的理解与确认。"美学是什么"和"文艺学（诗学）是什么"的问题，既是据以进一步阐释"文艺美学是什么"这个问题的逻辑前提，也是"文艺美学"确立自身独立形象的学科依据。尤其是，当我们试图从一般美学和文艺学突围而出，并且直接以"文艺美学"作为这种"学科突围"的具体形式和结果，以"文艺美学"标明自己新的学术身份的时候，对于一般美学和文艺学的确切把握，便显得更加突出和重要。正因此，我们常常发现，绝大多数有关"文艺美学"学科定位的阐释，基本上都这样或那样地服从了对于美学或文艺学的定位理解，而正是在这里，"什么是文艺美学"成了一个仍然需要廓清的学科定位的难题。

就我们目前所看到的各种有关"什么是文艺美学"的解答来看，在它们各自的定位理解中，基本上都流露着这样一种一致的倾向："文艺美学"是一般美学（包括文艺学）问题的特殊化或具体化，而且还是一般美学自我发展中的逻辑必然①。

---

① 从 20 世纪 80 年代初开始，作为一个具有一定现实性的新的理论话题，"文艺美学"得到中国美学界关注。其时尚执教于北京大学中文系的胡经之先生，在 1980 年召开的第一届全国美学会议上，针对当时中国高校文科理论教学的实际情况及其发展需要，首先提出：美学教学不能只停留在讲授哲学美学上，而应该开拓和发展文艺美学的研究与教学。他的《文艺美学及其他》一文（收入《美学向导》，北京大学出版社 1982 年版），作为当时最早的一份讨论"文艺美学"的理论文献，具体阐述了"文艺美学"的建构理由，认为由于"文艺学和美学的深入发展"，促使文艺美学这门"交错于两者之间的新的学科出现了"，"文艺美学是文艺学和美学相结合的产物，它专门研究文学艺术这种社会现象的审美特性和审美规律"。此后，"文艺美学"被正式纳入 20 世纪 80 年代中国美学研究的理论范围，并且引起美学界不少学者的关注和研究兴趣。而我们现在所见到的那些以"文艺美学"为名称，或虽不以"文艺美学"标明身份却实际作为"文艺美学"研究成果出现的论著，基本上都是 20 世纪八九十年代中国的"美学产物"。这反映出：第一，"文艺美学"的提出，实际上是一种顺应现实理论需要的结果，它作为"应时而生"的理论话题，有着较强的理论应用企图。第二，对于"文艺美学"的种种建构设想，也是中国美学界在 20 世纪 80 年代"美学热"催动下，对于"美学的中国化""美学体系建设"的一种具体回应方式和成果。它在一定意义上既体现了中国美学家对待美

我们不妨可以拿 20 世纪 80 年代以后中国美学界几种比较有代表性的说法来看一下：

> 文艺美学是一般美学的一个分支……对艺术美（广义上等于艺术，狭义上指美的艺术或优美的艺术）独特的规律进行探讨……文艺美学的首要任务是以马克思主义世界观为指导，系统地全面地研究文学艺术的美学规律，特别是社会主义文学艺术的美学规律，探讨和揭示文学艺术产生、发展，以及创造和欣赏的美学原理。①

> 文艺美学是当代美学、诗学在人生意义的寻求上、在人的感性的审美生成上达成到的全新统一……文艺美学不像美学原理那样，侧重基本原理、范畴的探讨，但文艺美学也不像诗学那样，仅仅着眼于文艺的一般规律和内部特性的研究。文艺美学是将美学与诗学统一到人的诗思根基和人的感性审美生成上，透过艺术的创造、作品、阐释这一活动系，去看人自身审美体验的深拓和心灵境界的超越……以追问艺术意义和艺术存在本体为己任。②

> 一般美学结束的地方正是文艺美学的逻辑起点……一般美学是研究人类生活中所有审美活动的一般规律……文艺美

学这门学科的现实态度，同时也体现了最近几十年来中国美学研究的一种基本态势，即强调美学之西方传统与中国固有思维成果的结合——把美学的纯思辨过程延伸进感性形象的文艺活动之中，正是自王国维以来 20 世纪中国美学一以贯之的学理追求之一。

① 周来祥：《文学艺术的审美特征和美学规律》"绪论"，贵州人民出版社 1984 年版。

② 胡经之：《文艺美学》"绪论"，北京大学出版社 1989 年版。需要说明的是，作者在这里的说法同其《文艺美学及其他》的表述相比，已有微妙的差别，其中增加了对文艺美学"以追问艺术意义和艺术存在本体为己任"这一特性的强调。

学则主要研究文艺这一特定审美活动的特殊规律……文艺美
学的对象是一般美学的对象的特定范围，文艺美学的规律也
是一般美学普遍规律的特殊表现。①

在这里，我们就看到，上述对于"文艺美学"学科性质的把握，
非常明确地包含有一个前提，即："文艺美学"理所当然地是一般美学
的合理延续（发展），而一般美学（包括文艺学）本身在这里乃是一个
"不证自明"的存在。如果说，一般美学以人类审美活动的普遍性存在
及其基本规律作为自己的研究课题，那么，"文艺美学"之不同于一般
美学的特殊性，就在于它从一般美学"照顾不到"的地方——文艺创
作、文艺作品、文艺消费/接受的审美特性和审美规律——开始自己
的学科建构行程，并进而提出自己对"特殊性"问题的"独特"追问，
"系统地全面地研究文学艺术的美学规律""研究文艺这一特定审美活
动的特殊规律"。而如果说，文艺学（诗学）主要着眼于综合考察文艺
创作、文艺作品、文艺消费/接受现象的内部本性、结构、功能等，那
么，"文艺美学"则探问了文艺学（诗学）所"不涉及"的文艺作为审
美活动的本体根据，或者是"以追问艺术意义和艺术存在本体为己任"。

理论的疑云在这里悄悄升起！

于是，我们不能不十分小心地发出这样的询问：

一般美学（包括文艺学）何以在学科意义上充分表明自己具有这
种"不证自明"的可能性？

如果一般美学仅仅是以探讨人类审美的一般性（共同性）规律、
普遍性本质为终结，那么，为什么我们的任何一部"美学原理"中，都
几无例外地要详尽表白自己在诸如"文艺（艺术）的审美特征和活动规
律""文艺（艺术）创造的审美本质""文艺（艺术）活动中的主体存在"

---

① 杜书瀛主编：《文艺美学原理》"序论"，社会科学文献出版社 1992 年版。

等等具体艺术审美问题上的讨论方式和结论，甚至于将对于整个艺术史或各个具体艺术部类的审美考察纳入自己的体系结构之中？就像黑格尔曾经向我们展示的那种美学形态——关于艺术审美问题的思考正构成了黑格尔美学体系的内在结构和具体特色①。

　　显然，问题的重点似乎不仅在于"文艺美学"能否从一般美学和文艺学中"逻辑地"延伸而来，而且在于：一方面，一般美学和文艺学的"不证自明性"本身就是十分可疑的。实际上，就在最近20多年里，中国美学界围绕"美学是什么"的问题一直存在着不休的争论，有许多美学家曾经试图对美学的学科定位作出自己的理论判断，得出明确的结论。但直到今天，我们都很难说已经获得了这样一种令人确信的关于美学学科合法性的结论；围绕美学学科定位问题所产生的许多似是而非的意见，甚至进一步困扰了我们对美学其他许多问题的深入挖掘。相同的情况也出现在文艺理论研究领域："文艺学"的名称本身就被指责为一个含混不清的概念；它作为一种文学理论研究的总称，既反映了20世纪50年代以来中国文艺理论界所受到的苏联理论模式和观念的影响，同时也体现了某种强烈的政治意识形态立场——强调文学与社会的实践关系，强调文学研究的社会总括性，始终是文艺学在学科建构方面为自己所设定的美学本位。因此，尽管"文艺学"作为一个二级学科的名称已经列入国家教育主管部门所颁布的学科、专业目录之中，但人们却几乎从未停止过对它的纷纷议论②。

　　由此可见，"美学是什么？""文艺学是什么？"作为问题仍然有待具

────────────

① 凯·埃·吉尔伯特和赫·库恩在《美学史》中就这样讲道："努力把艺术概念从过分狭窄的理性解说中解救出来，为严格维护艺术的独特性和自主性而奋斗（这种观念意在使艺术同最高尚的精神活动并列，并揭示艺术在文化生活中的地位和作用），——所有这一切，又重现于黑格尔的《讲演》中。"（[美] 凯·埃·吉尔伯特、[德] 赫·库恩：《美学史》下册，夏乾丰译，上海译文出版社1989年版，第577页）

② 参见孟繁华《激进时代的大学文艺学教育（1949—1978）》，载《文学前沿》1999年第1辑，首都师范大学出版社1999年版。

体探讨，亦即在美学和文艺学的学科定位上，我们还存在着各种各样的不确定性；所谓美学（文艺学）的"不证自明"的可能性，其实成了一种虚妄的理论假设。既然如此，以这种并非"不证自明"的存在当作确立自身学科特性的逻辑前提、理论依据，对于"文艺美学"的建构热情来说，便已经不止于简单的误会，甚而是一种灾难了——实际上，当我们企图在美学或文艺学的"分支"意义上来设计"文艺美学"理论宏图及其合法性的时候，学科存在前提上的某种"想当然"，普遍地造成了对于美学（包括文艺学）无限扩张的幻觉性热情，并且在实际研究过程中又反过来严重危及到了美学（文艺学）本身的合法性。

另一方面，从学科对象和研究范围的"普遍性"与"特殊性"、"一般性"与"具体性"层面，来划分一般美学与"文艺美学"之间的不同规定，把对于美的普遍性、审美规律的共同性的探讨归于美学范围，而把"文艺活动、文艺作品自身的审美特性和审美规律"当作"文艺美学"的独特领地，这里面又显然充满了某种学科定位上的强制意图。应该看到，一般美学虽然突出以理论思辨方式来逻辑地展开有关美的本质、审美普遍性的研究，强调从存在本体论方面来寻绎美的事实及其内在根据，并且不断在思维抽象中叠架自身。然而，一般美学又从来不曾离开文艺活动这一人类审美的基本领域，从来没有在抽象性中取消掉文艺创造、文艺作品、文艺消费／接受过程的审美具体性。事实上，不仅一般美学之于美的思辨是一种由"具体的抽象"而达致的"抽象的具体"，而且，这一"抽象"的所指也同样是文艺之为人类价值实践的审美特性与审美规律。这也就是为什么一般美学总是把对于文艺活动的审美考察、分析放在一个十分显眼和重要位置上的原因。更何况，在一般美学中，一切有关人类审美经验问题的探讨，以及对于人类审美发生问题的理论回答，都总是具体联系着（或者说是依照了）人在自身艺术实践过程中的具体行为而进行的。特别是当代美学，无论其具体定位方式和定位形态是怎样的，几乎都侧重将对于文艺活动的具体审美分析，包括对于文艺创作过程中的主体结构、文艺批评的价值标准、文艺文本的审美结构形式及其历史特性、文艺文本的接受—阐释活动等的思考，十分严整地包容在美学自身的结构性规定之中。可以这么说，一般美学的确是以思辨和抽象来展开美的问题的研究，但它又始终不脱人类文艺活动的具体审美事实；其对于普遍性、一般性的发现，很大程度上正是通过对于文艺活动的深刻审美把握而体现出巨大理论意义的。至于文艺理论研究，当然就更不可能超脱文艺活动的审美具体性了。

由此，我们便可以十分清楚地看出，如果只是把"文艺美学"定位为"系统地全面地研究文学艺术的美学规律""研究文艺这一特定审美活动的特殊规律"，或者是"追问艺术意义和艺术存在本体"，难免给人以这样的印象：为了使"文艺美学"作为一门独立学科能够成立，就必须首先将一般美学从思辨层面对于文艺活动的审美特性和审美规律的探讨、将文艺理论从审美的具体过程出发之于文艺活动的分析，统统"悬搁"起来，以便为"文艺美学"留有余地。否则，"文艺美学"所针对的"文艺的审美特性和审美规律"就不免要同一般美学所必然包容的文艺考察相重叠，其所讨论的"艺术的意义和艺术存在本体"就会同文艺理论所实际研究的问题相重合。换句话说，为了保证"文艺美学"作为一门学科的存在合法性及其理论演绎顺利展开，一般美学和文艺学必须无条件地出让自己的研究范围和对象。

且不说这样的"悬搁"，实际是对美学和文艺学的学科基础作了一次流血的"外科手术"。即便"文艺美学"的出现真能让一般美学和文艺学这样做，我们也不禁要问："文艺美学"是不是真的已经实现了一般美学和文艺学发展的逻辑必然性？即作为一种"独特的"理论学科，"文艺美学"果然在一般美学和文艺学所"顾及不到"的方面担负起了"独特的"理论任务吗？这个问题，我们后面再予以专门讨论。

毫无疑问，我们在这里看到了一个悖论：如果说，建构"文艺美学"是为了克服一般美学抽象玄思的局限，那么，前者之能够成立的前提，实际又要求后者彻底放弃对于文艺审美特性的具体深入；这显然与提出"文艺美学"学科建构的初衷相矛盾。如果说，"文艺美学"有助于我们在强化文艺的审美本位基础上，真正发现人类艺术实践的本体特性，那么，把对文艺特殊审美规律的研究从文艺学中抽取出来，最终其实又更加孤立了文艺理论，并且也无益于我们真正厘清文艺与特定社会政治的关系。

当然，"文艺美学"的提出，有其理论研究上的积极性；最起码，它推动和强化了中国美学界对于文艺活动进行认真的审美研究，把美学的理论视野进一步引向了人类艺术的广大领域。不过，由于"文艺美学"的学科定位问题不仅直接关系着其自身作为一种新学科设想能否真正得到落实，同时也关系到我们对于一般美学和文艺学学科性质的思考和把握，因此，从学科建构的实际要求出发，对"文艺美学"的特性进行更加细致的具体探究，仍是一件十分严肃的工作。而要想准确地定位"文艺美学"的合法性，下面的三个问题便不能不先行得到回答：

第一，如果说，"文艺美学"以一般美学的独立分支身份出现，它将如何可能逻辑地体现一般美学的学科特性要求？这里，对于美学学科规定性的认识，是从理论上确定"文艺美学"存在合法性的基础。

第二，如果说，"文艺美学"的学科合法性，是基于文艺理论研究无法有效完成文艺活动的审美本质探索，那么，文艺学的存在合法性又是什么？也就是说，作为文学理论研究活动的文艺学将何去何从？

第三，无论人们把"文艺美学"归于美学的分支，还是将其视为文艺学的"另类"，文艺美学的学科建构都要求首先能够找到专属其自身的、无法为其他学科所阐释和解决的独一无二的问题（对象）。那么，这个问题是什么？解决这个问题的"文艺美学"的学科方式又会是什么？

二、对现有理论的分析

至少，就已有的"文艺美学"形态来看，我们很难将它与一般美学或文艺学（诗学）体系截然相分。在总的方面，现有的"文艺美学"要么程度不同地重复展开着一般美学对于文艺问题的讨论形式，尽管这种展开过程可能或多或少有着某种形式上的具体性、形象性，即性比较于一般美学的讨论方式，现有的文艺美学理论往往更注意把讨论引向"作品——作者——读者"的审美联系及其联系方式的美学语境之中，以便在一个较为实在的层面来反证某种美的观念或概念，进而完成"美学的艺术化构造"；要么大体上与文艺学（诗学）框架相重叠或交叉，亦即突出文艺理论研究的审美基点，在"作者——作品——读者"或"创作论——作品论——接受／阅读论"的内在关联方面形成某种本质论的美学解释，从而实现对于"文艺学的美学改造"。因此，就实质而言，在体系构架上，现有"文艺美学"还没有达到一般艺术哲学的广度——在丹纳那里，艺术哲学就已经发展成为一个庞大、系统的理论，其中不仅有着种种本质论的观念，而且还十分具体地深入到艺术发生、艺术效果和艺术史等的哲学与实证研究，广泛论证了"艺术过程的美学问题"。更何况，由于某种非常明显的人为意图，既将艺术的美学本体论探讨留在了一般美学领域，又将艺术过程的结构分析划给了文艺学的讨论，因而，现有的文艺美学研究仍然没有真正达到抽象与具体、思辨与实证有机统一的理论境界，既难以有效地实现对于艺术的本体追问，同时也缺乏对于艺术内部结构的深入的美学证明。

这里，我们可以从研究对象的范围构成方面着手，拿现有的几种"文艺美学"著作同文艺学著作做一个形态对照：

作为国内最早出版的系统探讨"文艺美学"问题的著作，《文学艺术的审美特征和美学规律》除"绪论"专讲"文艺美学"的对象、范围和方法以外，其余六章分别为："艺术的审美本质""美的艺术和崇高的艺术""再现艺术和表现艺术""艺术创造""艺术作品""艺术欣赏与批评"。

《文艺美学》一书的体例为："文艺美学：美学与诗学的融合""审美活动：审美主客体的交流与统一""审美体验：艺术本质的核心""审美超越：艺术审美价值的本质""艺术掌握：人与世界的多维关系""艺术本体之真：生命之敞亮和体验之升华""艺术的审美构成：作为深层创构的艺术美""艺术形象：审美意象及其符号化""艺术意境：艺术本体的深层结构""艺术形态：艺术形态学脉动及其审美特性""艺术阐释接受：文艺审美价值的实现""艺术审美教育：人的感性的审美生成"。

与之相似，《文艺美学原理》虽然出版于 20 世纪 90 年代，但它在"序论"部分简要表述了"文艺美学"的学科性质与地位之后，也同样直接进入到对于"审美——创作""创作——作品""作品——接受"的论述，分别讨论了"审美活动与审美活动范畴""文艺创作作为审美价值的生产活动""审美价值生产的基本类型""文艺创作中的美学辩证法""艺术品的魅力""审美智慧""审美形式""审美价值""艺术传播""接受美学的遗产背景与课题意义""'读'的能动性与历史性""'释义循环'及处置策略""'接受的幽灵'：文艺与历史实践"等。

蔡仪先生在 20 世纪 70 年代末主编的《文学概论》，是一部比较能够体现 1949 年以后至"新时期"初中国文艺理论研究情势的著作，发行量达到 70 多万册。全书九章，分别为："文学是反映社会生活的特殊的意识形态""文学在社会生活中的地位和作用""文学的发生和发展""文学作品的内容和形式""文学作品的种类和体裁""文学的创作过程""文学的创作方法""文学欣赏""文学批评"。

而由童庆炳先生主编的《文学理论教程》，作为 20 世纪 90 年代中国文艺理论研究的产物，是目前公认较为完备的一部著作，在文艺学成果中具有一定代表性。其五编十七章，除阐述文学理论的性质、形态及中国当代文学理论建设问题以外，更详细列论了"文学活动""文学活动的意识形态性质""社会主义时期的文学活动""文学作为特殊的精神生产""文学生产过程""文学生产原则""文学作品的类型""文学产品的样式""文学产品的本文层次和内在审美形态""叙事性产品""抒情性产品""文学风格""文学消费与接受的性质""文学接受过程""文学批评"等。

客观地说，仅是这种对象构成形态的对照，就已经可以让我们清楚地看到，现有"文艺美学"在对学科建构的把握上，基本没有超出原有的美学、文艺学范围。如果一定要说它们之间有什么不同的话，那也主要是叙述形式上的，而基本没有体现本质性的差别。这就不能不让我们疑惑："文艺美学"的建构究竟是为了一种叙述的方便，还是真的能够从根本上找到自己的所在？

事实上，热心于"文艺美学"学科建构的学者，也并非完全没有看到这种学科体系构架上的重复性。只是出于一种"新学科"的设计，他们大多数时候更愿意将这种重复性理解为某种结构方面的序列性组织，亦即认为：在美学系统的纵向结构上，"文艺美学"处在一般美学和部类艺术美学之间的中介位置；在横向上，"文艺美学"又同实用美学、技术美学等一起组成了美学的有机部分。在文艺学系统中，"文艺美学"是文艺学诸多学科中的一种，与文艺社会学、文艺哲学、文艺心理学、文艺伦理学等相并列。显然，这种结构上的归类，至少从表面来看是有诱惑性的，它一方面"避免"了"文艺美学"在理论上的悬空，而让其一头挂在美学的大山上，一头伸进了艺术的活跃空间；另一方面又"化解"了"文艺美学"在逻辑关系上的孤立——因为在一般美学理论与各种具体艺术部类的美学讨论之间，当然要有某种中介、过渡，尽管这种中介和过渡本来可以、也应该由美学自身所内在的艺术话题来完成；而文艺学研究也总是必然会衍生出相互联系的各个层面，包括哲学的、人类学的、伦理学的、心理学的和社会学的探讨等，尽管所有这些探讨在根本上都没有、也不可能回避艺术的审美特性及其审美构造、审美规律。然而，且不说这种"结构序列"设计本身，就是建立在我们前面已经讨论过的那种对于"美学——文艺美学——文艺学"各自话题的人为强制之上；仅就把一般美学作这种纵向和横向的结构排列而言，就是相当可疑的。我们很难同意，一般美学之于日常现实的审美方面和技术的审美因素、形式的研究，竟然同美学对于艺术问题的深入把握，是处在两个不同结构序列中的；我们也很难设想，作为美学之纵向结构"中介"环节的文艺的审美研究，如何可能摇身一变成了美学横向方面的一个部类？除非"文艺美学"是作为整个美学系统坐标的中心点而出现。可是，这样一来，既然"文艺美学"成了整个美学系统坐标的中心，在纵向上连接了美的哲学思辨与部类艺术问题的美学研究，在横向上联合着实用美学、技术美学等等，那么，所谓"文艺美学"所研究的，不正都是美学的应有之义、美学的问题吗？如此，则在一般美学之外再另立一种"文艺美学"，又岂非画蛇添足？于是，问题其实又回到了我们原来的疑问上：美学究竟是什么？美学的学科定位该当何解？

况且，既在一般美学的结构序列上为"文艺美学"分配了座次，又如何能够将"文艺美学"过继为文艺学的合法子民？我们将何以在逻辑上令人信服地说明，已经是美学分支的"文艺美学"，如何在文艺学体系中获得自身确定的学科规定性，而不至于让人"丈二和尚摸不着头脑"？

也许，所谓"文艺美学"的真正建构难题（矛盾）就在于：一方面，为了区别于一般美学的理论形态，必须有意识地淡化对于美本体的思辨，弱化美学思维之于具体艺术问题的统摄性；另一方面，为了撇清与文艺学的相似性，必须有意识地强化一般艺术问题的美学抽象性，增加文艺理论的哲学光色。应该承认，这种学科建构上的难题不仅没有在已有的文艺美学研究中得到有效克服，相反，倒成了支持某种学术自信的理由。

当然，在 20 世纪八九十年代的中国美学领域里，同样的情况并不仅止于"文艺美学"一家。从 80 年代初开始，许多自称是美学分支学科的部类问题研究纷纷出现，例如文化美学、性美学、生理美学、服饰美学……中国美学界一时间仿佛一派"欣欣向荣"。然而，也正由于在学科规定性和理论特定性、独立性方面的缺失，由于许多体系结构上的含混性和人为性，这些"学科"的提出除了造成一种学术虚肿、学科泛化的表象以外，既没有能够真正产生稳定的、自身规范的和有效的学科立足点，也没有能够在真实意义上为美学的现代发展提供新的知识价值增长。或许，正像有学者所指出的："已经没有任何统一的美学或单一的美学。美学已成为一张不断增生、相互牵制的游戏之网，它是一个开放的家族。"① 可是，作为"开放家族"的当代美学"游戏"，不应只是任意的名词扩张，它同样必须依照一定的有序性和内在规矩来展开自身，同样应当在知识价值上体现出一定积累、变化形态的合理性与真实性。那种缺失学科建构的基本出发点和特定逻辑依据的"学科"增生，实质上并没有能够进入这张"游戏之网"。

三、文艺美学研究的重点问题

从以上分析出发，我们与其说"文艺美学"是一种新的美学或文艺学的分支学科形态，倒不如说，文艺美学研究是中国美学在自身现代发展之路上所提出的一种可能的学理方式或形态，它从理论层面上明确指向了艺术问题的把握。由是，可能会更易于我们把问题说清楚。

---

① 李泽厚：《美学四讲》，生活·读书·新知三联书店 1989 年版，第 14 页。重点号为原书所有。

这样说的理由主要在于：第一，就像我们已经反复指出的，迄今为止，"什么是文艺美学"作为一个问题，仍然是含混不清的。在学科建构意义上，"文艺美学"的独特规定性仍然有待于证明和阐释，而这种证明、阐释能否真正解决问题也还是可疑的。

第二，由于几乎所有"文艺美学"的讨论话题，都可以在一般美学和文艺理论体系中找到其叙述形式或阐释过程，而美学与文艺学的当代发展也正朝着人类艺术活动的审美深层探进；特别是20世纪的各种美学、文艺理论研究，更不断将深入发现具体艺术活动的审美特性当作自己的直接课题——美学和文艺理论不仅没有拒绝具体艺术的审美考察和发现，而且越来越趋向于把研究视点深入进艺术母题之中①。因此，所谓"文艺美学"其实不过是美学、文艺理论内在话题的当代延伸，而不是区别于当代美学、文艺理论发展的又一种学科存在方式，其建构本来就不可能超越美学、文艺理论的当代维度。

第三，就此而言，文艺美学研究的任务，其实在于向人们提供一种从内在结构层面上观照艺术的具体审美存在特性、审美表现方式、审美体验过程和规律等的特定理论思路、讨论形态；它不是在一般美学和文艺学的结合点上，也不是作为一般美学和文艺学的中介，而是作为当代美学或文艺理论的自身问题而存在。换句话说，文艺美学研究（更准确地说，是艺术的美学研究）形态的合法性，不是建立在它的学科不确定性之上，而是建立在它作为一种具体理论思路的稳定性与可能性之上的。

当然，我们现在依然可以在约定俗成的意义上继续使用"文艺美

---

① 西方美学自20世纪50年代以后，基本上都显现了对艺术领域的关心和热情。格式塔心理学美学、原型批评美学、现象学美学、符号学美学、结构主义美学、解构主义美学、阐释—接受美学以及法兰克福学派的美学等，尽管它们立场各异、指归不同，然而却都十分关注艺术领域的变动，对于艺术的审美分析成为它们各自体系结构上的重点之一。像《审美经验现象学》（M.杜夫海纳）、《情感与形式》（苏珊·朗格）、《批评的解剖》（弗莱）、《艺术与视知觉》（阿恩海姆）、《走向接受美学》（姚斯）、《艺术与审美》（乔治·迪基）、《美学理论》（阿多尔诺）等，如今已成为当代美学的经典。

学"这个术语，但同时我们应该清楚一点：作为艺术的美学研究，当前"文艺美学"所面临的任务，不在于一定要把它当作一个"学科"来理解和建构某种"体系"①。也许，最明智的做法，就是放弃在"学科"意图上对于"文艺美学"的设计，而转向依照美学、文艺理论的当代发展特性来找到深化艺术的美学研究的真实理论问题②，以对问题的确定来奠定文艺美学研究作为一种学理方式或形态的合法性基础，以对问题的阐释来展开文艺美学研究的合法性过程。

以下几个方面似可作为当前文艺美学研究关注的重点：

1. 艺术现代性的追求与文化现代性建构之间的关联问题

在美学、文艺理论的各种讨论中，艺术从来都是作为一种"人类生命价值"的自我表现／体验形象而出现的。它不仅意味着艺术是人的精神解放的实践载体，是人在自身内在精神活动层面上所拥有的一种价值肯定方式，而且还意味着艺术作为人类精神演化的自我叙事形式，其身份的确认总是同人在一定阶段上的文化利益相联系的。而在当代文化现实中，现代性建构之为一种持续性的过程，不仅关系着文化实践的历史与现实，而且关系着人对于自身存在价值的表达意愿和表达过程，关系着人在一种历史维度上对自我生命形象的确认。所以，文化的现代性建构不仅涉及人在历史中的存在和价值形式，同时也必然地涉及了人的

---

① 在这一方面，当代思想家怀特海讲过一段很有意思的话。他说："体系化是最无关紧要的"，"体系化是通过源于科学专业化的方法而进行的普遍性的批判，它预设了一个原初观念的封闭集合"，因而造成了"所有有限系统中固有的狭隘性"。（[英] 怀特海：《思想方式》，韩东晖等译，华夏出版社 1999 年版）

② 在当代西方的艺术美学研究中，"文学美学"（Literary aesthetics）是一个引人关注的动向。彼得·拉马克就认为，文学美学把注意力集中在文学作品的各个方面，正因为文学作品是艺术作品，所以"文学美学的主题就是出现在美学中有关一般艺术作品论述中的那些专门针对文学而提出的美学问题"。（参见朱狄《当代西方艺术哲学》第二章第五节，人民出版社 1994 年版）这种学理确定路向很值得我们重视。它至少是明确地把自身存在的可能性前景放在了一个十分确定的对象上，找着了自己据以展开的问题域——"针对文学而提出的美学问题"。

艺术活动对人的存在和价值形式的形象实现问题。文艺美学研究在探讨艺术的审美本体时，理应对此问题作出回答。这里应注意的：一是文化现代性建构的理论与实践的具体性质；二是艺术现代性追求的内涵及其在文化现代性建构中的位置；三是艺术现代性追求的合法性维度。

2. 艺术发展中的美学冲突及其历史变异问题

这本来是一个艺术史的话题。但在文艺美学研究的视野上，艺术史问题同样可以生出这样几个方面的美学讨论：其一，艺术发展所内含的美学理想的文化指归，究竟怎样通过人的艺术活动而获得实现？其二，美学上的价值差异性，怎样实现其对于艺术发展的控制、操纵？艺术形式的冲突与美学理想的冲突是一种什么样的关系？其三，艺术发展中的美学冲突的历史样态及其实践性变异。应该说，这种讨论过程，将有可能带来文艺美学研究更为深刻的历史根据。

3. 艺术作为一种审美意识形态的社会实现机制、过程与形态问题

这个问题与上一个问题是相联系的。所不同的是，这里更接近于探讨艺术作为一种理想价值形态的社会学动机。也就是说，作为特定社会意识形态的特定表现，艺术、艺术活动的内在功能是如何在社会层面上得到体现和认同的？尤其是，当我们常常以不容置疑的态度将艺术表述为一种"人对世界的掌握"时，其意识形态力量又是如何具体体现在人的社会实践过程中的？对于这个问题，我们既不能仅凭审美的心理经验方式去加以把握，也不能只是通过纯粹思辨来进行主观化的推论，而只有借助于艺术历史与艺术现实的运动关系来进行说明。而这个问题的难点则在于：为了说明艺术的意识形态功能，我们必须首先理解意识形态的历史具体性；为了把握审美意识形态的本质特征，我们又不能不把艺术与其他意识形态形式的共时性关系纳入讨论范围，以便从中确认艺术的意识形态特殊性。

4. 艺术的价值类型问题

这一研究，主要针对了艺术价值的形态学意义，即艺术价值的分

化及其美学实现形态。在以往的美学或文艺理论研究中，有关艺术价值问题的探讨常常被放在一种严密的整体性上来进行；艺术价值的美学阐释并不体现形态分析的历史具体性，而只是从审美本质论立场对艺术价值作出某种统一的概括，所反映的是艺术之为艺术的先在合理性。实际上，在艺术价值问题上，由于人的生存形态不同、人的价值实践的分歧，艺术价值的实现方式和实现结果都是具体的、分化的和相异的。不仅不同艺术之间在价值形态上是有分化的，而且由于实践方式、实践基础和过程等的不同，相同艺术的价值构造、价值取向、价值体现也是存在各种差异的——由于这样，"艺术是什么"才会变得如此复杂。文艺美学研究的工作，就是要找出这种不同、差异，并对之进行形态分析，从而使艺术价值问题落实在具体的类型层面上，真正体现出艺术的审美具体性。

5. 艺术效果特征问题

"艺术效果"一向受到人们的关注。不过，我们在这里主要关心的，还不是一般意义上艺术活动与人的精神修养、情感陶冶等的关系，而是当代文化语境中大众传播制度对于艺术活动、艺术作品自身效果的具体影响，以及这种影响的实现过程和美学意义。因为很明显的是，当代艺术的美学变异，很大程度上是依据其与当代文化的大众传播特性来决定的；所谓"艺术效果"，一方面取决于艺术的表现特性以及艺术在一定文化语境中的自我生存能力，另一方面则取决于艺术活动、艺术作品、艺术接受活动与整个大众传播制度的关系因素和关系结构。包括艺术效果的发生、艺术效果的集中程度、艺术效果的结构方式、艺术效果的体现形态、艺术效果的延伸和艺术效果的变异性转换等等，都以一种非常直观的形式同当代文化的大众传播制度联系在一起。因而，把艺术效果问题与整个文化的大众传播制度问题加以整体考虑，是当前文艺美学研究中的一个重要课题。在此基础上，我们才有可能获得对于艺术审美本质的当代性把握，在理论上真正体现出现实的价值和立场；文艺美学研究也才可能产生理论的现实有效性。

6. 艺术审美的价值限度问题

这个问题所涉及的，实际是对我们过去一直坚信不疑的那种艺术至上性观念。按照一般的美学理解，在人类价值体系的内在结构上，"真""善""美"虽然有着某种内在的、稳定的统一性，但在发展逻辑上，它们又是有级别、有递进性的；艺术在其中始终扮演了一种至上价值的表演角色，成为人类在自身实践过程上的最高目标。这种观念在当代文化语境中，其实已经呈现了某种风雨飘摇的景象。不仅人的现实生存实践不断置疑了这种内含着概念先在性的理想，而且，就这一观念把美／艺术当作人类不变的既定实践而言，它也是值得怀疑的。在当代文化语境中，不仅艺术本体立场的改变已经是一种十分显著的事实，同时，艺术与美的关系的必然性和同一性也正在被艺术活动本身所拆解。由是，在人类生存实践的价值指归上，艺术审美的价值限度问题便凸现了出来。我们所要讨论的是：艺术在何种意义上可能是审美的？艺术审美的有效性和有限性是如何通过艺术活动自身的方式而呈现出来的？艺术作为人的生命理想的审美实现方式，在什么样的范围内为人类提供了一种具体的价值尺度和客观性？

7. 艺术中的审美风尚演变问题

我们经常说，艺术是一个时代的社会生活关系、生活实践、生活趣味等现实价值形式的反映；美学、文艺理论也常常论及这方面的话题。但是，这种对于艺术的谈论往往还只停留在一般概念的归结上，很少非常具体地从美学角度透彻分析过艺术创作、艺术作品、艺术接受与社会、时代的风尚演变之间的审美关系特性，也很少充分揭示艺术体现社会审美风尚的具体过程和规律问题。因而，把这个问题作为当前文艺美学研究的对象，目的就是要通过对艺术发展与社会审美风尚演变之间关系的探讨，深入揭示：第一，艺术生成中的社会审美趣味、理想与观念的存在和存在方式；第二，社会审美风尚演变活动所导致的艺术的时代具体性、意识形态性；第三，艺术创造如何能够顺应并体现一定社会审美风尚的特性；第四，艺术风格、艺术审美创造的改变，又如何融入社会审美风尚的演变过程之中；第五，艺术的历史在什么样的意义上可以反映为一种审美风尚的历史；第六，艺术活动又是如何体现一个时代社会审美风尚的分裂性的；第七，具体艺术文本的风尚特征；等等。这些问题的研究，对于我们更加深刻地理解艺术的美学规律，把握艺术发展的内在过程及其外部因素，都是十分重要的。比如对于艺术的民族审美特质问题的理解，就与这一研究直接相关。

8. 艺术活动与日常活动在人类生存之维上的现实美学关联问题

这个问题的重点，是我们如何能够在当代文化的现实性上，认真、客观地理解当代艺术的美学转移。由于当代文化发展本身的规律及其影响，当代艺术和艺术活动已经发生了巨大的改变。这种改变甚至不是一般形式意义上的，它更带有本体颠覆的特性。艺术和艺术活动在当代文化语境中，逐渐自我消解了自身肩负的沉重历史使命和社会责任，艺术的"创造"本性正在急剧转换之中[1]。原本超然于人的日常生活、普通趣味之上的艺术的"美学封闭性"，正在不断被当代社会生活的世俗化、享乐化追求所打破；艺术不仅不再能够必然地超度人的灵魂、提供超越性的精神方向，甚至它自己有时也不得不屈服于人的日常意志的压力及其具体利益。这样，把艺术活动与人的日常活动的现实美学关系放在一个现实生存语境中来加以把握，既是对于当代艺术的美学追求的一种具体体会，也是美学和文艺理论研究扩大自己的学术视野、体现自身当代性追问能力的内在根据。

（原载《文艺研究》2000 年第 2 期）

---

[1] 参见拙著《扩张与危机——当代审美文化理论及其批评话题》第四、第五章，中国社会科学出版社 1996 年版。

论文艺美学的不确定性

　　自 20 世纪 80 年代初以来，有关"文艺美学"学科建构及其相关问题的讨论已历经数十个年头。从最初以"反政治中心论"的特定理论姿态出现，到进入 21 世纪以后学科突围情势下的自我转向①，在不断经历着艰辛的理论扩张与困难重重的建构努力过程中，文艺美学已在当代中国学术制度体系中确立了一定的格局和规模，而各种关于"文艺美学"的理论思考及其讨论成果更是层出累叠。然而，相比较于相邻的美学、文艺理论学科，文艺美学仍属于一个在方方面面都存在诸多不确定性的"新品种"——其之"新"，不仅因为文艺美学研究本身还缺少足够和必要的学术史积淀，更大程度上还源于我们在"作为学科的文艺美学"中尚未能够清晰地看到具有自身稳定系统的建构定位。而正是这种不确定性的存在，使得"文艺美学"迄今还是一个存在争议的学科概念（或关于学科概念的建构意识），同时也使其难以在世界性学术话语交流体系中为自己争得不容置疑的名分。为此，现在仍有必要重拾文艺美学学科不确定性这一话题，在学科建构的自省意识中积极梳理文艺美学研究的可能性。

---

① 参见本书《文艺美学："双重变革"与"集体转向"》，第 198 页。

一、对象与路径：不确定性的意味

以"特定理论学科形态"明确标榜自己学术身份的文艺美学，其合法性的建构理当直接围绕最具确定性的研究对象及其核心范畴，以便能够形成一套内在而连续稳定的理论话语、体系结构。但是，在迄今为止所有关于文艺美学研究对象的阐释中，我们并没有发现它们已经获得某种取向一致的思考。对象的游移模糊或不确定性，不仅质疑了文艺美学作为学科的身份独立性，也在事实上瓦解了其体系结构的逻辑建构工作。

就目前我们所看到的情况来说，对于如何确定文艺美学的学科对象，学界中一直存在这样一些阐释上的分歧：（1）文艺美学是文学艺术与美学结合的产物，因而也就是关于文学艺术的美学研究，它专门研究文学艺术这种社会现象的审美特征和审美规律；（2）文艺美学是从美学角度研究文学艺术的审美特质和审美规律的科学；（3）文艺美学是关于艺术与艺术活动的审美特征及其独特美学规律的科学，它主要研究艺术的审美本质及其在现象形态上的体现；（4）文艺美学就是艺术哲学，是从哲学角度研究艺术，研究艺术中具有哲学深度和意义的问题；（5）文艺美学是美学的应用，是美学原理在文艺研究中的应用和体现①；（6）文艺美学是以文学艺术的审美经验为研究对象，既与文艺理论、美学、艺术学保持密切联系，又同它们有着本质差异的学科；（7）文艺美学本身没有确定的对象，其学科存在的合理性和必然性是受质疑的；等等。

以上所列，仅是个别代表性看法，并未一一涉及已有的全部观

---

① 陆贵山主编：《文艺源流词典》，文化艺术出版社 1994 年版，第 5 页。

点。即便这样，从这些阐释性差异中，我们已然可以清楚地发现，由于"文学艺术""美学""艺术哲学""美学应用"及"审美经验""审美特征""审美规律"等不同概念既指涉了一定的学科归属，又涉及对象的具体存在方式，同时还包括了对于问题域的不同界定，因此，关于"文艺美学"学科对象的具体存在，并没有呈现出特定的独异性，也没有建立起基本统一的对象性指向。可以看出，"不确定性"实际上构成了文艺美学在对象把握方面的基本特点，同时也是我们理解文艺美学作为一种独立理论学科的一个难题。

"以何为对象？""何以为对象？"这正是文艺美学在自身对象问题上的"不确定性"。孤立地看，每一种对文艺美学对象问题的阐释性把握，都有其理论上的合理根据。就像肯定"文学艺术的审美经验"是文艺美学的学科对象，其实已从对象存在方式方面揭示了文艺美学研究的核心问题并非文学艺术的存在实体，而是围绕文学艺术现象之上、内含于文学艺术活动之中的审美经验本质。而强调文艺美学作为一种艺术哲学的必然性，则又在一种特定的学术史意义上呈现了哲学思维之于文艺本体性问题的终极揭示。也许，在"不确定"中找寻确定，在"不确定性"中实现理论建构的基本意图，正是文艺美学本身具有强烈的学科建构意识而又不自觉地将美学、文学理论和艺术理论的对象视野综合为自身研究范围的基本体现。

在此，"不确定性"构成了文艺美学学科建构及其全部研究工作的具体存在景观。

对于这一问题，我们仍有可能回到学术史序列中加以考察。文艺美学的兴起，不仅与20世纪80年代以后中国社会文化的现代性生成相关联，在更深层的意义上，它还具体联系着中西文化意识与美学思想体系的碰撞、中国美学精神在现代意义上的再生性建构、文学艺术活动独立价值及其文化品性的自觉寻求等诸多因素。这些或主动介入，或被动呈现的因素，在相互交织与互鉴中催生了文艺美学的建构愿望①。正因此，在学术史序列上，尽管人们常常愿意将文艺美学视为一门新兴的独立学科，却又总是无法忘怀其与美学、文学理论、艺术理论的血缘关系。特别是，随着美学等学科领域的不断扩展，文艺美学的对象"不确定性"也变得益发突出。当我们力图清晰地辨识学科意义上文艺美学建构的稳定性，找寻其对象范围的独立性，其前提往往会直接回到"美学是什么""文艺理论是什么""艺术哲学是什么"或"美学的对象是什么""文艺理论的对象是什么""艺术哲学的对象是什么"这一类论题。从这个意义上说，讨论文艺美学学科不确定性问题，至少在对象规定性方面总是潜在着学术史的特殊意涵。

第一，文艺美学的"中国特色"显现。早在 20 世纪 80 年代，有关"文艺美学"的学科建构设计，除了外部社会文化语境的改变以外，还有一个很重要的触发动机，就是传统的哲学美学由于更侧重强调对美或艺术的形上本体的抽象和思辨，超离了具体的艺术情感对现实人生的建构作用，缺少对人作为审美主体的情感活动及其价值的分析。在经历了20 世纪五六十年代的美学大讨论之后，中国美学界在 80 年代学术氛围中前所未有地保持着对于美学本体问题的理论热情，而文学艺术研究也大多专注于文学艺术自身的价值重塑和功能转换。换句话说，在美学、文学艺术研究直接担负着"拨乱反正"任务以重建自身的理论自信与尊

---

① 关于这一点，胡经之在《反思文艺美学》一文中曾经有过一番集中的表述："从美学的角度来看文学艺术，这不是缩小了而是扩大了文艺学的视野。更为重要的是，这为文学艺术的研究提供了新视角和新方法。古典文艺学对文学艺术的审视重在整体感悟，轻于分析解剖，难作理性把握。西方美学对文学艺术的审视，则善于条分缕析，抽象推理。中国的古典文艺学应该吸取西方美学之长，从中国的艺术实践出发，由感性具体上升为知性抽象。然而，不能仅仅停留于此，还得由知性抽象上升为理性具体，回返到艺术实践，从而在更高阶段上把握艺术活动的整体。这正是中国文艺学走向现代化，建设当代文艺学的必由之路。"见《胡经之文集》第 1 卷，海天出版社 2015 年版，第 383—384 页。

严，而无暇在学科重构工作中有效顾及文学艺术的美学问题之际，"文艺美学"的提出赢得了见缝插针的历史契机。这也表明，从学术史角度来看，对文学艺术以及文学艺术的美学研究虽不曾"自立门户"为一个学科，但也绝非新的学术事实。而文艺美学的提出，显然在特定文化—历史语境中高歌猛进式地突出了一个被忽视（或者说是尚未构成为急迫理论话题）的问题。文艺美学的学科建构经验，实际上开始于一段学术史的"空窗期"，而实现于对美学、文艺理论学科具体处境所做的恰如其分的补充，其学术发生的意义在于及时提示人们关注文学艺术的美学研究及其对人的审美发展的功能价值。

第二，作为当代中国学者一种自为的建构行为，文艺美学作为学科的提出，包含了一定的人为因素。设想一下：如果当初人们不是以"文艺美学"进行命名，而是直接将之定义为"文学艺术的美学研究"或"文学艺术的审美理论"，是不是也是一种可行的学理方式？再如果，作为首倡者的胡经之先生不属于中国语言文学系，而是哲学系或艺术系，那么在学科划分上，文艺美学又是否仍可能隶属于"中国语言文学"学科？另外，在《文艺美学及其他》一文中，胡经之先生自己也明确说道："文艺学和美学的深入发展，促使一门交错于两者之间的新的学科出现了，我们姑且称它为文艺美学。"[1] 这里的"姑且"可作临时、权且、暂时等义，是一种在不得已情况下暂作的让步，明显带有尚不确定的意思。这也表明，"文艺美学"作为一种学科建构的意图，从一开始便纠缠着种种理论确证上的困难，而不能不是一种为了凸显既有理论的视野缺失、强化特定理论关怀指向、寻求研究方向突围的权宜之计。这样，在学术史意义上，我们就不能不看到文艺美学学科建构的偶发性。这种偶发性特征既包含着强烈的不确定性，也为日后文艺美学研究的继续展开埋下了难以绕开的不确定因素。

---

① 胡经之：《胡经之文集》第 1 卷，海天出版社 2015 年版，第 349 页。

第三，作为学科精细化的结果，文艺美学一定程度上也体现了学术管理体制的某种"中国特色"。实际情况是，无论在文艺美学倡导者们那里，还是此后持续 20 多年的文艺美学学科建构工作中，人们无不把"艺术"当作了文艺美学的核心对象。然而，一旦艺术学（理论）从文学门类分离出去，在逻辑上，"艺术"便不再构成为文学理论研究的对象，而文艺学（理论）也不过是"文学之学"的一种习惯性误读。由此，对于现有的学术管理体制来说，文艺美学的存在领域就应是"文学"而非"艺术"。这里便出现了一种悖论：离开了关于艺术的各种审美研究，文艺美学的对象又应该是什么？文学吗？尽管我们常常把文学看作"语言的艺术"，但若是这样的话，则又陷入到另一个怪圈，即文艺美学与文学理论、文艺美学研究与文学理论研究之间的关系将变得更加暧昧。随着学科的不断分化，文艺美学在学科边界上的不确定性同样也在不断扩大。此外，在艺术、文学以外，与文艺美学的对象不确定性相关的，还有美学。文艺美学似乎既从艺术学（理论）的对象中拿来了"艺术"，又从文艺学（理论）中换来了"文学"，然后一起放在从哲学拿来的"美学"里面，而学科归属的结果却又是"中国语言文学"。这种学科间的交叉设置关系本身，便包含了对象身份及其关系范围的不确定性。从这个意义上说，文艺美学学科对象的不确定性，在体现美学、文学理论和艺术研究之间互通关系的同时，一方面突出了知识分类的有限性，另一方面则加剧了现行学科制度设计的知识性困窘①。

---

① 由于苏联和西方的双重影响，中国大学学术管理体制多以"院""系"为组织架构，而出于人才培养和社会适应的需要，院、系内部又被人为划分出各种学科和专业。这种划分的可能性是值得怀疑的。事实上，基于不同目的、不同角度，人类有关知识的分类不尽相同，况且知识分类本身常常伴随社会发展而改变。1997——2012 年间，我国高校的专业目录就曾四度更新，一级学科数量由 72 个增至 110 个。目前研究生和本科教育学科均为 13 大门类（哲学、经济学、法学、教育学、文学、历史学、理学、工学、农学、医学、军事学、管理学、艺术学），其中艺术学最近才从"文学"门类中分离出来。显然，知识分类使学科研究更精细、更专业，形成了以学术共同兴趣为主体的群体，同

更进一步来说，文艺美学学科对象的不确定性，同样也纠结了中国传统思想体系与"中国式"学术制度设计之间的矛盾。在中国美学、中国文论话语体系中，"文艺"既指称文学和艺术两者，也可以包含一切技艺活动。"文"与"艺"并列为一切艺术的统称，文学与音乐、雕塑、绘画等同为艺术的种类，而且诗中蕴画、画中有诗，诗词亦需音乐相应和，文艺各部门间相辅相成，并且文艺活动本身作为真善美的结合，也须积极体现道德教化的特征。这样，从广义上讲，在中国传统话语体系里，"文艺"等于艺术，关于"文艺"的理论也就是关于艺术的理论，包含了文学理论以及其他各种类艺术的话题。然而，根据现行学术管理体制所作的制度性安排，文艺学（理论）学科序列中并没有"艺术"的位置，归属文艺学学科的文艺美学自当以文学为其关注对象，成为文学美学或文学的美学研究，而所谓"文艺美学"便只是一个误用的名称。可是，就像我们前面所说的，如果仅仅局限于文学的美学研究，似乎又背离了文艺美学的学科建构初衷——文艺美学研究从来就把文学和艺术置于同等的对象地位。由此，从学科建构必须为自身确立一种对象范围这一方面来看，在现行学科制度设计中，文艺美学显然已越来越难以把握自身对象的独异性——无论怎样，它都无法有效地挣脱其他相关学科对象的规定性，而似乎陷入学科建构的历史魔咒之中，游走于文学和艺术之间的灰色地带，不断为自己寻觅新的栖身之地。

到此为止，我们应该再一次重申：

第一，当我们最初提出要把"文艺美学"当作一门自身独立且理

时被分割为碎片的知识也直接割裂了学科间的联系，其如中国语言文学内部划分为文艺学、古代文学、现当代文学、语言文字学、世界文学与比较文学等，而文艺学内部则又有文学理论、古代文论、西方文论、文艺美学等不同方向。精细化的学科取向固化了知识分类的一般原则，却也带来了知识融合上的困难，为知识体系的自身扩容制造了制度性的障碍。

论上行之有效的新的学科进行建构时，其实并没有很严格的在意它如何可能从对象确定性方面与美学、文学理论、艺术理论彼此"门户分立"，而是从现象分析与理论独立的基本愿望出发，直观地假定了它与美学、文学理论和艺术理论的不同身份。即以文艺美学和美学的暧昧关系而言。所谓"文艺美学"既可以是一种并列结构的学科关系，即文学艺术和美学；也可以是偏正结构的关系，即文学艺术的美学或文学艺术的美学研究。而人们大多数时候都采用了后一种结构关系。然而，无论是把文艺美学当作美学的一个部类抑或文艺理论和美学的特定结合，文艺美学研究的起点总在文学艺术的内部，而其落脚点则必定有关于"审美"的研究，即文学艺术中美的现象、审美规律、审美经验的发现和总结。如果说，美学要研究世间一切美的根本问题，那么，无论是文学艺术的审美规律、美学特征抑或文学艺术的审美经验，作为文艺美学的对象存在及其问题显然已经被纳入美学的范围之中——文艺美学的对象成为美学对象的具体应用，而文艺美学则成为美学理论的一种"文本研究"。由此，试图在美学之外另立一种与美学有着相同对象范围的学科，其对象确定性的"自我否定"便也就顺理成章了。

所有的问题都发生在：当美学、文学理论和艺术理论等纷纷回归"审美"的研究，文学艺术的审美自主性和独立性不再消失于人们的关注视野，"文艺美学"又如何能够"不证自明"地确认自己的对象范围？对于文学艺术的审美把握、艺术化审美经验的体悟、文学艺术审美本质和规律的探寻，难道注定还是"文艺美学"之外其他理论学科的禁地？

第二，在理论的出发点上，人们原本希望能够借由融多学科于一炉的"文艺美学"的提出，从"美"的概念抽象层面回返到更加具体直观、更加生动感性的文艺功能实践，在文学艺术研究的现实展开中有力地彰显人生现实的审美关怀，凸显文学艺术内在的价值目标，"去肯定人的活生生的感性生命，去解答人自身灵肉的焦虑……将艺术看作人对现实沉沦的抗争方式，人的生存方式和灵魂的栖息方式"①。但在这里，"研究路径的理论确立"和"研究对象的学科确定"这两个并不相同的工作显然被混为一谈了。事实上，在美学那里，对于文学艺术现象、文学艺术活动及其审美问题的理论思辨，或者说，在美的本体思考中引入文学艺术现象及其活动的存在，不仅是美学的基本内容，更是美学本身作为追问世界人生问题的思想体系构成的基本方式。亚里士多德的《诗学》、黑格尔的《美学》后两卷等等，都可以从这一点上来理解。所以，对于美学来说，其理论关注点聚焦于"美"的本体领域而不是将它们具体化为文学艺术的审美把握，只是体现为美学思考的特殊方式。而文艺美学的更深刻意义，在于它有意识地强化和张扬了文学艺术的审美取向，并在理论上充分肯定这一取向乃是人的更加内在而自觉的生命价值。也就是说，在文艺美学的出发点上，对象存在的意义并不在于维护文艺美学的学科地位，而在于实现文艺美学的研究功能，呈现其切入问题的方式。对于文艺美学来说，其与美学、文学理论、艺术理论的区别，首要的不在于对象的区别，而在于如何从不同路径达致对象核心的差异——文艺美学的可能性，就在于其指向文学艺术的审美研究的具体可能性。这样，我们也就可以看到，"路径确立"和"对象确定"的意识混淆，从一开始就把一种"对象不确定性"带入了文艺美学内部，从而也在理论上将各种解决文艺美学学科"确定性"的工作拖进了某种无解的困境。

可以认为，就学科对象而言，文艺美学与美学、文学理论、艺术学（理论）并不必然存在某种指涉上的本质区别。文艺美学的尴尬，在于当人们企图用一种独一无二的对象"确定性"来支撑其学科建构体系时，不仅对于理论方式、研究路径的选择性思考被那种"对象差异"的找寻不自觉地取代了，同时也进一步放大了文艺美学的学科不确定性。

---

① 胡经之：《文艺美学》，北京大学出版社 1989 年版，第 2 页。

特别是，当这种路径选择原本能够为文艺美学带来某种理论功能上的具体变革，围绕"对象不确定性"的诸多学科纷争反而淡化了文艺美学之于美学、文学理论和艺术研究的功能性意义。

二、兼容的运思：不确定性作为确定化的根据

"对象不确定性"揭示了文艺美学之为一种"不确定性"的学科建构的必然性。这种必然性，既源自文艺美学本身与其他学科的天然纠葛，更由于研究路径的取向意义在大多数时候被我们直观而强烈的学科建构冲动所遮蔽。然而，就像上面所强调的，"研究路径的理论确立"与"研究对象的学科确定"本是两个不同的工作，而文艺美学的可能性正在于其指向文学艺术审美研究的具体选择方式。在这里，难以获得确定的学科对象，也许质疑了文艺美学作为一种学科存在的独立建构，但它并不否定文艺美学的致思方式可以而且应当承担美学、文学理论和艺术理论等所不能全面完成的任务。在这个问题上，如果我们变换一种考察问题的思维，就可以收获一种新的认识。

对此，有关文艺美学自身方法（运思过程）的不确定性，可以是一个很好的案例。

一般而言，拥有独立的对象范围是一个理论学科获得自身建构根据的基本前提，而作为具体问题的积极运思，一定的学科方法是学科建构的展开条件。如果说，美学的方法主要依靠哲学玄思和理论思辨，文学理论以文本阐释为基础，艺术理论则从艺术本体的思考入手，那么，文艺美学学科对象的不确定性，则使其研究方法往往成为一个无所不包的宏大体系，思辨的、阐释的、分析的等各种研究方法似乎都可以被文艺美学拿来一用。就目前已有各种关于"文艺美学方法"的探讨来看，在它们各自的理解及其实际操作中，大多体现了这样两种倾向：一是借

鉴和使用其他学科方法而成为文艺美学的研究方法，二是合并使用两种乃至多种学科方法来完成文艺美学的运思过程。即如以下几例：

1. 坚持理论联系实际的方法；2. 辩证思维方法；3. 抽象上升到具体的方法；4. 历史与逻辑相统一的方法。①

文艺美学以文学艺术的审美经验作为研究对象，就决定了它必然在马克思主义的指导下采取审美经验现象学的研究方法。②

从美学的观点来研究文学艺术，必须把审美体验、艺术感悟和理性分析、理论概括结合起来。从艺术现象的感性具体—知性抽象—理性具体的提升过程中，时常要唤起艺术现象的"表象"，最后作出整体把握。③

文艺美学实际上就是"艺术哲学"，因而要采用哲学—美学的方法研究具体的文学艺术现象，运用演绎法，在逻辑上要遵从自上而下的顺序，注重哲学气质。④

可以看到，无论是辩证唯物主义和历史唯物主义方法的结合，还是明确肯定现象学方法之于文艺美学研究的必然性，抑或主张"从具体到抽象再到具体"的"整体把握"的方法，或者强调采用哲学—美学的方法来进行有"哲学气质"的"具体的文学艺术现象"研究，实际上，

---

① 周来祥：《文学艺术的审美特征和美学规律》，贵州人民出版社1984年版，第12—19页。
② 曾繁仁：《文艺美学教程》，高等教育出版社2005年版，第11页。
③ 胡经之：《胡经之文集》第1卷，海天出版社2015年版，第386页。
④ 姚文放：《论文艺美学的学科定位》，载《学术月刊》2000年第4期。

文艺美学研究方法的获取与展开，主要以服从一般美学的运思规则为前提，理论思辨的哲学工夫依旧是文艺美学运思过程的核心，成为文艺美学方法论的确立原则。除此之外，就研究路径的差异性取向而言，当文艺美学高度强调对文学艺术作品的审美阐释能力并以此捍卫自身独立的旗帜，它又不仅要求自己能够直接进入作品，而且不能不借助阐释学等方法来最终完成文本的审美分析工作，从而实现对文学艺术的美学把握。如果说，在方法论的确立中，"作为学科的文艺美学"之于其他学科方法的直接使用，在一种兼容的意义上为自己赢得了超乎一般美学、文学理论和艺术理论的广泛性和活跃性，那么，它也同时使我们很难从中具体看清文艺美学方法本身的特殊运思规则与运思形态。这其实也进一步表征了文艺美学方法的不确定性。我们由此可以发现，"兼容"之于文艺美学的方法论意义，一方面保证了文艺美学研究的综合性功能及其实际能力的发挥，另一方面则在"方法的不确定性"层面再一次突显出"对象不确定性"的学科建构困惑。

进一步来看，在理论上，方法与对象总是有着内在的同构性。作为理论运思的过程，方法本身并非学科建构目的。它一方面服务或服从于对象的存在维度，而确定的学科对象则必定经由一定的运思活动得到澄清；另一方面，深入对象的方法不同，对象的意义呈现亦会差异。就像用经验实证方法考察文学艺术的审美经验结构，此时文艺美学研究的内容更像是审美经验现象学的成果，"即使从艺术作品的经验现实出发，也并不强调艺术作品的多样性，这或许更能揭示审美经验的本质，而非艺术作品的共同点"，由此为了"说明一般的审美经验，因而着重阐述一切艺术所共有的东西"①。至于把艺术作品当作一种存在的结构来加以研究，进而得出艺术作品的超然本体存在，则又进入了艺术符号学的研

---

① ［法］M. 杜夫海纳：《审美经验现象学》，韩树站译，文化艺术出版社 1992 年版，第 12、11 页。

究视域。事实上，由于"对象不确定性"的客观性，文艺美学研究也只能通过"兼容"的运思过程而游走于多个学科方法之间，而这也常常使人们不禁疑惑：文艺美学究竟能够做什么？离开了文艺美学，我们不能够做的又是什么？

其实，这种方法层面上的"兼容"，已经表明，对于文艺美学来说，核心的问题显然不是"做什么"，而是"如何做"。作为学科对象不确定性的直接结果，文艺美学方法的不确定性隐含着特定研究路径的确立需要——由于不同方法的选择与综合，在多样化的运思活动过程中，文学艺术的审美特征、审美经验结构、审美规律及其价值意蕴等不断得到多重揭示和更加丰富的阐释，这不仅符合文学艺术作为人的生命意义表征的价值本义，而且也解决了文艺美学"如何做"的问题。

因此，就像"对象不确定性"体现出文艺美学作为一种"研究路径的理论确立"的必然性，文艺美学研究方法的"兼容"则从结果上更广泛而实际地满足了围绕文学艺术进行具体审美研究的可能性。就此来看，以"兼容"为方法论原则的文艺美学运思过程、运思形态及其实现，不仅没有取消文艺美学研究的特殊存在，而且从不确定性出发，实际地扩张了文艺美学的致思能力，强化了路径选择之于美学、文学与艺术理论学科发展的助推效应。

在这个意义上来重新理解一直困扰文艺美学的学科建构问题，我们可以认为，学科对象、研究方法的"不确定性"，其实正是文艺美学能够"确定化"为特定研究路径及其具体理论形态的逆向性根据。这一点也从文艺美学学科建构的思维转换层面提示了我们，"与其说'文艺美学'是一种新的美学或文艺学的分支学科形态，倒不如说，文艺美学研究是中国学者在自身现代发展之路上所提出的一种可能的学理方式或形态，它从理论层面上明确指向了艺术问题的把握。"[1] 这就意味着，不

---

[1] 王德胜：《视像与快感》，安徽教育出版社 2008 年版，第 182 页。

是从学科建构的主观意图出发，而是从特定学理方式或形态的建构维度，强化文艺美学的致思路径，扩展和深化其运思过程，文艺美学在学科建构上的力不从心，将得以在路径转换的多样化运思中现实地转化为自身特定的理论优势——不是圈地划界式独占学科空间，而是基于对文学艺术基本审美问题的不断确认，将文学艺术的审美创造、文学艺术审美特征与规律、文学艺术的审美结构与机制等融入在具体问题的多层面辨析，恰恰是文艺美学内在真实的理论活力。这样，在方法论层面，文艺美学研究才能既入乎各学科方法之内，更能出乎其外地完成自身的理论工作。只有在这个意义上，文艺美学研究才能由更具开放性和多样性的"兼容"，最终实现方法变革的理论力量。其如叶朗先生所说："诸多相邻学科向美学的横向渗透，已经是当代美学的一大必然趋势。这不仅反映在美学使用了一些相邻学科的术语，更重要的是，继心理学和社会学分别在上个世纪和世纪上半叶闯入美学以后，又出现了一批新的边缘美学，如符号论美学、信息论美学、控制论美学、文化人类学的美学，以及一些从自然科学的角度来研究美学的尝试。"[1] 不同学科之间的相互交叉比照助推了各学科内部的增长之势，也为文艺美学研究的持续展开带来方法选择的契机，使它能够真正面对问题研究的可能性，更加有效地吸收融合不同学术资源，充分利用其他学科方法，为文学艺术的审美研究提供新的生机和动力，进而不断丰富文艺美学研究的理论层次。

在这里，学科建构的思维转换向我们表明，当文艺美学不是以学科建构的固定思维去孜孜以求自己的身份势力，而是将自身作为一种"可能的学理方式"来加以深入考量，则文艺美学的存在意义反而可能得到更为有效的彰显。它也从一个方面说明，真正困扰文艺美学学科建构的，其实并非对象、方法的不确定性所带来的各种困难，而是既定学科建构思维的有限性——在这样的建构思维中，学科不确定性唯有通过

---

[1]　叶朗：《现代美学体系》，北京大学出版社1999年版，第23页。

化解对象和方法的"不确定性"才能得以自我解除。然而，一旦我们突破这种建构思维的理论定势，对象和方法的"不确定性"其实又完全可以获得一种新的、也是真正的意义，即它从致思——研究路径的确立和运思——学科方法的兼容综合两个方面，可以为文艺美学研究赢得更大的发展前景，"文艺美学以所有文艺现象和领域为对象，有更为宽阔的对象视野，这对以往相对单一的文学或艺术研究都将是一个扩展和丰富，并且这种拓展也更具包容性和涵盖性的理论综合奠定了基础……这样，文艺美学在研究方法上就可能真正实现经验与理念、历史与逻辑的结合，达到归纳与演绎、分析与综合的统一，从而在研究方法的综合性、层次上显示出普通文艺研究所不具备的优势。"① 质言之，"不确定性"构成了文艺美学作为"学理方式"的必要特征，其中没有排他性的理论独异性，也不受限于特定学科的对象指向性。由于不同问题层次与多种理论方法并存，对于文学艺术的各种审美研究工作反而会更具视野和手段的灵活性。也因此，对于文艺美学来说，重要的显然不是学科建构的定位问题——它无论如何都不可摆脱美学、文学理论和艺术理论的发展逻辑。当所有与文学艺术相关的现实问题都可以在审美研究层面上成为文艺美学的问题，当一切可能的方法都在"路径确立"的意义上为文艺美学研究所兼容，"不确定性"便为文艺美学多层面、多样化的展开提供了既定学科所不具备的理论优势。

这种独特的理论优势，使得文艺美学在围绕全部文学艺术审美问题进行理论展开之际，较之其他学科更有可能在当下文化语境中实现既定格局的突破，更充分地体现出理论研究的现实关怀能力和主动介入能力。由此，文艺美学在对象和方法上的不确定性，非但不是一种不可逾越的理论阻碍，反倒是具体捍卫文艺美学的现实开放性和理论责任意识的基本前提。也正是在这里，相比较于美学、文学理论和艺术理论的学

---

① 谭好哲：《文艺美学：美学创新的可行之路》，载《北京社会科学》2001 年第 4 期。

科规范定势，文艺美学更有可能发展成为一种体现理论研究的现实价值指向的"审美干预理论"。对于这一点，胡经之先生曾经有所指出，认为文艺美学的目的就是"力求将被遮蔽的艺术本体，重新推出场，从而去肯定人的活生生的感性生命，去解答人自身灵肉的焦虑"①。当然，他这里主要还是站在一种学科建构的意图上进行强调的。而我们换一个思考问题的角度，则可以借用胡先生的这一表述来明确肯定：从审美实现的高度积极肯定人之生命存在意义的追寻，努力将这种追寻本身转换为文学艺术的现实审美实践，正是文艺美学研究充分表达自身的理论关切、具体实现现实人生的审美干预的特殊性所在②。可以说，这也是由文艺美学的"不确定性"所引致的一种特殊的肯定，即：肯定文艺美学的提出，由于中国文化特定语境下的问题阐释需要，从一开始便内含了鲜明的现实实践指向。它以自身的路径选择与确立，在其他传统学科无法从既定范围中自然延伸出现实介入能力的方面，具体回应着文学艺术的现实问题，前所未有地联结起文学艺术活动与人生现实的审美关系；肯定文艺美学的"不确定性"，其实构成了另一种理论上的确定性——从问题开始，为文学艺术研究确定直面现实的方向，为美学、文学理论、艺术理论争取一片现实的生机。

（本文与胡兴艳合作发表，原载《天津社会科学》2017 年第 5 期）

---

① 胡经之：《文艺美学》，北京大学出版社 1989 年版，第 2 页。

② 20 世纪 90 年代以后审美文化研究的兴起及其持续展开，包括 21 世纪初以来有关"日常生活审美化"的讨论等，就非常实际地体现了这种对于现实的"审美干预"可能性。在一定意义上，这些都可在大的方面归入文艺美学研究的发展序列，是由文学艺术的审美研究朝向与文学艺术相关联的整个人生现实的审美考察的一种具体延伸。它们已不再从属于美学或文学、艺术理论，而从"路径"的选择确立方面生成出一种理论的现实介入情怀和力量。也是在这个意义上，才有此后关于文学理论、美学的"边界"问题争论。

试论艺术审美的价值限度

毫无疑问，讨论这个问题本身就具有一种反常规性。

在我们一直以来的美学意识中，至少在精神的幻觉之国，艺术总是无所不能而又无以比拟的价值存在，就像文艺复兴时期英国诗人锡德尼（P.Sidney）曾经以一个人文主义者特有的热情所歌颂的："自然从来没有比得上许多诗人把大地打扮成那样富丽的花毡，或是陈设出那样怡人的河流，丰产的果树，芬芳的花草，以及其他可使这个已被人笃爱的大地更加可爱的东西。自然是黄铜世界，只有诗人才交出黄金世界。"①这个"黄金世界"充溢着迷人的诱惑，唯有诗人／艺术家才能够奉献，也唯有通过诗／艺术的创造之途才能够为人触摸和分享——艺术对于价值的控制权力成了唯一至上性的东西。

正因此，所谓"艺术审美的价值限度"问题很少进入美学或艺术哲学的思想领域。甚至，由于常规性之于反常规性的那份天然排斥，美学在思考艺术审美问题的时候常常本能地拒绝任何有关"价值限度"问题的入侵。在保卫"艺术纯洁性"的名义下，美学利用诸如"无功利性""心理距离""静观"等指涉某种精神超越性的概念，相当自信地封

---

① ［英］P. 锡德尼：《诗的辩护》，见《西方美学家论美和美感》，商务印书馆 1980 年版，第 71 页。

堵了一切可能的思想动摇空隙，并以一种不容置疑的口吻炫耀着艺术审美的无限性力量和可能。

然而，这种在艺术与自然（现实）、精神（理性）与感性二元对立基础上对于艺术审美的价值确认，是否真的就能够持续有效？它真的就可以毫不顾忌地享受至上的精神权力？或者，艺术审美的价值就真的不容怀疑和讨论？

一、艺术"创造"神话的崇拜

很显然，以往一切有关艺术审美的价值认识，几无例外都是建立在艺术、艺术活动的创造性特征及其理性功能之上的。无论人们曾经对艺术价值有过什么样的观念或界定，包含在美学话语体系中的每一种经典的"艺术"表述形式，总是这样或那样地指向了"创造"/"创造性"的概念。尽管何谓"创造"/"创造性"本身仍然是一个有待讨论和甄别的问题，但是，美学常常或在艺术家方面把它归于个体从技术到精神的"匠心独运"，或者在作品方面将它归于"独一无二"。"艺术和诗至少具有两种基本价值，这两种价值都是艺术的目的，即一方面是要把握真理，深入自然，发现规律，发现支配着人的行为的法则；另一方面，它要求创造，要求创造出前所未有的新的东西，创造出人们设想的东西。"① 或者，如艺术史家里德（H.Read）所揭示："艺术往往被界定为一种意在创造出具有愉悦性形式的东西。这些形式可以满足我们的美感。"② 而这一认识的心理根据，便是《镜与灯》的作者艾布拉姆斯（M.H.Abrams）所概括的，是"诗人的情感和愿望，寻求表

---

① ［波兰］符·塔达基维奇：《西方美学概念史》，褚朔维译，学苑出版社 1990 年版，第 339 页。着重号为引者所加。

② ［英］H. 里德：《艺术的真谛》，王柯平译，辽宁人民出版社 1987 年版，第 2 页。

现的冲动，或者说是像造物主那样具有内在动力的'创造性'想象的迫使"①。

于是，美学一方面习惯于把艺术审美的价值与艺术的形式统一性原理联系在一起，着力强调艺术、艺术家对于客体世界的再造能力，"美与不美，艺术作品与现实事物，分别就在于美的东西和艺术作品里，原来零散的因素结合成为一体。"② 另一方面，美学又竭力从这种艺术"创造"中寻找某种超越于现实形式的更高的原则，并赋予这一原则以一种浪漫而神秘的精神光色，"艺术美高于自然。因为艺术美是由心灵产生和再生的美，心灵和它的产品比自然和它的现象高多少，艺术美也就比自然美高多少。"③ 在艺术的广大世界里，"创造——心灵（理性精神）"之间似乎形成了某种非常稳定的逻辑关联：艺术的创造特性既由心灵想象能力获得展开，又同时拥有来自心灵（理性精神）的自觉佑护；艺术不仅具有实现人的想象性活动的功能，而且它还因为心灵本身对于现实的超越企图而产生了无限绵延的理性力量，成为人在现实世界以外寻求自我肯定的特殊价值存在。

这样一种美学话语所产生的浪漫主义文化理想，曾经在艺术史上唤起无数人为之热情澎湃。人们不仅在艺术内部继续了这个"创造"的神话，而且，这个艺术神话也确曾为人类审美意识的扩展、审美趣味的历史变迁带来过巨大的动力；与此同时，人们又一次次不知疲倦地吁请艺术之神为人类洗涤精神、灌溉灵魂，相信艺术的价值不止于其自身内部的创造，而且统帅了人类心灵的发展史。"受过这种良好的音乐教育的人可以很敏捷地看出一切艺术作品和自然界事物的丑陋，很正确地加以厌恶；但是一看到美的东西，他就会赞赏它们，很快乐地把它们吸收

---

① ［美］M.H. 艾布拉姆斯：《镜与灯》，郦雅牛等译，北京大学出版社 1989 年版，第 26 页。

② ［古希腊］亚里士多德：《政治学》，见《西方美学家论美和美感》，商务印书馆 1980 年版，第 39 页。

③ ［德］黑格尔：《美学》第 1 卷，朱光潜译，商务印书馆 1979 年版，第 4、44 页。

到心灵里，作为滋养，因此自己性格也变成高尚优美。"①

可以认为，正是出于对艺术"创造"神话的崇拜，美学在艺术审美的价值确认过程中所维护的，实际就是一种"审美本质主义"的立场，即首先强调艺术在超越自然（现实）方面的绝对性，以此张扬艺术审美的独立意义；其次则把这种艺术审美的独立性进一步加以功能化，强调艺术审美与人的理性自觉、精神升华之间的一致利益，从而肯定艺术审美的心灵指向性，肯定艺术审美所内含的伦理力量——人格的提升和生命意义的完善。应该看到，这种"审美本质主义"价值观之所以在逻辑上能够自满自足，其根本的前提，是美学在理解艺术审美价值的过程中，一直都预设了一个仿佛无须证明的"无限精神"（精神无限性）的存在——这是一种既对立于人的自然存在、外在于客体世界的存在，又超越了人的自然界限、驾驭着人的生命方向的存在。质言之，精神（理性）无限性的价值意图决定了艺术审美的价值前景，艺术审美的本质正维系在这种精神（理性）自身的超越本质上。所以，所谓艺术审美的价值问题，实际上就成了精神（理性）自身的价值问题；对艺术审美的价值确认，也就是对人的精神（理性）无限性的确认。于是，有关艺术审美的价值认识，又一次获得了来自人对精神（理性）完善性认同的支持。

然而，问题是：这种对于精神（理性）无限性的认同，是不是真的无可怀疑？如果它是有问题的，那么美学对于艺术审美的价值确认便同样会发生根本的动摇。

二、艺术审美价值效力的有限性

有关人类处境的问题，一个多世纪以来，已经变得愈来

---

① ［古希腊］柏拉图：《文艺对话集》，朱光潜译，人民文学出版社 1963 年版，第 63 页。

愈重要；而每一世代都尽力想要根据自己所得到的启示，来解决这个问题；

……

由于这个世界，就我们目前所知，并不是一成不变的，我们的希望也不再寄托在超越者身上，却已经落实到尘世的层次；它可以由我们自己的努力而改变，因此我们对于现世寻求圆满的可能性充满信心。①

卡尔·雅斯贝尔斯以一个现代思想家的敏锐洞察力，对人类的精神处境进行了深刻分析。他的上述看法，应该对我们有很大的启发。事实上，就人类精神的当代处境而言，从"现世寻求圆满的可能性"正在不断促使人们越来越具体、直接地把生存的前景托付给某种感性的"完满"与"欢悦"。也就是说，在经历了漫长的文化演变和心灵痛苦、精神焦虑以后，人在当代生活现实中似已发现了某种足以为当下生存活动提供享受根据的感性形式——借助技术进步和大众传播活动，这种感性生存形式正在不断演化为人的当下价值欲求、普遍的生活意志。当下的生活被确认为人的轻松、嬉戏的感觉对象，现实文化的价值实践被肯定为一种不断以"工艺"方式而"诗意"表现的消费体系——尽管这种"诗意"已不再是精神（理性）超越意义上的自我生命实践与体验，而不过是高度快悦的感性抚慰，但它却是人在当代境遇里为自身建立的生存庇护。

这里，我们就可以发现，无论如何，建立在精神无限性认同之上的那种艺术审美价值观，其最基本的信仰前提已面临重大挑战。即便不能说任何一种"创造"的精神（理性）企图都已经失败，但至少精神无

---

① [德] 雅斯贝尔斯：《当代的精神处境》，黄藿译，生活·读书·新知三联书店 1992 年版，第 1、3 页。

限性的神话不再是人们唯一可能倾听的声音；在绝对的精神世界之外，人们似乎看到了更能为人的当下生存满足所要求的现实。这样，精神（理性）在同感性的直接对立中遇到了自己的限度，"超越"的精神（理性）意愿在文化的现实之境显得孤立无助。也正是在这里，人们看到了由当代文化现实所导致的对于"经典的"、浪漫传统的艺术审美本质的终结：艺术"创造"（"创造性"）的唯一性开始让人可疑，艺术审美的价值效力由于逐渐失去了精神（理性）有效性的根基而开始褪去它神圣的光环。特别是，当技术进步力量以某种"本体化"方式进入艺术、艺术活动之后①，艺术便不得不开始经历一番痛苦的"重写"。而这种"重写"的最基本形式，就是不断以艺术的技术性"复制"（"制作"）来置换那种纯粹个体手工艺性质的"创造"。显然，这是艺术、艺术活动在当代文化现实中所发生的无可更改的事实，也是审美领域的革命性后果和技术完善化所带来的美学危机。如果说，当年黑格尔曾乐观地坚信："艺术作品却不仅是作为感性对象，只诉之于感性掌握的，它一方面是感性的，另一方面却基本上是诉之于心灵的，心灵也受它感动，从它得到某种满足"②，那么，现在，由于欲望解除了人的精神武装并开始让人直接听命于这个世界的现实摆布，由于艺术生产与商品生产普遍地结合起来了，艺术"不再依附于一个外在的参照物；由于成为成批生产的艺术品，它废弃了孤本或原件的观念"③，因此，精神（理性）在此过程中显然已力不从心，无法继续维持艺术审美与人的理性自觉、精神升华之间曾经被充分肯定的一致利益。因为毋庸怀疑的是，所谓艺术对于"孤本或原件的观念"的废弃，实际就意味着技术话语在当代艺术活动中对于个体性

---

① 关于这个问题，可参见拙著《扩张与危机——当代审美文化理论及其批评话题》第 5 章，中国社会科学出版社 1996 年版。

② ［德］黑格尔：《美学》第 1 卷，朱光潜译，商务印书馆 1979 年版，第 44 页。

③ ［法］M. 杜夫海纳：《当代艺术科学主潮》，刘应争译，安徽文艺出版社 1991 年版，第 77 页。

力量的彻底颠覆——艺术不复再见那种"个人"精神的气质或风格，艺术的真正主体不再是个别的艺术家或读者，而是技术规则的自身运作，是到处扩散的"形象"在用机器成千上万地复制自己的"艺术拷贝"。

艺术的当代境遇，恰像福柯在《作者是什么?》中所说的："不仅使我们防止参照作者，而且确定了他最近的不存在（recent absence）"，"必须取消主体（及其替代）的创造作用，把它作为一种复杂多变的话语作用来分析"①。在"作者"成为问题之处，"创造"也成了问题，艺术审美的心灵指向性及其内含的伦理力量也成了问题。

这个问题，归结到最后，就是精神（理性）本身的问题。正是当代人类精神本身所面临的非超越性现实、感性压力，决定了艺术审美的价值效力必定是有限的。这种对于艺术审美的价值限度的认识，作为一种非本质主义和非审美主义的立场，在强调艺术价值建构的现实性及其超越努力的有限性之际，更多看到的是那种将艺术与自然（现实）、精神（理性）与感性二元对立的美学认识的局限，也更多看到了艺术在当代文化现实中的艰难。

首先，有关艺术审美的价值限度的认识，既承认艺术的精神超越性努力所禀有的浪漫气质，同时又强调了那种建立在精神无限性认同之上的艺术与自然（现实）的对立仅只具有某种历史的意义——在当代文化现实中，艺术带来的却不是由其自身"创造"努力所产生的心灵效力，相反，艺术、艺术活动必须通过对现实的直接认同来重新获取自己的生存之力。这就是说，与以往相比，今天，人的文化——生存环境已产生了新的行动可能性，人们得以在其中有意识地从事各种自我表现的"审美"实践，并形成持续的联系。而艺术活动恰巧是产生这一持续联系的便捷形式，也是人们对付已知的现在和未知的将来的有效文化形式。在这一过程中，艺术家只是充当了必要的中介，艺术、艺术活动已

---

① 见王逢振等编《最新西方文论选》，漓江出版社 1991 年版，第 448、458 页。

不再是一种仅由艺术家个人承担责任的行为，而成为整个当代文化——生存环境中的人类普遍沟通过程；人们不仅在其中自我表现着自身的追求和利益，同时也强化了对整个文化——生存环境的新的思考。也正因为这样，今天的艺术必定趋向于同大众的文化要求和思想相一致：或者表达大众日常生活中的文化差异因素，或者表达大众对现实环境的认同；或者体现大众日常生活在特定意识层面的自由想象，或者体现大众文化活动的反叛自觉。艺术、艺术活动、艺术家本人及其群体，不是从整个社会进程及其文化现象形态中分离出来的，而是受着整个社会及大众日常生活、文化利益的驱使。整个文化现实所要求并规定于艺术、艺术活动的，是在一种特定"审美形象"的构造中重新显现现实文化价值的具体存在形态，以使大众能够从这种独特的建构行为和结果上直观自己的处境；现实文化进程及其利益所要求于艺术家的，则是充分体认和具体表达当代社会大众的具体文化立场。艺术家不但作为艺术创造主体现实地发挥自己，而且作为大众日常生活的直接参与者，现实地构建当代文化实践过程的独特形式。

其次，对于艺术审美的价值限度的认识，揭示了艺术的伦理幻想特征，强调了这一幻想同时也是人类精神崇拜神话的基本内容。这就是说，对于当代文化处境中的艺术来说，肯定艺术审美的价值限度，也就是进一步明确了艺术的伦理力量的有限性。它所要求的，是艺术能够重新回到现实的文化层面，直接面对人的文化现实而不是远眺精神无限的未来；是艺术能够发挥它应有的感性表达功能，直接面对人在当下的满足需要而不是无止境地祷祝心灵的内在自觉。由此，对于艺术审美的价值限度的认识，意味着对于某种现实利益的充分肯定——艺术伦理的现实形式，并不在于引诱人的精神幻想，而在于能够充分体会、同情人在现实境遇中的日常实践意志，满足和补偿人在现实生活中的心理缺失，填充生活的现实空隙。

总之，在现在这个时候，强调对于艺术审美的价值限度的认识，一方面是基于艺术本身的改变，同时更是出于一种现实的功能目的，即通过保持艺术、艺术活动与文化现实之间一定的制度性关系，使艺术得以在一个新的文化时代继续保持自己的生存能力。

三、艺术作为现实中人的心理补偿

正是由于上述原因，在我看来，今天，艺术审美的价值主要便维系在对于人的生存现实的心理补偿可能性方面。在根本上，它是同当代文化、日常生活的"泛审美化"趋势联系在一起的。

概括说来，当代文化、日常生活的"泛审美化"，主要表现为：第一，"审美"领域的无限扩展。在经典的美学话语中，"审美"总是与人的生命精神的自我超越性体验相关联，而与实际的物质功利追求无涉；"美"与"丑"、"艺术"与"非艺术"的唯一界限，就是人的生命精神体验中的心灵感受性。换句话说，"艺术"之为人的精神对象，其所以能够在经典的美学话语体系中有着确定不移的位置，不仅是因为它集中体现了人的生命的超越性想象，更因为它较之不完善的、缺少理想价值的日常生活，更为充分完善地再现了"审美"的精神超越性以及人的生命的永恒性。在"审美本质主义"的浪漫冲动中，人们总是愿意把艺术当作超越现实生活的唯一独特形式，并赋予其特殊而绝对崇高的价值使命。就像马尔库塞热情赞美的，"艺术和艺术人物的纯洁人性所表现出的统一体是非实在的东西：他们是出现在社会现实中的东西的倒影。但是，在艺术非实在性的深处，理想之批判和革命力量，充满生气地保存着人在低劣现实中最热切的渴望。"① 这种对艺术的要求，突出了一种知

---

① ［德］H. 马尔库塞：《审美之维》，李小兵译，生活·读书·新知三联书店1989年版，第14页。

识学领域的辩证法，它的前提就是"审美／艺术"与具体生活现实之间的二分天下。然而，当代文化、人的日常生活现实，却完全破坏了美学话语的这一绝对知识权威：艺术作为一种人们熟悉的文化形式，不仅继续承担着为生活进行审美表现的功能，并且随着当代生活实践的愈益扩大和日常生活方式的广泛改变，特别是随着当代艺术自身"技术本体化"趋势的不断蔓衍和大众传播的持续泛化，艺术与日常生活的传统界限如今已变得相当模糊；"审美"不再是艺术独擅的专利，而是相当普遍地成为整个文化和日常生活本身的直观形式——人的生活的感性存在和存在证明。现在，阅读小说、观看电影、欣赏音乐、参观美术馆……等等，不仅是"审美的"活动，更是人们用以显示自己生活方式的"审美的"外观，而大众传播对日常活动的直接介入，则进一步加剧了"审美／艺术"与人的日常生活在感性形式方面的同化，以至于理发、穿衣、居家、购物等都"审美化""艺术"了。"艺术"成了生活领域的日常话语，"审美"成了大众欲望的又一种"包装"和日常生活的直接存在形式。

第二，"当下性"凸显并绝对化为人的普遍的生活享受动机。这里，所谓"当下性"一是指感性的泛滥、膨胀，主宰着人对现实生活的全部意欲和追求，对生活的外观直觉压倒了对生活的理性判断，立即呈现的满足感遮蔽了恒久体验的可能性；二是指日常生活的流行化，流行音乐、流行小说、流行服装、流行发型……生活是一块巨大的"流行榜"，一切皆可流行，一切都服从于流行，"流行化"不仅是文化的一种巨大形式，而且就是日常生活目的本身、人对生活的尽情享受。可以说，正是人的日常意识的感性绝对性以及生活的流行化，构成了当代文化、日常生活"泛审美化"的"当下性"层面。

第三，借助大众传播活动来完善文化的"审美"包装。当代大众传媒的日益发达，大众传播活动的日益普及及其对日常生活的有效介入，不仅从感性方面为张扬文化现实和日常生活的"泛审美化"提供了强有力的技术保障和直观形式，而且也急剧强化了文化的当下性和流行化表现。无孔不入、遍地生花的大众传播活动，大面积渗透在现实生活中，迅速崛起为一股令人无法抵挡的感性力量——当代传播技术的持续进步，则为其制造了持续泛化的新的可能——既改变了生活的"真实性"内容，又把文化现实及人的日常生活感性地包装为一种"泛审美化"的过程。

必须看到，这种"泛审美化"的现实，与当代文化的商业化进程之间具有某种一致性。"泛审美化"的文化现实、日常生活是当代商业化社会形态的现实外观，而商业化则是"泛审美化"的物质内核。也因此，以人的日常生活"物欲"实现和满足为实践过程的商业化社会形态，便理所当然且堂而皇之地进入了破碎的"艺术／审美"之境，商业化的事件最终成了一种"审美的"现实。

正是在这种"泛审美化"的当代文化与日常生活情势下，艺术确立了它对于人的生存现实的心理补偿可能性。因为很显然，无论我们曾经拥有的美学理想、精神超越性期待如何引领了艺术的前进方向，无论伟大艺术曾经如何"创造"出了人类灿烂的精神光华，现在，在一个人的精神努力业已涣散、超越性的理想被当下物质满足与感性享受动机所替代的时代，在一个"审美"不断泛滥为生活的感性外观的现实文化之境，艺术那份绝对崇高的价值意图和超越性努力，实际上已不可能再度唤起人们精神上的无限向往与渴慕。"泛审美化"的现实拒绝为人的日常活动承担精神的价值义务；它在以感性主义的夸张方式不断制造生活的"审美"包装的同时，又在人对生活的"审美"享受中不断刺激起越来越强烈的感性要求。"审美"成为一种消费性享受，是感性主义的生活冲动和情感流泛。在这种"泛审美化"的现实中，人确已越来越多地感受到自己的生活和生活环境的丰富形式。然而，人除了继续在感性和享乐中陶醉以外，却也无可依傍。心理的缺失与空旷由此诞生。

没有了精神的目标——哪怕这种目标只是幻觉性的、超幻的，人却也曾在那里找到过自己的寄托——人在太多的物质诱惑与太多的生活享乐中反而感到了一种无所依傍的寂寞与空落。然而，由于通往精神超越的道路已经封死，理想的花朵已经凋落，因此，在今天这个时候，艺术的直接意义就在于它能够多多少少为人的现在的生活添置几许审美的心理补偿。

这种补偿之所以是心理性的，关键在于：同人在现实过程中对于物欲享受、日常满足的要求相比，艺术、艺术活动已经失去了直达人的全面心灵的能力。尤其是，当艺术本身已成为人的日常生活的具体"包装"形式之时，人对于艺术的体会也就只限于它对生活的形式化意义，而不再顾及艺术的精神超越性努力。而同商业化社会形态所提供的那种日益丰富的物质满足相比，艺术、艺术活动仅仅是在生活的表象层面，为人们提供了一种斑斓耀目的色彩，却无力为生活的实际满足指示现实的路径；人在实际活动中并不依靠艺术、艺术活动的精神赐予，而只是借助艺术的"审美"形式来装点被生活的日常欲望驱赶得疲惫不堪的身体。

艺术失去了往昔的精神无限性效力，却获得了它在现在这个时候的新的可能性——精神的美学成了"身体的美学"，艺术成了人在"泛审美化"情势中所获得的一种心理满足。这里，艺术作为现实中人的心理补偿，它的主要特点便表现为：

第一，艺术只要捕捉住那些生气勃勃的日常现实外形，就足以令人快乐，令人惊叹。

日常现实是粗鄙、短视的，但它又是那样生动直观，那样娱人耳目，给人以具体满足。较之那些曾经将精神的永恒努力当作不变的价值理想的艺术"创造"，凡俗现实虽然掩饰不住人的精神匮乏、生命平庸，但是，由于它的直观性、具体性和生动性，能够给艺术以超然的理想所没有的现实感、亲近感和熟悉感，因而更易于在形象层面产生出艺术与人、人的生活之间的联系，使艺术获得对日常生活的直接表现能力，进而直接传达人在现实中的欲求、满足与快乐。

第二，艺术只要提供一种基于现实的想象，并且这种想象能够给人们带来当下的快感，便已足够暂时安慰人在现实中的焦虑。

在现实的欲望之境，人们或者由于过于急迫地想要得到，时时会感到某种失望、不满和冲动；或者由于物欲的享受过于简单直接，反而会生出许多华丽的遗憾、奢侈的浪漫。无论如何，现实是平庸的，同时却也永无满足。人们希望从艺术中得到某种想象性的表达，希望在艺术的审美之境里获得想象性的实现。在这里，事实上，艺术已经无须讲求所谓历史性的深度、精神性的崇高，或者对于日常之境的批判性反思；艺术本身就是一种"现实"，一种把对于欲望的感动直接转化为审美形式的存在。建立在这一基础上的艺术想象，尽管缺少生命的诗意境界，但却充溢了当下的快感，足以为渴望或餍足的人们提供一种现实的心理安慰，足以使人对艺术充满感激之情——对艺术的需要，正产生于这种感激。

第三，艺术只需提供一种生动可感的形象，而无须等待精神的持久耐力，便可以在人的心理层面产生直接的效果——尽管这种艺术的效果早已不再向人们承诺历史和永恒。

"泛审美化"的当代文化与日常生活情势，要求一种取消了精神崇高目标的直接心理效果。一方面，艺术、艺术活动不仅不需要向人们承诺某种伟大、崇高的精神信仰，同时也不需要将这种精神性的价值和价值方式当作自己的期待和本质。艺术、艺术活动已经开始远离文化创造的长远要求，而将自己放在了一个与人的日常生活相平等的位置上。另一方面，艺术和生活之间的固有分界被取消，凡是艺术所表现的，就可以而且应该是由生活加以实现的。不仅艺术的对象、艺术活动的过程就是日常生活本身，而且对艺术的享受也同样必须是能够被人的日常生活所直接包容的。艺术就此成为一种日常生活的直接感性形象，直接生动地叙述着日常生活的故事。正因此，艺术才有可能直接地产生出动人的效果——一种放弃了理性审视和判断的非历史的形象效果。

艺术的历史维度被日常生活的感性要求拦腰截断。艺术、艺术活动的有效性不再体现为它对精神超越性的守护能力，而是具体体现在它能否直接感动人在日常生活里的享受目的之上。一句话，今天，当人们再度审问艺术和艺术活动的效力时，已不必过多忧虑其在本体性层面的缺失问题，而只需担心艺术、艺术活动如何才能具体满足人在日常生活里的享受问题。

所有这些，尽管是对传统美学信仰的打击，但我们却不能不承认，它就是艺术和艺术活动的现实。

四、艺术审美的有限性维度

基于对艺术审美的价值有效性的考虑，今天，艺术审美的价值限度主要便维系在艺术、艺术活动与日常生活之间的关系上。由于这种关系本身所具有的非超越性本质，因而也就决定了艺术审美在现实文化语境中的有限性维度，实际指向了一种非伦理性的方向，即艺术、艺术活动既不承担"救世"的文化义务，也不具有为人的生存进行精神救赎的能力。

如果说，过去我们曾经满怀热情地寄望艺术能够在超越现实世界的"创造"中产生某种理想的清明指向，那是因为我们一直在一种理性、精神的先在优越性基础上，把人的世界截然划分为天然对立的两极——感性的世俗生存与理性的超越存在，并试图通过理性对感性的规范、精神对自然的控制来达到理想生存的目的。正是这样一种对世界的理解，鼓舞了美学对艺术审美的价值想象与肯定，并寄予无限的希望。

而现在，感性的、甚至是粗鄙的世俗生存被证明为并非毫无意义，生命精神的超越性努力也同样没有兑现它对人在现实世界里的生存的有力庇护。人们相信，人在现实的感性满足中更能为自己找到生存的实际理由。这样，对于艺术、艺术活动来说，它也就失去了作为精神超越性存在的必要。

首先，现实世界虽不完善，但却有可能向人提供实际的满足，人们因此并不寻求在现实世界之外为自己建构一个精神庇护所。相反，人们要求于艺术、艺术活动的，是它能够在直接表现现实世界的过程中，为现实世界进行证明：证明现实世界中人的日常生活满足的合理性，进而也证明人与现实世界的那种感性关系的合法性。现实世界不需要由艺术来拯救，而要求艺术能够为自己作出证明。这样，艺术的存在，艺术的价值，只是体现为艺术与现实的具体对应性，而不是遥遥无期的超越。艺术、艺术活动不仅不承担"救世"的伦理义务，而且否定了精神"救世"的可能性。而正是在这种否定中，艺术产生了自己对于人的审美意义。

其次，在现实中，人的生存满足并不要求确立唯一的精神维度，相反，生活的欢娱本身就来自于对精神努力的回避和悬搁：在不追求精神自足的日常生活中，人获得了自娱性的满足；在拒绝理性主导与控制的感性世界里，人拥有了自由的享乐。由此，艺术曾经为自己设定的精神"救赎"功能被消解了。由于没有了人的"救赎"要求，艺术不仅失去了"救赎"的对象，而且失去了"救赎"的能力。甚而在某种程度上，艺术自身反而被生存现实所"救赎"——只有在艺术对日常生活的直接证明过程里，艺术才有可能获得自己的生存合法性。正是从这里，我们发现，艺术在今天这个时候比以往任何时候都更轻松、更富有生动性，它不仅敢于主动深入到现实世界的活跃现象之中，而且，伴随日常生活本身的感性脚步，艺术、艺术活动与人的生存要求之间有了某种更大的亲和性。

或许，由这种艺术审美的价值限度所产生的，正是一种新的审美意识形态。它所呈示的，是一个不完善的、同时又十分生动的艺术生存图景：艺术是无力的，因为它并不像我们曾经希望的那样能够导致一个有效超越了现实世界的理想世界；艺术又是有用的，因为它的确可以为人在现实世界里的努力进行必要的修饰。艺术可以是反抗的——作为某种社会批判文本而显现自己的特殊性；艺术更是和平的——在与人的日常欲求、生活意志的直接对应中成为生活之爱与满足的鲜活证明。

　　放弃了"救世"的理想，艺术或将在自己的有限之维产生出新的可能？

（原载《文艺研究》2003 年第 3 期）

"技术本体化"：意义与挑战

——当代审美文化视野中的技术与艺术问题

在一个高度技术化的时代，对美学及其总体发生背景——当代文化景观的讨论，总是不可避免地遭遇到技术发展所带来的一系列根本性问题及其对今日理论本身的深刻挑战。因此，当我们把理论兴趣集中到"当代审美文化"这一已然超出了纯粹美学范畴的话题上来，就必然要涉入当代技术的总体图景之中，要对这样一个技术化时代的现状与趋势、特别是它与当代艺术审美活动的关系，作出适时而合理的辨析。在我看来，这种在当代审美文化系统中所进行的辨析，无疑应把视点积极地投向存在于艺术审美活动中的"技术本体化"现象及其趋势，以此来确定我们对当代审美文化的一种研究策略。

一、"技术本体化"的可能性

在当代审美文化系统中，"技术本体化"主要是指：第一，当代艺术审美活动——生产／消费中的技术力量，乃是一种从根本上直接驾驭了艺术审美价值的叙事元素；它不再是传统艺术语境中游离在艺术审美活动之外的某种无关艺术本体的工具性存在，而成为直接关涉艺术"如何可能"的最基本元素，即"艺术作为审美体验的一种结构性活动，总是同人的活动及其技术联系在一起的"①。第二，技术手段、材料、方式在沟通并实现艺术叙事效果的过程中，直接产生出一种与经典艺术话语相区别的话语规则，进而产生出艺术审美活动在整个当代审美文化系统中的新的合法性原则。这里，"技术本体化"的第一层含义意味着，我们在对当代艺术进行理论分析时，已经不可能仅仅从外在方面来看待技术存在，而必须内在地、理所当然地将之视为全部艺术价值的构成、艺术的美学本性。毫无疑问，当艺术审美活动主要是在一种叙事运动（以叙事内容、叙事结构、叙事话语组成）中展开自身的美学意蕴，技术手段、材料及其方式等的全面介入和多层次制约作用，就在这种叙事运动中把当代艺术审美活动推向了一种新的组合关系。恰如电影叙事话语必须依靠摄影机的推、拉、摇、摆，作为一种特定力量"在场"的摄影技术，直接决定了"电影艺术"这一概念本身。也就是说，为了赋予对象以一定的意义，人们可以运用全部摄影、制作技术的表现手段——无论是拍摄角度、照明设计，还是对摄影机镜头性能的调度——在"电影艺术"与"电影技术"之间构筑起一层内在性关系。而就第二层含义来看，由于当代艺术的生产／消费（制作、传播、销售／欲望、需要、接受—阐释）直接与各种技术——其如广播剧与录音棚、录音设备，电视剧与摄像机、电子声像编辑机——相关联，因此，传统的、手工艺性质的艺术家活动和鉴赏型的观（听）众逐渐消失了；代之而起的艺术话语规则主要成为了一种技术规则，它在经常性地、重复地、无边无际地诱导人的各种生活经验和审美体验的过程中，在自身语境中编织出相应的叙事效果；贯穿在艺术叙事效果的各种构成因素之间的，乃是一种技术性方式或直接就是技术本身。日本著名导演今村昌平在《栖山节考》中

---

① ［法］M. 杜夫海纳等：《当代艺术科学主潮》，刘应争译，安徽文艺出版社1991年版，第118页。

以技术话语形式展现的摄影机镜头表现力，就很充分地说明了这一点：当活埋人——人在坑中挣扎和用土把坑填平，直至再踩上几脚后扬长而去——的过程，在一个长达1分20秒的全景镜头中保持着一种残酷而自然的记录特征时，那种由镜头／技术所直接构造的冷漠人性，便突出地强化了影片的叙事力量。其他如电视画面的优劣，则不仅与摄像师对摄录技巧的掌握相关，而且直接相关于摄像机的性能、录像带的磁质、电视屏幕的清晰度等等；建筑物的视觉美感，既与建筑师的设计构思相关，又充分依赖于各种建筑材料的品质及其运用。

这样，进入当代审美文化系统的"技术本体化"现象及其趋势，在艺术审美活动范围内便构成了一个新的理论话题。我们的有关探讨不能不涉及及此，而且必须考虑到，"技术本体化"在当代文化语境中之所以可能，一是当代技术本身不断趋于泛化的结果。如果说，过去长久以来占据我们生活活动支配权的，是我们对于精神生命的意识运动及其人文价值理想，那么，今天，技术正"以自然科学为根基，将所有的事物都吸引到自己的势力范围中，并不断地加以改进和变化，而成为一切生活的统治者，其结果是使所有到目前为止的权威都走向了灭亡"[①]。正是在这种技术日益泛化之中，各种技术手段、技术材料、技术方式等从艺术建构的外围主动地进入到艺术内在结构之上，成为"本体性"的存在而支配了当代艺术的话语形式。二是当代大众传播活动不断助长了技术力量向艺术审美活动的本体性渗透。事实上，在当代文化语境中，人们的日常生活与思维活动已经越来越离不开大众传播媒介、方式及其过程，大众传播活动大量地运用广播、电影、电视，包括录音、录像及其制成品等作为叙事手段，在各种影像的堆叠中重新组合我们的经验世界和生存方式。这种"由一些机构和技术所构成，专业化群体凭借这些机

[①] ［德］雅斯贝尔斯：《何谓陶冶》，转引自《文化与艺术评论》第1辑，东方出版社1992年版，第201—202页。

构和技术，通过技术手段向为数众多、各不相同又分布广泛的受众传播符号的内容"①的大众传播的存在，其与当代大众生活及艺术审美活动的关系，主要就是确立在一种以技术为中介的"影响（制约）——接受（认同）"运动之上；正是由于技术在当代大众传播中的成功运用，推进了大众生活在技术层面的普遍、丰富发展，直接规范了人的生活的诸多可能性，明显强化了技术材料、手段和方式在当代艺术中的作用，因此，今天的艺术往往更多地利用了大众传播的技术效力，通过光、声、色、形等结构因素的最大限度的组合或分解、转换或改制，对大众形成了有效的吸引力。其如电子扩音设备的音量达到了人的耳朵所能忍受的极限，迫使听众不再像以前那样地倾听，而是调动其全部感官、关节、肌肉来应合技术力量所形成的声响魅力。在一定程度上，我们可以认为，在整个大众传播活动所制约的当代文化语境中，离开了技术的存在和运用，艺术审美活动势必减弱其原本可能产生的迷人光彩。为此，当代艺术中的"技术本体化"性质乃在大众传播活动层面得到了突出显现。三是大众对各种"影像"的迷恋，在当代生活以至当代艺术审美活动层面，造成了技术崇拜这一现代迷信——毫无疑问的是，无论以人物为载体的"影像"（如影视明星、歌星、时装模特），还是以物质环境为载体的"影像"（如豪华的居室、浪漫的咖啡屋），或者直接以物质材料为载体的"影像"（如名牌服饰、名烟名酒、高级汽车），无不是以技术手段、技术材料制造出来的；各种"影像"的无限泛滥既刺激了个体感官享受欲望的迅速膨胀，也同时将技术本身迅速引入到集体无意识领域，使当代人极端地认同于一种技术魔法，并且迷失在其中。这样，在当代艺术审美活动中，"技术本体化"的可能性通过制造"影像"和大众的"影像"迷恋，"不仅局限于想象的可能性或对新素材进行构思的

---

① ［美］M.杰诺维茨：《大众传播研究》，参见［英］丹尼斯·麦奎尔、［瑞典］斯文·温德尔《大众传播模式论》，祝建华等译，上海译文出版社 1987 年版，第 7 页。

可能性，而且还包括控制物质世界的可能性，将我们的个人态度扩展到作品积极的行为中去的可能性"①。

我们已经没有理由怀疑当代艺术审美活动中的"技术本体化"现象及其趋向。由于它的可能性是这样具体地展现在我们今天的生活世界里，所以，在我们注定要从艺术审美活动来考察当代审美文化现象的种种缘由之时，艺术的"技术本体化"问题必然进入我们的研究视野之中。

二、重写艺术概念

当代艺术审美活动中的"技术本体化"，使我们必须注意一个问题，即如何确定"当代艺术"概念？或者，我们将何以面对"什么是艺术"这个本体论追问？

应当承认，我们曾经反复争议过的"艺术"，无论人们对它有什么样的界定，其经典话语形式仍然是"创造"（"创造性"）。虽然何谓"创造"（"创造性"）总是一个有待讨论的问题，但是，在艺术家方面，人们总是愿意把它归之于个体的"匠心独运"，而在作品方面则把它归之于"独一无二"。这一点，正如《镜与灯》的作者所概括的，其本源正在于"诗人的情感和愿望，寻求表现的冲动，或者说是像造物主那样具有内在动力的'创造性'想象的迫使"②。也许，就这一话语所产生的浪漫主义文化的理想景观来看，其理想性旨归曾经唤起过无数人为之激情沸腾。然而，在当代文化对浪漫主义传统的终结意义上，"创造"（"创造性"）的艺术便相当令人可疑了。特别是，当技术力量以"本体化"

---

① [美] J.西赖特：《现象艺术：形式、观念与技巧》，见汤因比等《艺术的未来》，王治河译，北京大学出版社1991年版，第86—87页。

② [美] M.H.艾布拉姆斯：《镜与灯》，郦雅牛等译，北京大学出版社1989年版，第26页。

方式进入艺术之后，艺术的经典话语形式就不得不经历一番重写。

这种"重写"的最基本形式，就是以技术性的"复制"或"制作"来置换纯粹个体手工艺性质的"创造"。这是艺术审美活动在当代文化景观中所发生的无可更改的事实，也是审美文化领域的革命性后果。因此，当我们看到美国的新抽象艺术画家默里（Elizabeth Murray）以破坏形象的零乱碎片来重新组合成一幅《回味无穷》（*More Than You Know*，1983），并且回味她所说的"原始的意义中爆发出了一种新的东西，进入了一个新的境界"，我们就可以理解，事实上，只是由于一种技术变形的无限张力，才使得斑斓的色块能够在一个分崩离析的黄色空间里，把一对红色椅子拉近一张发绿的紫色桌子，在碎片的杂乱集合中产生一种激烈运动的紧张感，制造出画面本身的开放性和不定性。"复制"或"制作"的艺术，正产生在一种技术力量的无限重复运动的可能性之上；多元的技术手段、技术材料和方式等消解了艺术"创造"的内涵，使艺术家更多地成为当代社会的"技术魔术师"。

在这里，我们应当充分注意到，"技术本体化"在以"复制"或"制作"置换"创造"（"创造性"）而"重写"艺术概念的过程中所产生的当代艺术话语的内在张力：

第一，"技术本体化"对于个体性力量和存在的价值削平，在一种新的文化维度上推翻了艺术的"创造"神话。艺术概念的经典话语形式在整个当代文化景观中的最大的裂隙，就是浪漫色彩的个人主义对于艺术审美活动的话语权，被技术发明和技术运用中"复制""制作"的广泛性和巨大潜力所消解。其如音乐制作与接受。不仅音乐的结构元素中直接引入了技术手段、技术材料——一些作曲家、演奏家、演唱家直接把声音录进软件、由计算机演奏的情况已日益普遍起来。而且，由于音乐传播中电声媒介的发达、录音控制的出现，使得音乐传播形式也变化多样，甚至出现了以高技术方式所组合的图形、视像对音乐本身的同步配合。技术之于音乐制作与接受的编码、解码功能成为音乐本体的功能。从这一特例，我们或许已经可以了然，整个艺术审美活动在不断趋向以技术为核心的"文化工业"过程中，不断地走向了平面性和现实制约的共存性活动；艺术"创造"的中心模式在个体性及其自律性、自主性瓦解的同时，已然失去了它那建立在19世纪浪漫理想和个性自觉基础上的神圣庇护所。这一点，最明显不过地反映在以技术为先导的大众传播艺术之中：在由大众传播技术所控制的那种共时性的编码体系中，当代生活的形式与内容及其艺术"再造"的可能性，被不断地放大或缩小在一个已经不是或不仅仅属于个体的生存语境中，大众通常是在不断重复、复制传播符号的基础上，对艺术活动进行认同或拒斥、经验或模仿，"个体的时代失去了其显著的力量"①。这样，一方面，艺术家在艺术活动中更多地依赖了大众传播的技术应用和控制手段来从事艺术活动，大量演示着日常生活过程及其文化变迁景观。另一方面，大众传播凭借自身的技术操控能力，利用"信息的特殊性质、广泛传播和一切人都易于理解的词汇能够对公众产生直接和有力的影响"，"传播常常是明显的而且在其他条件下决不会传递给群众的艺术材料"②，使以往一次性的艺术创造转变为由可复制的视听形象／影像所保留的多次性消费行为，把以往艺术"鉴赏者"面对"创造性"作品时的那种独一无二的个人体验，转变为可以连续、反复进行的大众视听活动。经典艺术话语系统中的"作者"和"读者"的界限消失了，因"技术本体化"而来的"复制"或"制作"在为人们提供各种新的影像和影像消费活动的同时，也使自己"不再像那种从词源学或习惯中引出的信念，只是一种现象的简单重复……就一件产生于批量生产的摹本而言，其重要意义不仅在于它不涉及原本，而且还消除了这样一件原本能够存在的观

---

① [德] 哈贝马斯：《论现代性》，见王岳川、尚水编《后现代主义文化与美学》，北京大学出版社1992年版，第11页。

② [法] M. 杜夫海纳等：《当代艺术科学主潮》，刘应争译，安徽文艺出版社1991年版，第186页。

念"①。原本的失落或"作者之死"，意味着技术话语在当代艺术语境中的有效性及其所实现的对于个体性力量的消解——我们不复再见那种"个人"风格，当代艺术语境中的真正主体不复是个别的艺术家或读者，而是技术规则的自身运作。这样一来，艺术的"技术本体化"现象及其趋向，便真的如福柯在《作者是什么?》中所说的："不仅使我们防止参照作者，而且确定了他最近的不存在（recent absence）"，"必须取消主体（及其替代）的创造作用，把它作为一种复杂多变的话语作用来分析"②。

第二，与上一种情况相联系，当"技术本体化"现象蔓衍之后，艺术审美活动的深度历史价值逐渐为一种由技术力量所驱使的最大程度的展示性/表演性所取代：艺术既然不复是艺术家独一无二的"创造"，而是运用一切可能的技术发明、技术方式来"制作"/生产，那么，它的最强有力的话语形式便只能是走向技术搭建的展示平台。这也正如本杰明在《机械复制时代的艺术作品》中所指出的："随着对艺术品进行复制的各种方法，便如此巨大地产生了艺术品的可展示性。"③而能够使艺术审美活动产生展示性/表演性力量的，仍然是技术的魔法：在影视制作中，特殊效果的展示充分利用了从聚苯乙烯、石膏和玻璃纤维到镜子、炸药、模型，以及鼓风机、干冰发生器（用以产生烟雾）等所有的技术设备和技术手段——随着电子特技和视频特技的应用，一种能够将几幅图像叠加后产生特殊"透视"效果的彩色分离重叠技术（CSO）也直接加入到影视效果的展示过程；正是通过技术材料、手段等的直接加入，美国人史密森（Robert Smithson）才得以自傲地向我们展示了他的

① ［美］R. 伯格：《皮格梅隆的冒险》，转引自［法］M. 杜夫海纳等《当代艺术科学主潮》，刘应争译，安徽文艺出版社1991年版，第5页。

② 见王逢振等编《最新西方文论选》，漓江出版社1991年版，第448、458页。

③ ［德］瓦尔特·本杰明：《机械复制时代的艺术作品》，见董学文等编《现代美学新维度》，北京大学出版社1990年版，第177页。

《螺旋防波堤》这幅巨型的大地作品。而下面的两个例子也许更能说明这种"技术本体化"之于艺术审美活动的展示性／表演性趋向：

1979 年，法国电子合成器演奏家米歇尔·雅尔在法国国庆节之夜，在巴黎协和广场举行了一场彩色音乐会，这场音乐会通过电视转播，使西欧各国 2.5 亿人为之陶醉。

1992 年 7 月 12 日，西班牙著名歌唱家多明戈和马尔菲塔诺在圣安杰诺城堡的露台上，演出了普契尼的歌剧《托斯卡》，27 部摄像机对此进行了全视角拍摄，利用卫星向全世界 107 个国家的 15 亿观众实况转播了这出古老的歌剧。

这种种情况都表明，当技术力量日益密切地与整个艺术审美活动联系在一起，经典艺术话语的那种独有的私密性被瓦解了；艺术家、艺术审美活动要想继续对建立在现实之上的认识活动发挥作用，就必须利用技术的广泛性而尽可能向大众敞开门户。也因此，对那种以技术为先导的艺术传达方式的把握被充分容纳进整个艺术审美活动，对艺术传达的设计成为某种预定的、先在的过程。艺术传达在某种程度上成为艺术的叙事要素，而不是同艺术过程相分离的又一领域——对传达的要求先于艺术"创造"，而传达本身则同时是一种创造过程。这样，艺术传达及其方式在艺术审美活动的整体性结构上对艺术家、大众的制约性，就成为"技术本体化"现象重写艺术概念的又一层内容。

第三，当代社会中，各种现实生存困厄、思想冲突、意识形态危机、人类心灵曲折隐痛、经济多元分化、政治权势连纵对抗，等等，把人们带入一个急剧动态的文化氛围里，使人的生活产生了积极行动的可能性并形成持续的联系。而艺术审美活动正是人们在今天这个时候对付已知的过去和未知的将来的有效文化构建——人们在其中自我展示着自身的文化利益和追求，强化对整个文化——生存状态的思考，形成人际间的广泛沟通。由此，从总体上看，当代艺术审美活动与大众生活之间，形成了一种复杂的"对话"关系。这种"对话"，就其话语形式而言，所产生的是一种艺术与大众、艺术审美活动与大众生活的共时性平面切换；而技术力量的扩张与强化，艺术中"技术本体化"的趋向，则一方面推动当代艺术审美活动与大众生活的"对话"走向一个更加普遍的层面，另一方面又加剧着"技术本体化"对于艺术概念的重写趋势。其如在大众传播环境里，人的想象力、创造性和接受——认同过程，总是同一定技术形态相联系。这样，在艺术的具体操作中，技术既扩大了当代艺术审美活动在大众传播环境里的语汇，又主动把大众生活引进艺术之中。可以说，正是由于"技术具有一种赋予事物以生命的力量。而且技术为我们强化和扩展这种赋予事物以生命和意义的意向提供了手段"[①]，才使得今天的艺术、艺术活动、艺术家能够相当熟练地掌握技术手段、材料和方式的特点以及与大众生活"对话"的可能性，在没有阻碍的境遇中同大众进行广泛沟通，进而扩大了艺术的内在张力。这就像法国人阿尔曼（Arman）所做的工作：他经常用一些快干聚酯将许多技术成品——小提琴、塑料管、电子制品及其他高技术物品裹住，仿佛是用技术来密封由技术造就的现代生活；而他在 1982 年制作的大型作品《长期停放》（"Long—term Parking"），则在巨型水泥塔中嵌入了 60 辆汽车车体，以此与公众交流对于当代文明的观念。

必须看到，在当代艺术审美活动中，诸如此类"技术本体化"现象及其趋向，早已打破了经典艺术概念，而带来了艺术在当今时代的全新的革命。"技术本体化"之于当代艺术审美活动的合法性，理应受到审美文化研究的高度重视。

---

① ［美］J. 西赖特：《现象艺术：形式、观念与技巧》，见［英］汤因比等《艺术的未来》，王治河译，北京大学出版社 1991 年版，第 83 页。

三、"技术本体化"的魔咒

有必要指出，"技术本体化"现象及其重写艺术概念的力量，带来了它自身的一种新的、基本的，但同时又是魔咒般有力的话语权。对此，当代审美文化研究无疑需要作出认真的反应。

"技术本体化"之于当代艺术审美活动的话语权，首先就鲜明地表现在将日常生活话语引入艺术话语，或使艺术话语向日常生活话语靠近这一方面。

1970年，美国的杜安·汉森（D·Hanson）用玻璃纤维和彩色聚酯制作了一座与真人同样大小的《游客》。他以超级写实主义运用摄影的那种技术方法，直接从真人身上进行翻模，然后再复制模特儿的容貌：这是一座技术制造的不可思议的虚无之像，但同时又十分粗鲁而坚决地击碎了闭合艺术与生活关系的那条通道，观众在对之进行辨认时所激起的兴奋感会在突然间转为恐惧——因为看似有血有肉的躯体却不能呼吸，有如死去一般一动不动地僵立在那里，或像灵魂已飘移他乡的弃尸。

而属于"新印象派"的克洛斯（Chuck Close）为了找到他称之为"构成艺术标志的新途径"，用摄影和照相制版技术完成一种类似照片或幻灯片的光滑而无特征的平面构成效果，并且用图格以及加在图格上的印色指纹，把影像和所有信息传递到画布上去，从而保证了最细微部分和整体形式在画布上的真实性。就像他的《罗伯特——方块指纹Ⅱ》（1978），通过加强技术上的机械性与手工效果之间、形象的流动与固定因素之间的预期张力，来突破图像与方法间的平衡，实现艺术作品与其真实形象相互间的某种微妙联系。

这一切，在一种新的话语形式上向我们提供了认识当代艺术活动的可能性，即：技术材料、手段、方式等的力量与运作，在其自身"本体化"过程中，产生了一种沟通、重组艺术话语与日常生活话语的力量，一种把艺术引向日常生活维面的不可抗拒的话语权。以往掌握在艺术家个人手中的那种对于生活的独断式判断或浪漫理解，在艺术家越来越频繁地调动技术力量的时候，逐渐丧失了它的优越性和合法性。相反，在技术力量这一当代的合法权威引导下，日常生活的每一种样态、每一次运动和每一种可能性，无情地踏过那道间离艺术与日常生活的壕沟，全面侵入被艺术家和"艺术"长期盘踞的领地；艺术审美活动就此自觉或不自觉地转向生活中的日常话语形式，流入日常生活冲出的河道。换句话说，在个体性浪漫时代已经结束的今天，经典艺术话语的传统的神秘性和自设的独立法则，被精密化、科学化、技术化的社会生活所技术化和程序化，艺术家个人单枪匹马的英雄时代在自身不断退隐之中而放纵着对于技术魔法的迷恋，抛弃了任何升华、净化生活的浪漫幻想，尽力转向对于由技术力量所操控的生活的尽情体验，并将自身逐步纳入日常生活话语的"现在"之流。

一句话，"技术本体化"在引导日常生活话语进入艺术话语的过程中，产生了艺术审美活动与社会总体性生活过程的同一趋势。

这样，我们就不难看出，"技术本体化"以一种新的话语霸权，在我们面前既展示了经典艺术话语体系的分裂，也导致了日常生活话语形式之于艺术审美活动的当代性意义。至少，我们必须相信，"技术本体化"行使自身话语权的结果，使"艺术始终在各种不同的生活层次间编织着联结网，这个联结网在出乎意料的瞬间突然闪亮，从而使生活发生改变"①。

与此相联系，"技术本体化"在引致艺术话语向日常生活话语靠近

---

① L·柯尼希语，引自［德］G.R.豪克《绝望与信心》，李永平译，中国社会科学出版社1992年版，第189页。

的同时，其最大的、也是最具威慑性的方面，是使当代艺术审美活动在"消费文化"形式中瓦解了主流文化的意识形态中心话语权。这里面存在两种情况：其一是"技术本体化"带来了艺术审美活动作为一种消费文化的可能性和现实性。正是由于技术能够在自身变化中产生出空前广泛的"影像"组合，能够通过技术处理上的切入、转换、遮蔽、修整、取舍选择而实施具体操作，因而，它能够在技术魔法中把当代人从传统层面提升到新的领域，在他们眼前展现一个越来越清晰可辨、亲切可感而活跃的世界风貌，满足他们日益增长的生活欲求。例如，在直接依赖技术力量的大众传播活动中，电影、电视、广播、音像制品以及录音机、录像机等成为引导人们"消费"艺术的有力工具，使人们对于艺术接受／理解的可能性由"阅读／思考"延伸到"直观视听／感知"形式中，即由那种必须经由反复审视以体会艺术符号的内在隐喻、反复解析作品构成以深入领悟艺术家动机的活动，转向在视听形式中凭借广播、电影、电视、报刊、音像制品等来直观由传播媒介的操纵者有意增删、调整、改制了的影像，从而直接感知艺术的魅力。这样，在大众传播技术的直接作用下，艺术审美活动之于今天的大众，已经不再是纯粹"他性"的存在，也不必依赖太多的智力分析，而是在经常性的"直观视听／感知"中成为大众亲历的对象和活动。

正是在这种情形下，当代艺术审美活动日渐突出了其"消费文化"的特征。以往艺术引以为自豪的历史感、人性价值、理性判断等深度模式，退隐到满足大众生活享受的新的消费性之中——现在，人们通过报刊、画册等就可以看到以前只有在美术馆里才能目睹的雕塑、绘画，不必坐进音乐厅或剧院就能够从电视、广播、镭射影碟、录像带等听到、看到动人的旋律、蹁跹的舞姿、精彩的情节。在这一转移中，艺术审美活动的生存权利随之向广大艺术消费者方面转移。

其二是"技术本体化"又以"消费文化"所固有的大众性、流行性、享乐主义欲望膨胀的特征，来消解主流文化对于社会生活、社会事件、社会文化心理的意识形态主导性，颠覆主流文化在当今社会的意识形态中心话语权，直至将其逼入"解中心化"的尴尬境地。毫无疑问，这是一种"技术的狡猾战略"：因为当"文化的生产被驱回到一种精神空间之内，但这种空间不再是旧的单个主体的空间，而是某种被降低了的集体的'客观精神'的空间"① 时，一方面是主流文化原先的权威不复具有昔日赫赫声威，而滑到了丧失文化制辖力及其对于艺术审美活动的意识形态作用的边缘，丧失了它所竭力想要保持的那种中心位置。另一方面，技术力量乘虚而入，在当代艺术审美活动与主流文化相疏离的空隙间，以"本体化"身份夺占主导地位，形成为一种新的中心话语权。例如，在一个影视文本中，当镜头/反打镜头的组合在摄、录技术中得以组合，这种在两个人物或两段场景之间来回切换的构型，其本身已经不再呈现为"自然的"方式，而是一种高度技术化的组合：观众的视觉空间在此被片断化了，提供给观众的是一个为虚构故事而预设的"技术空间"。而当我们习惯于这种镜头/反打镜头的引导，那么，它指向哪儿，我们就看向哪儿；它让我们什么时候看，我们就什么时候看；不知不觉中，由主流文化引导的某种审视立场便由这种技术组合所形成的话语形式的指向所替代，技术力量在这一影视本文的镜头组合中完成了对于主流文化的特定颠覆。因此，如果说，在经典艺术话语中，主流文化曾经牢固地确立了自身的合法性，那么，"技术时代，也只有它才带来了整个权威世界的崩溃"②。

作为"技术本体化"之基本话语权的又一个表现，则是一种感性时代所特有的"狂欢"庆典。操纵这一"狂欢"庆典的魔杖，就是当代艺术审美活动因技术力量而来的煽情力。这是一种使人在当下体验中达

---

① ［美］弗·杰姆逊：《后现代主义，或晚期资本主义的文化逻辑》，见王逢振等编《最新西方文论选》，漓江出版社1991年版，第350页。

② ［德］雅斯贝尔斯：《何谓陶冶》，转引自《文化与艺术评论》第1辑，东方出版社1992年版，第201页。

致迷狂的、不可抗拒的力量。

由于"技术本体化"的直接后果，是技术手段、材料及其方式等在艺术审美活动中不是作为外在力量，而是直接成为一种内在叙事元素，因此，诸如电子合成、声光变幻控制、多元构型方式等在艺术制作过程中所具有的绝对刺激作用，往往以其所拥有的无与伦比的形象直观性、生动丰富性，在数量巨大的听众、观众中间形成一股强烈的综合感染力量，既不断推动着当代大众生活内容与形式的迅速更迭，又强制性地决定了当代人对生活的当下感（即时性体验要求）——其如大众传播的直接性、形象性、生动性、丰富性，在语言、画面、音响、色彩等的技术合成中，转换为对大众接受过程的即时有效性，短暂而强烈、频繁地刺激着大众的感知活动和判断能力，在大众生活需求的现实过程中煽动起情感体验的狂热追求与满足。这样，生活本身的"此在"形态与直接获取可能性，压倒了人对生活的持久信念。

正是这种诞生于技术魔杖下的煽情力，使当代艺术审美活动不断地趋向于制作那种满足大众丰富的日常欲望、可传播且可为大众直接享受的艺术"成品"而不是"半成品"——它们需要激起的是人的当下满足感而不是等待一种长久体验与深思熟虑，是可以变幻的技术"影像"而不是艺术家呕心沥血塑造的"典型形象"。由此，一方面，我们看到，由技术力量造就的艺术审美活动的当下感、即时有效性，直接刺激、煽起了大众的当下（即时）体验情绪，以至狂热的投入；另一方面，我们又可以看到，大众的激情与狂热，反过来又对艺术家、艺术作品或艺术审美活动进一步提出了一种更多地满足激情享受的要求。技术力量在此成为一根挑逗艺术审美活动的魔杖，成为激情"狂欢"场上的冷酷的主宰。

然而，需要知道的是，在这种"狂欢"庆典的背后，在技术的煽情力操纵下，最终所实现的，不过是一份"剧终人散"的空落，一种激情耗散之后的体乏心虚。当下的满足或安慰并不能就此成为永恒的回味、内省，相反，它只是在影像制作中完成了一次对于当代生活的技术组合，并且拉动了下一次"狂欢"庆典的序幕。也许，这就是人和人的艺术在"技术本体化"面前的一种新的遭遇。

四、"技术本体化"与审美文化研究策略

艺术审美活动中的"技术本体化"现象及其趋向，使得主要以艺术为对象而介入现实文化语境的当代审美文化研究，在起始之处就面临着一种选择上困难：当经典艺术话语被置于不断消解的语境之中，当技术"复制""制作"不再与"创造"（"创造性"）概念相矛盾并使所有作品"都是一种再生产"，"本文潜藏着一个永不露面的意义，对它的确定总是被延搁下来，被补充上来的替代物所重构"①，处在这种情状下的审美文化研究将何以理解"艺术合法性"问题？换句话说，在当代审美文化研究系统中，我们应当怎样从理论上：第一，考察"技术本体化"为当代艺术审美活动提供了一种新的生存形式和生存活力？第二，考察艺术审美活动在"技术本体化"过程中的现实景观，以便在介入艺术的审美批评的同时，从理论上克服"技术本体化"异化艺术审美活动的某种潜在威胁？所有这些困难意味着，当代审美文化研究实际上已经无可回避"技术本体化"的挑战，而只能将此问题置于自身之中，在当代性立场上充分适应艺术审美活动的现实——无论我们是否愿意为这种现实的合法性进程进行辩护，都必须进入到"技术本体化"现象及其趋向之中而寻求楔入当代艺术审美活动的理论视点。尽管"技术本体化"的确产生了当代艺术审美活动（乃至整个审美文化领域）的种种分裂，但是，

---

① ［法］雅克·德里达：《弗洛伊德与书写的意味》，转引自胡经之、王岳川主编《文艺学美学方法论》，北京大学出版社 1994 年版，第 393 页。

对此作简单的否定或肯定、敌意的漠视或片面的夸张，都不足以使我们将问题的实质真正引入到理论探讨之列。

可以肯定，当代审美文化研究的主旨，不仅是为了对现实文化语境中的艺术审美活动进行一种现象性描述，更重要的，是要在此基础上产生出一种策略性主张，掌握建构审美文化的理论话语权，建立起一套介入艺术的审美批评的话语系统，并进而扩展到对整个审美文化系统的必要的理论引导，真正实现审美文化研究的当代性转向，即走向一种新型的文化批评活动。这样，对"技术本体化"现象及其趋向的关注，便成为我们的一个理论出发点。

就当代艺术审美活动中的"技术本体化"与审美文化研究的关系而言，我们的策略性主张应当充分注意到：

如何从"重写艺术概念"方面，阐释"技术本体化"之于整个当代艺术审美活动的效度问题？或者说，怎样理解"技术本体化"自身话语权的合法性？一个确凿无疑的事实是，技术手段、材料、方式等的全面侵入及其"本体化"过程，已经从根本上消解了经典艺术活动在当代文化语境中的延伸能力，使之产生了历史性中断或"合法性危机"。抱守经典艺术话语的浪漫理想，在今天变得如此不切实际，甚而不堪用以说明最普通而又简单的流行艺术现象——在艺术"创造"或"创造性"的视界中，我们永远也弄不清楚为什么一场精心设计的音乐会可以使一个无名小卒一跃为"歌坛大腕"？为什么多声道电子复录技术能够让一个人的声音变得如此温婉多情而令几大洲的人为之迷醉？而一旦我们能够穿透"技术本体化"力量的无边的魔阵，我们就可以从一种新的视点上，看到经典艺术话语与当代艺术话语之间所存在的巨大的、无法缝合的裂隙，看到所谓传统艺术与当代艺术的区分至多是一种功能性的、对具体情形的区分，而不可能构成对"技术本体化"与当代艺术审美活动关系的否定性判断。由此，我们对于"技术本体化"的效度、话语权的合法性，才可能有一种立足于现实文化语境的把握，进而产生出对于那些围绕在艺术审美活动周围的广泛的当代审美文化现象的深刻理解。

"技术本体化"现象及其趋向虽然多方面地改变了当代艺术审美活动的话语形式，特别是以"技术的狡黠战略"逐渐瓦解主流文化的意识形态中心话语权。这一点虽然在某种程度上带来了艺术的"技术主义"倾向及其一定的消极性——诸如"影像"泛滥和"狂欢"背后的文化虚无性，但它实际上却又为审美文化研究趋近于一种文化批评活动提供了某种可能性：正是在中心话语权暂时"空白"之处，在技术力量引导当代艺术话语形式疏离主流文化而呈现多元分化的过程中，我们的审美文化研究可以借助"技术本体化"趋势而主动介入艺术审美活动的多元语境，形成自身对于各种艺术问题，乃至整个文化问题的干预力量。在今天这个时候，能否有力地协调日常生活话语与艺术话语之间的张力，协调因"技术本体化"而产生的主流意识形态与技术力量之间的话语冲突，协调技术手段、材料和方式等所操控的消费性、流行性文化特征与艺术审美活动的批判性文化审视功能之间的分裂性矛盾，乃是审美文化研究在理论上确立自身话语权的基础。它一方面必然要求审美文化研究从根本上适应"技术本体化"过程中的艺术话语转型，把"技术本体化"现象和趋向理解为当代艺术审美属性、审美价值的内在构成，从而在广泛而普遍的技术力量及其现实规范中把握当代审美文化系统中的艺术演进；另一方面，它又并不要求我们放弃基本的历史主义立场和人文关怀精神，放弃审美文化研究的功能引导，而是需要我们能够在积极进入现实艺术语境乃至整个文化语境的同时，产生足够的理论介入能力。这样，我们就可以发现，主动关注当代艺术审美活动中的"技术本体化"问题，无异于更加可能强化审美文化研究本身在当代艺术审美活动失去聚合力之后的理论权威性，成为主流文化的意识形态中心话语权被急剧消解之后的一种"新的崛起"——当然，这不是一种文化抑制的权威力量，而只能是开放的、综合的引导性话语权，并且指向了历史主义意识与现实主义功能相统一的内涵丰富的文化建设，在无序中重建新的秩序性。

也许，正是这样，当代审美文化研究才可能产生一种立足于现实文化语境的人道价值，才可能回答雅斯贝尔斯发出的疑问：

> 人们仍然需要一个引导他生存的根本权威的生活世界，但这个生活世界在技术世界中可能吗？那新的技术世界又与过去世界的区别何在呢？①

（原载《美学与文艺学研究》1994年第1辑）

---

① ［德］雅斯贝尔斯：《何谓陶冶》，见《文化与艺术评论》第1辑，东方出版社1992年版，第202页。

走向大众对话时代的艺术

——当代审美文化理论视野中的艺术话题

　　艺术和艺术活动所发生的巨大变迁，是当代审美文化领域中一个最为明显的现象。作为当代文化的直接成果及其精神／价值隐喻，当代艺术在人类审美文化实践的意义上，不仅在自身内部激化出前所未有的话语形式并产生出空前复杂的艺术张力，而且当代艺术及其时代变迁所隐喻的文化精神／价值构造，也突出了当代审美文化所面临的困惑以及解决困惑的努力方式和方向。因此，在当代审美文化理论的批评视野中，一个非常突出的话题，就是当代艺术变迁及其文化背景问题。整个当代审美文化中，这种当代艺术变迁的实质，就在于它提供了一种艺术大众化的审美图景，并且在大众对话的方向上揭示了当代艺术运动的文化根据，从而使一个新的艺术时代在自身降临之际，便发出了不同以往的声音，展现出独特的风采。

一、艺术：在日常生活层面与大众"对话"

　　一个艺术时代的到来与消失，记录了人类文化史上永恒而必不可免的精神演化轨迹。希腊艺术向罗马艺术的转移，是城邦民主制社会屈服于那种适应了时代利益的农业文明的过程。今天，我们或许会说，希腊民族沉着的、赤裸裸不加掩饰的、质朴的自然生命精神，被罗马时代的浮华、炫耀、堂皇而奢靡的艺术风格所代替，即"一切带着罗马农民的味道"①，是艺术史上的一种堕落。但与此同时，我们却又不能不承认，作为一种艺术时代的变迁，罗马人之破坏了希腊艺术"高贵的典雅"，其实正体现了一种艺术史所表现的文化变革"合法性"——虽不合理，但却适时而有效。如此看来，一个艺术时代的出现及其存在的"合法的"必然性，是建筑在其文化隐喻的必然性之上的。抛开人类文化进程来谈论艺术时代的本质，我们便会茫然无绪。而当我们从人类文化进程中抓住了艺术的文化隐喻并深究这种隐喻本身，则我们可以毫不困难地发现：艺术时代的变迁，就是人类文化变革过程及其结果的历史本质的一种"书写"形式，也是一个新的文化时代之开始确立。对此，现代英国著名哲学家科林伍德曾经正确地说道："艺术在它的历史过程中经历的这些变化，并不是独立的艺术生活用它自己的辩证法开始它自己新的形式的表现，而是整个精神生活的表现……因此，没有艺术的历史，只有人类的历史。使艺术从一种形态转变到另一种作为这个历史继续的形态的力量不是艺术，它是那种在整个历史中显露自己的力量，是精神的力量。"②

正因为这样，面对文艺复兴中的伟大艺术成就，我们方能真切体会到，中世纪艺术的无意识与缺乏自觉，遭到文艺复兴的近代人文主义和理性思潮的破毁；在其"复古"的形式背后，是艺术中"上帝"的破毁，或者说是人类精神中自由理想的上升以及艺术活动对生命自尊和独立的强烈感受。它根源于商业（通过货币和信贷）文明战胜了以物易物的中世纪贸易方式，是资产阶级经济实力大大增强的结果，同时它也造

---

① ［美］房龙：《人类的艺术》，衣成信译，中国文联出版公司1989年版，第156页。
② ［英］科林伍德：《艺术哲学新论》，卢晓华译，工人出版社1988年版，第99页。

成了一个新的艺术时代的来临。

出于同样的理由，可以相信，今天艺术所发生的一切变化过程及其结果，根本上是与当代历史／文化、生活／世界的丰富变化相一致的。没有人会怀疑，20世纪五六十年代以来，艺术所经历和正在进行着的一切，正是对一个崭新文化时代的全面凸现。也没有人能够怀疑，当代人类文化进程及其本质，其实正是今天艺术的最深刻核心和原动力。对自然主义的反叛，就是当代艺术深思熟虑的一件工作，它恰恰隐喻了当代文化对于人类自身历史活动所作出的巨大革命：当代人类文化创造在大众文化活动的共同参与和文化利益的相互共享层面建构自己的普遍原则，并进而指向人类精神／价值的真正自然本体——人的充分的感受性与日常生活的自我确认。它要求社会文化活动及其利益在整体上是社会公众普遍加入和直接感受的。然而，"艺术史告诉我们，事情恰恰不像我们所想的那样，'自然主义'远不是自然的和自明的，而是艰深复杂的，因而对于未入门的人来说像谜一般的莫测高深"①。由此，当代艺术对自然主义历史与风格的排斥，从根本上产生着与当代人类精神、当代文化活动的紧密结合；社会大众在当代艺术中所参与和享有的，乃是与其自身文化和文化利益的沟通；或者说，人们借助当代艺术所实现的，乃是与自我追求的价值同一。

也许，人类还从来没有能够像今天这样满怀希望地期待着一个普遍大众的艺术时代的到来。如果说，艺术史上还没有出现一个伟大的、普遍适应人类文化利益的、大众自觉的时代，那么，今天的世界文化进程及其未来，已为产生这样的艺术时代提供了充满竞争力的机会。在这个时代，人们拥有一种从未有过的文化多元性选择，拥有空前广泛的自由追求的欲望。然而，这一事实是否为一个新的艺术时代的到来以及它

①　[英]汤因比：《艺术：大众的抑或小圈子的》。见《艺术的未来》，王治河译，北京大学出版社1991年版，第9页。

的发展确立了真正深刻的基础？换句话说，当代艺术的实践过程及其正在进行的工作，能否使我们肯定，当代艺术必然而且有能力在审美文化建构层面完成同这个文化时代的对应，进而清晰有力地铭刻当代文化的精神／价值转换？

一个很有意思的问题：艺术时代的变迁，其行为过程的具体化又意味着什么？

无论一个文化时代的巨大特征如何可能在某种特定艺术活动中得到证实，或者一个艺术时代的自身话语如何全面隐喻了其文化活动的本质利益，它都必定涉及到艺术行为过程的具体化问题。把这个"艺术行为的具体化"放到艺术时代的变迁中来看，它最主要就体现在艺术结构形态方面，即：一是在整个文化时代的动态过程中形成并与文化活动相适合的艺术审美风格形态的变异；二是通过艺术家和艺术家的工作，艺术自身创造形态的变异。上述艺术时代变迁与文化时代的关系，在艺术自身行为的具体化方面就体现了这两点变异。

毫无疑问，艺术审美风格形态侧重在其可感的形式；直接产生审美效果的，就是这种表现为艺术独立价值、诉诸人的审美知觉的感性形式特征。从这种可感的形式上，艺术所表现以及人们所感同身受的，是深深浸润在一种审美风格形态之中的特定文化时代的强烈动态过程和因素。而一个艺术时代的产生，其审美风格形态的显著变异，实际上就是其文化时代的特殊宣言、具体感性的告白。这也就是卡冈在《文化系统中的艺术》一文中所指出的："风格的结构直接取决于一个时代的处世态度、一个时代的社会意识的深刻要求，从而成为该文化精神内容的符号。"① 卡冈在这里其实是从艺术作为文化的"自我意识"、因而是一种文化符号的角度，发现了艺术审美风格形态作为文化符号直接体现者的可能性。这

---

① ［苏］卡冈：《美学和系统方法》，凌继尧译，中国文联出版公司1985年版，第290—291页。

就意味着，不仅艺术审美风格，而且艺术审美风格形态的时代变异，总是与这个时代的文化状态具体联系着的。所以，如果我们放弃考察一种艺术审美风格形态变异的深刻文化过程，那么，我们除了能够从艺术现象上获得某些技术性证据以外，便将无以回答艺术时代变迁的根本文化性质问题。从这一点来讲，可以认为，一个特定的文化时代，必定有它自己相应的艺术认同和确证形式；艺术时代的变迁，在其审美风格形态变异方面，决不可能超越特定文化时代的根本利益、表现和追求。

与此相似，当我们主要从艺术家的创作过程来探讨艺术创造形态的变异时，同样可以发现，无论就艺术创造心理的文化制约因素、艺术家活动的现实范围，还是就艺术家创作中的直接文化认知而言，在艺术时代的变迁意义上，艺术创造形态的变异都与一定文化时代氛围及其所提供的可能性相联系。也就是说，在艺术创造形态的实践机制中，同样体现了艺术时代与一定文化时代的内在关系。伊格尔顿从审美意识形态的层面论述了这一点。在他那里，"文学形式的重大发展产生于意识形态发生重大变化的时候。它们体现感知社会现实的新方式以及艺术家与读者之间的新关系"。在他看来，18世纪英国小说的兴起，就在其形式创造方面明确显示了当时一系列变化了的意识形态方面的趣味——这种"趣味"正是一个时代文化精神／价值理想的再现——"趣味从浪漫主义和超自然主义转向个人心理和'日常生活'经验；一种活生生的、真实的'性格'概念；通过不期而然的单线发展表现主人公，并关怀他的物质命运，等等"，所有这些，正是当时资产阶级日益自信的文化产物。所以，尽管"在文学形式变化和意识形态变化之间不存在简单的对称关系"，但是，在文学／艺术创造之始，作家／艺术家的"选择已经在意识形态上受到限制"①，即由艺术家活动而导致的艺术创造形态变异，必

---

① ［英］伊格尔顿：《马克思主义与文学批评》，文宝译，人民文学出版社1980年版，第28—30页。

然为时代的文化因素所制约。由此生发开去，我们甚至可以认为，在单纯技术性的层面，一定文化时代同样直接铺设了艺术创造形态变异的现实具体化过程——以文化时代本身的特定技术进步，直接导致艺术家创作实践中操作方式、材料等的选择和应用，从而使艺术时代的变迁在艺术创造形态变异这一具体化行为方面，充分地体认一定文化时代的巨大特征。这也就是我们这个时代之所以能够诞生光效应艺术、计算机艺术、新现实主义艺术等的重要原因。

从上述立场来考察当代审美文化领域的艺术走向，应当说，当代艺术的自身行为具体化过程，它的最大特征就是审美风格形态日趋简洁易明、直接普遍而可以重复。在这个方向上，艺术活动、艺术家、艺术作品开始在日常生活层面与大众进行"对话"：对话的主体是互为的，既不是艺术或艺术家告诉作为接受群体的大众以某些特殊的东西，亦非大众绝对地规定了艺术和艺术家，而是双方在共同的文化／生存环境中，以相互间的文化性沟通为内容进行着交流。艺术和艺术家并不自诩为黑暗中的秉烛者，大众的艺术接受也不可能是一种完全单纯被动的过程。相应地，当代审美文化领域的艺术创造形态，一方面为满足当今文化时代的艺术审美风格形态变异而不断趋向多样化、丰富化、生动化和日常化；另一方面，艺术创造形态的丰富化、多样化、生动化和日常化，又积极地生成和促进着当代艺术与大众对话的普遍前景，生成并促进着艺术大众化努力的全面展开。其如现代抽象艺术的最大意义，莫过于从艺术审美的"自明"维度，反叛了那种经典自然主义"自作自然"的艰涩，从而显示出艺术创造形态变异在观念和技术操作上是可能的，并且具有潜在而巨大的变通性。

从这种变通性上延伸，我们可以看到，沿着现代艺术道路发展下来的今日艺术及其创造活动，在更广大的范围内，同时在更加热情地与当代人类文化／生存环境相契合的过程中，通过观念的和技术的力量，把艺术活动、艺术家、艺术作品与大众对话的多样丰富性大大地推进了。即以绘画来看，画家们一方面继续艰难地探讨着当代文化实践进程中的大众观念及日常生活、文化精神／价值构造的现状及其具体问题，同时这种探讨往往又更多集中在与大众现实文化行为直接关联的领域，并且试图以那种具体、直观的视觉感受符号／形象来刺激大众的普遍情感心理和文化认同①。可以说，在当代审美文化的艺术实践层面，当代绘画运动已经走入到以千奇百态、变换无穷的符号／形象制作及其表演性、展示性来直接隐喻生活／世界的文化性结构和活动的天地，从而使当代大众不断从自身生活中直接产生出某种同艺术的更为广泛、直观的联系。当代各种具象艺术形态的纷呈迭现，就很生动地说明了这一问题：当"彻底现实主义"的美国艺术家汉森用玻璃纤维和聚酯制作的《游客》摆在观众面前时，在照相般幻觉中，观众可以毫不困难地从这种同现实文化／生存环境相一致的新的视觉形象里，找到自己所熟悉的美国文化典型——艺术作品与观众的直接交流，进一步强化了工业时代新的艺术媒介的运用和运用过程的现实张力（金霍尔兹的《经济小饭馆》和克洛斯的《自画像》同样如此）。而"概念主义"艺术家克索思把"实际的艺术品"理解为不是配上画框后悬挂墙上的东西，而是艺术家在创作时所从事的活动，认定"实际的艺术品几乎与历史珍品不相上下"，②故而其作品《一个与三个椅子》能够通过一张真正的椅子、一幅同原物一样大小的该椅子的照片以及词典上有关椅子定义的文字复印件三者的制作合成，表达一种与大众接受视野中的日常生活背景完全一致的美学语汇，在"用艺术眼光看待"这一点上，确定作品为一个艺术与大众对话过程的文化文本（同为概念主义艺术家的布伦，其《绿条和白条》在将作品当作一种昙花一现的思想现象进行加工方面，同克索思走的是同一条道路）。

---

① 参见本书《视像与快感》，第410—417页。

② 参见［美］H.H.阿纳森《西方现代艺术史》，邹德侬译，天津人民美术出版社1986年版，第699页。

所有这些事实，都在一个新的、当代审美文化的价值取向上，向我们摆出了一种明确的姿态：当代艺术及其创造活动的大众化努力，标榜并正在不断实现着艺术与当代大众的广泛对话过程。这一对话的基本核心，就是艺术活动、艺术家、艺术作品与当代大众日常生活状态之间的相互趋近和认同，而不是彼此的间隔或分离。通过这一大众对话时代的诸种可能性及其现实活动，当代艺术愈益明确地显示了自身在人的生活和文化创造中的位置，愈益明确地显示了自己作为一种文化活动及其过程的现实力量。当代大众的所有日常活动则因这种对话 / 交流，在艺术的具体、直观形式里益发变得可以同自身生活、自身的文化性存在事实相一致，进而在社会中掌握着广泛传达自己的欲求、深入表现自身的可能性，同时也不断获取自身当下生活享受的"审美化"能力。

在这个大众对话时代，艺术成为大众日常生活的普遍的文化延伸。在这一延伸中，当代文化的纷纭表象、人的活动和思考，经由艺术过程得到鲜明呈现，在对话 / 交流中提供给人们以生活里未曾全部知觉的文化意味。而当代艺术作为这种延伸的实现，一方面使艺术家有可能集中关注当代生活 / 世界和当代人类文化的价值变动，集中沉思当代文化的本质；另一方面则使得艺术活动及其作品形式在大众接受中成为鲜明可感的直接呈现，而不再是隔着一层似有若无的纱帘来做猜度。正是在这样的情况下，我们才能确信地"把一件艺术品看作艺术家及其群众所处社会的图画"[1]。

可以认为，在当代审美文化中，由艺术现实所确立的，是一种艺术、艺术活动与大众日常生活的直接对话——艺术与大众之间实现了一种人与艺术形象、日常生活与艺术活动的双向动态交流，而大众则从中直观着自己的现实文化处境。这样，艺术、艺术家和大众共同获得了一种新的可能性，即共同体验和表达对当代生活 / 世界的情感，共同体验

---

① 《当代西方艺术文化学》，见周宪等编，北京大学出版社 1988 年版，第 512 页。

和表达一种对当代生活／世界的文化价值态度。换句话说，这种当代艺术的大众化努力，在与大众对话的进程中将成功架设艺术本身与大众日常生活的文化通道，日渐改变艺术的传统职责。这也是艺术在当代人类审美文化实践中所发生的根本扭变，"以前不了解艺术的广大阶层的人物已成为文化的'消费者'。现代的观众，虽然可能没有由传统孕育的使艺术升华的能力，但在对完善技术和可靠信息的需求上，在对'服务'的渴求上，他们已变得更机敏了"①。艺术史上曾经有过的种种关于艺术的"神话"，在这一过程中难免破灭粉碎。代之而出现的，是艺术在当今文化时代中新的机遇和挑战。这些机遇和挑战为当代审美文化建构注入了新的可能性。

二、艺术：走向大众对话的基本因素

作为当代审美文化领域中艺术大众化的努力，艺术与大众对话的过程及其实现根源于今天的广泛文化背景。就艺术和艺术活动作为一种文化现象和活动而言，走向大众对话时代的当代艺术必然与当代文化整体面貌相联系——反过来，由艺术的大众化，我们也将可以看出当代文化精神／价值方面的特定结构风貌。就此追问下去，我们便能够从当代文化现象形态上看到这种联系的时代因素。

当代社会是一个交织着多种复杂性和可能性的社会。这种复杂性和可能性具有一个总的特点，即各种现实生存困厄、思想冲突、意识形态危机、人类心灵的曲折隐痛、经济结构的多元分化、政治权势的连纵对抗等，统统掩藏在当代文化活动动态的相互关系过程中。这种相互关

---

① ［德］阿多尔诺：《电视与大众文化模式》，见《外国美学》第 9 辑，商务印书馆 1992 年版，第 382 页。

系过程不仅表现在人们之间多层次的活跃交往，而且通过各种传达形式予以"外化"、阐明。在这种情况下，当代人的文化／生存环境便产生了新的行动可能性，人们得以有意识地从事各种自我表现的"审美"的文化实践，并且在其中形成持续的联系。而艺术活动恰巧是产生这一持续联系的便捷形式，是人们对付已知的现在和未知的将来的有效文化形式。在这里，艺术家充当了必要的中介，当代艺术则被确认为一种重要的沟通和沟通活动——人们在其中自我表现着自身的文化追求和利益，强化着对整个文化／生存环境的新的思考。也正因为这样，当代艺术必定趋向于同大众文化要求和思想相一致：或表达大众日常生活中的文化差异因素，或表达大众对现实环境的认同，或体现大众日常生活在特定意识层面的自由想象，或体现大众文化活动的内在反叛。艺术活动、艺术家、艺术作品与大众的对话过程所体现的当代艺术大众化努力，借助这一进程而得到加强，并在整个审美文化领域连续深入地展开。

当代社会中，人们对自身文化活动及其结果的共同要求，同样使得今天的艺术和艺术活动不再是一种仅仅由艺术家个人承担责任的行为，而成为整个当代文化／生存环境中的人类普遍沟通的过程。艺术和艺术活动、艺术家本人及其群体不是从整个社会进程及其文化现象形态中分离出来的，而是受整个社会及大众日常生活活动、文化利益所驱使。整个社会文化所要求和规定于艺术、艺术活动的，是在一种特定"审美形象"的构造中重新显现现实文化精神／价值的具体存在形态，以使大众从独特的建构行为和结果上直观自己的处境；现实文化进程及其利益所要求于艺术家的，则是充分体念、观照和具体表达当代大众日常生活的文化立场。艺术家不但作为艺术创造主体而现实地发挥自己的力量，并且作为大众日常生活的直接参与者和当代文化精神／价值的直接观察者，现实地构建当代人类文化实践过程的独特形式，亦即通过艺术家的工作，使"人开始从新的观点来了解自己，不满足于仅从同类身上反观自身"①。由此，可以认为，当一个艺术时代的诞生伴生在人们普遍生活的文化形式之中，那么这个艺术时代的基本面貌便必定受到这种共同生活要求的过程和性质影响。在我们这个由无限广泛的各种相互关系过程所确立的社会中，在这个普遍显现了人们日常生活动机的文化时代，艺术总是要尽可能地接近整个社会文化的共同利益，尽可能地体会整个大众日常生活过程，从而既现实地呈示当今时代的文化现象，又触及人的思想过程。这样，艺术不仅可以传达当代人类的文化精神／价值状况，而且可以在与大众相沟通的对话过程中，确定自身的基本文化形式。艺术与大众对话过程作为当代艺术大众化的努力，稳定地建立在艺术活动、艺术家对当代文化实践过程的认同之上，并使自己也显示出了人的现实文化实践的力量。

当代科学技术环境是当代艺术的大众化努力走向大众对话时代的又一个基本因素。

20 世纪以来，人类文化发展已进入科学技术高度进步的时代，当代艺术及其创造手段不可能不纳入科学技术发展的因素以及人们在科技进步中所发展起来的技术能力、观念。在一个高、精、尖的科学技术时代，人类的艺术想象力、创造力和接受过程必定与科学技术形态有着丰富而本质的联系。作为越来越具体、直接地参与艺术活动的力量，当代科学技术一方面在观念层面逐步改变了人们对艺术的理解和理解方式，推动着整个艺术活动更加直接地投入现实生活领域；另一方面，它在艺术的具体操作过程中扩大了艺术创造的语汇，既积极地提供给艺术家以更多的技术手段，又主动而广泛地把大众日常生活引入到艺术活动范围中。这一点，也许正如艺术社会学家阿诺德·豪泽尔所说的："自从 19 世纪初以来，艺术和文化的民主化一直进行着。系列小说、马路剧院、平版画等都是导致出现电影、无线电和杂志的正常发展征兆，正是它们

---

① ［德］雅斯贝尔斯：《存在与超越》，余灵灵等译，上海三联书店 1988 年版，第 211 页。

迎来了艺术的技术时代。就一方面而言，艺术的技术特性无疑和艺术本身一样古老。每一种艺术表现都依靠某些过程，每一种艺术都和一种技术装置或者工具设备相联系，不管是画笔还是电影摄影机，版画刻针还是电动纺机。这种依靠对于艺术形式来说是非常重要的，是将思想内容转化为可感觉的形式这一过程所必不可少的。"① 但只有到当代社会，科学技术空前高度的发展才使得今天的艺术和艺术家能够越来越多地掌握与大众对话的技术手段，在一种越来越少阻隔的境遇中越来越普遍地与大众相互交流。这一情形，曾经在波普艺术（Pop Art）中得到过证实：当代工业技术的典型手段被艺术家们引入到艺术构成元素里，再一次典型地表现了人们在技术时代中或焦虑或满足的问题——晶亮豪华的汽车图像成为当代社会物质繁荣的象征，撞毁的汽车残骸隐喻了生活中的悲惨性和紧张不安；彼得·布莱克的《玩具店》，则用橱窗里如实摆放的工业社会廉价产品来交流人们内心的那份怀旧感。为此，理查德·汉弥尔顿曾概括波普艺术为：通俗（为大众而作）、短暂（很快决定）、廉价（大量生产）、年轻（为青年人而作）、诙谐、色情、手法巧妙、富有魅力、大企业式的。可以看出，正是在这些特征上，波普艺术为我们提供了当代文化条件下艺术与大众对话这一大众化努力的成功例子——其所依赖的发达科学技术背景，就是这种成功的基本力量。

　　另一个表明当代艺术走向大众对话时代的典型例子是光效应艺术：由于色彩和光学效果的技术分析的进步，艺术家们得以在工业社会的有力支持下，有效利用各种技术方法和材料来创造艺术表达语汇。艺术作品之于大众接受过程不再是一种个体艺术家制作的独一无二的物体，而是直接面向大众日常生活的特殊产品。它是一种独到的文化表达形式，也是用诸如壁画、书籍、挂毯、玻璃、马赛克、幻灯、荧光灯、电影或

---

① [匈牙利] 阿诺德·豪泽尔：《艺术史的哲学》，陈超南等译，中国社会科学出版社1992年版，第321页。

电视来进行设计、再造和繁衍的形式化能力；大众从中所感受的，也就是日常身受的环境和生活过程。

也许，当代科学技术之于艺术的巨大渗透可以从不同方面来看待，人们也自可持有完全不同的理解。但无论如何，一个基本事实是：当代艺术发展无法回避科学技术的强大力量，其相互遭遇的结果则是艺术活动、艺术家、艺术作品更多地面向整个社会文化构成中的大众利益，而不是孤单地存放在艺术家个体作坊中。其如当代大众传播媒介和传播方式迅速发展、大众传播范围日益扩大，已经日复一日地改变了当代大众的文化表达和感受经验及其审美方式、审美趣味能力；广播、电视、卫星传播等的发达，甚至改变或创造了艺术活动的形式。一百多年来，电影从它诞生开始，一步步地通过技术引导而发展成为当今最普遍的大众艺术形式，"它的命运却被技术和制片人的经济条件预先决定了。由于生产、复制及发行方法的特点，从一开始它就特别适合成为一种公众的消费品"；"它可以利用图画和讲话，音乐和色彩，无限的空间和时间，多得数不清的演员和永不枯竭的财富储存，在公众的思想上创造一个十全十美的幻境"，其"之所以如此，是因为所有这些手段出乎我们能想象到的，都贴切地各就其位"①。由此，当代艺术家不可避免地转向技术，以之为艺术活动的更加直接的手段和方式；当代艺术活动注定在这样一种变化了的文化／生存环境中，依赖科学技术力量来扩大自身的内在张力。就像电影的拍摄材料和技术进步所表明的：随着科学技术水平的提高，电脑制作渗透进视频技术而使摄录设备的功能更加齐全、性能更趋完善，从而打破了以往认为录像片色调与清晰度不如电影的看法，并进而扩大了电影本身的表现能力——1972 年，美国好莱坞制作了第一部用磁带拍摄的电影《为什么》，1975 年法国电视电影公司则尝试用

---

① ［匈牙利］阿诺德·豪泽尔：《艺术史的哲学》，陈超南等译，中国社会科学出版社 1992年版，第 348 页。

磁带拍摄电影，使得"磁转胶"技术的成功不仅表明了录像摄制电影的工艺过程，更重要的是，当录像视频设备与电脑联机之后，更带来了电影作为一种当代大众艺术本身的奇异绚丽风采①。当年的《星球大战》《超人》，近年里的《哈利·波特》《终极者Ⅲ》《指环王》等影片在世界各地观众中引起如此巨大的震动，就足以证明电影依赖技术来扩大自身张力的可能性。应该说，正是由于这种艺术的内在张力极大地内化了科学技术的力量，因此，对于我们来讲，肯定科学技术在当代审美文化领域的客观性，肯定当代科学技术发展之于艺术和艺术活动的广泛改变，是我们深刻理解当代艺术大众化努力的必要前提。

当然，艺术大众化过程所要求的艺术活动、艺术家、艺术作品与大众的广泛对话，其所根据的一切文化背景最终通过艺术观念来发生现实作用。在这里，整个当代艺术观念的转变是实现大众对话的关键。即便是对当代科学技术力量的肯定与内化，也同样首先通过艺术观念内部的普遍确认，即今天许多艺术家所认识到的"技术具有一种赋予事物以生命的力量。而且技术为我们强化和扩展这种赋予事物以生命和意义的意向提供了手段"②，进而才成为一种审美文化的现实。所以，我们完全有理由认为，在当代审美文化中，经由艺术活动、艺术家、艺术作品与大众对话而实现的艺术大众化过程，其发生学意义上的当代文化背景一定隐藏在整个当代艺术观念的具体立场之中。事实上，当代艺术观念的流变，已经充分证明了这一点。而所有这一切，非但没有破坏、反而强化了艺术观念之于艺术本身的恒久力量。由此，当代艺术在审美文化层面所发展起来的自身大众化努力，才在各种艺术观念的有力支持下，最终持续地开辟了一个与当代文化、当代大众利益相呼应的艺术时代。

---

① 参见汪天云等《电影社会学研究》，上海三联书店 1993 年版，第 57—58 页。
② ［美］J. 西赖特：《现象艺术：形式、观念与技巧》，见《艺术的未来》，王治河译，北京大学出版社 1991 年版，第 83 页。

三、艺术：大众对话时代的"跨越"

艺术的大众化努力，在当代审美文化中实现了一种"跨越"：现实生活方式向艺术活动、日常生活经验向艺术经验的跨越。其结果则是"只要能够体会自身的审美经验，人们就可能使生活成为无止境的玫瑰花与欢乐"①。

不过，这一"跨越"并非直接达到了艺术超越本身。实际上，我们现在所能真正看到的，是艺术和艺术活动在当代审美文化领域的某种现实"跨越"形式，而非真正意义上的文化超越。这正是当代艺术大众化努力的真实而深刻的文化本质。如果说，当代艺术与大众对话的过程，在人类文化活动的审美形式上有可能深刻指向生命超越的本体价值，那么，此时此刻，它却只能借助这种现实的"跨越"形式而显现自身：生命的终极意义并没有直接出现在当代艺术大众化努力的现实形式中，而是作为一种生命本体，在现实生活方式向艺术活动、日常生活经验向艺术经验的"跨越"中被艺术本身及其大众接受过程逐渐自觉。

从文化性质方面分析，当代艺术在大众对话时代所实现的"跨越"表明：

第一，今天的艺术已直接进入大众日常生活领域，对当代人的文化/生存环境和文化实践进行直接审视，从而强化了大众与艺术间的相互亲近感。"大地艺术"之不满足于传统的在画廊、美术馆及私人房间里展出作品这一形式，就是很好的说明：艺术家直接在人们生活中熟悉的风景地进行创作，把在"大地"上能够引起观众注意的活动拍下照片，以此突出表现人类生存的当下环境特征；观众在这一艺术接受过程

---

① [美] 欧文·埃德曼：《艺术与人》，任和译，工人出版社 1988 年版，第 9 页。

中所感悟的，不仅是艺术家的作品，更是对自己生存活动及其变化境况的直接观察。从这个角度来看，当代艺术大众化努力所展开的大众对话时代，实际已从当代审美文化实践方面把人的自我文化理解的可能性更加突显了出来。这也就是巴思所说的："读者并非在聆听某个专家关于世界权威性的叙述，而是与某种业已存在的事物不期而遇，就像一块岩石一只冰箱那样。"① 正是在这个意义上，艺术才不是高高在上、与大众日常生活相分离的神圣对象，从而它才可以切实履行自身的现时代文化责任。

第二，当代艺术与大众接受过程之间已由传统的那种作品对于接受者的单向展示方式，积极地转向了人与艺术、生活实际与艺术活动的双向动态交流，大众在艺术中所直面的就是自己的文化/生存状态；阻隔艺术与日常生活、艺术家与普通大众、艺术过程与文化现实之间的壁垒已被推倒，"为艺术而艺术"不再能够成为当代审美文化领域中艺术的唯一准确标志。在某种程度上，艺术家和全体大众一样，都在生活中努力表达着一种文化态度、人类全体的情感状态，只不过艺术家先行了一步，或者说更熟练掌握并在自己的独特行为中先行实现了这种表达，以此与社会大众共同分享表达的过程和结果。就此而言，艺术作为"先锋"的概念确实是深有意味的——当然，这并不是指它现在还能像有些人所想象的那样是一种孤立前行的怪物；相反，它之所以成为"先锋"，在于艺术活动、艺术家与大众文化追求、文化利益的一致性以及艺术活动与大众接受的文化互通性。作为当代审美文化领域艺术大众化努力的结果，这一双向动态交流的实现，也可能使人们自身日常生活现实在交流行为中被放大到大众直觉把握的地步。汉森的《游客》就在一个为人所熟悉的视觉造型上，使"身体已经变成商品"这一文化现实得以在观

---

① 转引自［美］佛克马、伯顿斯编《走向后现代主义》，王宁译，北京大学出版社1991年版，第266页。

众回视自己的过程中化为一种人的具体文化感受。

第三，当代艺术和当代文化一样，拒绝把理想主义提前到现实生存环境之中。当代艺术介入生活的深度，使它义无反顾地与大众携起手来，共同面对复杂的当代现实，交流相互间的复杂情绪，在当代文化进程中为自己挣得一片天空。艺术不是艺术家的个人庇护所，而是现实文化/生存活动的一种表达样式，人们在艺术活动中直面的就是现在的生活。换句话说，当代审美文化中的艺术功能已经以对日常生活的直接切入，代替了那种对现实之外的理想的尽情赞美。它对当代文化/生存现实的直接审视，一方面出自当代大众对自身生活的直接要求、人对现实状况的满足或不满，另一方面则同时是当代文化的直接隐喻——隐喻了文化变迁中人的自我审度过程。也因此，当代艺术能够在今日世界里充分多样地运用新的艺术语汇，直接与大众在日常活动层面进行对话。从这一点来讲，当代审美文化领域中艺术与大众对话所实现的艺术大众化努力，有着具体而可靠的基础；它不是把一种先在的、理想主义的设计植入艺术活动中，而是在向大众呈示现实文化/生存环境的直观形象方面产生出自己别具一格的价值。

作为一种文化"跨越"形式，大众对话时代的艺术过程"只是文化的一个组成部分，就是说，只是克服生活辛劳这件事的一个组成部分。甚至连艺术的生产也是得首先理解为文化的生产的"[①]。

从当代审美文化本身来看，当代艺术的大众化努力在艺术活动、艺术家、艺术作品与大众对话的过程中，必然产生这样两个问题：其一，艺术大众化努力、当代艺术与大众对话的广泛性，是否确实产生了一种新的艺术合法性？或者说，当代艺术怎样确定地成为一种当代的文化活动？其二，不断走向大众对话时代的当代艺术显然潜在着"庸俗

---

① [联邦德国] 巴琼·布洛克：《作为中介的美学》，罗悌伦译，生活·读书·新知三联书店 1991 年版，第 37 页。

化"的威胁，我们对此应当怎样加以理解？

应该看到，这两个问题比之我们前面已有的考察和叙述更为复杂。在这里，不仅"艺术合法性"是一个必须追究的理论对象，而且，由于当代艺术的大众化努力本身仍在遭受许多人的指责，因而客观分析、阐释当代艺术的大众化努力及其过程，便向作为文化批评的当代审美文化理论提出了一种挑战、一种要求。这也就是说，在当代文化／生存环境和艺术现实面前，当代审美文化理论不仅要说明当代艺术发展的本质，还应能够解释当代艺术大众化努力的内在文化意味。我们所说的"艺术合法性"和艺术对"庸俗化"威胁的自身理解，其实已不是一般美学或艺术学所能予以彻底阐明的，它必须依赖当代审美文化理论的批评力量加以深入探究。

在一定意义上，当代艺术的大众化努力已经改变了艺术的传统色彩——既影响了艺术、艺术活动作为当代审美文化的具体存在样式，也一定地改变了艺术和大众日常生活、艺术家和大众的传统关系。因此，任何一种对当代艺术的理论审视，在今天比之以往任何时候都更加复杂了。对当代艺术的理解，倘若仍旧站在艺术家个人活动的立场上，将难以透察或必定会产生迷眩。由于当代艺术已从艺术家个人内心独白变成为社会大众的文化沟通／交流过程，艺术活动成为人们所从事的直观自身文化／生存环境的一种独特精神方式，因而对于当代艺术大众化努力中的"艺术合法性"及其作为人的文化活动的理解，总是涉及对整个艺术传统和许多固定的艺术观念的重新阐释，涉及当代人类文化活动本质与艺术观念之间关系的全面把握。换句话说，当代审美文化理论之于当代艺术阐释的必要性，最基本的、也是前提性的，在于对艺术观念的重新审视，包括对"艺术是什么"问题的理论辩证。

艺术对于人的生活及其文化现实的表现，其根本归途是通过艺术活动刺激、强化人内心的文化意识，在艺术享受中体验自我生命的困厄或喜悦；人的永恒生命精神冲动始终是艺术表现的对象和艺术自身价值之所在。但是，艺术对于人的文化意识的强化，并不是单一向性的过程，其中同样包含着人对于艺术的选择。所以，艺术只有在各种方式的表达过程中才能全面满足人的要求，实现强化的效应。尽管当代艺术的大众化努力可能在审美文化领域产生"庸俗化"的问题，然而，"庸俗化"并不是艺术大众化的等同物。当代艺术所面临的重大问题，是如何在一种与传统观念不同的背景下，从整个当代文化层面来把握自身的追求——这里，我们仍将涉及"艺术是什么"问题的重新阐释。

更何况，在一个业已进入经济全球化高速发展的发达商品时代，艺术想要完全拒斥商品社会的"庸俗化"几乎是不可能的。问题在于，当代社会经济及商品观念的发展，作为人的文化现实/生存环境，是否可能从艺术生产和艺术消费是一种当代生活方式重要组成部分这一方面，促进更多具有创造性的艺术和艺术家产生出来，从而使"庸俗化"威胁被消解在人的普遍的艺术活动及其自我享受当中？甚至，如果我们能够从积极的方面，而不是在否定的意义上面对艺术的"庸俗化"问题，那么，我们就可能像斯金纳（B·F·Skinner）那样大胆地看到，"也许一种勇敢的庸俗比任何别的东西都更可能使我们培育起一片土壤，更多的具有创造性的艺术家将从这里产生"①。

在这个意义上，我们可以想象，当代艺术的发展及其现实，必定要求当代审美文化理论一方面能够对艺术的当代性质和追求进行有效阐释——传统美学理论对此往往显得苍白无力；另一方面，当代审美文化理论又必须能够在当代文化的丰富现实中，调整自己对艺术的审视方式和理解观念，真实地把握当今文化时代中人的现实生命实现过程。

诚然，当代艺术的大众化努力，其与大众文化意愿和文化活动的日益紧密联系，既体现了艺术的大众对话时代的种种风貌，也延伸了当

---

① ［美］B.F.斯金纳：《造就创造型的艺术家》，见《艺术的未来》，王治河译，北京大学出版社1991年版，第75页。

代审美文化理论之于艺术阐释的广阔前景；既突出了当代文化活动及其性质的深刻变迁，又促进着当代审美文化批评向文化建构领域的拓进。面临今天的艺术形势，当代审美文化理论及其批评实践不仅不可能拒绝对当代艺术大众化努力及其过程的必要阐释，而且必定在当代审美文化、当代文化建构高度进一步强化自己的阐释能力。

（原载《思想战线》2005 年第 2 期）

美学的改变

——从"感性"问题变异看文化研究对中国美学的意义

一、"感性"问题的两方面特性

对于当代中国美学来说，过去 30 年里有两方面大的倾向值得我们认真对待：其一是 20 世纪 80 年代以"审美研究"为中心的各种理论建构；其二则是崛起于 20 世纪 90 年代、借力于"文化研究"而获得迅速展开的审美文化批评。在这两方面的倾向中，其实都存在着一个"如何确立感性自身意义"的问题：在前者，"感性"问题主要是被置于审美认识系统内部来予以把握，即如何和怎样在同人的认识理性的关系方面，发现感性活动在审美中的具体存在，进而选择和确定其在美学上的结构性位置。在这个意义上，"感性"问题对于当时的中国美学来说还主要是一个认识论话题。也因此，20 世纪 80 年代的中国美学基本上属于哲学内部的认识研究范式，包括当时非常流行的各种审美心理研究、审美教育研究等等，大体都没有脱离审美认识系统的框架。在各式各样强调"审美研究"的美学理论中，"感性"的存在价值具体体现在它与人的认识理性的对应关系之上，亦即"感性"的完整性和丰富性不能离开理性在审美认识系统中的确定性和规范性。就此而言，在整个 20 世纪80年代，中国美学以追求建构"完备"的体系化理论为目标，正是适应了这种需要——它既合理地强化了美学作为哲学认识论的学理身份，又弥补了过度张扬人的认识理性的美学理论之结构性缺失，并向当时的中国美学和美学研究提供了一种新的建构前景，实现了"拨乱反正"时期中国美学对人的审美权利的热情期待。

然而，进入20世纪90年代，对于借助"文化研究"而展开的审美文化批评活动来说，"感性"问题却已然超越了一般认识论的层面："感性"在这里并非一种结构性的存在，也不是同认识理性处于直接对应关系中的存在；它被归于人的当下生活语境，是人在现实中的生活情感与生活动机、生活利益与生活满足的自主呈现，同时也是人的直接生活行动本身。在这个层面上，"感性"体现了与整个认识系统的关系疏远化、与人的认识理性的关系间接化，既不再具体受制于认识理性的制度性要求，也不仅仅囿于其自身作为认识活动在审美认识系统中的既有位置，而是以一种自然存在的方式作用并显现为人的直接现实的生活形态。因此，对于在文化研究系统中展开自身的审美文化批评活动来说，"感性"问题的存在论特性才是根本——尽管它的认识论性质依然不可忽视，但问题的核心已经发生转移，不再是一般意义上如何确立感性在哲学认识论系统中的结构性身份，而是如何在感性的现实呈现中确立"感性意义"的独立形象。

这样，我们发现，在审美文化批评中，"感性"问题其实具备了看似对立、实际在共同文化语境中相互关联的两方面特性。首先，在当下生活实际中，"感性"并不构成认识系统的存在本体，而是作为当下存在现象直接呈现着，所以，在审美文化批评层面，"感性"问题同作为认识系统主导因素的认识理性之间并不发生直接对应关系，具有相对于认识理性的间接性——从这个意义上说，以人的认识理性的规定性来责备当下现实中人的各种感性满足和利益实现要求的非正当性，不免有些文不对题。在人的当下生活层面，感性的生活情感与意志、生活利益与满足在形式上是自足的，在内在性方面则是自然合法的。由此，在审美文化批评活动中，"感性"问题根本上体现了一种由感性与理性关系的间接性所造就的非对抗性质。感性存在的自足性并没有直接破坏理性在认识关系上的绝对性，而理性在认识系统中的权力同样也不可能自动生成为当下生活的必然性干预力量。

其次，在审美文化批评范围内，"感性"问题体现了相对于人的当下生活的直接性。"感性"问题生成于当下生活过程，在很大程度上就是人的当下生活本身，当下生活活动的存在形象通过"感性"方式获得具体呈现。就像手机的使用功能离不开手机的品牌形象价值及其不断翻新的外部造型，人的各种当下生活动机、利益也同样呈现于生活本身的实现形态之上；当下生活的存在意义，决定于它所能获得的感性呈现方式、所能实现的感性呈现结果。这样，在人的当下生活动机、利益与其满足实现之间，便基本上不存在认识上的中介环节，可以直接通过生活的感性存在形象得到有意识的确认。显然，这种相对于人的当下生活的直接性特性，一方面具体表达了当下生活本身巨大的感性实践功能，另一方面则生动再现了当下生活与"感性"问题的同质化过程，从而也决定了审美文化批评活动必须超脱一般认识论，放弃对认识理性的固有信仰与理论执着，从当下生活实践本身出发去阐释生活的感性功能，介入人的当下生活之中体会生活满足的实践形象。

二、文化研究为中国美学带来新可能

从上述方面来看"文化研究对中国美学的意义"，可以认为，人的当下生活与"感性"问题的同质化过程，实际上已经最大程度地"直观化"了人的感性实践要求和利益满足，因此，对于当代中国美学来说，20世纪90年代以后文化研究理论与方法的大面积引入和利用，其最大和最现实的意义，莫过于推动并引导美学在学理层面实现自身重大改变，即：通过审美文化批评活动的确立和展开，一方面，美学把关注点从作为认识本体的"感性"意义方面，迅速而现实地转向作为当下生活存在的呈现方式与呈现结果的"感性"实践，在理论建构的指向性上突破了以往一以贯之的哲学维度，为进入新世纪中国美学在"泛美学"（而非"反美学"）领域争取到新的理论生成空间。近年中美学界关于"日常生活审美化""生活美学""生态美学"等的讨论，其间所折射出来的对美学认识论话题的反拨，无疑就得益于这种理论建构的指向性转换。在这里，我们有必要指出两点：第一，20世纪90年代以后中国美学在"泛美学"领域的理论扩张，主要体现在美学话语由学理深刻性逐渐向批评的敏锐性过渡，玄虚的思想开始被广泛的指涉代替，这就大大增强了审美文化批评介入现实文化的具体能力，提升了美学话语的现实效力。第二，"泛美学"的身份不仅带来了美学话语形态的重要改变，也直接改变了美学的对象形态。审美文化批评活动不再限于以人的理想精神、心灵境界作为讨论话题，而是通过批评活动的不断展开，力图在更加宽泛的层面上把人的当下生活的现实形式当作直接对象，从而实现了美学问题由抽象领域向具体领域的转移。

而在另一方面，随着文化研究的持续深入和不断讨论，人的当下实际生活情感与意志、生活利益与满足，包括人作为感性存在本体的现实享乐权利和享乐机制，也越来越受到审美文化批评活动的高度关注。它既成为审美文化批评活动的现实立场，同时也体现了当下文化语境中美学对人的生活价值体系的重建意图。因为毫无疑问，在审美认识系统中，感性的存在价值一直是被美学怀疑和警惕的——感性存在不仅是审美认识系统的低级层次，而且是对人的纯洁的理性身份的一种极具杀伤力的威胁，所以在美学所设计的生活价值体系中，感性仅仅具有、也只能具有认识系统的构造性价值，而从未获得过真正的自足性。人作为感性存在本体的现实身份同样也被美学所拒绝。而现在，当审美文化批评活动具体涉及人在当下语境中的生活现实，"感性意义"的形象价值则开始独立于审美认识系统，成为审美文化批评活动的直接对象。对于审美文化批评来说，需要面对的主要问题不是如何为人的当下生活建立一道对抗感性入侵的"防火墙"，而是如何在当下生活感性的现实呈现中寻求意义的传达，在当下生活的感性丰富性中"合法化"人作为感性存在本体的现实身份。这样，人的生活价值体系的重建便成了美学无法逃脱的一项现实责任。这项责任显然无法在美学认识论体系中完成，它只能借助新的研究范式——文化研究的理论和方法加以应对。

归结起来，由于"感性"问题由理论向实践、认识系统向生活存在本体的现实转移，文化研究的引入与展开为中国美学带来了新的可能。20世纪90年代以来审美文化批评活动的发生、发展，明显证明了这一可能性前景的鲜活力量。它既改变了中国美学的存在格局——以"审美研究"为中心的理论建构工作的式微，同时也为更加有效地建构美学与当下生活的关系提供了方向——在肯定的意义上完善生活的美学价值。

（原载《文艺争鸣》2008年第9期）

"去"之三味：中国美学的当代建构意识

美学界所有人都不会轻易忽视过去 30 年中国美学发生的改变。那些改变的重要之处，也许并不在于它们向我们提供了某种崭新的理论体系和方法，也不在于中国美学借助 30 年"改革开放"而在整个人文学科中变得如何重要。实际上，过去 30 年中国美学所带来的最重要改变，是它第一次通过对整个社会文化和大众生活进程的深切体认，初步完成了有关"当代建构"的美学意识，形成了一种以"当代性"姿态挑战既有美学建构方式的开放性话语。

一、"去体系化"的美学态度

所谓"当代建构"的美学意识的完成，主要体现为：

经历了以严整结构方式精心设计各类美学概念、理论和体系之后，最近 30 年，我们越来越多看到的，是一种日益明显的"去体系化"的美学态度，以及在这一态度之下人们所从事的各种理论工作。可以认为，以体系化方式满足理论上的"完善性"冲动，属于从鲍姆加通以来美学的普遍建构形态，它要求的是对于那种从概念到理论再到理论间关系的清晰表达与逻辑呈现。就这种"体系化美学"建构方式本身而言，重要的不是美学对外部世界的陈述能力，而是美学在自身理论内部进行"自陈述"的必要性与圆满性。因此，通过理论建构所形成的，其实是一种美学话语的"自我权力"——这种权力的行使不需要"证实"，但却追求"证明"，即通过理论的建构来实现理论的内部圆融，其如康德、黑格尔的美学。这一建构方式曾经被中国美学运用了几乎整整一个世纪，直到最近30年里才逐渐式微，开始被"去体系化"的美学建构意识所代替。借着文化开放的机遇，中国美学学者在最近30年里努力追随世界性学术潮流，把"去体系化"的建构意识发挥得淋漓尽致：一方面，人们开始不满足于美学仅仅沿袭"体系化"的旧路子，强烈的学术趋同性追求使人们学会了从后现代理论拿来各种"去"的立场，力图在美学建构的"去体系化"姿态中寻得与世界学术的一致性。另一方面，长期以来对"体系化"建构的力不从心以至心生倦怠，以及最近30年里各种理论资源的迅速丰富，导致中国美学学者尝试避开艰苦而难见成效的"体系化"建构思路，把更多精力放在破除体系建构之后的"散点式"理论陈述工作之上，希望借此将美学的话语权利由"自我实现"转向更加明确的"社会／文化实现"方向，体现美学在当代中国语境中的新的生存。显然，以"去体系化"为目标，30年来中国美学不断寻求的，正是一种由内向外、由自我陈述到社会／文化陈述的转向。这一转向的结果，就是我们现在已经能够看到的，"体系化"美学不断走向"去体系化"之后的"泛美学"——中国美学的当代建构越来越倾向于话语权力的社会化。

二、"去本体化"的立场

与以上情势相联系，在美学建构意识层面上，中国美学"去本体化"的立场同样十分突出。这一点，集中体现在20世纪90年代以后，中国的美学学者几乎"集体性"地转向了由文化研究／批评主导的审美文化研究，并且这种转向态势迄今势头不减。如果说，追求美学的本体化建构曾是 20 世纪中国美学直至 80 年代后期始终顽强不屈的理论意志，它不仅引导中国美学学者很长一段时期里孜孜寻求美学问题的终极解决，努力完成美学对人类生存和发展的最终承诺，而且这种本体化的美学建构意愿也直接制约了人们对美学和美学问题的基本认识。尽管历经数次"美学热"，中国美学仍未能在"本体化"追求中真正展现令人满意的理论前景，但人们又似乎在"本体化"建构之外无从发现中国美学的前途。直到 20 世纪 90 年代，中国文化情势的巨大变化，特别是以市民利益为核心要素的大众文化的迅速崛起，以及西方后现代文化思潮的大规模进入，才使得中国美学学者有机会置身前所未有的理论重建语境，以前所未有的理论勇气打破预设的"本体化"美学建构立场，借助"美学话语转型"讨论而转向对文化问题的高度关注。在这里，有两个方面相当引人注目：其一，在理论诉求上，美学开始不再以寻求"终极解决之道"作为自身的现实目标，而突出强调了美学问题的现实文化依据以及美学对现实的回应能力。在自行解除了"终极思想者"身份定位之后，美学不断向着"现实问题的回应者"方面进行积极转化。这种身份定位急速转化的结果，就是近年间美学学者"学术话语权"的迅速扩大、美学问题针对性的日益明确——这一点，正同上面所说的"倾向于话语权力社会化"的美学当代建构倾向相一致。

其二，在理论话语层面，美学逐渐脱开"玄思"方式，不断寻求自身作为一种"批评话语"的可能性。早在 20 世纪初，以西方近代美学作为引进、学习对象的现代中国美学，曾经在理论建构上直接承续了依照逻辑思维规律展开的抽象话语方式；理论的严密性和系统性往往直接建立在高度的抽象性和概念性基础之上，而思想的深度性同样离不开逻辑推论的完整性和严谨性。在俯视现实（包括各种具体艺术活动和现象）的思想云端，美学始终标举着不涉功利的精神纯洁性旗帜。直到

20 世纪 80 年代，中国美学界仍然牢牢坚守着这一抽象思想的阵地。尽管美学的理论玄虚性也已经开始面临各种"应用美学"的挑战和切割，但依赖概念的抽象话语仍然占据主流——从 80 年代出版的上百种教材性质的"美学概论"那里，其实可以非常清楚地看到这一点。进入 90 年代，由于文化研究的兴起和推动，"玄思"的美学发生动摇。一方面，面对概念抽象和逻辑推论性质的思想"深度"遭遇到的各种质疑，人们由怀疑"深度"的可能性而怀疑纯粹抽象思想的美学建构前景，逐步转向放弃单一逻辑思维形式的精神考察活动。对各种艺术／审美现象的实际热情代替纯粹思想的方式，敏感而非推论的现象批评置换了抽象分析的权威地位。在这一过程中，美学作为批评活动的理论前景开始展现，"美学批评"塑造了美学新的理论形象。另一方面，作为"批评话语"的美学，更多地把视线投向以"形象"方式呈现的各种文化现象，而各种文化现象本身的易变性、多变性和杂多性，决定了纯粹思想的乏力和理论抽象的空泛。美学"批评"在面对批评的对象时，不能不放弃曾经的抽象思想原则，改以具体描述方式"细读"各种现象文本，进而为美学实现自身的文化批评权力确立基本前提。

其三，更为重要的是，对"审美本质论／绝对论"的质疑，成为美学反思自身建构局限的具体成果。这一点，在经历 20 世纪 80 年代"美学热"热情呼唤"审美回归"之后，显得尤为触目。事实上，80 年代"美学热"的兴起，很大程度上是"审美本质论"的巨大胜利——以"审美论"反拨"政治论"、以审美绝对性抗拒政治意识形态一统地位，是改革开放之初中国文化"拨乱反正"、实现"正本清源"的重要举措，也是美学重建理论话语和学术本体的基本姿态，其核心在于张扬"审美"作为人类精神话语的主导权力，还原审美活动的纯洁性，捍卫人类审美的精神至上性。这一姿态体现了两方面坚定立场：一是肯定人类艺术／审美活动的超越性价值，二是肯定审美原则的精神普世性。在根本上，这两方面立场最终呈现的，其实是一种坚定的本质论立场。尤其当这种"审美本质论"美学主张彻底战胜了"政治挂帅"的美学理论之后，其本身便完成了向"绝对论"美学的理论转移——美学是一种审美的理论并且只能是关于审美的理论，除此之外，美学便不可能成为它本身。也因此，美学研究就是一种关于审美问题的讨论，美学理论就是一种有关审美问题的理性。显然，完成了这一转移的美学，已经把"审美本质论"改造成了一种"审美绝对论"，进而也拒绝了一切"非审美"或"反审美"因素进入美学视野的可能性。就此而言，90年代以后中国美学界发生的对"审美本质论"的质疑，显然是具有颠覆性的，因为它指向的恰恰就是"审美"的绝对性价值和仿佛无可动摇的地位：一方面，因为这种质疑，"审美"之外的种种"非审美"或"反审美"现象、因素开始被人们关注和讨论，"审美"之于美学的唯一性由此发生动摇。而动摇一旦发生，改变也就在所难免。更何况，90年代以后中国社会文化的巨大变化，也以鲜活的形象动摇着人们对"纯粹审美"的美好信仰。另一方面，对"审美本质论"的质疑，不仅拒绝信仰审美原则的精神普世性，同时也不可避免地带来对倡导精神纯洁性的美学权力的怀疑。从一定意义上说，90年代以后强调"审美本质"的美学建构的式微，正反映出一种特定美学权力的解体、精神绝对性的丧失。从中我们可以看出，90年代以后中国美学界向审美文化研究的转向，实际也就是一种重建理论信心、重建话语权力的努力，只不过这一努力的目标已不再是绝对化的审美价值话语，而是一种"审美相对主义"的理论趣味。可以说，"本质论"的美学时代已经过去。

三、"去理性至上化"的理论倾向

近30年中，尤其是进入21世纪，"去理性至上化"作为一种日益清晰和确定的理论倾向，逐渐凸现为当代中国美学重要的建构意识。实际上，现代中国美学引入西方话语的一个主要形态，就是它始终把理性与感性的关系处理为"内容与外观""精神与精神显现"的关系。在这一关系中，感性的不可或缺性乃源于理性的表达需要，而不是理性的实现需要，更不是感性自身的需要。感性的位置已如当初鲍姆加通所规定的，是人的低级层次的满足需要、从属（理性）的需要。也因此，对于人的感性来说，其天然低微的出身只有借助天然高贵的理性，才可能被合法化并且获得认可。可以认为，在整个美学体系中，感性权利首先不是自主性的，而是被赋予的——依赖理性的赋予；感性的价值不是其自身所决定，而是由人的理性活动所主导。很明显，建立在这种感性与理性关系上的美学，其强烈的认识论指向其实已经预设了感性与理性两者的主从性、层级性。长期以来，中国美学在自身的现代建构路向上所追求的，正是这种认识论意义上的层级化理论架构。至上化的理性不仅规定了人们对待感性的价值态度，也确立了美学对待自身的立场——对一切感性话语始终保持一份警惕的态度，唯恐感性的不良企图玷污了理性的名声，进而危及人类精神的纯洁性。然而，这种对理性至上性的崇奉，在 20 世纪 90 年代以后遭遇了前所未见的动摇。中国社会文化本身的感性化取向，以及理性至上性话语在实际生活中的有限性，促使人们重新思考理性与感性的关系问题，并在其中引入对感性存在合法性的思考。人们一方面相信感性话语在认识论层面仍然是有限的和不完善的，因此必须加以限制；另一方面又开始承认，仅仅依靠理性的制度性权利也是有问题的，甚至可能产生更大的危害。因为对实际生活的人来说，感性问题不仅是一个认识论问题，同时是一个生存论问题。尤其在美学范围内，人的感性权利之于人的生存活动，更多体现出生存论的特性。这种生存论意义上的感性和感性活动，与人的理性权利一样具有自主的价值，并且更加生动、更加具体直接。应该说，这种对感性权利的重新认识和肯定，在否定理性至上性的天然本质之际，其实已经把美学从认识论体系引向了生存论的维度。正因此，有关"身体"问题以及"日常生活审美化"等等，才有可能被讨论并成为中国美学的热点话题。质言之，"去理性至上化"既是当代中国美学的一种建构意识，也是中国美学在当代文化语境中的一种建构策略和方式，它所指向的，不仅是具体的美学理论，而且是人和人的生活的价值体系。

历经 30 年，中国美学在"去体系化""去本体化"和"去理性至上化"的过程中，明确地呈现出一种"当代建构意识"。这一意识作为当代处境中的中国美学对于自身历史的反思性批判，其中既包含了强烈的颠覆性，又体现了积极自觉的建构意愿，因而它也是一种具有重构性质的理论意识。当然，对于我们来说，近 30 年中国美学之"去"，并没有解决所有的问题，它迄今仍遗留了两方面需要我们深刻讨论的问题：其一，"当代建构意识"并不等于"当代建构"本身。那么，中国美学真正的"当代建构"又应该是什么？它如何可能？第二，"去"的合法性既在于"去"的过程，更在于"去"的有效性，它意味着"去"本身仍然可能因为缺少充分的理据而受到理论上的质疑。那么，"去体系化""去本体化"和"去理性至上化"又如何可能被证明是有效的？

应该说，这才是中国美学界现在真正需要面对和深思的问题。

（原载《江苏社会科学》2008 年第 4 期）

文学研究："后批评"时代的实践转向

一、常识性观念及其肢解

从客观上讲，自有文学活动以来，存在于整个人文精神领域的文学研究活动，乃是作为一种人类理性批评的抽象实践活动而出现的。就像韦勒克和沃伦所指证的那样，文学研究"这一观念已被认为是超乎个人意义的传统，是一个不断发展的知识、识见和判断的体系"[①]。显然，所谓"超乎个人意义"，要求的是文学研究具有某种抽象的普适性；而作为一种"不断发展的"体系，文学研究似乎又被要求必须能够充分确认主观经验向客观知识的转换及其转换过程。

尤其是，当人们已经习惯于把文学研究当作对于文学这一"人类精神的创造性"过程（具体表现为"作家——作品——阅读"）的规范性分析和特定把握的时候，人们赋予文学研究（包括文学理论在内）的重要特性之一，常常就在于强调和肯定：一方面，文学研究呈现出了批评实践的内在性过程——经由文学研究的抽象活动而达到对于文学文本

[①] ［美］勒内·韦勒克、奥斯汀·沃伦：《文学理论》，刘象愚等译，生活·读书·新知三联书店 1984 年版，第 6 页。

结构的解读；另一方面，它又使得文学的批评话语的运用和控制，系统化、客观化为一种凌驾于文学和文学活动之上的理性制度。质言之，对于文学研究和文学研究者来说，能否透过并最终超越文学的经验层面而实现知识话语的理性有效性，构成了文学研究的本体根据。

正是这样一种对于文学研究的一般性认识和常识性的观念，在今天这个时候，已然被当代文学研究的理论实践过程本身大大扩展了，甚至可以说是被肢解或破坏了。当然，这并不是说今天的文学研究已不再是一种企图以知识权力面目出现的抽象实践——在这一点上，文学研究在今天这个时候较以往常常是有过之而无不及。我们所谓文学研究对于常识性观念的肢解或破坏，主要是指证今天的文学研究在继续保持自身作为一种抽象批评实践的同时，文学理论家们已经大规模地突破了原有的文本阈限和解读规则。对于今天的文学研究来说，除了继续拥有原来那种强烈的知识权力企图以外，针对文学经验层面的"超越"开始发生重大转向；文学研究开始从文学文本这一特定方面转向了更大范围的"泛文本"维度——尽管在这一转向中，文学研究的本体根据没有发生实质的改变，但是，实现文学研究之本体根据的学理立场却发生了实质性转移。而现在的事实是，文学研究通过自身这样一种实践转向，越来越倾向于在"文化研究"的旗帜下标榜自己的意识形态姿态并行使自己的文化话语权。

二、"泛文本"立场及其"后性"特征

正是借助了"文化研究"所潜在的意识形态力量，今天，文学研究从"泛文本"的立场出发，直接面对了文学文本语言和叙事性结构以外更为生动复杂的社会—人生过程和经验现象，包括复杂多变的政治意识和政治批评。或者，我们也可以引用伊格尔顿的话来说，在这样的文

学研究过程中，无论"是说话还是写作，是诗还是哲学，是小说还是正史：它的眼界决不小于社会中推论实践的范围，它的特殊兴趣在于把这些实践当作力量与实施的形式来领会"，"如果要把什么东西当作研究对象的话，那就应该是这个范围内的各种实践，而不是那些有时很含糊地标有'文学'字样的实践"①。这也就是说，在把文学文本与更大范围的文化现象、文化问题直接联系起来的过程中，文学研究不再仅仅满足于对特定文学文本的内在分析，而开始从文学的阵地上热情出击，主动寻求纯粹文学世界以外的经验对象和批评可能性，以使文学研究更能全面体现自身的主动性，更能充分实现批评话语与权力的有效连接。也因此，从内在研究向外在研究、从文学文本结构向文学行为语境的转移，便成为我们今天重新定义文学研究的一个极其显著而重要的形态标准。

文学研究的这一转向，十分明确地揭示出：文学研究开始进入一个"后批评"的时代。

概而言之，作为这种"后批评"时代文学研究的"后性"特征之一，首先就体现为文学研究过程的"泛意识形态化"。即：文学研究过程在不断超越单纯的"文学意识"这一特定领域之际，不仅要让自己介入整个社会—文化的意识运动过程，而且它正日益明显地表现出一种强烈的意识形态批评意愿。这也就表明，由于文化研究的当代实践发展及其显著成就，尤其是由于文化研究不断深入到文学运动、文学思潮之中，而文学研究本身也越来越直接并密切着同文化研究的联系，显然，今天的文学研究正在悄悄地改变着自己的学术／社会身份。对于社会—文化的"泛文本"价值批评热衷，不断使文学研究把自己原先对准文学文本语言和叙事性结构的内在批评过程——由于分析哲学、语言学的推动，这种对于"内在的"研究实践的推崇曾经一度统治了文学领域——

① ［英］特里·伊格尔顿：《文学原理引论》，龚国杰译，文化艺术出版社1987年版，第240—241页。

转向了直面大众、直面当下的文本的社会学阐释过程，呈现出文学研究向文化研究 / 批评的直接过渡，并逐渐成为一种特定的意识形态权力的自我行使和确证活动。这里，问题的中心点在于：这种基于文本的社会学阐释过程的文学研究的实践转向，一方面，它在一种似乎表现为“重返”文学的社会——历史批评的过程中，实际却从理论层面上毫无保留地确定了文学现象、文学观念、文学写作和接受等同现实文化建构与价值评价过程的直接联系。对于“后批评”时代的文学研究来说，其理论指向其实并不在于能否真正深刻地揭示文学文本的社会—文化属性，而是要以价值批评的可能性来重新塑造文学研究的社会—文化建构力量，亦即其自身作为一种意识形态的话语—权力构成形式。由此，进入“后批评”时代，文学研究便十足地呈现出在文化权力边缘上对于意识形态中心权力的觊觎。另一方面，正由于今天的文学研究越来越趋向于一种文化研究 / 批评的可能性，因而，在文学研究过程中，实现批评的意识形态权力的前提，不再主要依赖理论上对于文学文本进行精致的语言、结构分析等，而是文学理论家作为文化建构过程参与者的独特身份，以及他们自身在现实社会—文化中的精神处境。换句话说，在“后批评”时代，文学研究者往往更像一个强烈要求社会认同的文化建筑师，他们的文化经验、社会敏感能力及其对待批评过程的态度，既直接决定了文学研究的权力企图，也构成了文学研究“泛意识形态化”的理论前景——自觉地夸大文学的社会价值效应，从而也自觉地张扬了文学研究的意识形态力量。

其次，文学研究的这种“后性”，在理论上还表现为一种“泛审美主义”的价值取向，即有意识地强调审美 / 美学批评的绝对性及其对于现实文化实践的精神统摄性，强调文化价值建构的审美观照立场，由此作为那种以文学阐释为出发点来介入社会—文化批评的价值基础。从表面上看，这一取向似乎突出了审美 / 美学的至上性，突出了社会—文化建构的审美化可能性；而在根本上，“后批评”时代文学研究的这种“泛审美主义"取向，其实是针对了整个社会—文化领域的现实实践过程。文学研究者对于审美的关注，主要不是体现在文学文本的结构分析方面，而是在一种把整个社会—文化实践现象当作具体审美文本的基础上来体现文学研究的现实批评性能力和意义。因而，文学研究中"泛审美主义"价值取向的实质，其实落在了批评的本体化之上——通过审美化途径而再次确立文学研究的现实批评根据。可以认为，这样一种文学研究的价值取向，至少在目前阶段是同文化研究的过程相一致的：强调文化价值的"泛审美"立场，体现价值批评的"审美"依据，正是文化研究中的普遍情形，尽管这种"审美性"本身其实已经超出了古典理解的范围。

文学研究的这种"后性"特征，在一定程度上既造就了当今文学理论较之过去更为强烈鲜明的人文—社会科学特征：文学研究不仅要承担为人的文化实践、精神活动进行价值诊断的工作，还主动突出了自己的社会认识使命和道义责任，突出了自己对于社会—文化现实的价值规范义务；同时，它也强化了文学理论家的职业批评家身份，即文学理论家不仅将关切的目光投在各种具体文学现象上，而且越来越自觉、明确地把自己对文学理论的思维纳入到十分具体的文化现象考察过程之中，甚至是通过文化的考察来呈现文学思维的路向。其结果，文学理论日益活跃在文学性和社会性、学理性与批判性之间；文学研究由文本语言学走向了文本社会学，由文本的解读进一步走向了文化的阐释。文学研究与文化研究的紧密联系，最终造就了一种普遍的跨学科化景观：以文化价值批评为中心的文学研究进一步越过了人们习以为常的"文学"，而定位于具体文化经验、文化行为和整体文化语境之上。理论的超验意识在现实生活世界的实践中，将它自己具体化并且呈现出社会—文化中的血肉形态；文学研究不仅是"文学"的，而且通过文学现象而体现了它的社会—文化批评立场。

三、形象文化资料与文学研究的批评资源

需要指出的是，与传统的社会学的文学理论所不同的是，"后批评"时代的文学研究在与文化研究直接结盟的过程中，不仅实现了文学研究由内在向外在的转向，而且，由于它在当代整体文化语境上更加强调了自己对各种形象文化资料（电影、电视、录像、绘画、报刊、广告等等）的掌握和运用，所以，如果说传统的社会学文学理论所侧重的，主要是从文学文本结构中找出它与一般社会—文化活动的历史对应以及这种对应关系的伦理运动本质，那么，由于"后批评"时代的文学研究实际上更倾向于通过社会—文化批评的广泛联系过程和方式，来表明文学理论的批评/阐释能力同现实文化秩序、权力体制之间的内在对抗，亦即有意识地突出了同现实的各种制度性存在之间的内在紧张，并且试图以此进一步强调文学研究的意识形态独立性和社会介入能力，所以，我们看到，"后批评"时代文学研究的一个显著特点就是：文学研究的社会介入能力、过程以及它的理论确定，总是非常密切地同各种形象文化资料对于现实的揭示和揭示态度相关联；文学研究对于各种形象文化资料的关注，在现在这个时候达到了前所未有的程度，而文学与各种形象文化的当代性关系也因此成了文学理论家们所乐道的一个重要话题。同样道理，正因为对于各种形象文化资料的掌握、运用已经成为文学研究体现和实现自身社会—文化介入能力的重要条件，各种形象文化资料本身的意识形态特性、它们的社会—文化批评能力，便同"后批评"时代文学研究的意识形态效应之间产生了某种直接关联。文学研究不仅把各种形象文化资料直接纳入自己的理论视野，而且还直接进入到各种形象文化资料的内部，从中寻找自己的批评资源。

正像希利斯·米勒所说的："自 1979 年以来，文学研究的兴趣中

心已发生大规模的转移：从对文学作修辞学式的'内部'研究，转为研究文学的'外部'联系，确定它在心理学、历史或社会学背景中的位置。"① 这里，所谓"兴趣转移"，主要就表现为那种对于文化研究的关注和理论热情；所谓"心理学、历史或社会学背景中的位置"，就是文学研究中由文学文本的社会学阐释所确定的意识形态。于是，在这里，我们又可以认为，"后批评"时代的文学研究和文学理论又一次回到了关于人文科学主要是审美的——同人的心理快乐有关，以及是主题的——同社会—文化价值批评相关这样的看法上来了。换句话说，文学研究在与当代特征相联系的过程中，再一次高度肯定了文学理论的新的社会学意义——当然是赋予了新的内容。而这一点，既涉及了文学研究与文学理论的功能转变问题，而且也充分表明：在今天这个时候，人们渴望着提高文学研究的社会地位，渴望着文学理论家身份的新的社会化。

（原载《求是学刊》2003 年第 4 期）

---

① ［美］希利斯·米勒：《文学理论在今天的功能》，见［美］拉尔夫·科恩主编《文学理论的未来》，程锡麟等译，中国社会科学出版社 1993 年版，第 121 页。

当下文化语境与艺术学学科
建构的现实问题

作为人文研究的艺术学学科，不仅包含着理论建构的持久性要求，同时还因为艺术活动与具体文化观念、文化实践之间关系的特殊性而有着特定的"语境性"。文化存在语境既制约着艺术发展的内在方向，也是引导和强化艺术学学科建设的现实出发点。因此，讨论艺术学的学科建构问题，不能仅仅局限在单一学科理论的内部。事实上，在各种学科建构思考的内部或背后，总是纠集着某些基于艺术的文化存在及其实践取向的诸方面判断理性。也因此，当前我们只有首先将艺术学学科建构问题置于文化存在的当下语境，从文化语境本身的基本点出发，才能真正有效地将艺术学学科引向切合当代文化发展实际的建构方向。

一、文化语境的"四化"

可以认为，当下文化语境的基本点，在于"四化"——"去中心化"、分层化、大众化和意义"微化"，它们从总体上呈现着当下文化生产与消费的具体征候，直接体现了当下文化价值指向的基本态势。

第一，作为当下文化生产的意识形态特征，"去中心化"总体表达着当代文化活动的多元价值取向，以及现实文化感受作为人的生活价值经验的多元性。它意味着，包括艺术活动及其审美经验在内，价值体验的唯一性、意义生产的确定性、文化经验的历史性不仅逐渐丧失了其在当下文化生产中的核心与主导位置，也已经难以完成对人的文化的现实阐释。在当下过程中，文化生产不断脱开其原有的价值归趋模式，转而主要依据人在日常生活实践中的直接感受及其所提供的日常经验模式，以便能够现实地完成文化生产的当下展开。具体到艺术、艺术活动方面来说，"去中心化"的文化生产现实，直接关涉艺术和艺术活动的既有知识传统，特别是有关艺术与人类文化关系的确定、艺术存在与人类精神关系的把握，以及我们对于艺术活动与现实生活感受的关系本质、艺术演变与社会进步的关系模式等的有效认定。如果说，我们曾经历史地、并且行之有效地保存了一套用以实现"艺术的"判断的美学话语，那么，在取消"中心"而演变为多元指向的当下文化生产过程中，我们实际上已经很难直接依据既有的文化意识和美学知识传统，对艺术的现实身份作出有效的确认。这一点，也正像法国美学家吉姆内斯在《当代艺术之争》中所指出的："鉴定的缺失自然而然地取消了一切'反鉴定'。"[①] 缺失的"鉴定"正是我们曾经历史地执守的艺术"底线"，而"反鉴定"之"被"取消，则缘于作为"鉴定"根据的既有经验在现实的文化语境中已无所适从，因而"反鉴定"便同样失掉了实施的依据。

第二，作为当下文化生产与文化消费的具体实践形态，分层化所揭示的突出问题在于：一方面，当文化生产权力由原先的高度集中体制转向当下层面更具广泛性的多元分化体制之后，由于不同文化主体对于各自立场的坚守与主张，不同文化利益之间开始出现重新分配的要求和趋势，进而导致文化生产过程的分化，并且在这一分化过程中实现着不

---

① ［法］马克·吉姆内斯：《当代艺术之争》，王名男译，北京大学出版社 2015 年版，第93 页。

同文化主体的利益归趋。另一方面，由于更加自由的文化生产权力的形成，分化的文化生产过程同时也带来对于文化意义的不同体认方式和指向，进而形成不同文化主体在文化感受、文化价值满足层面的分野。更具体一些来说，在当下文化语境中，"分层化"在宏观方面呈现为体制性文化与非体制性文化的分化；而在具体层面上，即便是体制性文化和非体制性文化的内部，也还同样存在着主流意识形态话语、精英文化话语与大众文化话语的不同利益诉求和实践方式。特别是，由于当下文化的分层化是趋于变化的，随着各种新的生活方式出现，不同文化层面之间其实又存在着某种交替转换的形态。因此，考察当下文化语境，最主要的，是要看到文化利益的分化、文化体认与价值满足的差异以及文化主体诉求形态的改变。

第三，大众化或"草根化"普遍地构成为当下文化生产与消费的发展情势。一方面，文化生产与消费的大众化直接联系着分层化的文化语境。在特定的意义上，作为当下文化价值指向的基本态势之一，大众化征候正是文化分层的显著结果。另一方面，文化生产与消费的大众化，既突出实现着对于以"创造性""精神深度"以及"崇高体验"为基本模式的文化价值观念与文化生产方式的具体消解，也更加突出地强调了文化消费实践之于文化价值确立的特殊地位，更加执着地寻求文化生产本身对于人的生活满足感受的直接功能实现。值得指出的是，大众化的文化生产与文化消费，同人在日常实践中的意义获取方式有着直接联系：日常生活本身不再是"无意义"或"低层次意义"的集合之地，它是人的日常感受的出发点，也是人以日常感受方式直接寻求和生产意义形象的过程；人对意义的获取将不再依赖于生活反思能力的具体深化功能，而是直接联系着人自身在日常实践过程中的具体满足感。也因此，普通大众的生活情绪与普遍欲求开始直接进入文化生产与消费的领域，而文化生产与消费的功能实现也同样维系在普通大众生活满足的普遍利益之上——"草根"由此产生出前所未有的文化主动性，并且日益深刻地影响着包括艺术活动在内的整个文化生产方式的指向性变革。"艺术变得寻常，涉入日常生活的方方面面，使得它越来越不像艺术了。"① "不像艺术"的艺术带来了艺术生产的根本性改变。艺术活动与其他文化生产形态一样，不再仅仅服从于某种统一的精神的美学律令，而是具体介入人的日常生活领域，传达着人的日常感受及其意义满足。

第四，进入移动互联网时代，意义"微化"开始发展成为文化生产与消费活动的又一特殊征候。由于移动互联网时代技术能力的高度发达，人们不仅随时随地身处芜杂多样、变化不息的信息交互活动之中，而且无力从海量信息中梳理和寻获必要的知识理性与持续积累。互联网信息交互的自由性、开放性和广泛性，在迅速催生出文化意识的普遍民主化倾向的同时，也持续地瓦解着人们原有的价值体验与生活信仰，进而在十分广泛的范围里重新确立起一种新的"意义"建构模式：通过共时性的信息交互，不断使"意义"的呈现活动及其过程趋于即时化、表象化和碎片化，并在总体上指向某种"泛民主化"的社会共享。它不仅将意义的生产大面积散布在移动互联网信息的即时获取之中，而且使每一个微细具体的信息生产和传播本身就成为"意义"之所在。可以说，意义深度的消失、意义生产的泛化及其即时化，在否定意义深度性的同时，更加凸显和强化了意义建构的"微化"效应。而"微化"的意义生产则进一步激化了人的日常感受的具体性和琐碎性，并将那种与移动互联网直接联系在一起的"微"意义传递活动纳入整个文化意义建构模式。就像互联网上的"微评论"的意义已然遮蔽了传统的知识性批评活动那样，对于直接依赖移动互联网信息生产与传播能力的当下文化而言，"意义"的生产同时就是其传递活动与过程本身，因而"意义"无时无处不在②。在这一过程中，艺术、艺术家和艺术活动必定无法独善

---

① ［法］马克·吉姆内斯：《当代艺术之争》，王名男译，北京大学出版社2015年版，第166页。

② 参见本书《"微时代"的美学》，第453页。

其身、保持不变的姿态。

二、艺术指向性变迁与艺术学学科建构的问题

艾略特曾经对艺术变迁的整体性规律作过如下描述：

> 当一件新的艺术品被创作出来时，一切早于它的艺术品都同时受到了某种影响。现存的不朽作品联合起来形成一个完美的体系。由于新的（真正新的）艺术品加入到它们的行列中，这个完美体系就会发生一些修改。在新作品来临之前，现有的体系是完整的。但当新鲜事物介入之后，体系若还要存在下去，那么整个的现有体系必须有所修改。[①]

"现有体系"的完美性，体现和保持了作为一种知识传统的艺术观念、艺术实践以及艺术价值的历史完整性。它在遭遇"新的作品"——包括新的艺术观念、艺术实践和新的艺术理解方式等的介入之后，其"存在"的现实可能性便理所当然地产生于那种依据"新的作品"所进行的必要调整或"修改"。

借用艾略特的这一描述，我们可以将当下文化语境的"四化"征候，视为理解艺术、艺术活动现实"遭遇"的基本出发点。它们在总体呈现当下文化语境具体改变情状的同时，不仅向艺术、艺术家和大众提供了各种前所未有的"新鲜事物"，也向艺术学学科提出了"新鲜事物"介入后的新的建构要求。事实上，当下文化语境中的艺术学学科建构，

---

① ［英］T.S.艾略特：《传统与个人才能》，李赋宁译注，见《艾略特文学论文集》，百花洲文艺出版社 1994 年版，第 3 页。

整体地面临着文化语境改变所导致的艺术指向性变迁。从宏观上看，这一指向性变迁主要体现为艺术体系内部既有力量的知识权威性及其价值表达模式不断碎片化或边缘化，而艺术、艺术活动在更加广泛和紧密联系人的日常生活的同时，则更加突出了对于人的日常感受方式、感受特性及其意义满足的直接传达。

显然，这种艺术的指向性变迁，内在地呈现出艺术本身的"语境性"，同时也十分具体地表明了，在当下文化的实践性压力面前，"尽管'高雅文化'有其所谓的非物质的和超凡的本质，但它在事实上是与日常活动和关系紧紧缠绕在一起的。"[①] 它不仅在"何为艺术"的知识性层面上引导着艺术活动的个体意识方向的调整，而且在实践层面直接改变了艺术的组织模式和结构及其大众的艺术消费能力，包括对艺术批评机制、批评范式的重建规划。应该说，这种艺术存在的现实指向，挑战了已有的艺术传统，要求艺术学学科能够基于统一的理论自觉，重构自身新的阐释方式和阐释形态，并具体确立其文化合法性。

具体来讲，随着艺术的指向性变迁，艺术学学科建构面临两方面的现实问题：其一，在多元指向的艺术话语构建活动中，艺术学学科如何真正适应文化分化的现实语境，在理论层面上具体把握艺术活动与生活关系的意义特定性而非价值普适性？其二，在艺术生产与消费的日常实践中，艺术学学科如何能够有力地适应多元存在的艺术现实，在实践层面上有效实现自身的介入性能力，强化艺术批评的生产性功能？

应该看到，这两方面现实问题在凸显当下文化语境中艺术存在的实质性改变之际，实际上已经更加明确地引入了对于艺术功能分化、艺术消费间关联性及其相互渗透影响的机制、艺术与生活关系的前瞻性维度、艺术审美体验的多变形式等实践转换问题的具体关注。在这些问题

---

① [英] 戴维·英格利斯：《文化与日常生活》，张秋月等译，中央编译出版社 2010 年版，第 130 页。

的背后，其实是艺术学学科面对艺术价值分化、统一性话语消解，又如何能够通过其自身内部新的"适应"以及适应能力的建构，来重建艺术实践的文化自信，重构艺术理论的阐释能力，进而使整个艺术理论、艺术批评活动能够真正实现对于当下文化语境中艺术生产与消费的引导性功能。

三、走向开放性体系建构

艺术学学科建构的各种现实问题中，最具有挑战性的，还是作为人文学科的艺术学最终能否以开放性形态，在当下文化语境中现实地寻获自身的存在路向？换句话说，置身多元文化语境之中，在各种新的艺术现象、新的艺术经验、新的艺术阐释要求面前，艺术学学科是否能够走出既有的知识传统，真正走向一种开放性体系的建构。

在《现代艺术的意义》一书中，拉塞尔曾经强调："艺术从存在以来一直在给我们那种有关我们自己的意识"，"艺术在未来将以何种形式出现是谁也无法预言的，但没有哪个健全的社会会希望自己的存在可以不需要艺术"[①]。健全社会的发展固然为艺术的存在留下了必要位置，然而，艺术本身却始终并且也正在经历着许多巨大的改变。事实上，对于当下文化语境中的艺术学学科来说，在文化现实中直面并从容把握艺术给予我们的"有关我们自己的意识"，并非自然而然，而是一个需要理论变革勇气并实际地调整内在指向的建构性过程。在文化实践的广泛改变中，随着艺术、艺术活动向着社会公众的日常感受活动日益敞开，一切在理论上围绕艺术、艺术活动所进行的思想努力，无疑更需要我们拥

---

① ［美］约翰·拉塞尔：《现代艺术的意义》，陈世怀等译，江苏美术出版社1996年版，第433页。

有不同以往的建构智慧。可以认为，循着开放性建构的路向，艺术学学科其实正前行在一条新的美学精神的艰苦探索之路上。而艺术学学科建构的开放性，则"可能将会完成当代艺术之争未能达到的目标：结束精英主义对艺术界的垄断，结束官方体制的指令，在文化上另辟蹊径，开辟广阔的艺术体验，向所有希望并敢于尝试的人开放"①。

　　于是，遵循吉姆内斯的思路，敢于在新的艺术事实面前通过"开辟广阔的艺术体验"，进而"在文化上另辟蹊径"，显然是艺术学学科在当下文化语境中走向开放性建构的总体路向。当然，不断走向开放建构的艺术学学科，在面对新问题、感受新现象、积累新经验的过程中，其最终目标显然不仅只是为那些曾经发生和正在发生的艺术、艺术活动确立阐释根据；更重要的是，它应该能够同时指向艺术发展的未来、艺术思考的未来，是在为正在到来或我们可能面对的艺术实践及其存在寻求一种更具文化包容性的理论架构，在理论重塑的过程中充分实现艺术、艺术活动的阐释能力。也因此，对于当下的艺术学学科建构而言，在何种程度上呈现学科的开放性维度，以及在何种意义上开放学科建构的思想路径，便成为艺术学学科的一项迫切课题。

　　进一步来说，这种学科建构的开放性，在根本上，是力图在学科建构的总体路向上，使艺术学学科从两个方面有效实现自己的现实能力：

　　其一，能够充分体会艺术和艺术家在当下文化语境中的生存实际，纳入性地而非排除性的接受艺术生产与消费的当下现实。也可以说，艺术学学科建构的开放性，其前提是对那些围绕在艺术和非艺术周围的知识传统进行必要的清理，将艺术、艺术活动从既有知识的限定性中释放出来，以便能够重新审视当下艺术存在的实际改变。即如拉塞尔提醒我

① ［法］马克·吉姆内斯：《当代艺术之争》，王名男译，北京大学出版社2015年版，第185页。

们的，"假如我们要探讨一下在本世纪最后十年中什么才能被列入艺术的问题，我们就必须记住总体形势的两个基本方面：一个是技术力量的程度，它必然会更加强大。它赋予我们用前所未有的方式控制和改造环境"，"如果艺术不同这些新的可能性协商对话，那么就将不成其为艺术了。"① 技术存在之所以有力地动摇了我们对于艺术的知识理性，不仅在于它切实改变了艺术家对于自身能力的要求，改变了艺术活动的具体形态，而且在于技术的高度发展和充分使用，通过广泛改变人的生活形态，同时现实地改变了艺术与人的活动之间的关系。也正是在这个意义上，吉姆内斯断言："艺术与新技术保持着多样的联系，例如对信息工具（数字化、信息图示）与日俱新的掌握，更广意义上与科技（生物、纳米技术）的联系，无不在打破学科间的传统边界。这些相互渗透有时会使艺术活动自身的特殊化难以实现。"② 在这里，如果说艺术的"特殊化"作为一种知识传统的要求，曾经让我们对艺术的"创造性能力"保持了一份精神信仰的话，那么，在技术发展不断瓦解艺术"特殊化"存在的过程中，对于艺术的"创造性"信仰便已然失去了它的现实前提。"当今的艺术在不同学科的相互关联与打通的基础上发展起来，催生出多样的实践，并介入日常生活"，"让传统主义者失望的是，当今的艺术不再如过去人们理解的，只是崇高、美、完美和理想化的领域。"③ "失望"起于知识传统与艺术现实之间的分裂或不相容。当艺术存在的现实及其具体实践已经"不再如过去人们理解的"——尽管它没有绝尘逃离"崇高、美、完美和理想化"，但却已经不能仅仅服从知识传统的阐释效力；那么，一种有"希望"的艺术学学科建构，便在于走出知识传统的

---

① ［美］约翰·拉塞尔：《现代艺术的意义》，陈世怀等译，江苏美术出版社1996年版，第428—429页。

② ［法］马克·吉姆内斯：《当代艺术之争》，王名男译，北京大学出版社2015年版，第166页。

③ ［法］马克·吉姆内斯：《当代艺术之争》，王名男译，北京大学出版社2015年版，第168页。

既有认识方式和阐释阈限，将多元指向、多样实践的艺术可能性纳入自身视域，在充分"还原"艺术、艺术活动的当下实际之际，为自身铺就进入艺术现实的直接道路。

其二，艺术学学科的建构过程能够直接面对当下，形成具体介入当下艺术生产与消费活动的能力，而不是独善其身地维护某种理论上的完整性以及阐释体系的超越性。美国卡尔斯鲁厄艺术与媒体中心的鲍里斯·格洛伊斯教授所讲的一段话，从艺术和艺术家的当下处境这一侧面，很好地启发了我们：

在 20 世纪末 21 世纪初，艺术进入了一个新的时代，即一个不仅仅是大批量消费艺术，而且大批量的艺术生产的时代。录制一段录像并在互联网上展示成为一种几乎每个人都能操作的简单活动。自我记录已成为大众的做法，甚至是一种大众的迷恋。

当代通讯与网络联系方式，如脸谱（Facebook）、我的空间（MySpace）、YouTube、第二人生（Second Life）和推特（Twitter）等网站给了全球人把他们的照片、录像和文本以一种不可从其他后观念主义作品（包括时间为基础的作品）区分开来的方式放置提供了可能。这意味着：当代艺术在今天已成为一种大众文化实践。所以问题来了：一位当代艺术家怎样能够从当代艺术在大众中的成功中幸存？

或者说，艺术家怎样在一个人人都成了艺术家的世界中幸存？[1]

---

[1]　［美］e-flux journal 编：《什么是当代艺术?》，陈佩华等译，金城出版社 2012 年版，第 30 页。

很显然，在一定的意义上，当下文化语境中的艺术学学科建构，其实是一件不得不为的工作。当文化生产与消费全面进入一个开放无限、个人民主与文化共享并行的互联网时代，艺术曾经拥有的知识传统及其设定的边界被纷纷打破。当一切人的活动、人的生活表达皆有可能成为艺术的活动和艺术存在的方式，现实本身就已经从观念上瓦解了艺术行为与日常生活满足之间的知识性差别。面对业已充分开放化的艺术生产与消费之境，艺术学学科当然不可能置身这一开放的艺术现实之外，而就存在于其中。因此，对于艺术学学科建构来说，其对于当下艺术生产与消费活动的介入能力，便必定脱开了既有的知识构造形态及其阐释效力，需要实际地转向一个新的维度。

事实上，如果说当下文化语境中的艺术、艺术家必须思考"怎样在一个人人都成了艺术家的世界中幸存"，那么，这一艺术本身的"幸存"方式和"幸存"能力，也决定了围绕其上的艺术学学科建构同样正面临着这样的具体问题，即在理论把握与实践过程中，艺术学学科将如何在一个高度开放的生活世界里，为艺术、艺术家提供一种必要的意义指向？尤其是，在艺术功能分化的当下现实中，当艺术正在通过"成为一种大众文化实践"而不断强化自身的日常生活—文化消费能力之时，艺术学学科是否还有可能继续持守那种维系在知识传统之上的阐释效力？倘若不是这样的话，那么，是不是就应该像拉塞尔所指出的，"如果一切东西都是艺术，再如果日常生活能够用艺术形式来检验，那么我们就不应该再把'不够好'这个可怕的词语加在个人的努力创造上。因此，我们应该把目标放在唤起每个人的那种优良的意识上，这种意识本身就是一种创造的形式"①。"不够好"作为一种价值话语，其阐释前提在于艺术开放的有限性，以及艺术存在与人的日常活动之间的知识性差

---

① ［美］约翰·拉塞尔：《现代艺术的意义》，陈世怀等译，江苏美术出版社1996年版，第429—430页。

异。而毫无疑问，强调"每个人的那种优良的意识"，并且肯定这种意识本身所呈现的意义形式，其所要求的则是放弃"分别"艺术与非艺术的知识立场，突出表达了对于艺术存在与日常生活的共享性关系的认可。应该说，这也正是艺术学学科在当下文化语境中的建构目标。

阿瑟·丹托在《艺术的终结》中曾言："一个普遍的艺术定义，一种封闭的理论，应该考虑在事例种类方面有种开放的态度，而且应该把这种开放的态度解释为它的后果之一。"① 强调艺术学学科在当下文化语境中的开放性建构，就是要求我们能够把这种"开放的态度"具体化为学科理论的现实成果；它所强调的，应该是一种突破有关艺术的知识传统的普遍性指向，完成从知识传统的封闭预设向当下艺术现实转换的学科前景。

（原载《艺术百家》2015 年第 3 期）

---

① ［美］阿瑟·丹托：《艺术的终结》，欧阳英译，江苏人民出版社 2005 年版，第 237 页。

文化视野中的民族美学

在当代人类文化视野中，民族美学研究不仅是一种部门性质的美学理论活动，而且是美学走向文化过程中对自身全面本性的立体展示。有关民族美学问题的探讨，应该说，既是美学的应有之义，也是当代美学自我发展的文化迫力之一。

一、"民族的"与"民族性"

在美学既往的话题中，专门性的、规范化的民族美学研究及其理论，似乎还不是美学家们的兴趣所在。的确，美学家们在理论进程中也涉及到所谓"民族"的存在，歌德、黑格尔、丹纳等人都曾经这样或那样地讲述过体现东西方民族利益的美学问题。特别是在有关文学艺术的审美理论中，美学家们更经常考虑到其中的"民族性"问题。不过，美学家们在这些问题上的表述，往往不是过于概念、抽象地解释问题，就是囿于美学普遍性的理论原则范围，没有能够为我们提供一种对于民族美学及其研究的专门理论和方法。实际情况是，今天，我们仍然不得不凭借自己的思想，在一处荒白之中摸索、探寻有关美学的这一特定结构的自身存在及其规定性。

也许，从美学家们已有的种种理论语汇中，从美学的实际存在形态方面，我们已经可以想到，所谓"民族美学"和"美学的民族性"其实是两码事。事实上，这个问题也正是民族美学研究中最容易模糊过去的问题，弄清了这个问题，民族美学的独特意味也就可以清楚了。在我看来，从理论研究的思维展开方面而论，民族美学问题与美学的民族性问题是有同一性的。特别是，当它们在具体的美学理论思考中表现为对某种特定种族的、地域的、文化习俗的审美意识和审美实践的深思时，美学的民族性问题几乎就代表了民族美学的最狭义的内容。然而，审美意识和审美实践的民族性存在，并不能广泛地替代民族美学的全部理论过程和思维指向，就对象范围和理论的具体操作性来讲，民族美学及其全部研究，与美学上的"民族性"有着具体规定性方面的差异。

首先，美学的民族性问题主要涉及美学的自身理论思维倾向、特征和理论风格的形成、确定与逻辑性展开，它一般性地指向了美学思维的"民族性"过程，并且在理论上完善了美学的普遍原则。任何一种具有独特体系特征的美学，根本上总是与一定民族的思维活动倾向相联系，总是反映或体现着一定民族的思维立场。这一点，恰如希腊美学之不同于中国先秦美学的思维过程一样。以此而论，美学的民族性问题，前提在于思维倾向方面的独特展开形式；思维方面的民族性，规定了美学理论的民族性显现的深度和广度。与此不同，民族美学虽然也同样涉及思维方面的民族性倾向，但是，它的内容和研究过程更主要是把"民族的"思维倾向作为自身对象，从中发掘民族的审美理想、审美观念、审美趣味、审美心理活动和审美创造实践的独特文化基础。对于民族美学及其研究而言，思维过程的民族倾向，决定了审美活动中的种种民族自身存在，决定了民族的特殊审美思维现象和规律。作为一种理论的对象性内容而非只是一种理论前提，从思维过程的民族倾向到民族审美活动的存在事实，是民族美学研究系统的逻辑内容。民族美学及其研究正是受此逻辑内容规范的。

其次，美学的民族性问题所关心的，是美学理论的一般性原则，并不强调、也不需要深入到理论的操作性规范和运用过程方面。对待审美意识、审美实践的民族性问题，一般的美学理论及其研究焦点集中在民族特殊性中所显现的审美普遍性规律，是个别中的一般、特殊存在中的普遍一致，它们在理论上是适用于一切民族的、原则的和指导性的。在某种意义上，美学的民族性问题所体验、观照的，是哲学层次上的"民族"概念。而民族美学之"民族"，一方面是在文化心理、文化习俗、文化实践和文化性地域存在方面具体规定的"民族"，或者说，是文化学和人类学意义上的"民族"；另一方面，它又可以具体为由特定民族审美理想、审美观念、审美趣味、审美心理和审美创造实践所构成的民族审美活动的丰富性存在，或者说，它是一个在审美层次上规定了的"民族"。这样，我们便可以理解，民族美学及其研究所关注的，绝非一般意义上的"民族性"问题，而是作为美学一般性原则之文化性基础的民族审美活动，它构成了民族美学理论生成及其全部研究进程的合理性与必要性。也正是这样，民族美学研究更大程度上与文化学、人类学、文化地理学研究相结合，而不是与哲学思辨方式相一致。就此而言，民族美学研究较之一般美学理论，更能说明人类审美意识和活动的独特文化根源。这也正是民族美学研究在当今文化变革时代具有理论价值的原因。

再次，美学的民族性问题，其理论视野是局部性的；它所要肯定的，主要不是美学的理论本体，而只是美学内部的"样式"——这种"样式"在认识论层面保证了美学一般理论思维的有效性和逻辑完整性。其如任何一种美学理论在涉及审美鉴赏趣味时，都必须注意到其中的不同民族差异，作为一种"样式"，审美鉴赏趣味的民族性特征乃是研究过程的逻辑展开，它本身并不规定美学的理论存在性质。然而，在民族美学的范围内，民族审美鉴赏趣味一类问题必定从文化心理层面构成为美学的本体性事实，是民族美学所以为自身的必然证明。民族美学的理论视野必须周游"民族的"整体存在，在本体的意义上包容全部独特的民族审美意识和审美实践。它不仅以理论内部的"样式"为自身有效性和逻辑性的保证，而且直接在民族审美理想、审美观念、审美趣味、审美心理和审美创造实践等"样式"及其关系上为自己确定理论对象，从而既在认识论的层面，更在本体性存在的事实层面，建构自身的理论和研究。质言之，"民族性"在一般美学中只具有一种认识论上的合理性，而民族美学则在本体意义上肯定了民族审美活动的合法性。

对于美学之"民族的"与"民族性"问题的辨析，使我们完全可以相信，民族美学的理论及其研究，远较一般美学所关心的"民族性"问题广泛和深刻。正由于民族美学所具有的特定的文化学、人类学和文化地理学内容是一般美学的"民族性"分析不可能全面体现的，因此民族美学理论及其研究实际上就构成了全部美学的一个特殊层次。就民族美学的本质而言，其理论对象无疑是那些体现为文化性存在的、独特的民族审美意识和审美实践活动；其中最为重要的，又是由民族文化心理和文化实践所积淀的民族审美心理，以及由民族的独特生活环境、生活方式、生产活动等所规定的民族审美创造活动。民族美学研究作为一个相对独立完整的理论系统，理应包括：第一，民族审美意识的发生研究及其理论；第二，民族审美创造活动形式及其文化价值研究；第三，民族艺术的审美表现及其趣味模式研究；第四，相异民族审美意识和审美实践的具体阐释与比较研究；第五，民族审美活动的现代发展问题研究。

二、民族美学的理论态度

民族美学所探讨的，乃是表征了民族文化观念、文化心理、文化创造实践的具体性和确定性的民族审美活动。因此，民族美学研究及其理论一方面结构在全部美学的整体范围之内，另一方面又表现出自己特殊的文化兴味。

第一，民族美学是从美学研究的方面，观照人类审美实践的特殊的民族结构、民族的具体存在，从中抽绎出民族审美的一般规律和普遍原则。由于美学归根结底要在人类精神和文化实践的审美方面，把握人的发展的至纯至洁、完善全面的终极价值，所以，民族美学理论和研究也必定要建立起整体上一致的民族人性发展意识。对于各种具体存在和表现形态的民族审美观念、审美理想、审美趣味、审美心理和审美创造活动的探究，终其本质，应该指向民族的人性完善和全面发展。这样，民族美学研究就不是局限或停留在对民族审美现象形态的特殊性的理论肯定，而是通过文化上的阐释和比较，通过各种民族审美存在和表现形态的相互联结，通过民族审美意识和审美实践的历史过程，探索它们在民族人性发展层面的深刻价值。民族美学的理论则就此深化为对民族人性发展及其终极价值的自觉意识和理论关怀。民族美学因此不仅是理论的，而且是实践的；民族美学的理论才最终在与全部美学一致的立场上，体现自身独特的价值。这样确立民族美学研究及其理论，才能够使我们克服把民族审美意识和审美实践当作一种美学的特殊例证，或仅仅在民族审美的特殊存在形态上考察它们的个别性意义。

与此同时，民族美学要强调以民族审美意识为核心的民族艺术创造观念研究。民族艺术的创造观念，最集中、鲜明地反映着在长期文化创造过程中形成、发展起来的民族审美理想、审美观念、审美趣味和审美心理，是民族审美意识的具体形式。通过对民族艺术创造观念的理论分析，我们可以充分地理解到民族审美意识表现形态的深层本质、民族审美活动的艺术表现对于民族审美意识的升华，充分理解民族艺术对于民族人性发展的独特价值——当民族的生存活动凭借特定艺术创造而呈现出自我自由的生命活力时，这种价值就表现为民族生命的价值。由此，民族美学理论将得以深化自身的审视能力，在具体阐释民族艺术的审美功能过程中，深入到民族生命力的实现和发展中。

第二，民族美学研究及其理论需要体现历时性原则。一般美学理论对于"民族性"的关注，基本上建立在理论的共时性关系方面，其中，审美意识和审美实践的民族性特征，是与审美意识、审美实践的普遍性质和具体过程平行发生的；"民族性"并不表示民族审美活动之于民族人性发展的特殊价值。而作为特定部类的民族美学研究，在理论上则既要考虑到民族审美理想、审美观念、审美趣味、审美心理和多种审美创造活动的共时性关系，从中了解民族审美活动的普遍本质，又在更大程度上把理论焦点放到这些具有民族独特文化性质的审美理想、审美观念、审美趣味、审美心理和审美创造活动的演变、转迁之上，在历时性过程中体察民族审美活动的发生和发展，考察其作为一种特定民族文化活动的过程意义。在民族美学中，有关民族审美理想、审美观念、审美趣味、审美心理的探讨，只有从其历时性的层面，才可能把握到它们的历史特殊性，并且在它们的相互关系中把握其确定的本质。有关民族审美创造活动，特别是民族艺术审美本质和审美形式问题的探讨，也只有从历时性的过程中才能发现其作为一种民族文化的历史和现实发展的性质，发现其中所显现的民族人性的实践，发现其与民族特定生存活动的联系。

可以认为，以历时性原则来分析、探讨民族审美活动，既是民族美学形成自身独特理论系统的重要方法，更是民族美学在具体研究中的必要理论意识。

第三，对民族的审美理想、审美观念、审美趣味、审美心理及其审美创造活动与艺术形式的理论探讨，必须以统一的文化分析态度来统摄。民族美学的特殊性质，决定了它主要应该从民族文化心理内容和机制方面，探究民族审美意识的产生和发展，探究民族审美活动的文化心理动因和制约性，包括民族艺术创造中的民族文化心理积淀和显现。同时，民族美学还应该从文化活动历史和文化形态方面，理解民族审美活动的历史规律，确定民族审美意识和审美实践的具体形态，从而在文化层面开掘民族美学的理论深度。

在这里，值得注意的是：

（1）民族美学所需要的文化分析态度，实际上是一种从民族文化客观性出发的理论立场。它意味着我们所观照的所有民族审美现象，在观念上抑或实践上都主要是一种体现了民族存在的文化现象，是民族文化观念和文化实践的特定实现；正是民族文化本身的客观性，历史—现实地、直接地决定了民族审美活动的客观性。

（2）任何民族审美意识和审美实践，最核心的方面是其中的民族文化心理内容。在意识层面，特定的民族文化心理决定了民族审美理想、审美观念、审美趣味和审美心理的具体特征和过程，而在实践层面，特定的民族文化心理则决定了民族审美创造、主要是民族艺术活动的现实方向，民族的审美创造、艺术实践就是这种民族文化心理的可感形式。

（3）民族的艺术和艺术创造活动，最直接地体现了民族文化的历史形象和现实实践，功能性地阐释着民族文化的深刻内蕴，其本身就是一种特殊的民族文化活动和文化形式，积淀了民族的热烈情感和活跃想象。在一定程度上，它是解开民族审美意识和审美实践奥秘的钥匙。有关民族艺术的文化价值、文化隐喻及其文化形态特征，将使我们得以从艺术审美的方面反观整个民族文化的精神面貌，从中看到民族人性的自由自觉历史。

（4）民族审美意识和审美实践的现实形态，一方面与民族文化的历时性过程相联系，另一方面又与民族文化内部的共时性因素相一致。所以，一定民族的审美活动形态，总是在美学上表现为一种文化存在形态，并且可以直接进入到民族的审美文化消费领域，成为民族的精神和物质实践的确切肯定。民族美学的研究，应当能够在理论上为这种民族审美意识和审美实践的现实形态提供合理的、规范的文化性证明。

总之，以文化分析态度统摄民族美学研究及其理论，重点在于：从文化发生角度考察民族审美活动的形成、发展；从民族文化心理角度考察民族审美意识及其艺术创造实践；从文化形态角度考察民族审美活动形态的独特性；从文化历史角度考察民族审美活动的生成和转化规律。

第四，民族美学应特别关注民族审美活动的功能问题。对于民族的生存活动和发展利益而言，无论是具体艺术的创造——诗歌、音乐、舞蹈、雕刻、绘画等，还是日常活动的各种审美形式，都直接存在着与民族生存和发展的功能性关系。民族美学研究及其理论只有在这种功能性关系上，才能够揭示出艺术创造、日常活动的审美形式之于民族自身的深厚文化意味。并且，只有把民族审美活动的功能提升到人性完善的意义上来加以透悟，才可能真正体现民族美学的独立性。在民族美学研究中，审美活动功能问题总是联系着这样几个方面的因素：

（1）民族的宗教。在任何民族的生存实践中，宗教——观念的和仪式的，尤其是宗教观念的存在，体现了民族的自我生命意识冲动和永恒价值追求，表征了这一民族集体性的生命冲力和现实原则。它不仅寄托了民族的伟大情感，而且在一定程度上成为民族人性发展的至深动力。民族的艺术创造观念、创造实践以及日常活动的审美形式等，一方面在文化的历史变迁中与民族的宗教观念、仪式相沟通，另一方面在现实实践和生命实现的意义上与民族的宗教情感相联系——其中同样积淀着民族生命冲动、情感骚狂、发展需求和现实超越。考察民族审美意识与审美实践内部的宗教性因素或与宗教观念、仪式相联系的方面，可以有助于加深我们对民族审美活动功能和功能价值的认识，更加全面地把握民族审美活动的本质。

（2）受环境制约的民族的生产方式。每一个民族自身特定的生产方式，既反映了该民族社会生活中的人群关系和生产力水平，又必然地反映着一定地理、气候条件下的民族生活的特殊性。民族审美活动一方面有规律地再现了民族的生产方式，从而实现着对民族生产方式的表达功能；另一方面，它又显现了对特定民族生产方式的想象——超越功能。特别是在民族艺术的符号形式中，更为内在地体现了民族审美活动对于一定生产方式的独特表达。联系民族的生产方式来考察民族审美活动功能及其相互间的功能性关系，乃是深入认识民族审美意识发生、民族审美创造历史演变的一个必要理论环节。在这样的考察中，我们能够发现：民族审美活动与作为生存形式的民族生产方式之间的特定联结，民族审美意识所反映和维护的民族的劳动观念和心理状态，民族审美艺术创造对于民族生产活动的肯定和超越；等等。由此，民族美学问题的探索，才不会停留于现象层次的描述，而可以在民族自身的本质利益和需求中看到民族审美活动的意味。

（3）民族的文化传承形式。民族文化的传承是民族生存和发展的前提与基础。任何一个民族都有它自己特定的文化传承形式——即使那些相对落后的民族也不例外。一个民族的审美活动在其内在意识层面，反映着这种文化传承的历史本质和现实价值；而在其审美创造实践层面，则一定表现为民族文化的传承过程和方式。尤其是民族艺术创造及其现实形式，在一定意义上已经成为特定的文化传承形式，最大限度地保留或肯定了民族文化的核心内容。从这一点来讲，民族美学研究把审美活动功能问题与民族文化传承及其形式联系在一起，便可以较为准确地领悟民族审美意识和审美实践的文化的和历史的性质。

第五，民族美学研究及其理论应具有鲜明的当代意识，即对民族审美活动与当代文化之间关系的深刻关怀。在当代世界中，人类文化进步及其现实的重大特点，就在于全球整体生存和发展意识的日益突出和普遍强化。面对当代工业社会的种种机械性、物质性的生存压抑与威胁，人类文化在克服当代社会生存挑战和适应人类生命发展利益的过程中，较之过去更加强调了文化的普遍性原则。民族利益、民族原则、民族观念既要反映出自身的文化独特性，更必须走向人类共同理性的层面和共同实践的方向。为此，民族美学研究怎样在理论的广度上，反映民族文化与人类文化的协调关系、民族审美意识在当代人类普遍精神中的位置、民族审美心理与当代社会审美现实的冲突与相适、民族审美创造与当代大众审美需求之间的关系、民族人性完善发展与人类永恒的生命自由实现之间的一致过程，等等，是其在当代文化条件下确定自身理论观念的内在机制。民族美学的理论深度，也一定地通过这种当代意识支配下的研究进程而得到实现。

可以认为，离开了对当代世界文化的深刻认识，离开了对民族审美活动与当代文化普遍发展要求之间关系的合理把握，民族美学研究及其理论充其量只能具有一种民俗研究的历史价值，既无从全面体现民族审美意识与审美实践的真正文化价值，也无法在美学层次上充分深刻地体现对民族人性完善追求的博大关怀。尤其面对现实存在的民族文化冲突、自然与社会的对立、当代人对机械现实的反抗等问题，民族美学研究只有从当代世界文化与民族审美活动的关系方面，才可能找到理论上的有效阐释。因此，在民族美学中，"民族的"并不表示理论上狭隘的特殊性；它是一个能够在当代世界文化高度找到自己未来之境的概念，是一个最终能够为当代文化发展提供充分现实基础的概念。一句话，民族美学所思考的全部问题，都应该能够指向当代世界文化的整体进程。

第六，民族美学研究必须注重方法选择与运用。一定的方法是民族美学理论研究上的现实道路，不讲求理论方法的民族美学研究是不可能产生突破或持续深入的。但是，理论方法虽然是一种研究的手段、一套确定的操作性规则，却又并不限于作为认识"工具"的性质。对于民族美学而言，理论方法体规了一种思想的倾向，展示了理论的性质。因而，民族美学的理论方法问题，不但应当从研究目的的角度来看待，而且也要从民族美学的具体过程上来确定其基本原则。

在我看来，真正严肃和科学的民族美学的理论方法，在总体精神上理应体现：

（1）历史与现实的统一性。也就是说，在民族文化历史的客观性基础上，根据民族审美活动的特定内容、形式及其发展，既能够深入到民族审美活动的深层文化历史根源中去，又能够直接发掘出民族审美意识与审美实践的现实本质。

（2）在现象的个别性上见出本质的规律性。民族美学的理论方法不是把先在的、预设的东西当作理论的直接前提，而是依据事实分析、具体阐释，从具体经验到的现象中，从实际存在的民族审美活动，去发现内蕴的一系列深刻规律、本质意义，从而达到现象与本质的统一。

（3）多样性与有效性的结合。它要求，通达民族审美活动各个方面的探寻道路是多样的、丰富的，同时又必须能够真实地挖掘出民族审美活动的本质规律，真实地反映民族的特定审美意识和审美实践内容、形式，使民族美学的理论体现出客观性、合理性。

（4）文化分析的鲜明立场。其目的是使民族美学的研究循着有规律的、程序的方向，保持自身的理论稳定性和深入性。

这里，有必要着重提一下民族美学理论方法的多样性与有效性问题。在当代学术背景下，民族美学研究理论方法的选择，有着愈益多样丰富的可能性。对于民族美学研究来讲，文化学和人类学的方法是两种基本的方法，它们是从民族文化的独特创造过程和民族生存发展的基本形式方面考察整个民族审美活动的两种理论思维方式。与此同时，心理学的方法使民族美学得以深入到民族审美心理结构的具体问题上；神话——原型理论从一个侧面可以反映出民族审美意识的原始发生状况；符号学方法有可能在民族艺术的符号形式中，发现民族审美创造的文化隐喻；现象学方法所进行的意识本质的新的描述，将使我们可以从艺术现象入手，在民族审美经验研究方面获得理论进展……可以肯定，每一种理论方法都可能使民族美学在理论上产生有益的建树，民族美学研究理论方法的选择过程具有很大的自由度。可是，理论方法的多样性及其选择的自由度，不是任意袭用或变换方法的借口。事实上，任何一种理论方法的选择与运用，在保证自身有效性方面，首先要考虑逻辑上的统一，即在概念规定性方面具有合理的内涵，理论结构具有严格的关联，分析过程具有一致的程序；其次要注意从经验现象及其比较方面入手，确定自身的理论出发点，并且在保证整个理论系统稳定结构的基础上，逐层深入到问题的核心。最后，民族美学的理论方法尽管主要不是依赖哲学思辨的抽象，但是，多种理论方法的运用，总体上仍应体现出哲学思维的高度，而不是埋没在各种具体经验事实的单纯考证中，从而使民族美学研究真正成为对民族的伟大生命之自由活力的探觅。

（原载《社会科学家》1993 年第 4 期）

"亲和"的美学

——关于审美生态观问题的思考

一、美学"为何"及"如何"思考生态问题

现有关于生态现象及其问题的大多数议论，大体都离不开这样两点：一是从人类现实的生活动机出发，在肯定人类自身生存意志、维护人类生活利益的前提下，把"生态"理解为人的直接生活压力，着重强调"生态危机"的社会严重性，从人的外部实践对象方面对生态领域进行社会学的考察；二是从"生态"的纯自然属性及其原初完美性上，强调"生态危机"的自然压力，强调自然环境的保护立场——就像"动物保护主义者"所坚持的那样，把生态现象归结为某个或某些物种的自然延续能力，进而以一种居高临下的"保护者"姿态表示对于生态问题的"关怀"与"爱心"。

显然，在这样两种立场上，"生态"仅仅被表述为一个客体对象的认识问题，人与"生态"之间实质上依旧是对立或分裂的：如果说，在前一种立场上，所谓"生态危机"不过是人从自己的目的、意志出发构造的一种自我实践危机的话，那么，后一种立场所表达的，就是人作为自然的控制性存在对于自然世界的另一种形式的给予——就像人已习惯

于在自然面前把自己塑造成一个"能动的主体"一样，它所关心的仍然是人对自然世界的控制能力与统治欲望。

因此，当我们试图以美学思考方式积极介入生态领域的时候，"为何"和"如何"思考生态现象及其问题，便成了首先需要追问的问题。换句话说，在什么意义上，美学之于生态领域各种具体问题的把握才能获得自己的思想独特性？美学的思考怎样才能真正有效地弥合一般生态观的分裂性矛盾，在理论上呈现出审美生态观的独特价值指向？在我看来，美学"为何"和"如何"思考生态问题，是确立审美生态观的合法性的理论前提。一方面，美学之思并非一般地迫于自然世界的外部压力，也非在审美形态学的意义上去理解生态存在的美学形式，而是根源于人与世界关系的内在发展要求本身。在生态问题上，美学所持守的不是某种自然本质主义的诉求，它所表达的也不是基于某种自然合法性前提的价值目标，而是对于人与世界关系的整体诠释与肯定。另一方面，美学不是生态学，美学家也不是一般意义上的环境保护主义者。美学之思不仅要考虑到自然本身的存在特性，更要强调审美的人类学着眼点，即能够从人与世界关系的整体性中觉察、把握生命活动的审美指向，发现人与世界相互联系的内在审美方式。因此，与一般意义上的生态认识不同，审美生态观是在美学的维度上，通过对人与世界关系的整体把握而建立起来的，它所建构的是一种生态领域的审美意识，而不是生态意识的美学形式。

在这个意义上来看美学"为何"思考生态现象及其问题，应该说，它同我们对人与世界关系的思考需要联系在一起，是美学本身关于人与世界关系把握的现代延伸。因为毫无疑问，所谓"生态"，无非指证了一种人与世界的关系及关系境遇；现代社会中人所面对的诸多生态问题，根本上也就是人所面对的人自身与世界的关系问题。尽管这种"关系"不完全等同于建立在审美活动之上的一般审美／艺术关系，但它仍然体现了人类审美关系的一般性质——人与世界在相互平等的交流过程中的统一。当然，美学之所以在现在这个时候突出了对于"生态"的思考，同样有其现实原因，这就是自进入近代工业文明以后，人类对于外在世界的攫取与改造"热情"已经剧烈地破坏了人与世界关系的内在平衡性；人与世界的对立，前所未有地把人们引入到一个分裂的生存之地——人不仅与自然、社会相分裂，而且与自己相分裂。我们所看到的生态破坏现象，诸如水土流失、沙漠化、水资源枯竭、臭氧层空洞、酸雨、生物濒危……所有这一切，实际上都是人与世界关系的分裂性表现。因此，所谓"生态危机"，根本上也就是人与世界关系的一场分裂性危机。在现实层面上，生态现象、生态问题之所以能够成为一个美学的话题，正是基于这样一种分裂的事实。不过，就像"生态环境保护"只能"保护"而不能还原、修复生态环境一样，在美学内部，审美生态观也不可能现实地还原人与世界关系的原始状况，不可能把理想的审美关系当作为人与世界关系的具体现实。事实上，美学的全部努力只在于审美地把握人与世界关系的合理前景，以理论的方式肯定人与世界关系的审美架构。

至于说到美学"如何"思考生态问题，其中包含了三个方面的立场或原则：

首先，美学主要致力于从"非私利"的立场思考生态领域的复杂现象及其问题。美学对于生态问题的深思，并非为了实际地谋求人自身的现实生活满足，也不是着重表达人摆脱现实危机的实践追求，而是努力将思想触角伸向人与世界关系的内在方面，从人类活动、自然运动、社会发展的整体关联中寻找生态存在的美学诠释及其审美规律。这里，一个最基本的原则是：在审美之维上，生态存在应该被自觉地视为一个人与自然、社会的共享价值体系，超出了一般人性动机和生存需要的利益范围。在这一原则下，美学对于生态现象及其问题的思考，其所寻求的就不是某种单一的人性利益或单纯为着肯定人的自身存在价值，也不是某种自然世界的原生形态，而是一种更具普遍性的关系价值——人与世界的相互交流与相互确认；美学的表达和理解，指向了对于一个整体维度的肯定——在共同的价值体系中共同守护人与世界的整体和谐。

其次，在美学之思中，生态存在及其各种具体问题乃是一个"非技术性"的对象。也就是说，在美学范围内，所谓"生态"既不应被当作技术实践的改造或修复对象与过程，也不能被划归现代社会的经济活动范畴——就像现在绝大多数人所高兴地想象的那样，"生态保护"成了一种"新兴的产业""新的经济增长点"。在审美之维上，生态现象始终体现着人与自然、人与社会以及人自身内与外、灵与肉关系的整体协调本质，因而审美生态观所寻求的，便是一种超越主客分界、更具主动交流性的内在感受和体验能力，亦即在超越一般技术实践的层面上强化人与世界的相互体会与精神交流，而不是在主客对立中张扬人对世界的"技术实践的胜利"。尽管在现实中，人们常常把生态现象及其问题简化为一种技术性的对象和过程，但在美学之思中，"生态"却不可能只是纯技术范围的事实。

第三，在美学之思中，一切生态存在以及与之相应的任何问题，都应当被放在人与世界关系的内在平衡性中去理解和把握。正像我们前面所指出的，现代社会人所面临的"生态破坏"，归根结底是一种人与世界关系之整体性存在本质的破坏。这种破坏，不仅仅是人对自然无节制的开发和占有所造成的外部自然力的毁坏，更是一种内在性的丧失，并体现为人、自然、社会之间的结构性分裂和价值对立。因此，在生态存在及其诸多相关问题领域，美学思考的主要还不是那些物理或生物性的"生态"事实，而是外部自然力破坏背后所体现的人与世界关系内在失衡的价值状况。美学所着重的，是在人力与自然、感性与理性、占有与守护等关系方面，深刻地揭示人与世界关系内在平衡性体系的现实意义及其谐和发展前景，揭示"生态可持续性"在这一发展前景中的定位，从而将生态问题提升到特定价值层面来加以阐释。

应该说，在这样的立场或原则上，我们才可能真正形成对于"生

态"的有效美学审视，生态审美观才可能呈现美学之思的特殊性，并真正有效地弥合一般生态观的分裂性矛盾

二、生态问题的美学审视主题

海德格尔曾经指出，自从人类进入工业文明时代以后，把自然"功能化"为能量的提供者，成了人类最夺目的追求之一。在他看来，对能量的取得和供应所抱有的种种忧虑，以决定性的方式规定了人与自然的关系，自然成为巨大的能量仓库，"成为现代技术和工业的唯一巨大的加油站和能源"，"持久而慌忙地寻求能量储备，研究、加工和控制新的能量担负者，这从根本上改变了人与自然的关系：自然成为单纯的能量提供者"①。这里，海德格尔实际上已经揭示出了人与世界关系性质的根本变异：人不再是那个与自然融合一体、共生共荣的存在者；世界在人之外，人成了一个"超拔者"、一个与世界相对的行动主体；世界对人已不再具有那种亲密的伙伴关系、崇敬关系或崇拜关系，"现在，一切存在者要么是作为对象的现实，要么是作为对象化的作用者——在这种对象化中对象之对象性得以构成自己"，"主体自为地就是主体。意识的本质是自我意识"，"世界成为对象。在这一暴动性的对一切存在者的对象化中，大地，即那种首先必然被带入表象和制造之支配中的东西，被置入人的设定和辨析的中心中。大地本身还只能作为那种进攻的对象显示自身——这种进攻在人的意愿中设立自身为无条件的对象化。自然便普遍地显现为技术的对象"②。

从海德格尔的这一揭示中，我们不难看出，随着现代科学的迅速

① ［德］海德格尔：《充足理由律》，转引自 G. 绍伊博尔德《海德格尔分析新时代的科技》，宋祖良译，中国社会科学出版社 1978 年版，第 52 页。
② 参见 ［德］海德格尔《林中路》，孙周兴译，上海译文出版社 2008 年版，第 231 页。

发展及其向技术领域的不断转换，技术力量在人的生活实践中急剧扩张，而人对于自己作为"主体"的身份也越来越"自信"。人与世界关系的内在统一本质、整体性，在这种日益增长的"自信"面前变得越来越脆弱松弛。人与世界关系的分裂，以主客对立形式出现在人对自然的开发、占有和控制过程中，甚至出现在人对世界的"保护"之中。所谓世界的"对象化"，成为一种人凭借技术方式掌控一切外部事实的具体形式；所谓"主体性"，则不过是人使"世界成为对象"的自设根据。就这一点来看，人与世界关系的非美学本质已经很明显地暴露了出来：人与世界关系的整体谐和秩序的丧失，决定了人的生存意志及其基本满足的孤立性和封闭性，决定了人与世界关系的功能化效果——自然、社会，甚至人的精神存在，只是处在一种人的技术实践"对象"位置上。正是在这种"功能化关系"中，由人与世界关系的统一交流所生成的整体生命意识被遮蔽了，人的生存活动被简化为一种功能意义上的日常生活过程、一种物质性的事实。

显然，一切生态现象正是在这样一个过程中成了"问题"。

面对这样的情形，美学的首要任务，就在于从这一分裂对立的现实中，重新确认人与世界关系的价值本位，重新确立人的生存维度及其内在本质，从而在生态存在领域内形成一种重新整合人与世界关系的力量。换句话说，在生态问题上，美学审视的主题在于一种有效的"确立"：确立生命存在与发展的整体意识，确立人与世界关系的审美把握。

作为形成有效的审美生态观的最基本理论形式，这种"确立"主要包含了这样几个方面的内容：

第一，对生命的虔敬与信仰。

人与世界关系的整体性，根本上表达了对于生命存在的整体价值肯定。任何对于这种整体性关系的分裂，无疑都是对于生命存在的背弃与失敬。因而，在美学对于生态存在及其现实问题的审视过程中，如何恢复和强化人对生命存在、生命活动的虔敬态度，如何以一种心灵内在的深刻信仰方式来面对人与世界关系的生命本质，便是一个关键。没有对生命本身的热情，没有对生命发展的精神沉思，也就没有了对人与世界关系的把握基点。这种对生命的虔敬与信仰，要求克服人的自大的"主体"意志，自觉地将生命存在肯定为人、自然、社会的共享价值，在人与世界关系的整体性方面追求一种特定的平衡。一句话，美学所要求的，是在生态领域内实现人与自然、社会的整体生命感及其价值，把人自身的存在放在同世界关系的谐和过程之中，而不是以人的存在意志驾驭整个世界的生命存在与发展规律。而这一点，也正符合了美学本身的价值追求特性，因为整个美学的思想归宿就在于通过对人的特定生命现象的诠释，将生存目的从一般意志的运动领域中区别出来，使生命本身在感性的自由活动中得到澄明。

第二，对自然存在的感受而非占有。

人与世界关系整体性的破坏，根源于人对自然、社会，乃至于人自身外部活动的直接占有。在生态领域里，全部问题的症结点，就在于人在追求生存的物质前提和满足过程中，失去了人自己对于世界的内在感受能力，放弃了对于世界生命的心灵自觉。尤其是，在技术日新月异的发展过程中，技术实践以其"无所不能"的扩张假象，不仅一步一步地取消了人对于自然存在的感受活动，同时也一步一步地强化了物质占有能力对心灵感受本质的异化：当人们越来越沉溺于技术实践的巨大控制规模及其物质胜利成果的时候，人对自然存在的想象也就越来越异变为对于人与技术实践关系的想象；在人的占有满足中，自然存在被当作技术实践的占有对象，而不是与人类共存共生的关系过程。因此，美学之把握生态现象及其问题，应着重强调人对自然存在的生命感受性，强调这种感受过程的超越本质——超越一般物质活动的占有关系，超越自然存在的"对象化"形式，进而张扬人以内在生命感受方式同自然存在相互联系的必然性。在这一点上，美学的旨趣显然不在于"自然的人化"，而是"自然的感受化"，即肯定非占有的自然感受过程的生命属性，从而在自然的美学价值层面肯定全部生态现象的审美本质。

第三，强调生命的内在充盈而非以"创造"的名义实行对外改造。

人类曾经有过的骄傲，就是在技术能力的无限扩张过程中，以"创造"的名义对"对象化"世界实行了"属人"的改造。甚至，崇尚"实践"的美学在解释人与世界关系的时候，也同样以"对象化"方式肯定了这种"伟大的创造"价值。而现在，人类面临的生态现实，终于让人看到了以"创造"方式所实现的人对世界的改造，是如何割裂了人与世界关系的完整意义，又如何把人引向了一个日益恶化的自我生存之境。由此，美学在重新确立人与世界关系的价值本位、人的生存维度及其内在本质的过程中，首先应该重点反思这种"创造"的前景，揭示这种"创造"在生态改变过程中的负面性，进而把人引入一个"向内"的价值建构过程。这里，所谓"向内"，主要是指生命活动指向不是朝外扩张的，而是内在充盈的，是一种人的生命与自然生命、社会生命的交流与化合。在这个人与世界的整体统一中，人不再是一个勇敢却又孤立的"创造主体"，而是直接加入到大化流行的世界生命行程之中，与自然、社会共享生命的欢乐感受。只有这样，美学之于生态现象及其问题的诠释，才有可能独立于一般认识体系之外，产生它自己特殊的力量，并获得特殊的意义。

可以认为，在这种美学的"确立"内容中，凸现的是一种尊重态度：不仅尊重自然，尊重社会，而且尊重人自己的存在；不仅尊重人的利益，而且尊重人与世界关系的整体性利益。这种尊重态度，归结到一点，便是充分肯定了人与世界之间的亲和性。

在生态领域，美学的全部思想意图，就在于张扬这种"亲和"的人与世界关系建构。

三、"亲和"作为审美生态观的核心

"亲和"作为审美生态观的核心，具体体现了美学对于生态现象及其诸多现实问题的把握要求。

著名生态学家、诺贝尔奖获得者何塞·卢岑贝格在《自然不可改良》中的一个看法，应该对我们大有启发。在这本书中，卢岑贝格提出"该亚（Gaea）定则"以纠正那些错误的世界观、环境观，强调指出："我们所居住的这颗星球，在宇宙空蒙辽远的地平线上显得何其渺小，现在也应该从一个全新的视角来重新审视它。我们现在认识到，生命的演化过程实际上是一曲宏大的交响乐，它并不仅仅是生命体相互之间生存竞争的过程，而是作为一个整体不断发展演变的进程。在这一进程中，我们的星球——该亚形成了自身生机勃勃、顺应自然的完整体系。它与我们这个星系中已经死亡、静若顽石的其他行星完全不同，它远离统计学和化学意义上的平衡状态，确切地说，它是一个生命。"很显然，卢岑贝格提出的这条"该亚定则"，其实正揭示了一种崭新的生态观——作为古希腊神话中的大地女神，该亚被视为人类的祖先；如同热爱与尊奉该亚一般热爱、尊奉人类生活的地球，就是要求人类视地球为伟大的生命之神、无限美丽可爱且赋予人类以活跃生命的有机体，给予虔敬的关怀和爱护——这既是为了保证地球本身的生命得以延续，同样也是为了人类自身生命发展的持久前景①。

这里，我们看到了一种崭新的美学。它要求人类以亲近生命的方式，亲近地对待女神般美丽而充满生命活力的地球，在关注、尊重与热

---

① ［巴西］卢岑贝格：《自然不可改良》，黄凤祝译，生活·读书·新知三联书店1999年版，第63页。参见曾繁仁《论当代美育的"中介"功能》（未刊稿）。

爱地球的过程中，倾情表达对于人与世界一体的生命存在的关注、尊重与热爱。这种美学，在视生命为神圣存在的同时，把人重新引入了一个同世界相亲相和的价值体验领域。自然、社会以及人自身的各种外部存在形式，不再作为人的技术实践对象而外在于人的生命感受，而是构成为人的生命体验与关怀的内容；人与世界的关系不再是某种"对象性"的存在，而成为一种"亲和性"的价值。

在这个意义上，我们完全有理由相信，在生态领域内，美学的基本目标就在于构建以"亲和"为核心的审美生态观。这样的审美生态观，一方面是一种对于生态存在的新的美学认识，另一方面又是一种人对自身与世界关系的价值体验方式，一种建立在生命体悟过程之上的美学价值论。

第一，在美学认识上，以"亲和"为核心的审美生态观，重在把"生态"理解为人与世界的特定关系形式，强调人对自然、社会以及人自身外部存在形式的审美肯定。不过，与一般自然审美方式有所区别的是，审美生态观并不是从外在的观察、审度立场上肯定自然所具有的美学形式，也不把自然审美的过程当作为一个"主体"的精神外射活动——在这种"外射"中，"自然"仍然是在主客二分、被"对象化"的意义上成为美学认识对象的，它只是"主体实践"的产物，因而"主体"精神外射的结果，也仍然是一种以取消人与世界关系的内在整体性为代价的"主体"权力的自我肯定。而审美生态观之成为一种新型的美学认识，在于它强调了自然、社会以及人自身各种外部存在形式的内在意义，主张"和"而不是"分"，主张"整体性"而不是"对象化"。换句话说，审美生态观之"亲和"要求，是从人与世界关系本有的内在一体性上来看待自然、社会以及人自身各种外部存在形式的性质。就此而言，在生态领域内，美学的认识指向，是人与世界在相互内倾过程中保持相互的和谐与肯定：人的存在并不以"对象化"世界为前提，世界的意义也不是建立在人这个"主体"的实践意志之上。

只有这样，在生态领域里，美学才有可能区别于一般生态论，实现自己对于人与世界关系的整体把握；审美生态观才有可能超越一般伦理生态观，成为现时代人类的特殊意识。

第二，在美学价值论层面，审美生态观所追求的，是实现一种人与世界之间相互的"亲和感"。这表明，在美学视野里，一切生态现象及其存在都鲜明地呈现了特定的情感意味。面对生态领域的一切，人不是抱着某种实践的意志，而是如同热爱自己的生命一样去感受它、体会它、触摸它；感受世界的过程，也就是人在自己的生命行程中体悟全整生命意味的过程。在这样的感受中，人获得了一种与自我生命交流的情感满足；在这样的体悟中，人沉潜于世界生命的最深底，在人与世界的整体性发展中获得了生命的升华。一句话，人与世界的相互"亲和"，诞生了生态存在对于人的生存满足的内在美学价值：生态完整性的意义不仅在于它表现了人与世界关系的谐和，而且表现了人自身的生命谐和。

在这样一种审美生态观中，人与自然之间的对立性消弭了，人与社会存在之间的对抗性破除了，人的内外隔阂打通了。世界是人的生命世界，人则是世界中的生命。生命无待于外的追求，而就在人的感受与体验过程之中。

当然，要完成这种审美生态观的价值构建意图，人首先必须培养起自己对于自然、社会以及人自身外部存在形式的亲和力，养成一种对于生命整体的直觉与敏感。而正是在这里，美学具有了它独特的功能。如果说，技术的进步曾经让我们沉湎于物质的生产与积聚而麻木了对生命的心灵感动，"创造"的迷恋曾经使人类幻想着对外扩张的无限性而丢失了对自然的崇敬，那么，现在，美学的意义便在于重新唤起人对全整生命的信仰与热情，重新弥合人与世界关系的裂隙，以审美的价值体验方式面对人自身、世界生命运动的壮景。

20 世纪 50 年代，英国著名小说家詹姆斯·希尔顿在他的小说《失去的地平线》中，曾经无限向往地描绘了一个在群山峻岭中永恒、和平与宁静的"香格里拉"①——雪山环抱中的神秘峡谷，附近有雪峰、湖泊、草甸，有喇嘛寺、尼姑庵、道观、清真寺和天主教堂。在那里，人们不分种族、男女、宗教，与大自然相和谐，彼此和平共处，生息繁衍：阳光下，"香格里拉"的寺庙金碧辉煌，寺内园林典雅；黄昏中，传来悠扬乐声，琅琅书声。美丽的"香格里拉"不仅是一片和谐的景观，也是一种审美的意境、美的召唤，展示了人与世界关系真正"亲和"的美学本质，也体现了审美生态观的价值旨趣。

（原载《陕西师范大学学报》2001 年第 4 期）

---

① 传说在中国云南省中甸境内。"香格里拉"一词意指世外桃源。

美学视野中的生态问题

一、人与世界关系的功能化

自从人类社会进入工业文明以后，人与世界（自然、社会和人类自身）的整体关系就已经开始发生了巨大的改变：人不再是工业时代之前那个与世界相融合一、共生共荣的生命存在体——世界在人之外，人也处于世界之外或之上。世界在人之外，人于是成为与世界相对的行动主体；人处于世界之外或之上，人因此是这个世界的"超拔者"。人与世界之间的关系已不再具有那种天然内在的亲密伙伴性质，人对自己生存之世界的崇敬关系或崇拜关系已然被割断。对于人来说，世界仅是他的一个对象，一个可供人为了满足自己的需要而进行攫取、"改造"或意识活动的对象。这一点，用海德格尔的话来说，就是人把自然（世界）"功能化"为自己的能量提供者。在海德格尔看来，对能量的取得和供应所抱有的种种忧虑，以一种决定性的方式规定了人与自然（世界）的关系，自然（世界）成为人类的巨大能量仓库，"成为现代技术和工业的唯一巨大的加油站和能源"，"持久而慌忙地寻求能量储备，研究、加工和控制新的能量担负者，这从根本上改变了人与自然的关系：

自然成为单纯的能量提供者"①。

　　显然，这样一种人与世界关系的改变，乃是一种根本性的变异。在人类曾经生命相随的整体的世界存在面前，"世界成为对象。在这一暴动性的对一切存在者的对象化中，大地，即那种首先必然被带入表象和制造之支配中的东西，被置入人的设定和辨析的中心中。大地本身还只能作为那种进攻的对象显示自身——这种进攻在人的意愿中设立自身为无条件的对象化。自然便普遍地显现为技术的对象"②。换句话说，作为工业文明社会的直接"改造"成果，人把世界对象化；人的主体身份的确定，建立在人把世界对象化的能力之上。而随着现代科学的迅速发展及其向广大技术领域的持续不断转换，随着技术力量在人的生活实践中的急剧扩张，人对于自己这样一种"主体"的身份也越来越"自信"。人与世界关系的内在统一性、整体性，则在这一日益增长的"自信"面前变得越来越脆弱松弛。

　　这种人与世界关系的根本性分裂，不仅在人类意识层面形成了主客二元的世界观念，而且进一步引领了人类的生存实践；它以主客对立的形式出现在人类对自然的开发、占有和控制过程之中，甚至出现在人对自然（世界）的各种各样的"保护"（环境保护、动物保护等等）之中。所谓世界的"对象化"，实际成为一种人凭借自身发明的技术方式来掌控一切外部事实的具体形式；而所谓"主体""主体性"，则只是人使"世界成为对象"的自设根据。在这里，在现代社会中，人与世界关系的分裂性及其根本上的非美学性质已经非常明显地暴露了出来：在人与世界关系的整体谐和秩序丧失之后，人的生存意志及其基本生存满足不断走向孤立性和封闭性，人与世界的关系日渐功能化——自然、社会甚至人本身的精神存在，都处于人的技术实践的"对象性"位置之

---

① ［德］海德格尔：《充足理由律》，转引自［德］冈特·绍伊博尔德《海德格尔分析新时代的科技》，宋祖良译，中国社会科学出版社1978年版，第52页。

② 参见［德］海德格尔《林中路》，孙周兴译，上海译文出版社2008年版，第231页。

上，处于由人加以控制、改造的被动性之中。正是在这种"功能化"关系中，人与人的生存活动被简化为一种功能意义上的日常过程、物质性的存在事实；由人与世界关系的和谐统一及其内在交流性质所生成的整体生命意识，被人的日常需求、欲望以及世界对人的物质供应关系所遮蔽。

当代世界的一切生态矛盾、生态困境，正是在这样一个人与世界关系的根本改变过程中成了巨大的"问题"。

二、审美生态观的核心

在生态领域里，美学研究的可能性及其首要任务，就在于突破长期以来主客二元的对象化思维，从人与世界整体的分裂现实中突围而出，重新审视自己的绝对主体身份，重新认识人与世界关系的内在价值本位，重新确立人在整个世界关系中的生存维度和内在本质，进而在生态存在领域内有效地形成重新整合人与世界关系的价值尺度及其力量。换句话说，美学之于生态问题的思考主题，乃是站在一个新的关系视角上，以一种整体的价值关怀立场，对人与世界的关系作出一种有效的新的"确立"：确立生命存在与发展的内在整体意识，确立人与世界关系的内在审美把握。

这种新的确立，从根本上说，是我们建构当代审美生态观的基本前提。而要想真正全面地完成这样一种审美生态观的基本理论形式，美学需要做的工作主要是：

第一，确立生命的虔敬与信仰态度。肯定人与世界关系的内在整体性，在根本上，是表达了对于人与世界相一致的生命存在的整体价值肯定。反过来，任何一种形式上对于这种整体性关系的分裂，实际都是对人与世界相一致的生命存在和存在价值的背弃与失敬。所以，有关生态存在及其各种现实问题的美学思考，关键就在于能够通过审美的方式，恢复和强化人对生命存在、生命活动的内在虔敬态度，进而以一种深刻的心灵信仰方式面对人与世界关系的生命存在本质。事实上，在美学的视野中，丧失了对生命本身的热情，没有对生命发展的精神沉思，也就失去了对人与世界内在整体关系的把握基点。而对于生命的虔敬与信仰，其为一种美学态度，内在地要求人类克服自工业文明以来不断自我膨胀的"主体"意志，通过对"主体间性"的肯定，自觉地将生命存在肯定为人与自然、社会共享的整体世界价值，从而在人与世界关系的整体性方面寻得一种特定的内在平衡。质言之，在生态领域内，美学要实现的，是人与自然、社会的整体生命感及其价值。这样一种审美生态观，立足于把人的存在放在同世界关系的谐和过程中，而不是以人的存在意志凌驾、强制（包括人的存在在内的）整个世界的生命存在与发展规律。应该说，这也正符合了美学本身的基本价值追求——整个美学的价值归宿，便是通过诠释人的特定生命现象，将生命的存在目的从一般意志领域中区别出来，使生命本身在感性的自由活动中得到澄明。

第二，确立人本身对于自然存在的感受性而非占有性态度。人与世界关系之整体性的破坏，源自于人类对于自然、社会乃至人自身外部活动的直接占有和强迫。实际上，生态领域所面临的全部问题之症结点，是工业文明以来人类在追求自身生存的物质前提和利益满足之际，逐步丢失了人自身对整体世界的内在感受能力，逐步丢失了人自身对世界生命的内在心灵自觉。特别明显的是，随着人类科学发明的日新月异，随着技术文明、技术实践以"无所不能"的扩张假象而一步步地取消了人对于自然存在的感受性和感受活动，一步步地强化了人的物质占有欲望和能力对于心灵感受本质的异化，人类变得越来越沉湎于技术文明、技术实践的巨大控制规模及其物质性胜利成果。在此情况下，人类对于自然存在的想象也越来越发生变异，变异为对人与技术实践关系的功能性想象。在人的占有活动和占有满足中，自然存在被当作一种技术实践的功能对象，而不再是与人类生命相一致的共生性存在。因此，在美学的视野上，生态审美观之于生态现象及其问题的把握，着重强调的是人类对于自然存在的生命感受性，强调的是这种感受性活动的超越本质——超越一般物质活动的占有关系和利益，超越自然存在的"对象化"形式，进而张扬人以内在生命感受方式同自然存在相互联系的必然性。毫无疑问，美学在这里的旨趣并不在于"自然的人化"，而实质是"自然的感受化"，即肯定非占有的自然感受性过程的生命本性，以便在自然的审美价值层面肯定全部生态现象的美学本质。

第三，高度强调生命的内在充盈性，而不是以某种人的"创造"名义来实行对外"改造"和控制。"人定胜天"曾经是人类自我炫耀的"主体性骄傲"。而其实，它只是人类在技术能力的无限扩张中，以"创造"的名义来对被人"对象化"的世界实行了某种"属人化"的技术性改造。甚至，那种以"实践"为崇尚的美学在解释人与世界关系的时候，也同样强调以"对象化"方式来肯定这种"伟大的改造"价值。然而，当代人类所面临的各种困窘的生态现实（因环境问题带来的种种人身疾患，以及水土流失、沙漠化、大气污染、物种退化等），却让人陷入了一个相当难堪的境地：以"创造"名义所实现的人对世界的改造，不仅大规模地割裂了人与世界关系的完整意义，同时也把人引向了一个日益恶化的自我生存之境。由此，在美学的视野中，重新确立人与世界关系的价值本位、人的生存维度及其内在本质，首先应重点反思这种人的"创造"历史并质疑这一"创造"的前景，通过揭示这种"创造"在生态改变过程中的负面性，把人引入一个"向内"的生命价值建构过程——生命活动的指向不是朝外扩张，而是内在充盈的，是人的生命与自然生命、社会生命的交流与化合。只有在这样一种人与世界的整体统一中，人才不再是一个勇敢却又无比孤立的"创造主体"；人才能直接加入大化流行的世界生命行程，与自然、社会共享生命的充盈感受。唯其如此，生态领域的美学审视才可能独立于一般"科学"的认识体系之外，产生它自己特殊的、内在的力量并获得特殊的意义。

可以说，上述三方面凸现的，是人在面对生态领域各种问题时的生命尊重态度：不仅尊重自然，尊重社会，而且尊重人自己的生命存在；不仅尊重人的生存利益，而且尊重人与世界关系的整体性利益。归结为一点，这种生命尊重态度，实际也就是在反对主客二分的"实践性"功利态度的基础上，在强调主体间性的过程中，充分肯定了人与世界关系的内在亲和性。

生态领域的美学审视，正建立在这种"亲和"的人与世界关系之上；生态问题的美学阐释意图及其价值前景，就是充分张扬这种"亲和"的人与世界关系建构；审美生态观的核心，同样在于深刻而有力地实现这一人与世界关系的"亲和"。

三、审美生态观的价值旨趣

站在美学的立场上，在生态领域和生态问题上，审美生态观的核心概念是"亲和"，它根本地体现了美学对于生态现象及其诸多现实问题的把握要求。而很显然，所谓"亲和"，涉及对我们原有世界观的改变。这里，我们不妨认真咀嚼一下何塞·卢岑贝格在《自然不可改良》一书提出的"该亚定则"：

> 生命的演化过程实际上是一曲宏大的交响乐，它并不仅仅是生命体相互之间生存竞争的过程，而是作为一个整体不断发展演变的进程。在这一进程中，我们的星球——该亚形成了自身生机勃勃、顺应自然的完整体系。它与我们这个星系中已经死亡、静若顽石的其他行星完全不同，它远离统计

学和化学意义上的平衡状态，确切地说，它是一个生命。①

　　热爱和尊奉"该亚"，就是热爱和尊奉人类生命相依的地球，视之为伟大而美丽的生命之神，给予无限虔敬的关怀和爱护，并以生命的亲近方式对待女神般美丽而生命活跃的地球——既是为了保证地球本身生命的延续，也是为了人类自身生命发展的持久前景。这里，我们所看到的，无疑是一种崭新的生态观，同时是一种倾情表达了对人与世界相互一体的生命存在的关注、尊重与感动的崭新美学。这样一种美学，视生命为神圣，把人重新引入到一个同世界整体相亲相和的价值体验领域：在这里，自然、社会及人自身的各种外部存在，不再作为人的技术实践对象而外在于人的生命感受，而是构成为人的生命体验与生命价值关怀的直接内容；人与世界的关系不再依赖于"对象性"而确立，而直接就是一种"亲和性"的价值。

　　在这个意义上，可以认为，美学在生态领域的基本目标，就是构建以"亲和"为核心的审美生态观。它既是对生态存在的新的美学认识，又是一种人对自身与世界内在整体关系的重新体验和体验方式，一种建立在生命活动过程之上的新的美学价值论。它表明：

　　在美学认识上，审美生态观着眼于把"生态"和"生态存在"理解为人与世界的特定的内在关系形式，强调对于自然、社会以及人存在的审美肯定。当然，在美学视野中，审美生态观之与一般自然审美方式的区别在于，审美生态观不是从一种外在观照立场上肯定自然界本身所特有的美学形式，它也不把对于自然的审美活动当作一种"主体"精神外射的活动——在"外射"的主体精神中，"自然"和自然的美学形式仍然是一种人的"对象化"，是在主客二分的意义上"被肯定为"美

---

① "该亚"（Gaea），古希腊神话中的大地女神。见 [巴西] 何塞·卢岑贝格《自然不可改良》，黄凤祝译，生活·读书·新知三联书店1999年版，第63页。参见曾繁仁《论当代美育的"中介"功能》（未刊稿）。

学认识对象的，即是"主体"的产物。这样，在一般自然审美方式中，"主体"精神外射的结果仍是以取消人与世界关系的内在整体性为代价的"主体"权力自我肯定形式。至于审美生态观，它作为新型美学认识，强调了自然、社会以及人自身存在形式的内在意义，主张各个主体间的"和"而不是"分"，主张关系的"整体性"而不是"对象化"。一句话，审美生态观的"亲和"要求，是从人与世界关系本有的内在一体性上来看待自然、社会以及人自身各种存在形式的生命整一性质。即此，美学在生态领域的认识指向，是人与世界在相互内倾过程中保持了相互的和谐与肯定：人的存在并不以对象化世界为前提，世界之意义也不是建立在作为"主体"的人的自身实践意志之上。这样，在生态领域里，美学区别于一般的生态观和生态理论，实现了自身对人与世界关系的整体性把握；审美生态观超越于一般伦理生态观，成为现时代人类的内在自觉。

在美学价值论上，审美生态观追求实现人与世界间相互的"亲和感"。在美学视野中，一切生态现象及其存在都充分而鲜明地呈现了特定的生命情感。面对生态领域的一切，人不是抱着某种"主体"实践的"对象化"意志，而如同热爱自己生命一样地感受它、体会它、触摸它；感受世界的过程，也就是人在自身生命行程中全心体悟全整生命意味的过程。在这样的感受中，人获得与自我生命交流的情感满足和欢乐；在这样的体悟中，人沉潜于世界生命的最深底处，在人与世界的整体和谐发展中获得生命的升华。一句话，人与世界相互"亲和"，诞生了生态存在对于人的生存满足的内在美学价值：生态完整性的意义不仅在于它表现了人与世界关系的谐和，而且表现了人自身的生命谐和。在这种审美生态观中，人与自然间的对立性消弭了，人与社会存在间的对抗性破除了，人的内外隔阂打通了。世界是人的世界，人是世界中的生命；生命无待于外的追求，而就在人自身的感受与体验过程之中。

要完成这样一种审美生态观的价值构建意图，对于人来说，首先应是培养起对自然、社会以及人自身存在形式的生命亲和感，养成一种对于生命整体的直觉与敏感。正是在这里，当代美学产生出其独特的功能：科学发明、技术进步曾使我们深信物质生产与积聚的巨大力量，却麻木了我们人类对于生命的心灵感动；迷恋"创造"曾令人类幻想对外扩张的无限性而丢失了对世界生命的无限崇敬；美学的意义就在于重新唤起、确立人对于全整生命的信仰与热情，重新弥合人与世界关系的裂隙，以审美的价值体验方式面对人自身、世界生命运动的伟大。

确立并不断发展人与世界关系真正"亲和"的美学本质，是审美生态观的价值旨趣。这一点，恰是我们今天在美学领域努力提倡生态观照立场、着力探究并确立一种关于生态问题的美学价值的思想宗旨。这里，有必要强调一点：当我们在美学的理论空间纳入有关生态问题的基本理解，把对生态问题的基本思考与一种美学的可能性联系在一起时，所谓"生态美学"其实并不能被简单地归结为某种学科建构话题；我们的意图并不在于为美学的学科版图增添一块新领地，而是希望通过生态问题的美学审视，通过张扬以"亲和"为价值核心的审美生态观，为人类的生态思考提供一种价值前景。正因此，那种拘泥于学科合法性所产生的对于"生态美学"是否可能的怀疑或忧虑，显然不应该成为我们的障碍。

（原载《江苏社会科学》2004 年第 2 期）

"以文化人"：现代美育的精神涵养功能

——一种基于功能论立场的思考

一、精神恢复性的功能实践

在中西方历史上，传统美育观念在突出"本于自心"的个体追求的同时，大多重点指向对人的终极性完善要求。"凡三王教世子，必以礼乐。乐所以修内也，礼所以修外也。"[①] "修内"虽然也要求有外显的"礼"的形式，但其基本前提则是人自身的内在确定，因而最终归于人的存在本体。即如王充所强调的："情性者，人治之本，礼乐所由生也。故原情性之极，礼为之防，乐为之节"，"礼所以制，乐所为作者，情与性也。"[②] 一切都是因"本"而生、缘"本"而行的人的自心行为。由此，传统美育在观念层面坚守着终极性的意义本体，在实践中则具体体现为指向意义本体的修身活动。换句话说，传统美育在观念和实践上着重强调了人的"本体呈现"。

现代美育的兴起，无疑直接针对了现代社会消费性文化生产语境

---

① 《礼记·文王世子》。

② 《论衡·本性》。

中人的内在精神流散、缺失或不断弱化——由于技术发展本身毫无顾忌的扩张性和现实操纵力，物质的高度丰裕不断遮蔽乃至消解人在现实生活中的精神目标及其内在发展维度。对此，马尔库塞从其总体性观念出发，曾有过很好的揭示："那些在工业社会初始和早期阶段作为生死攸关的因素和根源的权利和自由，屈从于这个社会的更高阶：它们正在丧失它们传统的存在理由和内容"，"发达工业社会的显著特点是，它有效地窒息了那些要求解放的需求——也是从可容忍的、报偿性的和舒适的东西中解放出来——同时它维护和开脱富裕社会的破坏力和压制性功能。这里，社会控制急需的压倒一切的需求是：浪费的生产和消费；不再具有真正必要性的麻木般的劳动；缓和和延长这种麻木状况的娱乐方式；维持一些骗人的自由。"① 人的内在精神动机逐渐被外部活动的麻木性满足所吞噬。而在更早以前，面对现代文明所造成的人的精神迷失流离，席勒也曾一针见血地指出："那种远非能使我们获得自由的文化，随着它在我们身上所形成的每一种力量，只是产生出一种新的欲求。自然的镣铐越来越可怕地收紧，以致失败的恐惧窒息了要求改良的炽烈本能，使被动地顺从的准则成了生活的最高智慧。"② 显然，有关现代社会文明发展及其生活语境对人的自然生命结构的破坏，以及对生活欲望与意义体验、物质需要的日常满足与精神感受的自由发展之间意义制衡关系的撕裂，成为思想家们集中关注的问题。

在美育层面上考察这些现实中被撕裂的关系及其问题，可以认为，其中的关键点已经从人的"本体呈现"维度，实际地转向了如何在现实生活中选择审美教育的特定路径，以审美的方式重新整合业已分裂的人的精神存在，在现实的精神恢复性活动中重新回返人的精神完整性，进而重新建构起人的精神发展力量。这也正是席勒在《美育书简》第六封

① ［美］H. 马尔库塞：《单向度的人》，张峰、吕世平译，重庆出版社1988年版，第4、8页。
② ［德］席勒：《美育书简》，徐恒醇译，中国文联出版社1984年版，第48页。

信中所说的："为了培养个别能力而必须牺牲它的整体，这样做肯定是错误的。抑或当自然规律还力图这样做时，我们有责任通过更高的教养来恢复被教养破坏了的我们的自然（本性）的这种完整性。"①

从这一点出发，在我们看来，有别于传统美育在观念层面及其实践中对"本体呈现"的终极关注，现代美育首先不是一种指向本体建构的观念形态，而是一种致力于实现精神的现实目标、体现人的内在恢复性要求的功能存在形态。换个方式来说，传统美育作为一种本体性思维，其基本对象是人之为人的意义本身；现代美育则主要落脚于精神恢复性的审美实践，要求在审美的具体展开方式中实现现实精神的"祛蔽"、重建人的整体性精神结构，进而在现实文化语境中不断展开人对于精神自我的内在审视——它一方面指向人生现世的价值判断，另一方面指向了人本身的精神流散、缺失和弱化。所以，对于现代美育来说，它的关注重点便不在于如何去揭示精神自觉的终极可能性、人的完善的终极性价值，而是现实地修复人生实际的各种精神困境。也因此，审美功能论的确立便成为现代美育的一项基本理论设计，功能目标的确定、功能方式的完善构成为现代美育的价值核心。质言之，现代美育有着十分明确而具体的功能指向性，要求通过审美活动的必要规划，凸显审美的具体作用方式，不断致力于克服或化解人在现代消费性文化生产语境中的精神缺失危机，在审美意义的发生中形成一种引导精神恢复的实际力量，从心灵意识的内部唤起人在现实中的生活自觉并不断走向生命意义的深度体验与现实提升。这样，现代美育功能便实际地体现出现实审美实践与人的精神修复相一体的建构本质——一种在现代文化语境中获得展开并不断显现自身功能指向性与实践合理性的精神追求。

---

① ［德］席勒：《美育书简》，徐恒醇译，中国文联出版社 1984 年版，第 56 页。

二、从精神缺失之处再度出发

强调审美功能论对于现代美育的建构性意义，强调现代美育指向以审美方式不断修复现实中人的精神缺失和精神困境，凸显了现代美育的特定追求：随着文化语境的现实改变，人的具体生存同样面临着巨大的改变。正是在这种改变了的现实中，人的内在精神自觉性不复成为人生现世的引导性力量。经历了工业文明带来的感性与理性分裂、生活功能与存在意义分裂、生活满足与生命感动分裂，内在精神的方向感和意义感的逐渐失落与极度缺失，成为人所面临的主要问题。或者，就像马尔库塞所说的："发达工业社会引人注目的可能性是：大规模地发展生产力，扩大对自然的征服，不断满足数目不断增多的人民的需要，创造新的需求和才能。但这些可能性的逐渐实现，靠的是那些取消这些可能性的解放潜力的手段和制度，而且这一过程不仅影响了手段，而且也影响了目的。"[①] 人的精神无从在现实生活的极大丰裕及其占有满足中真正找到它自己的"所出"和"所往"，这才是现代美育所要面对的真正现实。基于此，在理论思考的范围内，现代美育所要解决的，主要不是其自身的本体根据问题——尽管这一问题在自由精神的自我发展层面也规定了我们对于现代美育价值的更深入思考。应该说，在现代美育中，"美育是什么"的问题总是直接服从于"为什么要美育"和"美育可以做什么"问题的理解，美育本体的存在规定被置于功能实现的可能性之中（这一点，当然与现代文化本身的本体缺失相关联，其如"何为精神的意义"显然已被"精神意义如何可能"的问题所遮蔽）。

就此而言，可以看到，当年蔡元培所提倡的"以美育代宗教"，其

---

① ［美］H. 马尔库塞：《单向度的人》，张峰、吕世平译，重庆出版社 1988 年版，第 214 页。

实也是为了解决现代中国人生活中的基本精神缺失、调和人性的现实分裂、激扬现代中国文化的生命创造热情而找得的一副精神疗治药方。就像蔡元培在《对于新教育之意见》中所看到的，"人既无一死生破利害之观念，则必无冒险之精神，无远大之计划，见小利，急近功，则又能保其不为失节堕行身败名裂之人乎？……非有出世间之思想者，不能善处世间事，吾人即仅仅以现世幸福为鹄的，犹不可无超轶现世之观念，况鹄的不止于此者乎？""现象世界之事为政治，故以造成现世幸福为鹄的；实体世界之事为宗教，故以摆脱现世幸福为作用。而教育者，则立于现象世界，而有事于实体世界者也。故以实体世界之观念为其究竟之大目的，而以现象世界之幸福为其达于实体观念之作用"[1]。正由于"失"其所失、"缺"其所缺，所以蔡元培竭力要在"代宗教"而作为现代中国人精神信仰体系的美育那里，确立起现代中国人精神补缺、补失的功能维度。这也是他在《美育与人生》中所肯定的："人人都有感情，而并非都有伟大而高尚的行为，这由于感情推动力的薄弱。要转弱而为强，转薄而为厚，有待于陶养。陶养的工具，为美的对象，陶养的作用，叫作美育。"[2] 以审美作为现实中人的精神陶养的功能方式，将美育的功能指向与全面修复现代中国人精神弱化的要求——实现精神上的"强"与"厚"放在同一个维度上，鲜明地体现了蔡元培在美育问题上的现代意识和立场。关于这一点，我们从丰子恺那里也同样可以看到。在《艺术修养基础》中，丰子恺就曾经表示："人生处世，功利原是不可不计较，太不计较是不能生存的。但一味计较功利，直到老死，人的生活实在太冷酷而无聊，人的生命实在太廉价而糟蹋了。"面对现代社会中的这种人生处境，美育恰能以艺术审美的方式来"恢复人的天真"，"在不妨碍现实生活的范围内，能酌取艺术的非功利的心情来对付

---

[1]　蔡元培：《对于新教育之意见》，见《蔡元培全集》第2卷，中华书局1984年版，第132—133页。

[2]　蔡元培：《美育与人生》，见《蔡元培全集》第6卷，中华书局1984年版，第157页。

人世之事，可使人的生活温暖而丰富起来，人的生命高贵而光明起来"，其结果则是人"体得了艺术的精神，而表现此精神于一切思想行为之中"①。这种精神就是一种美的情怀、审美的感动。由此，丰子恺得以在《艺术必能建国》中热情地相信，美育的力量可以"支配人的全部生活。故直说一句，艺术就是道德，感情的道德"②。尽管相比较于蔡元培在艺术之外还十分具体地关注包括家庭和社会在内的其他美育途径，丰子恺主要将现代美育的功能实践安排给了艺术，但如果就艺术作为精神修复的特定承担者而言，丰子恺与蔡元培其实都一样地站在了一种特定的功能论立场上，坚决捍卫和张扬了美育在现代生活中的实践张力。也因此，与其说"艺术就是道德"强调了艺术自身的本体归属，莫不如说它在功能层面现实地展现了艺术的精神感动力量——对人生现世的精神修复最终生成了生命价值的伦理肯定。

对于现代美育来说，内在于美育价值意图、外显于美育操作性活动的功能实现问题，直接联系着对"为什么要美育"和"美育可以做什么"问题的回答，也进一步突出了从功能论立场考察和把握现代美育品格的必然性。它不仅在理论层面把"为什么要美育"与"实现什么"的联结确定为现代美育功能定位与功能指向的一致性关系，从而决定了现代美育理论形态的建构与确立，而且在实践层面将"美育可以做什么"与"如何实现"的功能实现问题推到了现实人生活动的前沿，在直面现代生活中的人生问题之际，进一步具体化了人自身的精神努力方向，凸显着现代美育在具体文化语境中的价值意图——在反思性重建当下的现实努力中，不断展开自我内在的精神修复，不断趋向于人的精神生命的完整体验。

---

① 丰子恺：《艺术修养基础》，见《丰子恺文集·艺术卷》4，浙江文艺出版社1990年版，第123—124页。

② 丰子恺：《艺术必能建国》，见《丰子恺文集·艺术卷》4，浙江文艺出版社1990年版，第31页。

在这个意义上来理解现代美育，它归根结底就是要求能够在功能实践中逐步解决现代生活中人的精神流散、缺失和弱化问题——特别是，在人的欲望实现得以迅速增长和更加便捷的物质丰裕的今天，这种缺失症候由于信息交互叠加、扩张的强大作用和全面助推，已日益具有社会全面性和生活控制力。而精神涵养活动在缺失修复的实践中，完全有可能充分体现现代美育内在的功能满足。它意味着：现代生活如何可能逐步恢复自己的内在气象，并不取决于某种外在于生活现实的"注入性"力量，而要求从生活现实内部发现人的精神成长可能性——明确精神之"所出"及其"所往"，从而完成人的精神能力的再一次确立。换句话说，现代美育之于现实生活中人的精神缺失的修复，既具有为现实"补缺"的作用，同时也体现为人以自我实现方式从精神内在层面"再度出发"并向内完成生活意义的表征。

三、"立人"和"人立"的统一

以修复人在现实生活中的精神缺失作为特定功能实现，是现代美育之所以成立、也是其为人在现代消费性文化生产语境中的生活活动提供内在意义的根本。而"以文化人"则在精神涵养的特殊性方面，成为现代美育具体展开这一精神修复活动的功能实践形态。

在人的精神成长、现实生活的发展中，"以文化人"作为精神涵养的实践过程，根本地超越了现实的具体处境，向着人和人的活动不断展示着精神完整性的成长维度。在这一功能实践形态内部，"化"不仅具体地向人呈现了生活内在的精神气象，更在实践指向的统一性上，在人生现世的活动中完成着当下意义的揭示和人的精神充实：其一，以"文"——不仅作为知识构造的具体成果，更大程度上体现为包括艺术在内的人的精神创造的价值形态——作为人在现实中进行自我精神修复的参照系统，由此凸显出精神涵养的价值立场；其二，经由"化"的充分展开而直接体现精神修复的生动能力，突出精神涵养活动对人的现实缺失的持久性补偿，进而充分满足人的精神修复需要。

在一般意识中，文化之为人的活动和人的创造成果，总是直接维系在人的精神努力之上。就像伊格尔顿在讨论文化概念时曾经指出的，由于"在使我们的实践具有创造性的事物与事件本身的平凡事实之间存在着一种紧张关系"，"文化同时既是抽象完美的一种理想，又是努力达到这种目的的不完美的历史过程"①。就文化本身来看，它所提供的不仅是人与物的对象性关系——而且主要不是这种关系的现实形态，否则也就无所谓"不完美的历史过程"。在最根本的方面，文化提供了一种通过人与物的对象性关系的不断调整而获得展开的人的存在满足。就此而言，"以文化人"作为一种功能实践形态，同时构成了文化对人和人的生活的一种价值表述。它意味着，在现实层面，"以文化人"之"化"，就是要在那种"努力达到这种目的的不完美的历史过程"中不断迎接精神理想的洗礼，亦即不断在人生现世中对接"抽象完美"的理想。而在实践层面，"以文化人"重点着眼于人自身精神发展的价值意图，即在"化人"的具体精神修复活动中，以人生现世作为功能实践范围，不断使"抽象完美"的精神理想现实地成为生活活动的内在方向，在人的现实需要与人的持久满足之间建立起一种鲜活的功能性关系。

因此，在意义的普遍性上，作为现代美育以精神涵养方式实现人的精神修复的具体功能实践，"以文化人"一方面终极性地表达了精神本来具有的创造性意义，另一方面则为现实生活中人的精神成长提供了具体途径。质言之，"以文化人"的功能实践，实际地建构着人的精神发展与现实处境两方面的统一——落实到"以文化人"内部，体现为

---

① ［英］特里·伊格尔顿：《文化的观念》，方杰译，南京大学出版社 2003 年版，第 21 页。

以"化"的过程来实践现代美育功能方式与功能价值的统一。可以看出，这种"以文化人"的精神涵养过程，其核心点显然不在于如何"教人"，即不是被拿来作为一套价值规范的指令或一种精神规训的工具，而应该被理解为如何在"化"的持续展开中致力于实现内在精神层面的"立人"方向以及"人立"的意义满足。也可以说，"以文化人"这一功能实践形态所指向的，并非一般知识教育体系的建构，即不是如何确立人之为人的知识本体，而是体现为一种功能实践中的"去知识化"立场与取向：为了人生现世的精神安顿与意义满足，也为着人在现实生活中能够不断趋近自身精神努力的方向，有意识地从人的创造方面（"文"）来强化和优化精神功能的实现——"立人"与"人立"的统一。

这样，在现代美育所欲达成的人的现实精神缺失修复中，"以文化人"通过"以内安外"的渐进性持续，内在地实现着"以心立身"的意义收获——在不间断的精神努力中，自内而外地为人和人生现世提供意义生成的方向。

站在这一点上再来理解席勒所谓"不论世界作为一个整体由这种人的能力的分隔培养中获得多么大的好处，但仍然不能否认，接受这种培养的个体在这种以世界为目的的灾难中仍要蒙受痛苦"，而"为了培养个别能力而必须牺牲它的整体，这样做肯定是错误的。抑或当自然规律还力图这样做时，我们有责任通过更高的教养来恢复被教养破坏了的我们的自然（本性）的这种完整性"[1]，我们就可以体会到，尽管基于细化"世界整体"的认识需要，由"人的能力的分隔培养"所完成的知识教育有其充分必要性，也为人的认识能力的"个别"发展提供了必要的知性材料，但与此同时，它又是以牺牲人的精神完整性为代价——由外在于人的精神整体性发展需要的知识体系建构（"分隔培养"）带来的

---

① ［德］席勒：《美育书简》，徐恒醇译，中国文联出版社1984年版，第55、56页。

现实精神分裂。这种精神遭受的必然分裂唯有通过超越一般知识体系的"更高的教养"——美育，才能得到真正的弥合，从而恢复人的精神完整性。因此，现代美育通过明确自身精神涵养的内化功能，超越"在外的"知识满足而不断从"在内的"精神创造与人的体验性关系上强化"以文化人"的现实作用，应是有其历史根据和现代意义的。

四、方法论的特定化与具体化

早在 20 世纪 20 年代，哲学家冯友兰就曾这样指出：

> 假使人之欲望皆能满足而不自相冲突，此人之欲与彼人之欲，也皆能满足而不相冲突，则美满人生，当下即是，更无所人生问题，可以发生。但实际上欲是互相冲突的。不但此人之欲与彼人之欲，常互相冲突，即一人自己之欲，亦常互相冲突。所以如要个人人格，不致分裂，社会统一，能以维持，则必须于互相冲突的欲之内，求一个"和"。"和"之目的，就是要叫可能的最多数之欲，皆得满足。
>
> 所谓道德及政治上社会上所有的种种制度，皆是求"和"之方法。他们这些特殊的方法，虽未必对，而求"和"之方法，总是不可少的。①

由于现世的利益在精神层面必定存在"互相冲突"，所以寻找冲突的克服、分裂的弥合，亦即在冲突中找寻"和"的可能性——一种肯定分裂和冲突的现实存在但又超越其上的新的平衡关系的确立，便实际地

---

① 冯友兰：《一种人生观》，中国人民大学出版社 2005 年版，第 14 页。

指向了现实生活中人的精神需要，希望由此从精神分裂的当下具体出发，为人生现世积极地指引精神前行的方向。这种在现世的肯定中通向现实超越的努力，便构成了人类各种思想活动及其价值实践的存在意义。美育同样是这其中一种"特殊的方法"。只是不同于其他各种道德的、政治的和社会的找寻方法，美育关注的不是某种规范性制度设计，而是在人的具体活动中寻求精神的内在自觉，在人生现世的有限性中发展出精神成长的力量、开掘精神超越的前景。这也如同冯友兰所说："问人生是人生，讲人生还是人生，这即是人生之真相。除此之外，更不必找人生之真相，也更无从找人生之真相。"① 人生现世之有价值，便在于它对人真实，尽管这个真实本身处处存在局限。对于现代美育来说，在现代消费性文化生产语境中修复人的精神缺失，根本上依旧是为了实现人生现世的意义收获。

从这个角度来看，现代美育的具体实践便一定与人在具体生活中的意义建构保持着内在的对应关系——事实上，人在现代消费性文化生产语境中的精神缺失问题，最终便归于意义感的茫然。而"以文化人"作为现代美育实现精神涵养功能的特定形态，正是立足于这种对应关系而又从人自身内部不断强化着这种意义建构的精神维度。也就是说，"以文化人"不是离开人的现实去启示"人生之真相"，而是在人生现世当中不断地趋于精神的表现、不断地丰富精神的意图。它一方面在本体层面向着人的存在完整性趋近，体现为人生意义的精神呈现。而另一方面，也是更现实、更核心的，在功能层面上，"以文化人"的实践形态通过直接体会现实中的缺失与有限性，不仅向人提示着精神发展的宏大旨趣，而且在历史与现实相关联的方面具体丰富着人的现实的精神活动。也因此，对于现代美育来说，"以文化人"具有特殊的方法论意义。我们把现代美育定位于以精神涵养方式来为人的现实精神缺失寻求"补

---

① 冯友兰：《一种人生观》，中国人民大学出版社 2005 年版，第 6 页。

缺"，实际上就是表明了这种方法论上的特殊性。

质言之，作为人在现代消费性文化生产语境中寻求自我精神"再度出发"、致力于把握人生现世的精神性存在维度的特定功能实践，"以文化人"是现代美育在方法论上的特定化和具体化，实现着现代美育以精神修复为旨归的涵养功能。

第一，在持续的渗透中展开，在潜移默化中释放，这是现代美育超越一般知识教育之"教"的规训、实现"化"的可能性的特殊性所在，也构成了现代美育精神涵养功能的具体意义。所以，对于现代美育来说，便需要特别关注和突出营造"补缺"需要的精神氛围，以便使"化"的活动能够获得积极的助力。实际上，当我们通常强调艺术在现代美育中的特殊地位，期待着艺术能够满足"育人"效应的时候，就是肯定了这种精神氛围的建构性意义。因为很显然，在人的现实生活中，艺术的最大意义就在于"用感性的艺术形象的形式去显现真实"，"至于其他目的，例如教训、净化、改善、谋利、名位追求之类，对于艺术作品之为艺术作品，是毫不相干的"①。艺术可以向人提供精神安顿和精神成长的最适宜环境。如果说，现代美育有必要借助艺术的力量，那么，这并非表示艺术可以用来指称美育或代表美育，而是在功能意义上突出了一点，即精神涵养的过程不能没有实现精神满足的功能实践氛围。宗白华在《我和诗》一文中回顾自己青年时代创作经历的一段话，便很好地说明了这种精神氛围营造与美育功能实现的内在关系：

> 唐人的绝句，像王、孟、韦、柳等人的，境界闲和静穆，态度天真自然，寓秾丽于冲淡之中，我顶欢喜。后来我爱写小诗、短诗，可以说是承受唐人绝句的影响，和日本的俳句毫不相干，泰戈尔的影响也不大。只是我和一些朋友在那时

_____

① ［德］黑格尔：《美学》第 1 卷，朱光潜译，商务印书馆 1979 年版，第 68—69 页。

常常欢喜朗诵黄仲苏译的泰戈尔园丁集诗，他那声调的苍凉
幽咽，一往情深，引起我一股宇宙的遥远的相思的哀感。①

艺术（唐人绝句、泰戈尔的诗）——精神氛围的诞生（闲和静穆、
天真自然、苍凉幽咽，一往情深）——自我精神的"再度出发"（引起
我一股宇宙的遥远的相思的哀感），艺术的力量在这里已不是凝定于文
本之中，而是从人置身其间的境界（氛围）来面向着人的心灵活动，它
是一种令人精神感动的力量。

第二，"以文化人"的精神涵养过程，始终指向了人的精神归途，
内在地呈现着现代美育的基本价值。如果说，在消费性文化生产语境
中，现代美育在"以文化人"的具体实践中内在地展现着人的精神缺失
修复的持久性前景，那么，其内在本体的规定显然不能离开具体方法论
意义的实现。这就意味着，现代美育归根结底是一种功能主导性的存
在，并且在不断确立和完成人的精神涵养这一功能实践的展开中对人生
现世发生着意义。这同时就向我们揭示出：作为人和人的具体生活的发
展性动力，现代美育开始于一种特定的"人为"努力，最终指向不断寻
求"为人"的完善性——"人为"的努力源自人生现世的精神局限，"为
人"的完善性则导向了精神的内在重建方向，而现代美育便是这两个方
面的现实统一。这一点，应该说也同全部教育的目标是相一致的。"教
育应该将我们导向人们称为本性的东西，就是那使得我们从'我'中、
从'我们'中摆脱的东西"，"这种对我们的本性的探寻可以满足知识上
的欲望，因为我们的本性是人类世界和文化的起因。它也是存在于我们
身上的最美好和最高尚的东西，从这个意义上讲，这种探寻还可以满足
我们对美和崇高的追求"②。"我""我们"的有限性和孤立性，将人生现

---

① 宗白华：《美学散步》，上海人民出版社 1981 年版，第 239 页。
② ［法］阿尔贝·雅卡尔等：《没有权威和惩罚的教育?》，张伦译，中国人民大学出版社
2005 年版，第 23 页。

世狭窄化了，遮蔽了"我们对美和崇高的追求"。在这个意义上，也可以说，现代美育一定地构成了对人的现实的"审美干预"——不断去除这种人生现世的有限性和孤立性。而这种审美干预之所以发生、审美干预的实现之所以可能并最终带来人的精神自觉和丰富，则特定地体现在"以文化人"精神涵养过程的现实取向之中。

第三，"以文化人"作为精神涵养的过程，既高度关注人从现实出发所不断趋向的精神能力建构，同时又不是把这种能力建构直接归为某种制度性的设计，而是以"化"的可能性来强化人自身"习染自得"的精神修复能力养成，亦即在外化于内的过程中触发人的本心感受，把精神的修复满足交还给人自身。因而，现代美育实际上肯定了人生现世本身恰恰可以成为"化人"的起点，精神涵养的不断丰富也不是对现实存在的单一否定，而是在现实之中追求实现的人的精神改善。另一方面，由于强调精神缺失的修复根本上归于人的内在能力建构，强调在现实生活的具体活动中实现精神的内在"补缺"，因此精神的"自得"便也进一步巩固了"习染"的过程——一种精神的持续性交流和进入式的发现。事实上，艺术活动之所以构成为现代美育实现精神涵养功能的具体实践，也是在这个意义上来说的，因为艺术最重要的力量，就在于其所生发的巨大感染力能在人的精神感动中为人提供本于自心的颖悟。在这里，我们不妨拿朱光潜曾经讲过的一个例子，来说明现代美育这种"习染自得"的实践特性：

> 阿尔卑斯山谷中有一条大汽车路，两旁景物极美，路上插着一个标语牌劝告游人说："慢慢走，欣赏啊！"许多人在这车如流水马如龙的世界过活，恰如在阿尔卑斯山谷中乘汽车兜风，匆匆忙忙地急驰而过，无暇一回首流连风景，于是这丰富华丽的世界便成为一个了无生趣的囚牢。这是一件多么

可惋惜的事啊！①

"慢慢走"的过程就是一个精神交流层面的"习染"，"了无生趣"却是因为人受困于具体现实而不能走进这一过程，所以终究不可"自得"，不能引发审美的感动、收获精神的补偿。显然，若不能引发外化于内的精神进入，所谓美育也将无以终其之所终。

（原载《美育学刊》2017 年第 3 期）

---

① 朱光潜：《谈美》，见《朱光潜全集》（新编增订本）第 3 卷，中华书局 2012 年版，第 97 页。

第 三 编

美学如何可能走向大众生活

一、怎样真正"走向生活"

面对当代中国美学研究中存在的理论危机，似乎有一种乐观的态度，认为只要我们把研究立场转向现实的大众生活，当代中国美学就可以"柳暗花明"了。于是乎，我们现在"有了"摄影美学、城市美学、劳动美学、环境美学、广告美学、服装美学、旅游美学、体育美学、烹饪美学，等等。这样，三百六十行，几乎行行出美学了。

我并无意贬低持这种态度的同志的理论热情。然而，它是否真的符合美学研究自身的理论自觉？或者，它是否更本质地表现为我们寻求当代中国美学新出路、新发展的"感性的理想"？是否当代中国美学研究出现在理论上的一种"非自然倾向"？

和大众生活加强理论上的联系，走向现实生活层面，应该是当代中国美学发展的必然。但是，这种必然性是建立在美学本身的内在关系上的。作为思想的形式，美学从一开始就是生活的深刻抽象、高度理性；同生活的关系，是美学天然的结构。随着当代社会文明的高度发达，大众生活形式和内容的变迁，以及由此而产生的人的感性体验中机械性与创造性、物质欲望与精神享受、道德理想与个人利益的尖锐对立和冲突，人在现实生活中的苦闷与孤独愈益强烈。当代生活的许多困惑，需要在日常审美活动中得到克服或消解。作为一种深刻的抽象，当代美学在其逻辑进程中必须自觉地理解当代大众生活的困惑，理性地抽象其中的对立冲突。因此，如果我们强调当代中国美学走向大众生活的必然性，就必须首先关心必然性背后的内在关系。也因此，当代中国美学走向大众生活的过程，就并非"是否可能"的问题，而是"如何可能"的问题，即怎样才能真正"走向生活"。

二、经验综合判断：以日常生活的抽象为形式

在我看来，当代中国美学走向大众生活的第一个障碍，就是：在本质上，美学不是纯粹经验的分析，而是玄思过程中的思维抽象；"走向生活"则意味着美学必须以经验活动（包括日常生活感受）为某种理论的分析依据。思维抽象与经验活动之间的相互对立，如果不能在研究领域达到自觉的克服，就会导致美学走向大众生活的失误与偏离，尤其可能以当代生活经验削弱美学理论活动的玄思本性。克服这一障碍的途径，在于合理选择美学走向大众生活过程自身的理论基础。这个基础，我以为就是以当代生活日常活动的抽象为形式的经验综合的判断。

所谓"抽象"，是指美学思维过程中直接面对的，不是大众生活的日常的、表面的具体样式，而是经过某种理性把握的大众生活多样形式底层的深刻意蕴，是一种对大众生活形式和内容的"具体的抽象"。所谓"经验综合的判断"，则表明美学在走向大众生活的理论道路上，必须远离一般纯粹经验分析的局限，既以日常生活活动的抽象为对象，又不放弃具体审美活动形式、审美经验（包括日常活动中所积淀的审美情绪），在理性的统一中，使美学与大众生活的关系体现出特定的内在逻

辑规律。这样，当代中国美学走向大众生活的过程才可能成为理论上必然的演绎形式。

如果我们再深入地理解，当代中国美学如何可能走向大众生活，关键在于怎样实现美学体系自身在实际思维运行中的理论自觉。当我们指明美学走向大众生活的理论基础，是"以当代生活日常活动的抽象为形式的经验综合的判断"时，其中所包含的"抽象"与"经验综合的判断"，也就是两种相联系的思维限制：唯其是"抽象"，才能使我们对大众生活形式和内容的美学思维，总是确定在一个有着自身规定性的范畴（概念）之上，从而保证美学研究在现实应用与理解方面，始终是一个具有基本概念形式的自身总体思维逻辑的连续性表现，而不致产生当代中国美学在具体生活领域中的理论分裂；唯其是"经验综合的判断"，所以对一般日常活动经验的超越，便不会产生理论与现实生活的隔阂，而在大众生活表现出具有一定地相融于美学思维视界的现实与长远的可能性方面，发现美学对于大众生活的特殊渗透。

值得担心的是，目前我们所看到的，大多是与上述理解相反的两种情形：或者，在走向生活的具体过程中，以现实经验活动代替美学本身的思维形式，在当代生活的日常形式面前抛弃了美学理论的限制，把美学引向设计学、工艺学的层次；或者，对现实生活的探讨，仅仅变成借美学的名词以抬高具体生活活动的理论地位。所谓美学"泛化"，正是冲着这两种情形说的。

当然，准确把握当代中国美学如何可能走向大众生活的问题，还应有一种更为深邃的文化建构理想。由于现实的大众生活本身就是当代文明的表现，当代生活的困惑也就是当代文明的内在矛盾。所以，在走向大众生活的过程中，当代中国美学必须关心当代文明的具体困境，关心人类文化创造总体过程的根本利益，以自身的卓越理想而最终使美学成为人类全部创造活动中独特的文化建构方式。只有这样，当代中国美学走向大众生活才能够不只是对现实的迁就，而是现实的文化超越，真正富有持久的意义和深远的影响。显然，这就注定需要我们有一种与人类文化活动的动机和理想相沟通的心灵，有一份以审美为最高文化创造形式的理性。

（原载《福建论坛》1991 年第 1 期）

重建美学与生活的关系

一、美学的思想尴尬

中国文化向来持守着对人生现实的高度关切，中国思想中诸多关于人生生活的价值引导性话语，便充分体现了这一点。孟子所谓"斧斤以时入山林，材木不可胜用也"，在强调自然生命与人的生命同样具有自我生长与复苏的交替过程之际，实际上揭示了人类生活的基本价值，即有效节制人的生活欲求是对自然生命的一份尊重，也是对人的生命的本真性回归。同样，中国美学也处处热情地流露着普遍的人生情怀，强调生活意义的审美实现，就在于持守"与天地万物上下同流"的人生态度，进而成就物我相通、与天地和的最高人生境界。

从中国文化、中国思想和中国美学的普遍指向中，我们不难发现，人生生活之于美学，本是具体和直观的。作为一种非概念化、与生活现实合一的价值关怀，美学话语内蕴着意义阐释的生活旨趣。而在思想表达形态上，作为"化"生活之日常过程为生命实践形式的本体追问，美学阐释所揭示的，又是一份超然于一般生活规训的意义体验。因此，美学与人生生活的关系不仅是必然的，也是本然性的；美学就是在生活的直接经验中展开着自身的阐释性活动。换句话说，人生生活的意义呈现有其现实的审美维度，而美学的可能性正在于从生活现实的具体经验方式中凸显自身的价值立场及其理论把握。

然而，近代以来，由于知识性话语的逻辑构造需要及其体系封闭性，也由于美学理论本身对于现代哲学经验的依赖，美学在理论上逐渐脱离了对于人的生活现实的直接关注和阐释兴趣，持续强化着以概念把握、理论思辨为基本形态的知识体系建构。这种以思想活动的知识化追求为内核的"理论的美学"，往往陷于自我求证的知识满足，思想的现实旨趣被知识构造的严密性要求所取代，生活现实与美学知识体系的关系只是维系在一种双方都无法真正相互进入的表面性上，美学因此也越来越概念化而缺失对生活的基本感受和直接发现，以至于美学在现实的人生活动面前，要么毫无感觉，要么捉襟见肘，无法对生活现实作出真正有力的反应。

理论扩张与生活阐释能力的弱化或边缘化，已然成为美学在今天常常会遇到的思想尴尬。

二、建构"生活的美学"

美学能做什么？这个问题在生活中频繁出现，不仅显示了美学的理论无奈与边缘，也表明"理论的美学"知识化扩张并没有能够有效安置具体生活的鲜活美学经验。而在人的现实生活中，各种对于"美学是什么"的日常疑惑，则一次次地把企图以知识方式驾驭人生实践的美学理论推到了生活的囧途之上。生活现实的蓬勃生动与美学介入的实质性缺位，成为长期困扰美学发展的一个现实问题。

美学应该而且可以"活"起来。而"活起来"的根本，在于美学摆脱自身对生活现实的游离性及其知识化构造，具体进入人的生活并同时向人的生活开放，在其中直接经验人的现实、生活的现实。由此，美学才能有效地成为生活意义的阐释力量和人生活动的启示力量，而人的生活活动也才不仅是物质力量的实现，更是一种生命意义的现实实践。因而，对于当代美学来说，真正的问题是：如何能够通过一种"生活的美学"建构，重构美学与人生生活的现实关系，重建美学对人的现实的关怀信念，使美学真正成为能够作用于生活本身的力量，进而使其成为有关人的生活意义的阐释活动。

在这里，"生活的美学"所要确立的，是一种关于生活现实及其人生意义把握的阐释性话语，即在生活经验的直观发现中体会人的具体生命追寻，深刻理解并不断提示生活意义的现实维度。相对于"理论的美学"，对人的生活活动、人生事实的介入性关怀，构成为"生活的美学"的出发点，也是具体体现其理论阐释力的归结点——在人生现实中感受生活意义的当下满足性表达，在生活实践的当下意图中敏锐发现生命本体的困顿与希望，在理论阐释的具体性中显现人的生活价值引导、指引生活意义的寻求方式与方向，这正是建构"生活的美学"并以此重建美学与生活关系的内在目标。在这个意义上，也可以说，美学本来并不缺少对人生生活的价值热情，而"生活的美学"所要明确的建构前提，其实正在人生生活的具体实际之中。

显然，问题的关键不在于"美学能做什么"，而是"美学如何可能做什么"。"生活的美学"所构建的，主要不是一套有关人的生活的概念性判断或逻辑构造的思想话语，而是在直接面对生活的过程中所获得的鲜活生命经验的提纯能力，是人生活动的意义发现。"暮春者，春服既成，冠者五六人，童子六七人，浴乎沂，风乎舞雩，咏而归"，当下活动的审美特质在这一日常生活的追求态度和活泼感受中鲜活跃出。它在将生命意义的本体思考落实于乐天爱生的具体生活感受的同时，在美学层面指向"与自然生命同化"的理想人生境界，深刻彰显了传统中国美学所欲达致的"天人一体"生命境界的价值实践方向。这个"曾点气象"的例子，已经很好地说明，美学阐释的可能性只有同人对生活的现实态度直接关联才能得到充分实现，而人的生活现实也才能同样得着审美的意义实现。

更进一步说，在"生活的美学"建构中，由于美学与生活现实的双向介入性关系——不是美学向人生生活提出价值规范，而是生活本身在美学的现实关怀中获得意义阐释，"美学能做什么"和"美学是什么"这两个问题合为了一个问题：就"生活的美学"进行意义阐释活动而言，"如何可能做什么"不是提出一种先在的理论设计，其不同于"能做什么"和"是什么"的根本地方，就在于"可能做什么"是存在于美学与生活现实的直接关系领域，而"生活的美学"恰恰寻求将"如何可能"具体落实为一项需要在现实生活关切中不断加以践行的开放性工作，而不是把美学自身不断扩大的理论自证当作问题的解决通道。所以，"如何可能"作为一项问题，总是置于"生活的美学"重建美学与生活关系的努力之中；它不是知识性的理论预设，而需要加以实践性阐明——在"如何可能"的不断落实过程中，美学才能真正回答"能做什么"的问题，并因此才能"是什么"。反过来，如果美学不能有效落实"如何可能"的途径，那它也就无从圆满表达"是什么"的存在身份。

三、生活现实的在先地位及其重新肯定

"理论的美学"并非完全没有对于人生生活的追求，它对于美学的学科存在而言也并非无谓。但是，作为思辨性活动的具体成果，"理论的美学"由于受限于逻辑自证的自洽性满足及其对知识构造圆满性的迫切追求，大多驻足于为整个生活体系设计一套判断性范式的概念系统；它通过把具体生活客观化、把生活的具体流变秩序化而理解它、把握它，并将之纳入思想的秩序来加以控制，因而所提供的往往是种种有关人生生活"应当如此"的规训话语，无法真实地呈现人生现实的意义阐释。而"生活的美学"则寻求在一种直接关联生活现实的实际经验中，重新体会并确立人生生活的介入性关系体系。在这一关系体系中，"生活的美学"不再是生活的概念或某种基于理论自证的人生价值判断，而是在开放性的生活视野中，通过不断贴近生活活动的多元性与多层性，在多元多层的生活现实中直接感受人的生活意图、把握生活阐释的意义深度。对于"生活的美学"建构来说，其终极目标并不定格于为生活进行价值归类，而是在开放性阐释活动中为人生生活寻找意义的现实所在。一切有关生活的价值话语，在"生活的美学"中必定体现为一种实践性的意义阐释话语。

在此，"生活的美学"不是放弃了，而是在人生生活的现实感受层面悬搁了对于"美是什么"这一理论本体问题的终极判断。就像"美学是什么"作为问题一再出现，已经无法从理论的自我求证中真实满足生活现实的具体困惑，"美是什么"由于在概念抽象性中植入了一种先在性的观念（美本身），同样无法真实地进入生活意义的实际生成境地。对于"生活的美学"来说，生活意义的真实性应当内在于生活现实本身之中，因而也是出自于具体生活的；美之于人生生活，应该成为一种意义满足的方式，而不是或至少不只是对于生活的属性指称。由此，"什么是美的生活""如何过一种有意义的生活"，便取代了"美是什么"问题而成为"生活的美学"的讨论课题。它不仅意味着围绕人生生活的意义把握，美学在舍弃先在性观念的立场上重新肯定了生活现实的对象性存在价值，并且强化了作为意义生成领域的生活本身在美学阐释中的在先地位。这种问题方式的彻底颠倒，既进一步明确了美学与生活现实的关系指向，确立了美学作为生活意义阐释性存在的理论合法性，同时也将"对象在先（前）"的建构意识重新纳入到美学理论之中，使得生活现实同样合法地成为美学的现实问题，在美学内部突出了生活现实的意义阐释及其能力构建的正当要求。也因此，当我们提出并深思美学在当代世界的存在价值时，才能不阈于既有知识的困惑而直接面对人生生活的丰富多彩与变幻差异，真正有能力为具体生活本身内蕴活跃的人生意图及其价值构建辟疆拓土。

循着"生活的美学"的这个方向，美学在"如何可能做什么"的问题上便可以跳出思辨理论的范式，重新站在人生生活的现实起点上，实际地发现生活的美学维度，具体重构美学在今天这个时代的理论可能性。这种可能性，其实也正是美学本身从一种积极内化人生现实及其生活态度的状态中，重新回到了中国思想、中国美学的普遍指向当中。

（原载《光明日报》2016 年 9 月 28 日）

当下生活的"审美干预"

——从重建美学与生活的关系出发

对于现实中的人以及人的生活而言，美学的可能性总是同其自身功能定位相联系，也就是说，作为一种指向人生价值和价值实现方式的思想活动，美学应该能够为人的生活及其实际处境提供特定的认知形式。一方面，这种美学的特定认知就像雅克·朗西埃所指出的，不能没有，而且必须源于生活本身所塑造的"可感肌理"——生活的直观感受性及其感受内容，它们在美学的思考中往往占据了显著而重要、甚至独一无二的位置。另一方面，美学所提供的生活认知及其认知形式，同时又是人在具体生活的现实处境中自觉或不自觉地进行自我意义体验的根据——人对自身生活存在的意义感受和反思总是直接联系着这一认知形式的获取与展开。

可以认为，在普遍的意义上，为人的生活及其现实处境提供具体认知形式，这一点其实就已经揭示了美学与生活关系的当下建构前景：通过这一关系的建构，当下生活既从美学获取自身的特定认知，又在美学认知基础上进一步实现意义的体验性展开。这样，能够向人提供当下生活的具体认知形式，便成为美学在今天赢得自身合法性的前提，也是美学得以现实地构建人的日常生活意义体验的根据——它不仅实现着美学思考，尤其是美学现实指向与人的当下生活存在的主动联结，同时也实现着人的意义体验的日常生活模式。

毫无疑问，在这一关系的具体建构中，当下生活"可感肌理"的塑造及其呈现，对于美学有效实现当下生活认知有着直接而重要的意义，也是美学获得现实合法性的存在条件。因此，作为"可感肌理"的人的日常生活及其实现方式和实现过程，理所当然地应该成为美学的出发点。也可以说，美学的可能性内在联系着它与生活关系的当下性确认，尽管这种确认常常由于不同的价值认同模式而可能产生完全不同的意义，就像街头涂鸦艺术在普遍的艺术经验中可能不值一提，但它却可以非常现实地成为一种亚文化的对抗性直观。

一、直面当下生活的"可感肌理"

在这里，我们便可以发现，讨论美学可能性的实现，必定直接联系着人的生活当下性问题——它既构成了我们今天对于美学的理解和态度，也构成了美学之于当下生活的具体认知。而所谓美学与生活关系的建构，其实也就是美学如何从生活的"可感肌理"出发来具体把握自身与人的当下性活动的关系问题。在这个问题中，包含有两点：第一，生活的当下性向美学提供了怎样的"可感肌理"？第二，美学在当下生活中又如何成为一种有效的认知形式，进而又如何可能呈现自身的具体存在？

就第一个问题而言，其中的重点在于：由于当代生活本身所发生的巨大改变，审美制度的当代性改变成为我们讨论美学与生活关系建构的一个关键。事实上，作为一种当下性的存在，随着日常生活内容及其具体展开过程不断大规模地直接移植了人的形式感受，人对生活存在的理解与满足往往同人的日常直观感受密切联系在一起。又由于这种联系在大多数情况下不再受制于既有文化价值判断的控制，而是直接追随了日常生活的形式感受及其实际满足前景，因而日常生活的审美化及其现实状况已然成为触发人的生活快速实现当下变动、促进人的当下生活感受不断趋于形式发达的基本要素，并由此实际地带来当下生活"可感性"的新的塑造：不仅各种日常生活形式之间的固有边界正在快速改变，就像徒步旅行可以是一种改变单调机械性生活的日常实践、乡村风情的"慢生活"可以是一种追忆逝水年华的豪华感受、广场集体舞已成为一种大规模和开放性的人际交流。更为重要的是，当下生活的"可感性"在迅速扩张生活形式的可感意味、抬升人的生活感受的直观满足意义的同时，也正在快速消磨掉人的日常活动与审美和艺术活动的观念性边界，从而在空间上不断扩大着美学认知的对象，在时间上则现实地瓦解着审美制度的历史设计。"艺术的创新以及艺术与生活的联通，这些被认为生发于艺术现代性理念的追求，其实来自于审美体制下特有的变动，这种变动，总是抹消艺术与日常经验之间、各种艺术彼此之间的边界。"① 显然，生活的"可感性"、审美经验的直接获取以及整个艺术过程的日常生活化，在扩大和丰富当下生活的直接感知形式之际，也实际地造成了审美制度领域的显著变动，进而改变着美学所提供的生活认知形式——对于生活的审美理解不再仅仅依据某种特定的、历史的制度形式，而是直接面对了当下生活本身的"可感肌理"及其直接感受。这一点，就像法国哲学家奥利维耶·阿苏利在分析审美品味与当代生活消费的关系时所指出的："审美品味，即鉴赏与享受的能力对促进消费正发挥着前所未有的重要作用"，"审美品味的对象是那些人们并非真正需要的东西，它把奢侈型消费提升到比实用型消费更重要的地位上，让感觉战胜了道理、情感战胜了理智，使愉悦变得比功效更重要。既然审美品味不涉及任何功利动机，可以想象，消费必然展开了无限的新前景"②。

---

① ［法］雅克·朗西埃：《美感论》，赵子龙译，商务印书馆 2016 年版，第 5 页。

② ［法］奥利维耶·阿苏利：《审美资本主义》，黄琰绎，华东师范大学出版社 2013 年版，第 7 页。

正是从这里出发，美学与生活的关系开始发生实质性改变：原有的审美制度已不再能够坚定而确切无疑地作为人的生活价值期待的"引导性"体系；美学认知无法从生活感受的外部制度方面预设人的生活现实的价值判断，而是实际地转向了与人的日常生活关系的直接性建构，从而将一种美学与生活关系的"介入性"特质纳入当下的美学思考及其现实指向当中。这也就表明，只有在对生活的当下介入中，美学才有可能直接面向生活的"可感肌理"，在为人的生活提供特定认知形式的同时，美学自身也构成为生活当下的一部分而不是游离于其上或其外。

　　进一步来看，只有当美学所提供的生活认知能够真正作为一种生活的有效性存在，美学才有可能实际地对人的现实活动发生特定的意义。因此，对于今天的美学来说，能够形成生活的有效认知及其认知形式，是其得以在人的日常生活中实践"审美干预"的必要前提。在这里，所谓"审美干预"不是指美学可以构成对人的生活存在的制度性裁决，而是意味着美学可以通过有效介入生活的当下存在而形成具体生活认知，并在人的实际生活中构成为一种特定的意义模式。事实上，作为美学权力的特定体现，"审美干预"在以往大多数时候往往联系着与人的生活有关的观念领域，并且在经典美学话语体系中被表述为一种"不在场"的力量，从超越当下鲜活经验的生活设计层面，凌空俯瞰人的生活实际并对人的生活的发生及其展开发出价值指令。"古典科学所描述的客观世界并非人类感知者所感知到的经验世界。因此，古典科学所坚持的客观空间，就常常不同于感知者所知觉的空间。"虽然柏林特的这番话主要是针对了人的空间审美体验方式来说的，但却同样可以被我们用来解释包括经典美学理论在内的各种观念性活动的基本特征。显然，作为"不在场"的观念性力量或概念存在，这是一种无关乎生活认知的当下性和有效性、非感知性的经验。而实际上，就像柏林特依据现象学理论所表述的："关于审美体验的理论，必须根植于后者而不是前者；根植于我们参与空间体验的方式，而不是我们将这种体验概念化、客观对象化的方式。"① 也因此，我们可以发现，面对当下的生活，那种从古典的、观念的设计出发所进行的生活的"审美干预"，其有效性的缺失、美学权力的失落，便也如同其作为生活认知的有效性丧失一样，在今天这个时候显然已经越来越难以介入生活的当下存在。

二、作为"审美干预"的美学权力实现

着眼于美学的现实存在及其可能性发展，同样也是为了实现当下生活的美学认知需要，在今天的美学讨论中，有关"审美干预"的有效性问题已然无可回避。特别是，随着审美制度当代性变动规模的不断扩大，进一步加剧了美学向生活当下的直接回归要求——从艺术由私人性创造活动走向产业园区化、城市空间布局与规模设计日益追求适应人的身体满足性感受等，所有这些生活领域中都明显体现出这种直接回归的现实。在这样的回归中，美学之于当下生活的"审美干预"显然不可能原封不动地从属于某种或某类既定的观念力量，也无法无视自身生活认知功能的改变。作为"审美干预"的美学权力的实现，需要重新将自身实践前景置于当下生活"可感性"塑造的具体认知之中——不是把生活当下的经验加以概念化甄别，而是从外部指令"内转"为生活当下的直接感受，通过生活且在生活中进行具体认知，突出人的当下生活"可感性"的认知形式，已成为美学在今天有效行使日常生活"审美干预"的基本要素。由此，围绕美学与生活关系的当下性建构，在美学认知的有效性问题不断凸显之际，同样也提出了美学介入生活当下的方式问题，亦即我们所说的"美学在当下生活面前如何成为一种有效的认知形式？"

---

① 以上见 ［美］阿诺德·柏林特《美学与环境》，程相占、宋艳霞译，河南大学出版社2013 年版，第 8 页。

可以认为，直接参与、介入当下生活并在其中确立美学与生活当下的直接关联，是美学能够保持自身生活认知能力、向人提供具体生活认知形式的路径。这一点，其实已经突破了那种"古典科学"的概念性立场，引入了祛除"美"或"审美"的概念客观性、强化美学与当下生活的直接接触并不断完善其主体参与者身份的要求。应该说，这是美学能够成为当下生活的有效力量而不是某种外部观念意志的根本。它意味着，美学对于当下生活的"审美干预"，只有在它不是被固定为某种悬空当下生活及其直观感受性的观念力量，而是作为一种从生活可感性本身出发所发生的直接介入力量，此时美学才可能成为生活意义的有效阐释模式；"审美干预"不应只是生活的强制或概念引导的生活范式，而应成为一种以生活参与者身份所进行的意义发现与阐释范式。

不过，美学要想真正参与和介入当下生活，关键还在于能够具体触摸当下生活的"可感肌理"，在当下生活的可感性呈现及其呈现方式中完成生活的发现与阐释。对此，德国哲学家马丁·泽尔的"显现美学"理论或可给予我们一些具体启发。按照泽尔的说法，"现实的丰富性胜过任何凭借命题的确定性所能认识的"，"审美的领域绝不是并列在生活其他领域之外的独立领域，而是各种生活可能性之一，它可以不断地被人把握，正如人们可以不断地被它把握"[1]。当下生活的丰富性显现超越了一般概念的绝对性和客观性，而美学认知恰恰源于在现实丰富性中进行感知并"不断把握"的可能性，因此它应该是一种"回到时空当下的活动"[2]。在这里，我们得到了启发：第一，既然当下生活的各种事实、包括审美活动总是动态发生的，那么美学关于对象的认知活动及其具体认知也不应呈现为某种对象化的概念，而应该是生动具体的生活感知及其感知形态。第二，当下生活及其认知活动的共时性关系，决定了

---

① ［德］马丁·泽尔：《显现美学》，杨震译，中国社会科学出版社 2016 年版，第 30、34 页。
② 杨震：《回归当下与审美显现》，载《天津社会科学》2016 年第 6 期。

美学只有具体地回到当下生活、具体经历生活的当下展开，才能真正感知和发现生活存在，也才可能真正显现美学自身的存在。这样，由直接联系生活当下到生活认知的当下性，由生活认知向当下性的回归再到美学存在的自身显现，通过这样一种具有内在逻辑的关系建构，作为"审美干预"的美学权力得以成为一种现实。

需要指出的是，这种美学与生活关系的建构，不再遵从我们原先那种概念客观性的经验，亦即"审美干预"的前提已不再是那种对于人的生活意义的预设性怀疑，而是力图在生活的当下呈现并且通过生活的当下呈现而进行发现和阐释。所以，这种关系建构显然改变了美学与生活间的层级性结构——美学的功能不再具有某种概念授予的先天地位，而是一种在生活的当下发生中进行展开和实现的功能。也因此，瞩目于"审美干预"的有效实现，美学与生活关系的当下建构实质上就带有了一定的"重建"特征。甚至，从根本上说，这种关系的重建，终其究竟便在于对当下发生着的"本来生活"的强调——通过对人的生活"本来"状态的介入性关注与充分理解，把生活从概念客观性中解脱出来，使生活得以显现其存在的本来意义。这种关系重建所形成的，则是一种美学的当下范式，"审美的范式所形成的，是一种新的共同体，它让自由和平等的人们拥有他们本来的感性生活，它可以终结之前让人总以各种手段去求其目的的共同体"①。在这个"新的共同体"中，"拥有"本来的生活与"终结"目的论的生活作为两个最基本的元素，决定了美学对于当下生活的感知方式以及"审美干预"的可能性。

应该看到，当下生活的一个巨大现实，是人的生活情感及其日常享受的可能性常常被放大为整个生活的意义体验，而理性的功能和克制的享受却正在迅速卸去它们的沉重外衣。当人们开始不再把意义体验维系在某种固有的概念性经验之上，而是在生活的本色呈现中通过削弱概

---

① ［法］雅克·朗西埃：《美感论》，赵子龙译，商务印书馆 2016 年版，第 8 页。

念性经验制约而不断形成一种新的意义共同体，那么，"本来生活"的感性存在便既是美学实现"审美干预"的对象，也是美学能够承担当下生活"审美干预"的前提。就此而论，在重建美学与生活关系的意义上，对生活当下的回归，其实也正体现为对人的生活本来真实的一种积极肯定。

（原载《社会科学辑刊》2018 年第 1 期）

陈述"感性"与美学话语社会化

1978 年，一个永远值得中国人记忆的年代——"解放思想""对外开放"从此成为历 30 年而不衰的独特中国话语。对于中国的美学研究来说，情况同样如此："解放思想"让美学在 20 世纪中国的最后 30 年间逐步走出一元化思想语境，以至进入 21 世纪以后中国美学终于变得"杂语喧哗"；"对外开放"则迅速化解了中国美学数十年的思想促狭和学术窘迫，吸收借鉴西方近现代乃至当代各式学术流派的理论精华，中国美学与世界性学术思潮的共趋性日益明显。

一、直面人的感性生存权利

1978 年，同样是当代中国美学的一道分水岭。

就在分水岭的一边，20 世纪最后几年间，作为一个含义暧昧的概念，"感性"开始在中国美学界频繁现身，并渐趋风行于 21 世纪初的中国美学学术语境。如果我们把这一学术景观同此前中国美学奋力高擎"理性"旗帜、执着张扬理性精神本体的理论努力进行一番比较，便不能不承认它是一个带有"奇迹性"的学术转型。因为有一点很明显，以现代性建构为目标，20 世纪以来，中国美学已经习惯于将近代西方美学对人类精神的严格理性规范植入美学的价值归趋之中，以此作为中国美学走向"现代形态"的基本要求。在这样的规范性要求下，中国美学的现代进程总体上呈现了一种"理性至上"的逻辑——一切人类活动的美学价值最终都必须接受这一逻辑约制，审美文化的建设也最终将被"至上理性"所主导。事实上，在这样一个理性被绝对化和制度化的美学建构中，人的感性只能作为满足认识结构完整性的一个次要和低级的层次而存在。也因此，很多年以来，我们所看到的现代中国美学在理论上基本偏于认识论的意义，"美的意蕴"往往被"理性的价值"所遮蔽。正由于这样，当人的感性存在、感性利益、感性满足作为一套新的价值话语，在最近一些年里被中国美学学者运用于发现和讨论问题的时候，便不难想象其在理论上造成的冲击。对人之感性本体的价值发现和确认，无疑从一个超越认识论的层面动摇和弱化了理性的绝对权力，进而也带来了重新配置美学自身话语权力的新的前景。可以说，这也正是一段时期以来中国美学界在"日常生活审美化"等问题上发生严重争执的重要原因——当美学不再仅仅由至上的理性话语独霸，它同时也就已经挤压了原有理论的话语空间。

当然，从已经发生的情况来看，比较容易被人们忽视的是，感性话语对于理性至上性权力的抗拒，其实早在20世纪80年代一部分学者热情倡导美学应用之风的时候，就已经得到一定程度的或不自觉的体现。因为所谓"美学的应用"或"应用美学"指向的，无非是被强调理性规范性权力的理论美学所遮蔽的人的生存实际——人在日常生活具体过程中以服饰、广告、家居等工艺形式获得彰显和满足的感性要求、感性利益、感性满足，在各种生活的直接审美形式中被明确加以理论肯定。只不过，那时的中国美学界还无法自觉、也不敢大张旗鼓地把人和人的生活的个体感性权利问题摆上理论讨论的前沿。

20世纪90年代以后中国社会和文化的变迁，在当代中国美学史上第一次营造出从理论上直面人的感性生存权利——感性动机与欲求、感性表达与满足、感性实现与享受——的必然性和可能性。整个社会和文化的消费性生产机制、体系及其对人的现实生存意识的改造，为美学在理论上完成自身改造设置了基本前提——尽管迄今为止这一"改造"也还只是刚刚开始。

二、美学话语社会化的两个方面

大致说来，感性和感性问题进入美学理论语境，给最近中国美学带来的重大气象改变，集中体现在两个方面：

第一，陈述"感性"成为一种独立的美学话语，打破了长期以来感性仅仅作为美学的附属品或防范对象这样一种理论局面。如果说，在"理性至上"的美学那里，人的感性作为一个危险存在是必须加以严厉限制的话，那么，在现实文化语境中，人们却不能不提出质疑："理性一定是天然友善和有益的?"如果说，在人的实际生存活动中，理性同样可能由于其过度的体制化而伤及生存的完整性利益，那么，在美学中，人的感性动机、感性利益、感性满足与享受就不能在理论上确立自己的独立价值? 很显然，这两个问题至少在近些年中国美学中已经得到回答。其结果，就是有关"感性"的种种讨论作为一种独立话语，不断发出自己的声音，同时也实际地削弱了美学对理性权力的执着。

至于说作为独立话语的"感性"认识是一种"陈述"而非"判断"，乃是基于这样两个方面：其一，人的实际生存活动的生产/消费一体性质，决定了美学有关人的现实感性生存方式的各种阐释在总体上呈现出"叙事"性质，而非寻求终极性的价值表达。在经典的美学理论体系中，感性话语之所以被坚决拒斥，不是因为其存在的非真实性，而根本上在于其存在真实性本身的现实诱惑具有非常明确的当下指向，足以遮蔽或挑逗人在当下生活中对于终极未来的精神眺望。也因此，源于感性的存在真实性对美学设计出来的终极性价值的抵制，以人的身体感受作为表达方式的各种美学话语，便自然地"叙事化"了人的各种当下感觉性满足。这种"叙事化"的美学话语不再要求人的精神活动必须按照内在理性的规定走向纯粹、走向超越，而是尽可能还原人的生活的现实快乐，并在这种现实快乐中赋予人的生活以直接享受的快乐意义。质言之，对生活价值的具体化、感受化，支持了当前美学中感性话语的独立地位。

其二，作为人的生活意义的具体表象，感性本身具有的反构造性质，使美学不断趋于事实描述而非深度的理性。如果说，作为人的认识能力的感性活动常常是动摇的、不确定的和表象的，那么，这种感性存在的现实形式在美学中便呈现出鲜明的表现性特征，它直接与人的身体感觉构造相对应并不断激化人的身体感受力的敏锐性，由此使所有需要借助人的智力因素的价值判断开始失去用武之地。而表现性特征所体现的人的感性利益的直接性、具体性和反应性，则进一步瓦解了人对意义构造的深度期待，消解了人在现实生活中对有效实现深刻性判断的信心。因此，对美学而言，取消了意义构造的艰苦努力，对现实生活的各种感性陈述也开始变得流畅而别致起来。

于是，我们可以发现，20世纪90年代以后，特别是近些年来，陈述"感性"的美学话语逐渐有了从未有过的现实魅力，不仅被潜在地利用为各种生活享乐品的广告形象，而且同样活跃地描述着人对日常生活的丰富经验。美学不再只是人的生活的精神符号、价值理性，而成为生活本身的经验形象、事实呈现。这一切，显然已不是执着理性的经典美学理论所能承受的。

第二，"感性"陈述进入美学语境，最大程度地实现了美学话语的社会化，从而也开始打破美学满足于作为超越性精神话语的自我理论限制。如果说，在超越性的意义指向上，美学的固有权力主要集中在对人类精神生活的价值引领和确定，那么，很显然，美学的权力行使始终没有真正有力地涉入人的实际生活领域，而美学自身也一直乐于维持这种对人的现实活动的"隔岸"洞察。对于人的实际生活，美学可能维持了一份精神的想象，但却无法提供充分的现实证明。这种美学话语的非社会化，长期以来是美学理论的价值限度所在。而由于"感性"陈述的实现，作为超越性精神话语的美学开始获得重要改变。一方面，它通过转换美学研究的视角，有力地转换了美学的理论维度。当美学不再仅仅固守人类精神的纯粹之境，而把理论视线转向具体丰富而复杂的人的现实生活，它其实也就突破了自身精神绝对性的限制，在更大范围、更加具体的人的现实生活中获得了重新设置理论指向的基本前提。可以认为，20世纪90年代以后，"当代审美文化研究"之成为中国美学界的重要话题，甚至在很大程度上成为中国美学建构自身当代理论系统的主要内容，就得益于这一视角转换的实现。而在这样一种重要转换过程中，"感性"陈述的日益普遍化和具体化，乃是一个不可或缺的动力。

另一方面，"感性"陈述的确立，也产生出美学新的理论前景，即美学话语的非社会化特性空间受到限制，而美学的文化批评功能则得到迅速强化。这一点，当然离不开当代西方文化研究的引入，但与此同时，它也是20世纪90年代以后中国美学日益重视现实生活的感性价值的结果。就像我们很难想象80年代的中国美学可以放弃理性本体与精神价值信仰一样，90年代以后的中国美学学术语境如果失去对"感性"陈述的关注，那么今天的中国美学肯定会是另外一番景象。事实上，在90年代以后的中国美学那里，文化批评功能的张扬和强化，不仅体现了美学关注的一种转移，也是美学权力的一种转移。正是这种转移，把中国美学理论建构活动引入了一个新的生成之地。

上述两个方面，归结到一起，其实就是对美学话语社会化的肯定。可以说，美学话语社会化既在理论上体现了美学对人的生活现实的直接介入，也在功能上实现了人的生活现实对美学的具体要求。美学因此可能不仅是理论的，而且是批评的——以审美文化建设为旨归的文化批评；不仅是设计性的，也是证明性的——肯定人在感性实现中所获得的自身满足及其价值；不仅是精神的，更是生活的——在人的生活中重新构造生活的意义。

（原载《社会科学辑刊》2008 年第 5 期）

回归感性意义

——日常生活美学论纲之一

一、感性问题的新美学意涵

进入新世纪以来，对于各种关乎当代人日常生活及其现实境遇的问题，美学界的理论兴趣越来越浓厚。讨论此起彼伏，众声喧哗、莫衷一是。然而，不管相互争执的观点如何各异其趣，有两个问题却是人们在争论中不能不关注或者说是共同关心的：

其一，当代人的日常生活究竟为何？如果说，一个时代美学趣味的发生，不能不直接源于人的基本生活行动和生活动机，那么，"日常生活"的当代改变及其现实情状，便必定成为我们时代美学趣味的当下发生机制，从而也直接规定了我们在理论上对于这种当下趣味的判断。从已有讨论中，我们其实已经可以清楚地看到，对于当代"日常生活"的各种观察与理解，不仅间接地呈现出不同声音本身的生活利益和生活满足，同时也直接决定着不同声音各自不同的价值理想①。从这个意义

---

① 关于这一点，可参见本书《视像与快感——我们时代日常生活的美学现实》，以及鲁枢元《评所谓"新的美学原则"的崛起——"审美日常生活化"的价值取向析疑》（载《文艺争鸣》2004年第3期）、赵勇《谁的"日常生活审美化"？怎样做"文化研究"》（载《河北学刊》2004年第9期）、毛崇杰《知识论与价值论上的"日常生活审美化"——也评"新的美学原则"》（载《文学评论》2005年第5期）等。

上说，理论上对于当代日常生活及其现实境遇的美学判断，其实也是一种有关"生活"的现实选择。

其二，最关键的是，"日常生活"的当代改变及其现实情状，无可回避地把原先处在"二元"（理性／感性）本体中的"感性"再次凸现出来。"感性"为何？"感性意义"究竟为何？这个问题已然成为人们无法回避的重大理论对象。对于这个问题的具体把握，既是我们获取日常生活经验的出发点，是我们讨论各种当代日常生活问题的基本前提，它事实上也是纠缠在各种当下美学趣味批评之中的核心。如果说，在各种不同价值取向的当代日常生活的美学判断中，感性的正负两面性都被极度放大了，那么，正是这种"被放大"的感性存在，以其对当代日常生活现实的意义，挑战了各种生活中的趣味选择和理论上的价值阐释。也因此，当前人们对于当代日常生活及其现实境遇问题的理论兴趣，最终还是归结到"感性意义"的具体理解之上，并由此展开美学的另一种当代之途即"日常生活美学"。即如已有各种关于"日常生活审美化"的讨论，尽管在它们中间总是存在各种不同的理论声音，但无论怎样，这种讨论的存在本身就确已表明了"美学走向日常生活"的现实性，以及"日常生活美学"成为一种现实美学话语的可能性。

当然，重要的是，不仅"日常生活"和"感性意义"两个问题直接联系在一起，凸显为近来美学存在的理论现实，而且，正是在这一直接的联系中，曾经被我们的美学"理性处理"的"感性"问题，再度从当代生活的价值阐释中获得了存在具体性。这一点显然是非常重要的——在日常生活的当代维度上，美学上的理性一元主导论传统遭遇了挑战，进而使人们有可能重新思考生活意义的日常满足及其美学价值这一很长时间以来已被忽视了的问题。

可以认为，感性问题重新获得高度重视，既表明了"日常生活"作为一个当代问题的理论阐释前景，同时它也十分具体地呈现为美学发生当代转向的理论契机。在这一过程中，充分体现"日常生活美学"之为一种当代理论转向的，不仅在于"感性"重新回归人的日常生活语境，而且在回归日常生活之际，"感性"在理论上被理解为当代日常生活中人的现实情感、生活动机以及具体生活满足的自主实现，亦即人的日常生活行动本身。由此，通过回归"日常生活"，"感性"既在美学问题领域生成了自身的现实性，又在理论上确立了"日常生活美学"的阐释取向——在这一阐释取向上，"感性"必然超越其在传统美学系统中的认识本体位置；理性一元主导论的美学认识论中的那个"卑下"的人的"感性"不复存在；"感性"以一种自然存在方式作用于、并且呈现为人的日常生活形象，它通过人的行动而直接现实地呈现为日常生活的"意义形象"。

感性问题有了新的美学意涵。它既为我们提供了挣脱传统理性一元主导论的美学认识论的可能性，同样也为我们展示了美学朝着人的日常生活开放自身阐释能力的现实性。正是这一"日常生活美学"的转向，有可能积极地标举一种"新感性价值本体"——感性意义成就日常生活的美学维度。

二、"新感性价值本体"

作为"日常生活美学"的理论核心，"新感性价值本体"不是知识论意义上的认识范畴，而是一个在人的当代生存现实中反抗理性一元主导论的美学范畴，是一个在指向现实的阐释中不断获得自身确立的当代生活存在范畴。其基本点，就在于明确主张：在当代，人的日常生活系于生活行动本身的实际发生和满足，而日常生活的美学趣味则决定于这种发生和满足之于人的实际生活的感性意义。对人而言，正是在感性意义的领域，日常生活才有其充分的美学阐释价值——日常生活审美化正是这一美学阐释价值的具体呈现。

　　具体来讲，作为"日常生活美学"的核心范畴，首先，"新感性价值本体"的提出，旨在充分表明，日常生活现实中的人的感性的生活情感、生活利益与生活满足，不仅在形式上是自足的，同时在内在性上自然合法。质言之，在存在意义上，"感性"自然性是人的实际存在的现实维度，也是一个不可取替的存在根基。它是人之所来，也提供了人的日常生活之所向；它呈现为日常生活的存在形象，同时向人的生活行动提供存在的希望。日常生活的存在合法性正是建立在这样一种感性合法性的基础之上，而日常生活的意义呈现就是在人的感性存在的现实展开中获得的。换句话说，离开感性，任何有关生活意义的阐释都将变得虚伪和无意义。

　　显然，对于这种源自人的日常生活行动的感性存在的自足性与合法性的肯定，一定是具有挑战性的。因为这一肯定尽管没有直接颠覆理性一元主导论在有关生活认识关系上的知识绝对性——在有关生活的认识传统上，由于普遍知识话语高度强化了理性权力的特性，人对自身生活的认识普遍满足于理性一元的控制——但是，从另一个方面来看，理性在知识话语系统中极度夸张的普遍性，现在却有可能被阻止在生活存在的日常现实之外。在指向现实阐释的过程中，"新感性价值本体"的提出和确立，使得理性在人的认识系统中的权力已不能自动延伸为日常生活的必然性干预力量。也就是说，作为一种非知识论的阐释话语，在"日常生活美学"中，感性与理性之间可以是一种非对抗性的关系——二元对立的紧张性和非此即彼性，被二元分立的疏远性所取代。这一点，恰恰成为"日常生活美学"的基本特点之一，同时也是为什么传统美学认识论往往无力面对当代日常生活现实的主要原因。

　　其次，在"日常生活美学"的阐释指向上，"新感性价值本体"现实地揭示出了当代日常生活与人的感性之间的同质化关系。应该说，这是问题的一个关键点。这种"同质化关系"的具体呈现便是：一方面，人的各种日常生活动机、生活利益的实现需要，直接呈现为人的当下具

体的生活行动——动机的发生和改变同人的日常生活行动的实际展开相
互一体。另一方面，日常生活意义的实现不仅十分具体和生动，同时也
直接取决于它所获得的感性呈现方式及其实现的感性满足；人的日常生
活动机、利益及其实现，在生活行动的感性存在形象上得到有意识的价
值确认。这也就是吉登斯等人所指出的："日常生活的美学化过程可能
是这个变化的世界的一个重要部分，因为它在使人感觉麻木的同时也能
激起感觉，它还改善了物质环境。"①

肯定感性，就是肯定生活；肯定人的日常生活的正当性，就是肯定
感性意义呈现的合法性。由此，人的日常生活与感性的同质化，便在当
代现实中最大程度地"直观化"了人的感性实践要求与利益满足，感性
意义的生成则有可能在提供（或者重建）日常生活的美学维度方面变得
十分具体。对于"日常生活美学"而言，正是这种相对于人的日常生活
的当下直接性特征，具体表达了日常生活本身的巨大感性实践功能，也
非常生动地再现了当下生活与感性的同质化——生活即感性呈现，感性
对自身的价值肯定亦即生活的自我实现。

再次，在日常生活的现实的美学阐释上，"新感性价值本体"突出
了人的生活行动的感受实在性。当我们把一切意义的生成联系到人的行
动的可能性与普遍性之上，实际上，我们就已经可以认为，所有对于意
义的确认都不可能离开人在生活中对自身行动过程及其结果的直接感
受。同样，感受生活行动本身以及对生活行动的直接感受，是生活意义
的呈现过程。在这一过程中，感受本身就是一次生活行动，同时也是一
种鲜活意义的感受。因而，在日常生活中，感受生活行动和生活行动的
感受必定具有鲜明的实在性。这种实在性既引导了人从日常生活实际发
生中所获得的情感，也满足着人在日常生活行动中的利益需要。对于

---

① 参见［英］西莉亚·卢瑞《消费文化》，张萍译，南京大学出版社 2003 年版，第 240—
241 页。

人和人的日常生活来说，感受的实在性既是生活行动的出发点，也是生活行动的归结点。日常生活意义的美学阐释，就开始于对这种感受实在性的确认。可以说，"日常生活美学"的阐释指向，正是通过这样一种"确认"而直接确认着日常生活意义的美学转向。很明显，这种对于人的生活行动的感受实在性的肯定，在美学认识论的知识体系内部是十分危险的，因为在人的感受生活行动和生活行动的感受中，由日常生活行动的实在性所带来的人的感受力，现实地超越了理性的控制力。然而，如果我们能够意识到，"日常生活美学"的阐释指向其实是非知识论的，那么，日常生活行动的感受实在性便可以不再让我们可怕。

或许，对于受制于理性一元主导论的传统美学认识论来说，"用普遍性确认知识，把理论当作信息的真正支撑物，并试图以一种标准化的或'逻辑的'方式推理"，"想在普遍法则的规定之下产生知识"这样一种理论传统，现在已经面临着"如果一个很有前途的知识理论失去与实际的接触，则它的规则不但不会被科学家使用，而有可能在所有场合都不可能被使用"的局面①。就当代美学需要重建自己的现实阐释能力这一点来说，放弃原有那种在价值信仰、知识体系上对于认识理性的执着，把对人的日常生活的美学阐释从作为认识本体的"感性意义"方面，现实地转向作为日常生活呈现方式与满足结果的感性生存实践，并且从人的生活感性出发来阐释日常生活行动的价值功能，体会人的日常生活满足的意义形象，不仅可以在理论的阐释指向上突破以往一以贯之的知识论维度，也将能够真正体现出美学在当下语境中对人的生活价值体系的重建力量。这，就是美学的日常生活转向的生动前景。

---

① ［美］保罗·费耶阿本德：《告别理性》，陈健等译，江苏人民出版社 2002 年版，第132、317 页。

三、"日常生活美学"的阐释指向

在人的日常生活层面上，积极地承认感性问题所具有的新的美学意涵，并在此基础上提出"新感性价值本体"的确立要求，从根本上明确了当代美学走向日常生活的理论新景。这就是：通过超脱理性一元主导论的美学认识论的知识体系，"感性"一方面独立为人的日常生活领域的当代性话语，另一方面则实际地削弱着传统知识体系在生活的美学趣味上对于理性权力的执守。由此，在"日常生活美学"的阐释指向上，我们所要面对的真实问题，不再是继续从捍卫一元主导的理性权力立场出发，强调美学认识体系如何从知识论上构筑了对抗日常生活感性入侵的生活意义系统，而是美学如何能够直接面对当代文化的阐释要求，具体进入到日常生活的现实之境，在日常生活的感性呈现和人的日常生活满足中寻求意义的有效传达——既从日常生活的感性丰富性中发现人作为感性本体的存在合法性，又从人的感性实现的多样性中发现日常生活作为生存实践的价值前景。而人的生活价值体系的重建，正是美学在当今时代所负有的现实文化责任。

毫无疑问，这样做不仅相当困难，而且也充满了挑战。困难在于，在美学的普遍性知识话语中，"感性"一直以来处在一个被严加防范的生存入侵者位置。"纯洁知识"的美学建构意图不仅将"感性意义"的赋予权交给了"全知全能"的理性，而且始终提防着日常生活领域活跃的感性实践向意义领域的渗透。"现有理论的问题在于它们开始于一种现成的分区化的状况，或从一种出于与具体的经验对象联系而使之'精神化'的艺术观念出发。"① 因而，在已经构成为传统的美学知识中，"感

---

① ［美］杜威：《艺术即经验》，高建平译，商务印书馆 2005 年版，第 10 页。

性”仅仅是一个以认识论方式获得承认的因素，而从来不构成为人的生存本体。

事实上，由于至上理性的一元主导逻辑，美学不仅在理论上必然偏于认识论，体现出十分明确的“现实超越”的知识构造意图，而且在美学认识的内部，现实感性的混乱性质也常常被放大为威胁美学知识体系构建的“病毒”，注定要被认识理性所抑制。这样，由于美学对于生活趣味的价值判断，通常转移为依赖“理性价值”而进行的审美认识，因而在通过认识论方式所构造的美学知识体系中，人的日常生活的感性存在、人的生活满足的感性性质始终是被怀疑的。对此，康德已经说得再清楚不过了：“如果对一给定对象的愉快先行出现，却还要承认对一对象的表象的鉴赏判断中愉快的普遍可传达性，这样的程序就自相矛盾了。因为这样一来那愉快就只能是感官感觉中的单纯的舒适快乐，因此按其本性来说只能具有个体的有效性。”在康德那里，“除了知识和属于知识的表象之外，不可能有什么可被普遍传达的东西。因为只有在认识的范围内，表象才是客观的，并且因此才有一个普遍的联结点，由于这个联结点，所有人的表象能力才必然会彼此协调一致。”① 显然，正因为在认识论上现实感性不是自足的，所以人作为日常生活的感性主体身份也同样被美学认识所拒绝。这种建立在感性与理性对立性关系上的美学传统，其强烈的认识论指向不仅先行预设了理性与感性的主从性，而且还先行预设了它们之间的层级性差别，从而也将美学知识体系引向了认识论意义上的层级化架构。至上理性的一元主导性在规定人们对待感性的价值态度之际，也确立了美学对待自身的立场——对一切感性话语保持高度的理性警觉。

挑战也由此而生。当日常生活的感性存在、感性利益及其满足作

---

① 〔德〕康德：《康德美学文集》，曹俊峰译，北京师范大学出版社 2003 年版，第 464、465 页。

为一种新的价值话语，在"日常生活美学"的阐释指向上用于把握人在日常生活行动层面所面临的各种美学问题，不难想象它对于我们熟悉的那种理性一元主导的理论传统、美学知识所产生的冲击。对于日常生活感性的新的美学意涵的阐释，对于"新感性价值本体"的美学肯定，将会（并且正在）引导我们从确立一种新的美学维度这一点上，重新审查理性一元主导论美学知识话语在当代日常生活面前的现实局限性，意识到通过认识层面的理性制度性权威来继续持守美学的知识论构造，在日常生活的意义阐释上是有问题的。因为有一点很明显：对于人的日常生活来说，感性问题并不局限于认识论范畴；在更大意义上，日常生活的感性存在、感性利益及其感性满足是一个生存论的意义问题。尤其是，对于日常生活美学趣味的价值判断而言，人的日常生活的感性权利之于人的现实生存需要和行动，更具有一种生存论的特性——人的感性、感性活动不仅与人的理性权利一样具有自主自足的价值，而且往往更加生动、更加具体。因此，在"日常生活美学"的阐释指向上，对人的日常生活行动的感性意义的充分阐释和积极肯定，一方面已经把美学从认识论的知识体系直接引向了生存现实的意义维度——知识构造的绝对性转向意义阐释的开放性，美学由此产生出新的、现实的理论力量；另一方面，它也通过质疑美学认识论，通过质疑美学认识论的理性权力绝对化，在美学内部进一步产生出日常生活感性话语反抗理性一元主导性权力的新前景。在这样一种新的理论前景上，体现当代美学话语权力重新配置要求的"日常生活美学"不仅具有挑战性，同时也成为现实的美学方向。在这一方向上，直面人的感性生存——感性生活动机与欲求、感性生活表达与满足、感性生活实现与享受的"日常生活美学"，其阐释指向既是回归性的——理性一元主导回归感性多样的生存现实，也是开放性的——在阐释中，美学从传统理性的知识体系走向人的鲜活生活，直接感受处在开放变化中的日常现实，并在开放变化的日常行动过程中不断形成和发挥自身的阐释能力。

开放性的阐释指向不是对意义的知识循环论证，而是日常生活美学意义的现实生成过程，同时也直接联系着当代文化的消费性生产活动及其对人的现实价值意识的改变。"日常生活美学"的现实功能，由此进一步凸显为一种介入文化建设的当代力量。

四、美学话语社会化的当代前景

在"日常生活美学"的阐释指向上，美学话语社会化的当代前景得到进一步体现。

第一，在理性一元主导论的传统美学话语体系中，人的日常生活感性由于是一种限制性的存在，所以就如杜威在分析艺术时所揭示的，"将艺术与对它们的欣赏放进自身的王国之中，使之孤立，与其他类型的经验分离开来的各种理论，并非是它们所研究的对象所决定的，而是由一些可列举的外在条件所决定的"，"理论家们假定这些条件嵌入到物体的本性之中。但是，这些状况的影响并不局限于理论"，"这深深地影响着生活实践，驱除作为幸福的必然组成部分的审美知觉，或者将它们降低到对短暂的快乐刺激的补偿的层次"[1]。然而，现在的问题是：在当代人的日常生活中，理性权力被过度使用之后，它却又从另一个方面进一步激化着现实中人作为感性存在本体的反抗性。这种"反抗"不仅出现在当代日常生活行动的具体方式上，诸如"超女""快男"文化的集体性娱乐，而且"反抗"还延续到了作为反抗之"物品"的人的身体，"在经历了一千年的清教传统之后，对它作为身体和性解放符号的'重新发现'，它在广告、时尚、大众文化中的完全出场……今天的一切都证明身体变成了救赎物品。在这一心理和意识形态功能中它彻底取代了

---

① [美] 杜威：《艺术即经验》，高建平译，商务印书馆 2005 年版，第 9 页。

灵魂。"① 感性作为人的日常生活行动中的现实利益，常常以一种变本加厉的实现方式显现着自己的存在。

尤其是，在当代消费性文化生产关系中，随着人的感性的日常生活趣味和满足不断成为一种独立而鲜明的美学话语，那种仅仅将感性当作美学认识论附属品的理论传统也正在被日益打破。因此，一方面，在当代语境中，人的实际生活的生产与消费的一体性，使得美学对于人的日常生活的各种阐释，总体上呈现为一种生活叙事而不再是一套有关"人生终极"的价值话语；作为独立的日常生活美学话语的"感性"是陈述性的，而非判断性的——"感性陈述"的现实表明，以人的日常生活行动作为具体表达内容的美学话语，源自于人的日常生活真实性对理性一元主导的终极价值的抵制，它在"叙事化"人的各种日常生活感受和满足的过程中，力图还原人在日常生活行动中所实现的现实快乐，在日常现实的快乐中赋予人的生活以直接享受的意义。而在另一方面，感性本身作为人的日常生活意义表象又具有一种"反构造性"，它直接与人的身体感觉相对应并且不断激化人的身体感受的敏锐性，从而进一步瓦解了人对意义构造的持久期待，也消解了人在日常生活中对实现深刻性判断的耐心和信心。在"日常生活美学"的阐释指向上，取消意义构造的艰苦努力、不断趋于事实本身而非深度理性，最终使得美学本身对于人的日常生活的各种感性陈述也变得流畅起来。作为"感性陈述"的美学话语在人的生活行动层面产生了从未有过的现实魅力，开始活跃地描述着人对日常生活的丰富经验。它不再仅仅作为人的存在的精神符号，而是现实地成为日常生活的经验形象、事实呈现。

第二，在理性一元主导论的美学认识论体系中，美学权力主要体现为通过预防和矫正感性功能而精神性地引领、确定人的存在价值。这就是当年鲍姆嘉滕意味深长地指出的"低级认识能力即感性""需要稳

---

① ［法］让·波德里亚：《消费社会》，刘成富等译，南京大学出版社2001年版，第139页。

妥地引导"，"必须把它引上一条健康的道路，从而使它不致由于不当的使用而进一步受到损毁，也避免在防止滥用堂皇的托词下合法地使上帝赋予我们的才能受到压制。"① 美学在理论上维持着对人的存在的精神想象能力，却没有能够真实有力地介入人的日常生活，无法现实具体地证明日常生活的价值。这正是美学话语"非社会化"之所在，也是以往美学知识在当代人日常生活面前的限度所在。而"新感性价值本体"的提出及其确认，则使得"日常生活美学"在"感性陈述"人的日常生活过程中，最大程度地打破了那种满足于作为超越性精神话语的理性一元主导论的限制。当"日常生活美学"的阐释指向直指具体丰富、同时也更加复杂的人的日常生活现实，它其实也就获得了在更大范围的现实领域重新定义自身的基本前提：用杜威的话说，就是"恢复审美经验与生活的正常过程间的连续性"，"回到对普通或平常的东西的经验，发现这些经验中所拥有的审美性质"②。

"恢复"或者"回到"，应该说，这就已经很好地提醒了我们，美学话语社会化的当代前景将首先来自于一种自觉态度、一种有意识的理论努力，即对于那种阻断"审美经验与生活的正常过程间的连续性"、遮蔽我们"对普通或平常的东西的经验"的美学知识话语进行必要的反省。同时，它也提示了一种可能的结果，即美学反身进入人的日常生活，重新建立起与人的日常生活正当性的内在关系，通过重新肯定感性的日常生活的美学意义而恢复美学的社会功能。因此，从超越性的精神目标向回归性的生活感受的转换，既是"日常生活美学"实现自身话语社会化的理论方式，也是美学话语社会化的有效过程。20 世纪 90 年代以来持续展开的"当代审美文化研究"，便是这一转换的具体事例。在这一重要转换中，美学成为日常生活"感性陈述"的日益普遍化和具体

---

① ［德］鲍姆嘉藤：《美学》，简明、王旭晓译，文化艺术出版社 1987 年版，第 16—17 页。
② ［美］杜威：《艺术即经验》，高建平译，商务印书馆 2005 年版，第 9 页。

化，是一个不可或缺的动力，也迅速强化了美学的现实文化批评功能。这种现实文化批评功能的张扬，体现了美学阐释指向的改变，也实现了美学话语社会化效力的现实提升。在超越以"审美研究"为中心的知识建构的同时，它直接改变了美学的存在形态，即美学在更加宽泛的层面上直接以人的日常生活为对象，在日常生活的意义阐释中进一步实现美学问题由抽象领域向具体领域的转移，为更加有效地确立美学与人的日常生活的关系提供了新的方向——在肯定的意义上阐释我们生活的美学价值。

第三，美学话语社会化体现了一种对人的日常生活的实际介入，也在理论功能上具体体现了人的日常生活对美学的现实要求。因而，对于"日常生活美学"而言，美学不仅是理论的，也是批评的——"日常生活美学"并没有绝对否定知识话语的存在，而只是在人的日常生活层面对其理论效力进行了必要的限定，更加突出了日常生活感性的阐释价值；美学不仅是精神设计性的，也是大众生活的描述——"日常生活美学"的出现，为美学提供了从理论上理性规划人的生存意义之外的又一种方式，亦即通过人的生活并且在人的生活现实中，美学重新构造生活的现实意义。

（原载《文艺争鸣》2010 年第 3 期）

视像与快感

——我们时代日常生活的美学现实

一、"眼睛的美学"

康德曾言:"豪华是在公共活动中显示鉴赏力的社会享受的过度(因之这种过度是违背社会福利的)。但这种过度如果缺乏鉴赏力,那就是公然纵情享乐……豪华是为了理想的鉴赏而修饰(例如在舞会上和剧院里),纵情享乐则为了口味的感官而极力营造过剩和多样性(为了肉体的感官,例如上流社会的一场宴席)。"① 显然,作为一个19世纪的哲学家,康德所反对的,是一种与物质欲望的实际满足表象相联系的非审美(反审美)活动——感官享乐之于人的心灵能力、物质丰裕之于人的精神目标的"过度"(奢华、挥霍,追求流光溢彩的生活外表,或是以审美/艺术的名义实现对生活的占有能力)。在他那里,审美仅仅与人的心灵存在、超越性的精神努力相联系,而与单纯感官性质的世俗享乐生活无涉。

① [德] 康德:《实用人类学》第 72 节,见《康德美学文集》,曹俊峰译,北京师范大学出版社 2003 年版,第 213 页。

　　如果说，这是一种关于美／审美的理性主义美学的标准陈述，那么，在今天的日常生活中，康德所反对的，却恰恰在以一种压倒性优势瓦解着康德所主张的："过度"享受的生活正在不断软化着理性主义者曾经坚强的思想神经，"为了口味的感官而极力营造过剩和多样性"正在日益成为一种我们时代日常生活的美学现实。

　　这样一种美学现实，极为突出地表现在人们对于日常生活的视觉性表达和享乐满足上。就像"美丽"是写在妖媚细腻的女明星脸上的灿烂笑容，"诗意生活"是绿树草地的"水岸名居"，今天，"审美生活"由斑斓的色彩、迷人的外观、眩目的光影装扮得分外撩人、精致煽情。美／审美的日常形象被极尽夸张地"视觉化"了，成为一种凌驾于人的心灵体验、精神努力之上的视觉性存在。这一由人的视觉表达与满足所构筑的日常生活的美学现实，一方面是对康德式理性主义美学的理想世界的一种现实颠覆，另一方面却又在营造着另一种更具官能诱惑力的实用的美学理想——对于日常生活的感官享乐追求的合法化。事实上，这是一种完全不同于"用心体会"之精神努力的"眼睛的美学"，其价值立场已经从人的内在心灵方面转向了凸显日常生活表象意义的视觉效应方面、从超越物质的精神的美感转向了直接表征物质满足的享乐的快感。也正是在这里，康德美学的那种理性主义立场被彻底抛弃在精神荒芜的心灵田野上；康德所要求的那种绝对的精神超拔、心灵感动，已不再能够成为区别美／审美与人的世俗性日常生活的尺度。日常生活无须因为它的粗鄙肤浅、缺少深度而必须由美学来改造；相反，在今天，美学却是因为它在人的感性之维证明了日常生活的视觉性质及其享受可能性而变得魅力十足，以至于房产商们开始迫不及待地使用诸如"美墅馆""美学生活"之类来命名楼盘。很明显，这样的命名几乎最大限度地把当今人们对于日常生活的物质享乐欲求与有限的审美想象力统一了起来。

　　人的日常生活把精神的美学改写成为一种"眼睛的美学"。视觉感受的扩张不仅造就了人在今天的"审美／艺术"想象，同样也现实地抹平了日常生活与审美／艺术的精神价值沟壑。"日常生活审美化"非常具体地从一种理性主义的超凡脱俗的精神理想，蜕变为看得见、摸得着的快乐生活享受。

二、"视像"的生产与消费

在这样一种极端视觉化了的美学现实中，与人在日常生活里的视觉满足和满足欲望直接相关的"视像"的生产与消费，便成为我们时代日常生活的美学核心。

作为日常生活审美化过程的具体结果和直接对象，视像的生产根本上源自于我们时代对于日常生活中的直接快感的高涨欲求和热情追逐——生产是作为消费的同一物而出现的。在洋溢着感性解放的身体里，人对于日常生活的欲望已自动脱离了精神的信仰维度，指向了对于身体（包括眼睛对于色彩、形体等）满足的关注和渴求。就像阅读摆脱了对文字的艰难理解而依赖于对插图的直观、日用商品的漂亮包装代替了人们对商品使用功能的关心，人在日常生活过程中的衣食住行等需要和满足逃避了理性能力的压力，转而服从于各种报纸、刊物、电视、互联网上的图像广告：在"看得见"的活动中，对象之于人的日常生活的意义被转换成一种视像，直观地放大在人的视觉感受面前；衣食住行等的需要和满足已不仅仅局限于实际的消费活动，它们由于视像本身的精致性、可感性，而被审美化为日常生活的一种视觉性呈现。

这样，视像的存在，便在人的日常生活与美学的现实指向之间确立了一种新的基本关系模式，即：审美活动可以跨过高高的精神栅栏，"化"为日常生活层面的视觉形象；精神内部的理想转移为视觉活动的外部现实，心灵沉醉的美感转移为身体快意的享受。

显然，在这样的关系模式中，人在日常生活里对于各种视像的现实消费，便主要是由视像本身的外观及其视觉效应来决定的。一方面，视像本身可以不承载人对日常生活的具体功能性要求，却必定要直观地传达人对日常生活的享乐趣味。事实上，在当今人的日常生活活动中，对象的功能性质已不再是首要的和主要的，而那些甚至是游离于具体功能之外的对象的视觉满足效果，则上升为人对日常生活意义的把握。可以说，视像的非功能性或超功能性，正是视像的存在特征，也是各种视像得以"审美化"人的日常生活的基本根据。另一方面，摆脱了日常生活的功能性目的，视像的全部意义指向便落在了人对于外观的视觉感受方面。由此，视像的美学价值直接依赖于某种形式存在的视觉魅力。对于日常生活中的人来说，这种视觉魅力所传达的，主要又是一种基于消费活动和消费能力之上的感性满足的快乐，即通过"看"和"看"的充分延展来获得身体的充分享受。在这个意义上，我们也就不难解释，为什么图像广告总是比文字广告更具有感官的煽动力，而活灵活现的电视广告则又远远超出了平面的报刊广告对于人的眼睛的抓获效应。

这种对于视像的消费特点，同时也决定了视像生产在当今日常生活中的性质，即：第一，视像的生产首先不是为了充分体现"物"的日常功能，而是刻意突出了人在日常生活里对于"物"的自由的消费和消费能力。视像存在不能没有一个基本的物质对象，比如花园豪宅、"成功人士"，比如化妆品、艳丽明星，比如私家汽车、漂亮女人……但对于视像的生产来说，这种"物"的存在实际上却并不借助于其功能价值的唯一性，而是更为直接地依赖于"物"的可视性，以及由"物"的可视性所带来、所意味的人的生活享乐满足——从某种程度上看，这也正是对于视像意义的生产，它是视像生产的根本。在这里，由视像生产所导致的，其实是一种日常生活的功能需要与形式感受之间的分离。

第二，视像的生产方式集中于对外观形式的视觉性美化、修饰，它体现了人在日常生活中的审美趣味"物化"可能性。作为我们时代日常生活审美化的直接结果和对象，视像以及视像的生产特别强调了对于视觉可感的形式特征的极端关注；美化、修饰甚至凌驾于直接功能价值之上的那种外观包装，诸如情人节出售的心形巧克力和充满"爱意"的鲜艳包装盒，其视觉上的"爱情效应"已经转移或者说淹没了巧克力本身的存在：人们消费的已不再是巧克力本身，而是巧克力的视觉形式及其感受满足。这样，在根本上，由视像生产方式所体现的，便是在日常生活之"物"的形式外观上所"物（质）化"了的人的特定审美趣味。换句话说，在今天这个时候，随着视像生产的日益发达，日常生活里人的各种审美趣味日益失去它原来的精神想象性质，而"无可争辩"地落实在各式各样的实体形式之上。视像生产方式因此充分体现了当代审美趣味的指向性转换。

第三，视像的生产高度激化了对于当代技术的利用，同时也进一步凸显出技术力量在人的日常生活审美化方面的巨大作用。在我们时代，人在日常生活过程中的视觉感受范围、程度、效果等，已经不仅仅取决于人的眼睛本身的自然能力，而是越来越受到一定技术力量的控制——看什么、不看什么或怎么看，是由所"看"对象的技术构成因素来决定的。因此，对于视像的生产来说，它在多大程度上、多大范围内实现自己的实际效果，往往也直接同其对于技术的有效利用联系在一起。如果说，视像的生产是一种高度技术化了的当代生活工业成品的生产，那么，很明显，由于当代技术本身所具有的精确复制、批量生产能力，视像的生产便具有了无限的可复制性，而人在日常生活中对于各种视像的消费也因此是无限量的，并且不再是"独一无二的"。如果说，视像的生产强化了当代技术对于人的日常生活的介入，那么，通过视像的生产，当代技术前所未有地在人的日常审美领域获得了自己的美学话语权。

第四，大众传播媒介充当了视像生产的主力。一方面，视像生产本身就是当代大众传播媒介的存在方式；另一方面，虽然各种大众传播媒介生产视像的能力各有不同，但它们几无例外地都把日常生活的视觉转换作为自己的目标，从而为视像生产的迅速扩张提供了可能。这一点最明显不过地表现在电视台对于观众收视率的迫切追求、杂志封面对于图片设计的精雕细凿、大小报纸越来越多的彩色插页上。

三、新的美学话语

视像的消费与生产开启了人的快感高潮。

视像的消费与生产，根本上是同我们时代人在日常生活中的直接享乐动机相联系的。实际上，对于今天的人来说，视像的存在最为具体地带来了人在日常生活中的感官享受，这种享受本身就是一种直接的身体快感。这里，视像与快感之间形成了一致性的关系，并确立起一种新的美学原则：视像的消费与生产在使精神的美学平面化的同时，也肯定了一种新的美学话语，即非超越的、消费性的日常生活活动的美学合法性。

这里有一个例子。在上海、北京、广州这样的中国大城市，今天几乎都有一个以"左岸"命名的公共场所："左岸"酒吧、"左岸"咖啡馆、"左岸工社"写字楼……"左岸，在许多人的心目中，是一个永远的情结。相对于右岸正在演示的浮华与喧嚣，在左岸却更能安静从容地进行艺术般的生活。"这段写在广州著名"白领社区"丽江花园售楼书扉页上的话，活脱把一个眼睛看得见的"左岸"摆在了我们面前。当年飘荡在巴黎塞纳河左岸的咖啡味道，如今被视觉化为一个"富有人文气息"的日常生活"品味"与"格调"的时髦视像；许多年前曾经吸引毕加索、夏加尔、亨利·米勒、詹姆斯·乔伊斯来此寻找艺术梦想的巴黎左岸，今天不仅是一个流行的广告创意、时髦的商业标签，更是苦心寻找"高贵"与"优雅"生活方式的某些人用眼睛收获的一种自慰式快感。

其实，不仅是"左岸"，当 Town—house 用"有天有地、独门独院、带私家车库"的近郊别墅小楼来建造"美学人生"时，毫无疑问，它所提供的同样是一种看得见的、"审美的"日常生活，一种视像与身体快感的精致统一。

于是，我们发现，对于今天的日常生活来说，视像的消费与生产十足是享乐性质的。当然，在这里，享乐满足的快感并不具有精神内在的品格，它所呈现的也只是人在日常生活里最直接的欲望和动机，尽管这种欲望和动机已经由特定的视像"物化"为颇具浪漫诗意外壳的人生形象。事实上，在我们时代的日常生活里，视像以及视像的消费与生产所提供的快感，从根本上区别于经典美学对"美感"的"无功利性"要求。在这样的快感中，源自视觉感受的快感高潮以对人的身体的直接贴近，首先取消了"不沾不滞"的静观审视的可能性。其次，这样的快感总是以实体形式存在着，即必须寄存在特定的日常生活视像之上，因而它又必定是直接的和形象的，或者说是实体性的——快乐的享受至少是一种视觉占有的满足；它既无须高度发达的心灵想象与精神期待，同时又通过大规模的技术优势而扩大了日常生活在视觉上的审美化前景。

特别是，这样的快感通常是具有征服性的，就如同美轮美奂、形象直观的视像本身对眼睛所具有的征服性一样。这种征服性，一方面是由于批量化的视像生产在日常生活领域里通常具有迅速扩张的巨大能量，随之而来的便是人的视觉感受以及身体的享乐满足无可逃避地陷入其中。快感的来临追随着视像生产的扩大，而人在日常生活中的各种活动及其满足感则追随了快感的踪迹。另一方面，由于视像本身的感性享乐诱惑，也由于视像所具有的那种"化世俗为非凡"的审美修饰性，人在日常生活中的视像消费开始由被迫走向上瘾——在"审美／诗意"生活享受的激励下，人们对于视像的消费性沉迷变得愈发大胆和强烈，愈发受制于那种视像消费所带来的快感。在这方面，各种大型展会（如

"北京国际汽车展""大连国际服装博览会")、大都市的高档商场，可以成为很好的例子：在这些地方，商品（物）的日常生活功能已淹没在大量视像（商品外观）的"审美性"中，"购物"的生活必要性则被视觉上的享受所取代；原本作为日常生活的实际消费活动其实已从整个过程中退出，而转向了眼睛的快乐、视觉的流畅，以及由此产生的日常生活的满足感。人们流连忘返于这样的场所，由于既不需要任何实际的理由，也无须任何实际的经济支出，因而可以"无目的"而"合"享乐目的。这，就是快感的征服性效应。

回到本文开头所引述的那段康德的话，我们可以发现，对于人的日常生活而言，视像与快感的一致性，充分表征了我们时代的感性特征。它不仅源自于我们身体里的享乐天性，更大程度上，它已在今天这个时候推翻了康德这位 19 世纪美学家的信仰；"过度"不仅不是反伦理的，而且成为一种新的日常生活的伦理、新的美学现实。如果我们同意美国传播学家约翰·费斯克所说的："大众文化趋向于过度，它的笔触是宽广的，色彩是亮丽的"①，那么，它显然已经暗示了发生在日常生活审美化趋向与大众文化实践之间的某种关联。

（原载（《文艺争鸣》2003 年第 6 期）

---

① ［美］约翰·费斯克：《理解大众文化》，王晓珏等译，中央编译出版社 2001 年版，第 139 页。

为"新的美学原则"辩护

——答鲁枢元教授

　　毫无预料的，原本出自于一种当下文化现象考察和学术自省的关于"日常生活审美化"问题的讨论，却引来了文论界、美学界不少的议论乃至"征讨"，一时间竟成为近一时期中国文论界和美学界最为热闹的话题。这其中，尤以鲁枢元教授的《评所谓"新的美学原则"的崛起》（载《文艺争鸣》2004年第3期）一文，几乎逐段逐句地对我们发表在《文艺争鸣》2003年第6期上的讨论文章进行了观点质疑，集中体现了批评的尖锐性、观点的系统性，同时也最具理论上误读、误解的典型性。

　　在这篇文章中，枢元教授把我们关于"日常生活审美化"问题的讨论，归结为"审美日常生活化"的理论倡导，且属于"新的美学原则"的范畴。在他看来，"'审美日常生活化'的倡导者们尽量谨慎地回避直接谈论其学说的价值取向，但又明白无误地将'审美的日常生活化'看作一种随着时代的进步而进步的'新的美学原则'的崛起"，"'审美日常生活化'论者撰文的目的，显然并不在于争取审美日常生活化的合理性，而是希望确立这种技术化的、功利化的、实用化、市场化的美学理论的绝对话语权力，并把它看作是'全球化时代'的到来对以往美学历史的终结，甚至是对以往的人文历史的终结。"

应该说，枢元教授相当敏锐地看到了问题的一个关键，即有关"日常生活审美化"现象的考察及其一系列相应理论问题的提出，实际上涉及了对以往美学传统、美学学说、美学立场以及审美原则的重新认识，以及对于新的、当下时代的人类审美生活的美学阐释。究竟"日常生活审美化"现象的出现以及关于这一问题的理论探讨是否能够"终结""以往美学的历史""以往的人文历史"，这一点当然还有待继续讨论。但是，对于以往的美学理论，包括人类已有的审美历史、审美活动价值构造进行必要的思想反省、新的文化审视，显然又是毫无疑问的。在这一点上，枢元教授其实同我们并无根本分歧。因为如果不是这样，枢元教授也就没有必要专门写文章来反驳我们对于"日常生活审美化"现象的讨论和观点，更没有必要在文章中刻意强调"新的审美原则关注的视域，几乎包容了当下时代生活的各个方面，然而却惟独遗漏了'生态'，这不能不让人感到深深的遗憾"。为什么遗憾？遗憾什么？恐怕都与"何为新的美学原则""新的美学原则如何能在当下文化语境和价值立场上重新审视人类现实生存活动"这样的问题相关联。正因此，可以认为，在既往的美学传统、美学学说、美学立场和原则，以及人类审美活动价值需要重新加以认识这个问题层面上，枢元教授其实内里是肯定了讨论"日常生活审美化"问题的必要性及其意义的——尽管他在文章里只是将此非常原则化地表述为"在当下的中国学术界，展开关于'审美日常生活化'的讨论，应当是很有意义的"。

如此说来，枢元教授与我们的分歧，只是在于如何理解"日常生活审美化"，以及在这一问题上我们究竟应该持守什么样的基本理论立场。

一、何谓"日常生活审美化"

这里，我想就两个方面与枢元教授商榷。

一是何谓"日常生活审美化"？

在枢元教授的文章中，有一个最基本的、同时也是被他本人首先误读了的概念：日常生活审美化。由于这个概念直接就是枢元教授对我们进行理论质疑的由头，也是他表达自身思想立场的着力点，因此有必要做一些澄清。

在枢元教授看来，"'日常生活审美化'论者"的一个共同特点，就是将"日常生活审美化"与"审美的日常生活化"完全等同了起来。而在他本人看来，"日常生活审美化"与"审美的日常生活化"在审美指向、价值取向上"是迥然不同的。甚至，就像'物的人化'与'人的物化'一样，几乎是南辕北辙的。"为了说明这一点，他很形象地拿"炸油条"作为例子，以为"如果一位炸油条的小贩有那么一刻全神贯注地炸他的油条，一心一意地和面、扯面、拨动着油条在滚烫的油锅里变形、变色，把一根根油条都炸得色、香、味俱全，让所有吃到他的油条的人都心满意足，甚至他自己也被自己的'作品'所感动，从内心深处产生一种不可遏止的愉悦，辛苦的劳作也就会变得轻松起来，平庸的生活也会变得美好起来。那么，在我看来这'炸油条'也已经进入了审美的境界，这就是'日常生活的审美化'"。反之，"一根普通的油条，如果我们运用艺术的手段进行一番策划、制作，将它精心包装起来——就像当前我们通常在商品市场上看到的那样：包上一只精致的纸盒，彩印上精美的图像"，"在设点兜售的时候，最好选用姿色姣美的年轻女性，同时播放中国民乐《丰收锣鼓》或贝多芬的《欢乐颂》作为背景音乐，那油条也许会吸引更多的视听，立马畅销起来。我认为，这才是'审美的日常生活化'。"

显然，在这里，枢元教授首先悄悄置换了"日常生活审美化"这一概念本身，把我们文章中所关注、探讨的当下文化语境中的"日常生活审美化"现象及其问题，换用"审美的日常生活化"这个概念来界定，然后又把这个已经被置换了的概念当作批评的对象，通过一种在逻辑上相当简单却又显得粗率的比较，指责我们把"日常生活审美化"完全等同于"审美的日常生活化"。这也正是我所说的最具理论上误读、误解之典型性的地方。事实上，一方面，枢元教授拿"炸油条"来例证的所谓"审美的日常生活化"，恰恰是我们提出并希望加以充分重视和深入探讨的当下文化语境中日益明确的"日常生活审美化"现象。至于他所举出的"日常生活审美化"，则正是我们所讨论的"日常生活审美化"这一当下现象的反面，或者说是另外一种"日常生活审美化"——一种直接产生于既往美学价值体系的经典性话语，因而在根本上也是一种非常标准的理想主义的美学陈述（关于这一陈述，我们从任何一本标准的美学教科书中都可以找到，比如"生活的艺术化""艺术生活"等等）。依照这一美学立场，也唯有那种直接源自人类物质性生产过程的活动，才有可能绽放出"美的花朵"，成为审美的所在，人也只有在这样的生产性实践中才能进入"审美的境界"。至于我们所提到的那样一种与当下文化现实、当代文化价值变异状况直接关联的"日常生活审美化"现象，在这一标准陈述中其实是没有位置的，是被排斥、被反对的。从这一点上讲，枢元教授的立场丝丝扣扣地应合了我们曾经非常熟悉的"生产劳动观"的美学。而如果是这样的话，枢元教授便不应该再把"日常生活审美化"视为"仍然属于审美活动的实用化、市场化问题"，而应该彻底否定其"审美的"可能性，更不应该认为"审美的生活化、文学的大众化、艺术的商业化、文化的产业化都具有它的合理、合法性，需要有强有力的实业家去经营它，也需要有相应的理论家对它作出独自的解释与阐发"。

于是，我们便发现，在枢元教授那里，其实存在着一个自相悖反的矛盾：一方面，他力图顽强地坚守一种彻底理性主义的美学理想，以一种经典而十分老到的陈述，将当代生活变迁、当下文化价值变异过程中出现的"日常生活审美化"现象归之于"审美的日常生活化"。另一方面，在置换了"日常生活审美化"的概念内涵之后，他又不能不承认"日常生活审美化"在当下文化语境中的客观性，希望在"炸油条"的另一面，即审美与实用的关系中解释当下的"日常生活审美化"。由此，理论上的似是而非也就在所难免：在已经发生了巨大改变的现实文化语境里，用一种不变的理想原则、价值体系来生套新的现象、新的问题，总是显得勉强。更何况，我们所说的"日常生活审美化"，并非枢元教授所谓"审美的日常生活化"；他所讲的"日常生活的审美化"，也不是我们讨论的"日常生活审美化"。擦枪走火，其实源于对概念本身的理解与把握根本不同。而这种不同的产生，又与枢元教授在观念上无法接受"日常生活审美化"作为一种当下文化现象，产生了既往美学理想的危机和当代生活的审美价值指向的改变，是直接联系在一起的——只有像枢元教授那样把"日常生活审美化"归于理想主义的美学话语体系，才有可能在"审美的日常生活化"层面将问题的复杂性取消掉，把当下的"日常生活审美化"现象重新简化为"审美活动的实用化、市场化问题"。

二、如何正视"日常生活审美化"现象

二是如何充分正视"日常生活审美化"现象？

需要指出的是，枢元教授对我们所讨论的"日常生活审美化"现象的批评，即他在文章中所指称的："'审美的日常生活化'，是技术对审美的操纵，功利对情欲的利用，是感官享乐对精神愉悦的替补"，其

实还没有从根本上理解"日常生活审美化"何以成为当下现实的美学问题。这里，有两个问题需要弄清楚：其一，"日常生活审美化"是否仅仅归结为"技术对审美的操纵，功利对情欲的利用""感官享乐对精神愉悦的替补"？其二，"日常生活审美化"是否简单地属于"审美活动的实用化、市场化"？

就第一个问题而言，首先，毫无疑问，当代技术的发明和大规模运用，给当代人类审美带来了前所未有的改变。这也正如我在《视像与快感》一文中所指出的："视像的生产高度激化了对于当代技术的利用，同时也进一步凸显出技术力量在人的日常生活审美化方面的巨大作用。"对此，枢元教授也是认同的。他在引用了我文章里的一段话之后肯定道："这里的判断基本上合乎当前审美生活化的实际。"问题是，对于这样一种改变，对于技术在人类审美领域所拥有的实际话语权，枢元教授是持了一种全然反对态度的。这就与我们对问题的看法，也与当下文化现实有了很大的距离。他引用了包括海德格尔、莫兰、舍勒等在内许多西方学者的话，来证明"这股强大的技术力量并不全是那么美妙、善意，甚至还带有某些负面的影响，甚至还携带着不同程度的促狭、阴邪和险恶"，"这种因科学技术进步引发的'审美日常生活化'，不但不是人类的进步，恰恰是人类价值的一次令人忧虑的颠覆"。其实，枢元教授所忧虑的，也是我们大家都已经认识到的那些"技术的两面性"。可是，难道因为技术带来"麻烦、伤害和灾难""某些负面的影响"，就注定了必须被否弃吗？难道当代人类审美与技术的具体结合便一定"不那么让人乐观"？

因噎废食自然不是我们对待现实包括美学问题的态度，当然也不足以成为我们讨论"日常生活审美化"的理论根据。以技术力量的负面性来否定当下文化现实中审美存在的技术特性，否定当代技术发达对于人类审美生活的现实制约性，由此反对"日常生活审美化"对于既往价值的"颠覆"及其新建的价值构造意图，显然是软弱的。既然我们的生活已不再可能退返工业化之前的"前技术"时代，既然人的日常生活已离不开技术的利用，那么，对于技术力量的证明，包括对人类生活与技术关系的美学把握及价值确定，就是必然的，也是必要的。这样，所谓"价值的颠覆"便不是没有道理的。这个道理就在于：尽管技术力量及其运用有着种种非人性的"负面"，但它却是当代生活、文化的客观；技术存在、技术力量虽然"并不全是那么美妙、善意"的，但它却实实在在地改变了我们的生活，包括人的审美活动、审美立场和美学原则。对于人类以往价值体系来说，在不可回返的文化进程中，勇敢地直面自身的崩毁，乃是人类价值重建的前提。当人类审美已开始一定地服从于技术的某些原则时，仅仅指责技术的"操纵"而不是建设性地思考技术的新的美学功能，仅仅"忧虑""价值的颠覆"而不能直面"价值的重建"及其需要，那不过是一种回避，其实无补于现实本身。

其次，技术力量、技术存在的作用，同时也带来了人在日常生活中功利追逐的迅速扩展。它的确造成了感官享乐对精神活动空间的大面积挤压，使得人类审美原有的那种精神满足、心灵滋养功能受到巨大威胁。特别是，随着市场和商业活动的日益扩张，人的日常生活满足日渐进入某种程度的消费逻辑链条。在这种情况下，曾经单纯以人的精神感受为指归的审美活动，在当下文化现实和人的日常生活层面，便不能不把消费性的感性满足纳入自身范围。这是当下文化的基本现实，也是当代人类审美的一个显著表现。对于这一点，枢元教授和我们都没有什么分歧。

分歧在于，怎么看待和理解这一现实？依照枢元教授的立场，他当然是不屑于这样的现实的。而在我们看来，只要理解了下面两个问题，我们便不应怀疑人的现实的感性活动、感性利益及其满足在美学上的权利：

第一，感性存在本来就是人类审美的基本前提，人的感性实现是美学的基本出发点。人的存在包括感性和理性两个方面。人的完整实现，同样是在感性和理性两个方面的充分展开。美学的对象，首先就是人类感性和感性活动。这也正是当年鲍姆加通用"Aesthetics"来命名美学（感性学）的主要原因。而美学之一步一步滑入"理性"的轨道，一方面是出自人们对感性固有的警惕，以为"鄙俗的"感性无力为人的生命拯救、生存完满提供充足的理由；另一方面则源于人们对感性权利的控制要求，希望通过理性权力的实现来驾驭感性的发展空间。正因此，在强大的理性主义的美学理想体系中，人的感性、感性利益及其实现，总是受制于理性权力本身；"美"总是在一种与人的感性利益无关的过程中，屈服于"真""善"的利益。美学本身的这种变异，在一个相当长时间里并不为人们的理性认识所警觉。相反，人们似乎已经习惯了在一种制度化的理性体系内部来解决美学本身所必然关注的感性问题——作为感性学的美学又回到了理性的掌控之中，仅仅成为一种知识之学、认识之学，而人的感性利益及其实现仍然是一个问题。其实，美学之为美学，恰恰在于它把感性问题放在自身范围之中，突出了人在感性存在和感性满足方面的基本"人权"，而不是重新捡拾理性的规则。对当代"日常生活审美化"现象及其问题的理解，同样也应该从这样一种美学本来的出发点去进行。

特别是，当代思想的一个突出特点，是反对并且打破"二元论"的思维旧习。体现在美学问题上，就是反对把人类审美中的感性与理性截然对立，以为感性权利的张扬必然以牺牲人的理性精神为结果，而理性的存在和发展则必定要求人的感性利益无限退位。这就如同人们在遭受到技术威胁的同时，依旧在继续享受技术力量造就的巨大生活满足一样，人在感性与理性两方面的存在与权利，其实并不以相互间的牺牲为必然。单单看到感性存在、感性满足的片面性和不完善，企图以理性权力的不断发达来填充人的感性生命空间，实际上仍是一种绝对对立化的理论思维，仍然没有脱开"二元论"的思维窠臼。以这样的思维来面对当下现实问题、"日常生活审美化"现象，其理论上的"老毛病"也就毕露无遗了。

第二，由于当代生活本身不断扩大的消费性质，当代人类审美活动、包括日常生活的审美追求，在不断提升人的感性利益与满足过程中，进一步张扬了人的日常生存的感性权利。在这个不争的事实面前，人们的态度有两种：一是由于担心感性的扩张带来理性权力制度的削弱，因而强调理性制度的不断强化，并借此强力攻击"市场的阴谋"，以为"人的需要，尤其是人的物质性的需要，其实是有一定的限度的，或者说应当有一定限度的。人的精神需要，并不总是以消耗大量的物质资源为代价的。在现代社会中，花样翻新、层出不穷的商品似乎在不断地满足着大众日益增长的需求；其实，只要看一看每天电视上汹涌而来、气吞山河的广告，就不难感觉到：那看似永无止境的'大众的需求'恰恰是市场的需要，日益增长的欲望多半是产业制造出来的"，"大众实际上完全是由广告、商品、市场控制的，是由广告商、传媒人、经纪人、管理者、投资人控制的。如若进一步追索，在这一切的后面，则是一套精心算计、精确运转、久经考验、百试不爽的资本的经营体系、金融的运作法则、货币的实用数学"。在这里，枢元教授只是指出了问题的一面，而问题的另一面，即人的欲望除了由"产业制造出来"、大众的需求除了是"市场的需要"以外，当代人本身的感性权利则被彻底忽视了。由此，在上述态度之外的另一种态度的可能性，也就同样被枢元教授所无视：正视当代文化本身的存在事实，在警惕来自市场、资本、文化工业等的控制和操纵的同时，关注人的感性生存权利及其价值实现，理解人的感性欲望的伦理正当性，看到人的感性生存的实现之于日常生活审美发展的促进。一味指责"市场""资本""文化工业"当然容易，但这并无济于现实。反对单纯的感性享乐、欲望追逐是应当的，但它不应成为反对人的正当感性利益、现实生活快乐的理由。其实，问题的另一面恰恰是："市场"也好，"消费"也罢，其之所以能满足人的感性欲望，之所以能够成为"日常生活审美化"

的构成，真正的力量还是来自于人自身内在的需要、生活的正当享受权利。

在反对"日常生活审美化"的一部分学者那里，通常还表达了这样一个逻辑，即："日常生活审美化"只是一部分人的"审美化"和满足需要，广大中国民众还生活在"小康"之外，还不能或没有享受到这样的生活。其如枢元教授所质疑的："究竟是一部分人的需要，还是大众的需要？"言下之意，"日常生活审美化"十足具有一种反伦理、非理性的罪感。这是一个相当轻率的"阶级的"逻辑。一方面，"一部分人的需要"并不一定是"大众需要"的对立面，"大众需要"也不见得就必然否定了"一部分人的需要"。这就像"一部分人先富起来"并没有扼杀"大部分人都富起来"的追求，更不是对"大部分人都想富起来"的否定。"日常生活审美化"尽管还限于一种都市现象、部分人的生活事实，但它却是正在发展中的现实，同时也是世俗大众的生活梦想。没有享受到"日常生活审美化"不等于不想享受"日常生活审美化"，这里面并不存在那种绝然对立的"阶级性"。至于"'购买'已经不是出于实际的需要，'购买'的固有意义已经不复存在，'购买'行为本身已经成为一种快感"，更谈不上是一种罪恶。实际上，如果仅仅出于"实际的需要"，审美就不可能发生。人类审美本身就是一种超出了"实际的需要"的快乐追求。因此，当代社会生活中，超出"实际的需要"的"购买"行为本身成为审美的快乐滋生地，也不是"非法的"——这不是一个伦理事实，而是构成为一种审美的事实。这也就是我在《视像与快感》一文里所指出的："原本作为日常生活的实际消费活动其实已从整个过程中退出，而转向了眼睛的快乐、视觉的流畅，以及由此产生的日常生活的满足感。人们流连忘返于这样的场所，由于既不需要任何实际的理由，也无须任何实际的经济支出，因而可以'无目的'而'合'享乐目的。"甚至，在满足感性利益、实现感性追求的生存权利方面，建立在当下文化实践基础上的感性与消费的互动关系（日常生活审美的消费性实现），还带来了一种新的可能，即"'过度'不仅不是反伦理的，而且成为一种新的日常生活的伦理、新的美学现实"。

进一步来讲，"实际的需要"如果不是仅仅限定于单纯的物质实践，而能够考虑到人的感性生存权利以及这种权利的"实际的需要"的话，那么，"日常生活审美化"之于人的欲望满足的前景，就不是悲观的。只是许多人常常陷于"理性至上"的观念，不愿同时顾及人类感性利益的满足、快乐欲望的实现同样也是一种"实际的需要"，更不愿承认在这样的"实际的需要"领域表达人类审美满足的具体可能性。

按照我们的看法，人的感性生存权利的实现，作为一个当代的美学问题，不能不以抵御过往的制度化理性权力为前提。理性不是一件坏东西，但霸权式的理性却一定不是一件好东西。感性利益不是人类生存的唯一目标，绝对理性主义的精神理想也同样不是衡量一切、评判一切、控制一切的准的。探讨"日常生活审美化"，目的是提请关注当代生活的感性现实，而不是为了拒绝理性、拒绝理性的合理性。借用枢元教授的话说，就是在张扬"日常生活审美化"的同时，也并不"放弃精神的守望"。但这一"精神的守望"不应成为人在感性发展道路上的屏障。而在"超越的"精神努力之外，感性生存的人同样不拒绝非超越性的现实生活。享乐的生活尽管不是人的全面健全的生存，但全面的、健全的人类生存却不能没有现世的生活快乐作为基础。

看来，问题依然在于：对于日常生活的感性的审美快乐，究竟是以感性和理性截然对立的方式去把握，还是在承认人的感性享乐合法性基础上加以审视？仅仅把"日常生活审美化"理解为"仍然属于审美活动的实用化、市场化问题"，显然并不能真正有效地解决理性如何能够在"审美化"的日常生活中继续有效行使制度化权力的问题，也不能从根本上解释感性的快乐享受为何得以在当下成为人的日常生活目标。

面对"日常生活审美化"现象及其问题，美学需要的是能够解释问题的现实的立场和态度，而不是某种理想主义的精神自慰。否则，"一个审美化了的生态乌托邦"，在强大的现实面前，也只能是"一个多么脆弱与渺茫的梦幻"！

以上所述，是我对枢元教授批评的简单回答，以此向枢元教授请教。

（原载《文艺争鸣》2004 年第 5 期）

身体意识与美学的可能性

一、破除"破除的恐惧"

围绕"感性""身体"问题的各种讨论和学术争执,近年来正在学术界持续展开着。不管我们对于这一迅速扩张的理论现象持有什么样的立场,它都已经或正在引起包括美学学科在内的诸多当代中国人文学术活动的建构性调整——从学科对象到问题领域,从理论方法到价值取向,内在于理论转换与思想演进之中的美学建构,程度不同地挣脱原来的理性一元论信仰模式,走向人的当下存在及其实际生活趣味的全面审视。与此同时,在各种价值批判和学术质疑的包围中,随同理论信仰模式改变所带来的美学自身价值指向的分裂性,也无情地动摇着今天美学的可能性。

一个明显的事实是,"感性"和"身体"作为讨论话题的崛起,使得作为知识性学科的美学的改造或调整,面临着一个无可回避的问题:在理性一元论中心价值立场遭受普遍怀疑的当下文化语境中,感性的存在方式和价值特性如何能够重新引导美学的价值确立?

这个问题之所以"无可回避",其中包含了两个具体的因素:其一,当下文化语境本身的存在特性,决定了我们曾经用来展开现实批评活动的美学知识性话语，需要认真地面对一个现实，亦即韦尔施在《重构美学》中所强调的，在一个业已丧失了传统知识基础的现实当中，美学已"成为理解现实的一个更广泛、也更普遍的媒介"，而"把握今天的生存条件，以新的方式来审美地思考，至为重要"①。在这里，作为"媒介"的美学之于现实的理解可能性，不仅建立在"今天的生存条件"之上，更在于它必须通过"新的方式"的获得，才能充分地实现自身。当以往的美学已经难以构成为我们今天从事现实批评活动的现成的和确定的知识条件，现实文化的改变便直接决定了美学在"今天的生存条件"下确立自身"媒介"功能的可能性。而现实文化的当代处境，恰恰已经把作为传统知识根基的"理性"推到了一个失去自身先天合法性的境地——"合法性重构"成为理性本身的一项必要性工作。因此，美学在当下文化语境中的第一个难题，就出自于它所要实现的"现实批评"功能本身。换句话说，当"合法性重构"解除了作为传统知识根基的理性必然性，原先建立在理性合法性之上的美学知识性话语必然需要重新为自己找到新的立场。这个立场不仅决定于理性合法性的重构，同时也决定于美学在"媒介"功能实现目标上之于重构合法性的理性话语的功能性把握。

其二，具体到对于理性话语的功能性把握，今天的美学显然不仅无法回避，而且有必要特别重视当下文化现实中的感性存在问题。因为显而易见的是，无论我们如何看待，人以及个体对于自身生活感性的重视、现实生活满足的感性功能需求以及日常生活实践本身的感性价值认同，已使得一元论的理性话语在当下文化实践中遭遇前所未有的挑战。美学要想通过一定的功能性途径实现自身，或者说，要想借助自身价值的合法化来实现思想性功能的现实化，便必定绕不开在现实语境中实际考察并深入文化现实中的感性存在。美学不可能只是作为教科书上的理

---

① ［德］沃尔夫冈·韦尔施：《重构美学》，陆扬等译，上海译文出版社 2002 年版，第 1 页。

论定则，而需要能够在人的生活实践、文化现实中完成并完善自己的人生功能。正是这种对于自身功能的具体要求，强化了美学在当下语境中的指向性思考。质言之，美学的实现，不在于执守了某种理性的话语权，而在于它本身如何可能积极地面向文化现实，并在其中赢得自己的生存。

基于上述原因，在我们看来，今天这个时候，美学将要直面的，首先就是能否在学科建构层面破除两种理论上的恐惧：一是破除对于"破除学科的恐惧"，二是破除对于"破除知识的恐惧"。

所谓破除对于"破除学科的恐惧"，指的是我们对于美学这一理论学科自身特定性的把握，应当能够有效地超越理性一元论模式的学科信仰及其既定的思维方式。美学作为一门理论学科的确立，从鲍姆嘉通首倡"Aesthetics"开始，就一直是以寻求学科独立化形态并通过确定感性的认识论地位来加以不断明晰的。而美学作为一门独立学科的外部优势，便来自于感性与理性在人的认识体系内部各司其职且感性本身坚守了理性的补偿性地位。因而，对于美学来说，它无论如何都不可能逃开自身对于理性的终极归顺、律令约制和规训。就像在康德那里，"只有在'不存在任何感觉的混合'之时，一种呈现才是纯粹的。各种激情对于'纯粹的实践理性'来说，是'毒瘤般的痛处'，'没有例外，都是邪恶的'。我们的感动对我们的道德自由来说是极为有害的，就像链条阻止了我们肢体的成长一样。当然，在我们的'自然基础'和'感性冲动'之中，没有哪一个能够像受到真正的道德要求那样'产生出一种责任'。相反，后者毫无疑问来自'内心道德自由之原则'或'内在的立法自由的原则'。"① 在这里，我们可以发现，对于美学而言，其"学科性"一直以来受着一元理性的"庇护"和"支撑"，一旦感性与理性之

---

① ［加拿大］埃克伯特·法阿斯：《美学谱系学》，阎嘉译，商务印书馆 2011 年版，第283 页。

间这种保持默契的层级性和皈依特征被分离或破坏，那么，至少在认识论的内部，"Aesthetics"的学科依据便将面临严重的损害。换句话说，对于感性存在功能与价值的现实肯定，不仅将在人的生活现实中日益迅速地加剧文化价值立场的分裂，也将在学科方面严重危及美学本身的存在。因此，如何实现对于既有美学理论思维方式、学科信仰的超越，显然已成为今天的美学能否有效进入现实文化之境的特定前提。

而破除对于"破除知识的恐惧"，则并非强调了美学的"反智"指向，而是力图通过美学本身的思想扩张，有意识地强化美学在自身立场以及理论上的包容性，尤其是克服对于固有知识体系的执守以及美学知识性构造的僵化，从而实现理性一元论知识构造及其使用方式的突破。实际上，对于今天的美学而言，是否能够在范围更大的现实生活实践领域构成一种具体的价值批评指向，已经成为美学破除既有知识迷信、突破体系化知识构造的束缚，进而重新确立自身作为生活价值体系的具体特性的重要前提。这种破除和突破，在一定的意义上其实恰恰揭示了美学在当下文化语境中的一种现实可能性，即进入"非知识化"的美学批评工作。可以这样说，不以知识生产为目的的美学批评，却可以将有关"日常生活的美学批评"具体确定为自身的学科改造目标。这种"非知识化"的美学所突出的，乃是美学本身更加广大、充分的思想包容性及其面对人的现实生活、文化处境所呈现出来的理论"自我游走性"。当然，在今天，美学的"非知识化"不是要求美学"去"知识，而是力图走出"知识的"美学困境，以便使今天的美学能够更加明确地获得超出一般知识论范围的现实可能性，真正成其为一种当代的人生价值理论。

二、恢复"身体的自觉"

从上述立场出发，"感性""身体"之于美学的重要性，在今天这个时候便已超出一般知识论话题范围，而关乎着当下文化时代的美学可能性问题。

在《享乐的艺术》中，米歇尔·昂弗莱曾引述了保尔·瓦莱里的一个判断："一切人体未在其中起根本作用的哲学体系都是荒谬的，不适宜的"，以此揭示和反对普遍哲学传统之于人的身体地位的忽视①。而我们把瓦莱里的这句话稍微变动一下，其实也可以说：一种不能充分实现人自身身体意识的美学，在今天将同样是不适宜的。

事实上，就像有学者所指出的，"身体构成了自我的环境，它和自我不可分割"，"身体是一种工具，借助身体这个工具，个体才能在一种文化中认知和生活"②。作为人的"自我环境"的身体，其与人之不可分，不仅因为它构成了存在着的人，更在于它本身就是存在着的人得以实在地感受、确认和不断提升自我存在的根基；它是物质的，同时也是意识的或经验中的。借用玛丽·道格拉斯在《自然的符号》中对"两个身体"——物理的身体和社会的身体的分析，"社会身体制约着我们对物理身体的理解。我们对于身体的物理的经验总是支持某一特定的社会观点，它总是被社会范畴所修改，并通过它被了解。在两种身体经验之间，存在着意义的不断转换。这样，任何一种经验都强化着另外一种"③。身体既是意识的主体，指向人与存在的真实感性关系，提供了对于人自身以及人的文化的特定感受性经验；同时，身体也是主体的意识和意识活动，是感受性主体源于主体自觉而获得的存在经验。质言之，作为"自我环境"的人的身体，是意识主体和主体意识的统一。这一点，应该就是舒斯特曼所谓"'身体化的意识'：活生生的身体直接与世

---

① ［法］米歇尔·昂弗莱：《享乐的艺术：论享乐唯物主义》，刘汉全译，生活·读书·新知三联书店 2003 年版，第 103 页。

② ［美］乔安妮·恩特维斯特尔：《时髦的身体》，郜元宝等译，广西师范大学出版社 2005 年版，第 1、11 页。

③ ［美］乔安妮·恩特维斯特尔：《时髦的身体》，郜元宝等译，广西师范大学出版社 2005 年版，第 13 页。

界接触、在世界之内体验它。通过这种意识，身体能够将它自身同时体验为主体和客体"①的意思所在。因为毫无疑问的是，当舒斯特曼把人的身体肯定为一种灵性生命的、与世界环境直接关联并与之相互感受的存在，作为身体的存在便既感受着世界，同时感受着自身与世界的意识性关系，亦即"同时体验为主体和客体"。

问题在于，既有的美学理论大都在一般知识论意义上，将身体视为人类知识生产体系中有着致命缺陷的意识主体。它在强调身体的卑俗性、混乱性以及由此带来的感性欲望与满足之于精神理性的破坏力的同时，往往在道德目的论领域进一步强化了人对于自己身体的不信任感。对于这一点，舒斯特曼已经说得十分清楚："由于身体最清晰地表达了人类的道德、不完整性和弱点（包括道德过失），因此，对于我们大多数人来说，身体意识主要意味着不完备的各种感情，意味着我们缺乏关于美、健康和成就的主导理想"，"身体最突出的负面意象如下：它被视为心灵之牢笼、令人丧志之玩物、罪恶之源、堕落之根。这种负面意象可以在观念主义的偏见中反映出来，同时又被这种偏见所强化"②。追随这种理性一元论知识构造体系的绝对指令，既有的美学在放弃对于身体作为主体意识的肯定之际，也拒绝了与身体一起的感性——在指出审美经验的感受性基础的同时，总是紧接着强调这种感受性活动必须接受理性的充分洗礼和长期规训。

这种以"人类的"知识构造为前提的美学，在理性一元论思维模式下也许是必然的和有效的。但是，在文化的生产与消费高度一体化、甚至在更大程度上是消费欲望和消费活动刺激着文化生产充分扩张的今天，这种以捍卫知识理性的名义而将身体、感性全面关闭在知识生产体

---

① ［美］理查德·舒斯特曼：《身体意识与身体美学》，程相占译，商务印书馆2011年版，第1页。

② ［美］理查德·舒斯特曼：《身体意识与身体美学》，程相占译，商务印书馆2011年版，第3—4页。

系之外，为维护人类道德纯洁性而拒绝身体作为"意识主体"和"主体意识"的客观性与正当性的美学，是否还能够在当代生活的现实领地继续行使自己的价值引导功能？其如英国学者吉登斯向我们揭示的，消费伦理作为"当今时代'高度现代性'的特征所在"，"是人们日益强烈的自省意识的核心。一方面，传统阶级文化与工业资本主义意识的终结，使个体必须致力于建立并维系一定的价值观，来赋予自己的日常生活以意义。另一方面，服务领域蓬勃发展、工作日缩短以及退休年龄提前，加上消费主义兴盛，共同滋养着一种新的生活方式：它鼓励个体到消费之中去寻找个人的救赎与生命的意义"[1]。作为人的"自省意识的核心"，消费伦理的功能性意义，就在于它将日常生活意义的赋予和满足视为一个个体消费的具体指向和过程，而作为意识主体和主体意识的身体自觉，在其中显然是至关重要的。

这就揭示了一个问题：曾经作为一种理性—元论知识体系出现并持续建构的美学，在进一步完成美学走向"日常生活的美学批评"这一学科改造目标、实现更大范围的现实生活价值批评过程中，其认识论范围内的结构存在合法性是否继续有效？满足消费指向的具体生活实践是否应当进入美学的"现实合法性"之中，成为实现美学可能性的当代性前提？由此，回到"身体""感性"，可以认为，就美学而言，其要害之处实际就在于：通过身体意识的重新肯定，美学才有可能既在理论上、同时在人的日常生活领域，重新发现并恢复"人对自我身体的自觉"，而"个体才能在一种文化中认知和生活"[2]。

"身体意识永远超过某个个体自己的身体意识。"[3] 舒斯特曼提醒了

---

① 汪民安、陈永国编：《后身体：文化、权力和生命政治学》，吉林人民出版社 2003 年版，第 441 页。

② ［美］理查德·舒斯特曼：《身体意识与身体美学》，程相占译，商务印书馆 2011 年版，第 11 页。

③ ［美］理查德·舒斯特曼：《身体意识与身体美学》，程相占译，商务印书馆 2011 年版，第 4 页。

我们，身体意识不仅具有观念的普遍性，而且有着实践层面超越个体自我的文化普遍性。身体意识的"恢复"，不仅具体指向人作为意识主体的感受性活动，同时关系到主体意识的经验本质。因此，对于今天的美学来说，恢复——恢复"身体的自觉"，在引导和实现美学可能性方面，就是一个重要的理论问题。而身体的意识性——意识主体和主体意识，则决定了在美学中恢复"身体的自觉"，归根结底就是要恢复日常生活中人的感受性活动的主体地位，突出身体意识在"非知识化"领域的生活—文化实践权力，进而实现在既有美学知识体系之外重建美学批评话语的可能性。

三、美学的重新"确立"

恢复"身体的自觉"，也是美学在当下文化语境中一个重新"确立"的过程。它意味着，在充分理解身体意识普遍特征的基础上，充分明确人的感受性活动、感性价值在今天美学中的正当性，在"日常生活的美学批评"中把握文化现实的具体指向，进而在"非知识化"意义上使美学所从事的工作能够真正成为现实文化实践中的引导性活动、现实的媒介，而不仅仅作为一种知识理性的陪衬、理性知识体系建构的补充环节。

相对于理性一元论知识体系来说，把文化现实的感性价值以及对于人的身体意识的充分肯定"确立"为美学指向，无疑要求具有一种变革性的理论意识。因为"在我们文化的顽固且占主导地位的二元论中，精神生活通常是与我们的身体体验尖锐对立的"①。在既有美学知识体系

---

① ［美］理查德·舒斯特曼：《身体意识与身体美学》，程相占译，商务印书馆 2011 年版，第 13 页。

中，"二元"的理性与感性在被划分出认识论层级之后，通常又由理性"一元"加以进一步的规训，因而所谓"精神生活与身体体验的尖锐对立"，根本上便是理性一元论主导下对于身体感受性活动及其价值的驱逐。而我们强调今天的美学"确立"之于身体意识的肯定指向，不仅将导致既有美学内部对于"理性至上性"知识信仰的动摇，更直接的，它也将在生活价值论层面实际地瓦解美学曾经坚定不移的知识构造活动，解除理性一元论知识体系之于今天美学的现实权力。

对于我们来说，今天，在美学的重新"确立"意义上，有两个方面需要重点注意：

第一，高度重视、进而重新"确立"独立身体的感受性话语。

其一，对于美学来说，"感受性话语"并不是一个新生课题，它应该正是美学在其作为"感性学"意义上的基本出发点。只是从鲍姆加通开始，在理性一元论知识体系的建构过程中，感性和感性存在的意义已经被层级化安置在一个"低级认识"的层次。特别是，由于这种"低级认识能力不需要用暴力强制，而需要稳妥地引导"，"只要低级认识已经损毁，美学家就不应当去启迪它，增强它，而必须把它引上一条健康的道路，从而使它不致由于不当的使用而进一步受到损毁"①，因此美学的全部任务是控制人的感性"不当的使用"，并"把它引上一条健康的道路"。而处在今天这个时候，我们显然已不可能继续沿着鲍姆加通当初设计的路向，在一个层级化的认识论构架上"恢复"感性在整个美学知识体系中的位置——那是一个被更高层级的理性权力所否定的存在。当我们强调在恢复"身体的自觉"的同时，"确立"人的感受性活动、感性价值在美学中的正当性，我们需要面对的，则是一种能够突破既有知识体系建构方式，突出"非知识化"美学批评能力的建构。这种建构／"确立"，一方面要求我们能够坦然面对身体作为主体意识和意识

① ［德］鲍姆嘉滕：《美学》，简明、王旭晓译，文化艺术出版社1987年版，第16页。

主体的正当性，就像米歇尔·昂弗莱在系统分析享乐主义哲学时所指出的，"感性是肉体的，实在的外表皮值得关注"，而我们的责任就是"懂得感觉、品味、触摸、呼吸、倾听、注视"，"懂得在让这些惟妙的机制运作时获取欢乐。正是这些惟妙的机制使得世界变为形状、气息、体积、颜色、香气、声音、温度"①。另一方面，美学在当下的重新"确立"，也要求我们离开理性一元论的知识谱系，把人的身体感受性活动具体理解为"日常生活的美学批评"的出发点，进而从中发现当代生活本身的价值建构形态及其独立本质。

其二，独立身体的感受性话语不仅基于人之存在与世界存在的关系，而且直接源自于由这种关系所展开的人的各种现实活动。如果说，"身体体验形成了我们的存在并且与世界密切相连"，那么，事实上，就像舒斯特曼所指证的，身体无疑成为"我们身份认同的重要而根本的维度"。人对世界存在的感受及其基本把握，人之存在与世界存在的关系建构及其实现，都直接联系着身体活动的独立性，"它经常以无意识的方式，塑造着我们的各种需要、种种习惯、种种兴趣、种种愉悦，还塑造着那些目标和手段赖以实现的各种能力。所有这些，又决定了我们选择不同目标和不同方式。当然，这也包括塑造我们的精神生活"②。身体经验的获得，人的感受性活动的展开，不仅有其现实必然性，而且具有为人的实际生活构建具体价值表达的能力。无视人的身体感受性活动，拒绝人的现实感性要求，美学只能在走向一元理性的知识构造中愈益遥远地离开现实的人的生活；美学在成为某种"普遍知识"的同时，或将丧失其与人的鲜活生活的实践性关系，以及对于人的当下生活的介入能力。所以，在重建美学与人的现实生活关系的可能性上，独立身体的感

---

① ［法］米歇尔·昂弗莱：《享乐的艺术：论享乐唯物主义》，刘汉全译，生活·读书·新知三联书店2003年版，第262页。

② ［美］理查德·舒斯特曼：《身体意识与身体美学》，程相占译，商务印书馆2011年版，第13页。

受性话语的确立，有可能使今天的美学从认识论的知识建构使命中脱身出来，真正成为一种人对于人自身的引导性工作。

第二，高度重视人的感性实践的合理结构，积极实现当代感受活动在"世俗化"路向上的价值合法性。

强调身体感受、人的感性生活实践，常常会有被归入"世俗化"理论墓地的危险。然而，尽管"世俗化"总是一个不断被争议的话题，但它却并非必定成为"否定性"的美学话题。相反，在今天，"世俗化"的价值合法性问题仍然需要美学在自身重建过程中加以认真思考。

一方面，"世俗化"不是"低俗化"的简单同义词。从当代生活的日常现实出发，如果我们能够直面人的身体感受活动的正当性，正视人的感性实践在日常生活的文化构造领域的基本权利，就应该看到，不仅作为感性实践的人的身体感受本身是文化价值实现的具体前提，或者说是人通过感性存在利益的自我肯定来体现人在现实世界的生活信仰和文化体认，而且，正是在这样的自我肯定的实践中，人的现实满足需要和动机虽然没有直接指向纯粹精神层面，但它却在最广泛意义上保证了人的精神活动的出发点，进而使全部文化价值构造活动最终成为人的现实。在这个意义上，可以认为，与世俗生活直接关联的人的感受性活动、人的身体感受，其本身并不具有价值"层级"的指涉性，而是关乎文化活动的主体存在方式。也因此，我们就可以理解，为什么舒斯特曼会如此重视身体意识和身体活动，强调通过身体的训练、身体感受能力的提升，"可以提高人们的认识、增强人们的德性和幸福"①。

另一方面，既然"世俗化"不具有"原罪"，那么，今天美学所需要确立的，便是如何实现"世俗化"路向的价值引导。这也是具体实现人的感受活动价值合法性的问题。在这里，我们依然愿意引用舒斯特曼

---

① ［美］理查德·舒斯特曼：《身体意识与身体美学》，程相占译，商务印书馆2011年版，第1页。

的一句话，即"身体意识无疑应当进行培育。我们不仅应该提高身体的知觉敏锐性，使它能够提供更加丰盈的满足；而且，我们应当重申哲学的核心使命——'认识你自己'。"① "认识你自己"，这句刻在古希腊阿波罗神庙门柱上的神谕，一直以来指引人们不断向着人自身而达致不断深入的发现。现在，它也同样启示着美学在重新"确立"自身的现实努力中，重新发现人的身体感受、感性生活实践的深刻性，寻找人的现实满足的世俗价值维度。这样的"发现"和"寻找"，一定离不开对人的现实存在的充分肯定——通过人的身体感受、感性生活实践能力的自觉提升，以不断改善、丰富和实现人的感性利益为基础，实现身体意识的充分培育和积极体认。应该说，这既是以感性为内容的"世俗化"实践的正道，也是当代文化现实中美学有效实现价值引导功能的前提。在这个前提下，美学在今天才是可能的，而且是建构性的。

（原载《求是学刊》2015年第2期）

---

① ［美］理查德·舒斯特曼：《身体意识与身体美学》，程相占译，商务印书馆2011年版，第13页。

"微时代"的美学

　　曾几何时，微博、微信、微电影、微小说、微评论、微广告、微游戏、微整容、微支付、微营销……"微"的大面积弥漫，构成了我们当下生活的特定样态。"微"不仅作为一种时时处处发生着的生活想象方式，同时也是一种直接传递、迅速感动我们生活情绪的文化行为模式。

　　"微时代"的到来，改变了当下的生活存在，改变了移动互联网环境下文化生产与传播的基本形态，也直接引发了"微时代的美学"。

一、"微时代"的文化征象

　　就整个社会层面而言，快速到来的"微时代"清晰地呈现了其独有的文化景观：以简短细小、破碎分裂构成生活行动的空间占有形态，以迅捷发散、社区化或部落化复制传播作为个体情绪的时间存在方式。

　　在"微时代"的文化景观中，我们已无从发现那种层积累进的文化历史复杂性和绵延深厚的体验性文化意义内涵。相反，就像借助互联网上迅速爆炸的微信营销，"为发烧而生"的小米手机可以在短短 3 个月里吸引粉丝 105 万、网上订单暴增 15 倍①，"微"作为一种特定的符号化文化生产方式，前所未有地凸显了文化意义的当下消费特性。

1. 数字技术的全面运用与移动互联网功能的高度发达：文化生产方式转化

微博、微信、微电影、微评论、微小说、微广告、微商城、微互动、微公益等等，所有这些，无不是以数字技术的高度成熟和全面运用为基础的。对于"微时代"而言，数字技术的使用，关键在于它不仅实实在在地改变了包括人的日常生活活动在内的各种信息加工、存储与传播方式，提供了文字、图片、声音、动态影像等的新的整合形态，而且，也是特别重要的，数字技术将以互联网为载体的社会交往的普遍化、开放化和多元化推向了一种新的现实②，进而带来了文化生产形态变革的全新可能。

当然，仅仅是数字技术的发展及其工程性应用，还难以真正全面引发人的生活想象、社会行为以及文化样态的全方位"微化"。就像已有研究所表明的，只有当愈益成熟的数字技术与高度开放自由的互联网移动通讯功能直接结合一体，"点到点"的对等传播方式才第一次取代了"点到面"的信息—文化传播方式，使得数字技术的应用得以在交通互联的网络世界发挥出巨大的"文化效力"。这种"文化效力"，一方面有力地放大了数字技术的实际使用功能，另一方面有力地促进和实现了移动互联网对于整个社会文化生产方式的革命性变革功能。数字技术与移动互联网的全面结合，在大规模改变文化传播途径的同时，也把一种基于技术完美性之上的新的文化生产方式推进到我们面前。在这个意义上，各式各样"微文化"现象与活动既是新的文化生产方式的具体产物，更是当下急剧转化的文化生产方式本身。

---

① 《小米微信营销拉粉秘籍》，引自 http://www.kejixun.com/article/201305/9343.html。
② 参见林东明《浅析互联网时代移动通信的数字化技术发展》，载《科技展望》2014 年第 3 期。

"微时代"文化生产方式转化的革命性意义，同时也具体体现在：移动信息的社会交往的广泛性，普遍造就了某种以同质化取向为特征的"文化消费共同体"/"文化部落"——"微信""易信"中的"朋友圈"便是一个典型。这种具有十分鲜明的"部落化"色彩的文化消费共同体，在其自身价值表达与接受方式上，也同样有着非常鲜明的价值排他性特点。对此，小米手机2的网购活动就是一个相当形象的例证：2012年12月21日，小米手机和新浪微博合作开展"末日"购物活动，用户通过在微博上完成从确认订单到在线支付的一站式购物，在短短5分14秒里，不仅将5万台小米手机2抢购一空，更留下130万网购预约，其间微博转发量则达到233万，创下新浪微博转发量之最——一场看似普普通通的商业活动，却开创了一种新的消费模式——微博社会化网购[1]。

由此，我们不难看出，伴随"微时代"文化生产方式的转化，迅速而普遍地产生了以共同生活/文化价值立场、相同或相近生活/文化经验的社会人群所组成的"共同体"。这一"共同体"不仅数量庞大，更重要的是，由于生活/文化消费取向的一致性，以及移动信息沟通的便利性和发散性，它在整个互联网信息传播活动中可以迅速结成一个又一个"部落化"的文化消费群体，并以其极端"自恋"的方式捍卫并持续传递共同的价值体认与经验，从而也拒绝了"共同体"之外生活/文化价值的渗透。所谓"粉丝"便大抵如此。

2. 传播过程的即时化与传播活动的发散性：文化生产与消费的"去历史化"

正像人民网研究院主编的《中国移动互联网发展报告（2014）》中所指出的，移动互联网在突破时空限制上为社交带来质的飞跃，开启了"移动社交"时代[2]。"微时代"的文化生产与消费，便与移动互联网

---

① 《小米手机——新媒体互动营销典范》，载《新营销》2013年第3期。

② 参见李鹤、杨玲《全民移动互联时代来临》，载《人民日报》2014年6月12日。

特有的信息传播功能和传播效应直接联系在一起。正是这种区别于以往时代文化生产与消费的外部关联性特征（它在很大程度上也表现为一种特定的依赖性），使得"微时代"的文化生产与消费直接具有了互联网本身的生产特性，即生产与消费是一个信息传播的过程，并且这一过程同时又是即时化和发散性的——在移动互联网信息传播活动及其具体实现过程中，文化的生产与消费往往被迅速传递并形成一定的控制性力量。特别是，移动互联网传播本身就是一个海量信息发散性空间输送的过程，因而直接关联于移动互联网传播活动的文化生产与消费，必定呈现出某种"非时间性"的倾向，亦即现实文化空间的平面化。

于是，以微博、微信、微电影、微评论、微广告等加以具体实践的"微时代"文化生产与消费，浩浩荡荡地走向以"空间置换时间"或"时间的空间化"为特征的新的存在景观。自由开放空间的无限性，使得以"淀积性""连续性"为根本的文化"时间"，失落于迅速聚集且大规模扩散的多元、多样的信息生产与消费活动之中；在时间性持续过程中彼此区隔、前后相继且社会延续的文化生产与消费，由于传播方式的改变而丧失了作为一种过程性存在的必要基础，转向以规模性占有为最大特征的空间化存在，进而重新定义并完成了文化生产与文化消费的当下实践。

时间性的消逝以及由海量信息所填充的文化生产与消费空间的大规模扩张，再一次清晰地凸显了当下文化生产与消费的"去历史化"存在特性：在即时化、空间占有与扩张性质的文化信息传播过程中，文化生产与消费活动所带来的规模化空间存在感，彻底割断了文化理解及其精神阐释功能的持续性实现。面对蜂拥而至的海量信息，人的体验性思想活动被充分稀释，文化经验的积累已然无足轻重；文化生产的历史理性由于无法直接进入当下活动而渐渐变成现实的累赘，沉浸于即时文化传播本身便构成了人的具体文化消费感受。

3."生活即信息"或"信息即生活"：文化风格"碎片化"与文化民主的"草根性"

如果说，人类文化存在一直以来都保持了一种特有的整体特性，那么，在根本上，它决定了文化风格的结构整一化、全体性以及文化风格呈现方式的必然性。这就是说，一直以来，我们始终是把文化生产与消费的实际过程以及它的实现，充分地理解为内在联系的、全整性和逻辑化的。也因此，对于我们来说，文化风格是可分析、可传承的，它总是内在地具有清晰连贯的精神逻辑。

而当文化生产与消费普遍进入"微时代"，文化存在风格则不可避免地发生根本性的改变。

随着文化累积本身脱离了时间维度的必然性，文化经验的形成与获取不再单纯依赖于人的整体实践力量，而是最大程度地转向对移动互联网络上瞬息万变、无以计数的具体生活事项的迅速变换的广泛注意力。对于今天的人来说，"沟通无限"的移动互联网不仅是信息的生产与传播之地，同时也是人在日常生活中的能量聚积之地和展开之地；它无时不在，无处不有，因而"生活即信息"抑或"信息即生活"。影响和决定人的日常生活选择与文化实践的主导性力量，不再是以往通过内在联系的全整性风格所呈现的文化存在，而是由移动互联网的信息生产与传播所确定的文化存在方式。日常生活的具体表现样态、人的文化信念和选择及其现实实践方式等，都已经由互联网信息和人对互联网信息的普遍接受所日复一日地塑造或改变。

由此，"生活即信息"或"信息即生活"不仅意味着移动互联网已在事实上成为人的日常生活的控制性力量，而且，它也确凿地表明，移动互联网信息交互活动在改变人的日常生活方式的同时，正在迅速而规模巨大地制造出整个文化风格的改变——文化风格的"碎片化"。因为很显然，移动互联网的信息生产与传播能力并不依赖于某种整体性、理性化的社会力量，而直接归结于特定个体或群体（"互联网部落""群"）

的自主性活动。尽管这种自主性活动也一定地反映了特定的社会文化利益，但它在根本上并不以充分体现整体社会的文化意志和文化实践为目标，而总是突出强调了互联网信息生产与传播的个体或"群""部落"的特殊利益和追求。由于这些个体或"群""部落"往往各自独立分化，其信息生产与传播活动之间大多缺少基于整体性社会力量之上的完整性，彼此间无法实现充分整合，甚至常常是分化和冲突的。因而，移动互联网环境中的信息生产与传播是弥散性的，也是丧失整体性关联的、分散的和无法整体控制的，本质上体现为随意性、非理性和多元性。

正是这种移动互联网信息生产和传播本身的特殊性，今天正在迅速而不断地瓦解着文化的整体性结构。文化生产与消费的内在联系性、全整性不断被切割、弱化乃至驱逐；以精细、破碎和非连续性为呈现方式的生活之"微"、文化之"微"，取而代之成为当下文化风格改变的具体征象——"小"而"碎"开始全面置换"大"而"全"。这其中，个体或"群"式部落化的文化生产和传播方式，代替了社会性的大文化生产与传播方式及其形态；对于日常生活、现实文化的体验及其意义的个体性、部落化"微叙事"，代替了原有的社会文化"大叙事"模式。很显然，这种文化风格的碎片化，在移动互联网时代也进一步凸显和强化了文化生产与消费的偶发性特征，即没有什么是必然的，一切皆有可能发生或不发生。

在这个意义上，可以认为，个人化风格的普遍泛化以及随之而来的文化民主的"草根性"，已成为"微时代"的一个普遍景观。这一点，就像腾讯公司推出的微信公众平台首页所醒目告白的："再小的个体，也有自己的品牌"。在没有时间和地点等限制性条件的移动互联网环境下，"品牌"之于文化生产与消费的那种历时性和共时性统一要求，被"点到点"的信息对等传播及其网络化即时效应所切割；文化的生产和消费不再依赖特定的专业化机构和特定权威力量，而直接关联于作为普通大众的一个个具体个体——同时也是移动互联网时代的信息生产与传播主体，成为具体个体的具体行为标识——只要个体拥有利用移动互联网经营自己的"媒体"（QQ、手机微信、"米聊"、易信等客户端就是这样的"自媒体"）的具体能力，便可能成为信息生产和消费、也是文化生产和消费的具体主导者。因而，对于"微时代"的文化生产与消费来说，"社会化大生产"的终结和个体生产能力的发达，既是移动互联网技术应用的具体成果，更是在直接生产与消费的意义上，最大程度地将文化民主的实现引向了底层性社会；在无边的移动互联网世界，"草根"们第一次有力地打出了自己的"品牌"，将文化生产与消费的直接控制力还给了自己。其结果则不仅广泛消解了主流体制的文化权力，也有效分化了"微时代"里人的文化价值信仰。

二、"微时代"的美学取向

"微时代"一系列变动着的文化征象，生动呈现了高度发达的网络世界对人的现实社会关系和日常生活的具体影响，也深刻地带来了当下时代人的生活的美学改变。概括来讲，进入"微时代"，文化生产方式的急剧转化以及文化生产与消费的"去历史化"，带动整个社会生活的审美叙事朝向"日常生活的审美性"回归；文化风格的"碎片化"，引导人们在生活的美学坐标上重新规划自己的日常生活取向，进而将日常生活感受的审美功能绝对化；个人化风格的普遍泛化，则使得由信息交互性过程极端放大的文化共享价值，有力地支持了当下生活中集体娱乐的审美经验及其意义"微化"。所有这一切，集中凸现了"微意义"作为"微时代"美学价值呈现的普遍性。

1. 空间叙事：文化生产与消费回归"日常生活的审美性"

如前所述，"微时代"的普遍文化征象，在于随着移动互联网的迅速发达，以信息生产与传播为内容的无限自由开放的生活空间，使得文化生产和消费由以往持续积淀的时间性存在过程，迅速转向空间化的规模性占有。时间性消逝和空间化扩张成为"微时代"文化生产与消费的具体现实。它一方面普遍造就了文化生产与消费的"空间置换时间"或"时间的空间化"特征，另一方面更加突出了当下文化生产与消费的"去历史化"取向。因而，进入"微时代"，对于人的现实生活的空间占有以及这种占有能力的空间性扩张前景，成为文化生产与消费活动普遍而具体的追求——既是文化生产的现实前提，更是进一步催生文化生产规模化扩张的具体动机。它压倒了人在现实生活中的时间性体验目标，把人的文化感受拉回到当下生活的具体事项本身。由于这种空间性扩张及其前景普遍建立在人的具体文化感受之上，因而其实现并满足人的当下生活动机、生活利益的可能性，便构成了"微时代"文化生产与消费的直接动力。人在当下的需求性满足，由此直接进入"微时代"文化生产与消费的空间化叙事之中。

这种指向人的当下需求性满足的空间化生活叙事，放弃了对于意义体验的"时间性预设"。它不再追求人的生活经验的宏大历史构架，而是把日常经验的"当下收获"作为一种必要的叙事前提，在凸显"去历史化"的当下生活感受的同时，将规模化的空间占有可能性进一步放大在整个文化生产与消费过程之中。在这里，空间化生活叙事作为一种人的活动的现实呈现，已经基本上被平面化且带有十足的生活感性光色：通过移动互联网传播的各种信息，既是当下文化／生活的具体生动内容，也是情感性的，呈现为一种特殊的情绪性表现。质言之，排除了文化生产与消费的"时间性预设"，以"微细""具体"的感受性活动为内容的生活叙事作为人的生活实践方式，开始将文化生产与消费带入到一个日常性过程，也将各种人的情感性因素直接植入了这样的日常生活活动，进而使整个日常生活活动具有了满足人的当下感受目标和利益的美学特征：充分实现并具体满足人的日常生活感性，成为"微时代"文化生产的基本目标，也是人在"微时代"消费文化目标的肯定性活动。

这种将人的具体情感性因素植入其中的生活叙事，在一定意义上又是"抵制性"的：抵制"时间性"的价值理性、历史反思对于满足当下生活目标的文化生产与消费活动的空间占有的控制，抵制宏大价值的文化目标直接介入传播情绪性要求的日常生活活动。这一"抵制性"生活叙事的结果，是"微时代"诸种琐细、芜杂而平面化的生活感动的诞生——日常生活的审美性恰恰诞生于此。借用海默尔对于米歇尔·德塞尔托日常生活诗学的分析，由于这种"抵制"本身并非是"反对"的同义词，"它就是阻碍主要的能量流并且使之消散的东西，它就是抵制表象的东西"①，因而"抵制"本身呈现为一种非历史性的空间扩张行为。它在引入具体生活的审美感受经验的同时，平静而又迅速地确立着自身，却不是借助对立或对抗的文化行为来张扬、标榜自身。应该说，这正是当下生活叙事的平凡性之所在，也是无视时间性过程的文化生产与消费得以获得实践价值肯定的审美性之所在。

2. 日常体验：生活断片的截取和放大及其审美功能绝对化

文化经验的形成普遍转向对于海量网络信息的广泛获取，不仅在更加广大的现实范围里制造了文化风格的碎片化景观，而且将人的当下生活目标进一步分散在缺少相互关联性的各种琐细、破碎的当下事件和进程之上。生活目标内在的历史关联性被变幻汹涌的日常生活表象瓦解和淹没，并且在一种整体性缺失和断裂语境中进一步凸显了人的日常生活活动本身。只不过，与以往有所不同的是，由于移动互联网世界已不再提供那些在历史关联性上体现为整体性结构的文化存在，而是那些无限滋生扩长的生活表象，因而人的日常体验对象同样也是那些已经缺失了相互关联性的生活断片。事实上，我们在前面指称移动互联网时代进一步凸显、强化了文化生产与消费的偶发性特征，也正是表明：在缺失

---

① 参见[英]本·海默尔《日常生活与文化理论导论》，王志宏译，商务印书馆2008年版，第251页。

整体性价值关联的生活活动及其价值趣味面前，人的日常体验价值及其功能同样得到了强化。

于是，进入"微时代"，一方面，"碎片化"的文化景观及其日常体验，开始引导人们在生活的美学坐标上重新规划自己的具体生活取向。这种"重新规划"的工作，一方面将人的感性置于一个又一个具体、直接的日常生活断片，通过"截取"的方式，将日常生活的局部存在以及随时随地的各种偶发性事件，有意识地"放大"为当下生活的总体感性呈现，进而为其注入肯定性的情感趣味。就像"美图秀秀"，在一个短短的瞬间，完整的生活图像经由裁剪、补光、旋转、拼图等"一键美化"式的截取，再次出现的时候已被精心修饰为充满当下情感指向的"美丽照片"。可以认为，当这种肯定性情感趣味被人们限定在"快乐与否"的价值判断范围，日常生活的美学指向便显得十分具体和有力——它将"截取"和"放大"直接作为"微时代"数字技术运用的美学标准，把"快感"的生活消费与移动互联网生产"快感"的巨大能力直接联系起来，进而使日常生活的断片十足地具有了实现、满足当下生活"总体利益"的情感完整性。

另一方面，"重新规划"的努力又将个体当下情感满足需要直接引入日常生活，通过人的感受性活动的确立和展开，实现人对于日常生活每一个细节、每一个瞬间和每一次行动的追求。尽管这种追求本身同样可能是分化的、易逝的，然而，对于具体个体的当下情感指向而言，它又是真实和充实的，就是人的当下生活感受本身。在这个意义上，我们可以相信，对于"微时代"人的具体活动来说，日常生活的美学取向已不在于它是否可能成为人生意义的历史镜子、生存实践的价值意蕴，而在于它能够通过每一个生活细节的感性呈现，在日常生活的美学取向上呈现人的文化感受的当下图像。正是这种当下真实的感受，令人在"碎片化"的生活现实中流连忘返、自我感动。

由此，建立在生活断片之上的日常感受，被绝对化为当下真实的文化经验，并且通过对于当下生活的"审美拼贴""一键美化"，在功能性领域成为人们确立生活信心、传递生活意义的具体方式。这一点，就像我们在手机微信的"朋友圈"所发现的，任何一种与生活的个体、个体的生活直接关联的信息——从文字到图像，无论其如何支离破碎，也无论其真实性是否已经或能够获得考证，只要它被传播且无数次被转发到无限扩大的"朋友圈"，便已足可证明其产生的社会影响。事实上，在"微时代"里，由于信息传播过程本身直接具有的文化生产与消费能力，相对于生活本原的内在历史维度，人的日常感受已然放大了对于当下生活的指向性，同时也在生活的美学坐标上实现了当下生活的感性真实。而数字技术在"微时代"的最直接意义，就是再一次有力地证明了日常感受成为当下生活审美经验方式的巨大前景。于是，就像韦尔施所描述的："无论是在客观的还是主观的现实之中，审美因素都是在浅表层面上进步"，"但是审美化同样达到了更深的层次，它影响到现实本身的基础结构，诸如紧随新材料技术的物质现实、作为传媒传递结果的社会现实，以及作为由自我设计导致的道德规范解体的结果的主体现实"①。

3. 文化共享：集体娱乐的审美经验与意义"微化"

"微时代"最基本、同时也是最明显的特征，是信息交互的广泛性和开放性。伴随整个信息交互过程的，是一种洋溢在社会共同体生活表层的"文化共享"经验，以及由此而生的共享性文化价值的普遍化。"人的感官被无限延伸，知识的获取变得轻而易举，创造性得到提升；分享成本降到极低。"② 随时随地身处芜杂多变、铺天盖地且变化迅速的互联网信息交互活动中，人们无从细心梳理，更难以寻获必要的批评理性和持续的知识性累积。沉浸或投入文化生产与消费相一体的集体娱

---

① ［德］沃尔夫冈·韦尔施：《重构美学》，陆扬等译，上海译文出版社2002年版，第13页。

② 参见李鹤、杨玲《全民移动互联时代来临》，载《人民日报》2014年6月12日。

乐，成为人们唯一可能自我行使的权力。正是在这种由信息交互活动及其过程所带来的集体娱乐经验中，呈现了特定的"去阶层化"共享性特征，即：以当下生活的普遍性、广泛化为根本，极端强调最广大群体在日常生活中的共同主体身份以及由此带来的直接感受满足，以此抵抗和消解各种对于人的日常生活享受利益的制度性约制。人们不再把自己的生活活动系于某种"唯一"或非此即彼的价值维度，而是更加强调了基于交互活动的文化经验普遍性、生活满足的普遍感受。

在这其中，值得我们重视的是，这种集体娱乐经验的审美指向，一方面建立在移动互联网环境下信息交互的普遍性以及日常生活感受"去阶层化"的表象之上，它直接关联于"微时代"特有的文化"草根性"特质。"'在微博上，140字的限制将平民和莎士比亚拉到了同一水平线上。'微博客的出现，让每一个"小我"都有了展示自己的舞台，引领了大量用户原创内容的爆发式增长。正如Twitter拥趸所认为的，Twitter为世界带来了一个'人人都能发声，人人都可能被关注的时代'"，"通过微博，'草根'们所能表述的是一种非主流、非正统、非专业的思想情感"①。这种飞扬在文化民主意识中的"草根性"，在迅速"边缘化"主流体制话语的同时，也在另一方面瓦解了人的生活价值体验原有的内在意义建构模式；或者说，它在一个相当广泛的范围里，重新确立了一种有关"意义"的建构模式：通过共时性的信息交互方式，不断使"意义"呈现过程趋于即时化、表象化，并在总体上指向某种"泛民主化"的社会共享。质言之，"微时代"集体娱乐的审美经验所带来的，是实质上取消了"深度模式"的意义的日常生产与消费方式。它不仅将意义的生产大面积散布在移动互联网信息的即时获取之中，而且使得每一个微细具体的信息（包括它的出现和传播）本身就成为"意义"所在。"意义"不再是一种体现积聚性的文化力量，但却强有力地

---

① 徐超：《"微时代"走进生活》，载《神州》2011年第2期。

挥发出空前泛化的能力。

意义深度的消失、意义生产的泛化及其即时化，充分体现了"微时代"特定的美学取向：在取消（也是实质性否定）意义深度性的同时，更加凸显和强化了意义生产（建构）的"微化"效应。显然，这种"微化"的意义生产进一步激化了人的日常感受的具体性和琐碎性，使得"微"意义本身与"微时代"文化风格的碎片化相一致。它同时也将那种与移动互联网直接联系在一起的"微"意义传递活动，纳入到整个意义生产（建构）模式之中。就像各种有关小说、诗歌、影视乃至奢侈品消费的"网评"，通过移动互联网的信息传播方式，极短的三言两语（甚至一个"赞"、一个卡通表情符号），都可能迅速集结为特定群体或群体间的意义表达——网络"微评论"的意义已然遮蔽了传统的知识性批评。对于"微时代"而言，"意义"随时随地、无处不在，因为"意义"的生产同时便是其传递活动和过程本身。

由此，作为一种新的话语形态，"微时代"的美学不仅肯定了集体经验的共享价值，而且共享了这种集体经验的娱乐满足；不仅放下了意义的历史"身段"，而且确立了即时化和表象化的意义呈现过程；不仅碎片化了意义的生产，而且将意义传递本身予以了"意义化"。

有关"微时代"文化征象及其美学取向的讨论，在我们看来，某种程度上并不限于"微时代"本身。如果我们把这一问题回溯到中国学术界曾经有过的各种"后现代"争论的话，那么，它应该同样有助于我们在一个现实而具体的语境中重新思考"后现代"中国的各种文化表象，以及"后现代"中国的美学价值构建问题。至少，进入并直接置身于"微时代"，我们已经可以不再怀疑"中国是否已进入后现代？"对于现在的我们来说，"微时代"不仅直接、也更大范围地集中了"后现代"的诸多现象和问题，对于"微时代"的具体理论思考理应毫不迟疑地纳入"后现代"中国问题的范围。在这个意义上，所有关于"微时代"美学问题的理解与阐释，也必然接续了讨论"后现代"美学问题的文化

语境。这里,我们不妨借用韦尔施在谈论审美新热点问题时所说的一段话:

> 在物质的层面和社会的层面上,现实紧随新技术和电视媒介,正在证明自身越来越为审美化的过程所支配。它正在演变成一场前所未有的审美活动……针对这些过程,现实的一种新的、本原上是审美的意识应运而生。这一非物质的审美化,较之物质的、字面上的审美化含义更深刻。它不但影响到现实的单纯建构,而且影响到现实的存在模式,以及我们对现实作为总体的认知。①

尽管当韦尔施说这些话的时候,可能还不曾预见到今天的世界已如此"网络化",更不可能想象"微时代"遍地开花的生活景观。然而,就像我们已经看到的,韦尔施所揭示的现实生活"演变成一场前所未有的审美活动",却正迅速成为一种当下的普遍现实,已经并且还将继续"影响到现实的单纯建构"和"现实的存在模式",亦即在持续引导当下生活实践的过程中不断改变着现实本身,乃至于瓦解甚或重塑着现实生活中人的文化观念和生活想象。由此,对于"微时代"的美学考察,毫无疑问地,也将追随我们"对现实作为总体的认知",进入到"微时代"的生动现实之中,在"后现代中国"的文化普遍性中寻找现实的美学认知。

(原载《社会科学辑刊》2014 年第 5 期)

---

① [德] 沃尔夫冈·韦尔施:《重构美学》,陆扬等译,上海译文出版社 2002 年版,第 10 页。

微时代："生活审美化"与美学的重构

一、"生活审美化"的普泛实现

"微电影""微视频"的风行，让原本专属极少数"艺术家"的影像生产活动，迅速演变为一种新的、同时也是非职业化的大众生活发现方式。如果说，文化传播活动向来有着机构的特殊性和专门化特征，那么，手机"微信"的大规模使用，却通过"点到点"的接力传递方式，将那些缘于个体日常活动的芜杂情绪迅速泛化为特定社会群体的共享文化经验。事实上，随着移动互联网的快速发展，层出不穷的"微"现象已然在今天这个时候把我们带入了一个新的生存之境——以人的日常活动及其直接感受满足来具体表征生活意义形态的"微时代"。人们从中享受着前所未有的生活方式和日新月异的生活感受，人的现实情感表达、生活活动开始走向一个全新的变异过程，甚至于那些曾经表征着人类精神实践、审美经验形态的文学艺术活动，也随之纷纷失去以往那种莫测究竟、远离尘俗和普通人群的神秘性，开始直接回应大众生活的日常经验方式。

微时代的到来，不仅现实地改变了当下文化存在，而且深刻地改变着人们对待自己生活的感受方式及其意义收获。这种改变的广泛性，既为人的日常生活制造出各种新的感受形式和感受满足，也将人生意义与生活现实、美学经验与现实感受的分裂性直接引入当下生活之中，深刻影响着人对于自身存在的价值期待。如果说，一直以来，人类审美始终联系着人对自身生活的内在审视和心灵体验，而美学经验的普遍传统也总是人类生活反思性展开的结果，那么，微时代则凭借交通互联的移动通信网络以及人的日常生活之于互联网生产能力的普遍依赖，把日常生活内容简化为瞬息性、规模化和体现直接消费功能的信息生产与传播。生活内容及其过程成为移动互联网络上的信息碎片，生活意义的呈现成为移动网络所构造出来的视听感受愉悦性的自由消费，至于人的生活反思的历史功能则不断被生活满足的直观功能所置换。可以说，微时代在快速切割人的生活体验的历史深刻性方向的同时，引发了空前规模的"生活审美化"趋势。

与此同时，互联网信息生产与消费的海量化，特别是移动技术的充分利用，进一步造就了微时代生活最大程度的"审美普泛化"特征。在真伪同俱、细碎分散而又来去匆匆的日常生活感受中，"美"不复是激励生命持续性追求的人生境界和生活象征，也不再作为生活内在的成长性目标，而泛化为人的生活想象能力的自我消费；"审美"从特定价值话语泛化为日常生活话语，是人对日常生活的基本叙事形式，生动陈述了大众的现实情绪和具体感受，又在装饰生活想象的同时，急切地为人的日常生活播撒着美丽希望。

二、"去边界"的美学知识处境

微时代带来了特定的"生产性"：在日常生活感受层面，各种"微"现象为人们提供了规模化直观的对象内容；在生活满足的日常经验层面，内容生产的"微化"为人们提供了直取生活表象的现实通道；在个体感受的社会化实现层面，移动互联网信息生产与传播的自由性，为去除审美活动的精英特质、实现生活意义的"草根化"，提供了具体有力的实践环境。而这一切背后的美学现实则是：宏大价值的历史生成与体验被排除在互联网信息生产与消费之外，直观化、消费性的日常感受迅速成为直接打动当下生活的"审美"产品。由此，相对于我们既有的美学知识传统，"美"之为何，何为"审美"，便必定成为我们在微时代进行美学思考的现实问题。

这一问题的根本性在于：既有美学知识传统实际已为日常性向审美性、日常生活向审美活动的生成，以及生活之"美"的成长目标，确定了一个由体验深度性、精神纯粹性和价值恒定性所结构而成的稳定的知识边界。它普遍界定了"美"是一种特定的精神性意义，"审美"指向了生活内在品质的精神体验。人及其生活唯有在此边界内，方能通达存在意义的审美发现与价值传承、生活品质的审美改造与意义实现，并因此构成美学阐释的知识前景。或者说，只有自觉接受充分精神洗礼的生活及其具体感受，才可能进入美学知识传统的视野。

然而，通过生产与消费互为一体、日常感受快速实现意义满足，微时代的"生活审美化"却从知识有效性上质疑和破坏了这一"边界"的现实合法性。当专业化的文艺评论在人人皆可操作的博客中"微化"为140个字符，一个"赞"的符号表情便充当了指向明确的意义肯定，由移动互联网传递的令人目不暇接的生活感受，在连续扩张生活对象的丰富性、生活表象的生动性过程中，将日常感受的直观功能具体纳入了生活想象的审美满足方式。日常感受向感性快乐、个体精神体验向集体共享满足的直接转移，充实着人的当下生活期待，也轻巧地化解了日常感受向精神体验超越的审美紧张。可以认为，这种对于美学知识传统设定的审美"边界"的突破，既表明了整个美学知识谱系在微时代现实中的有限性，也进一步动摇了美学既定的话语模式。在日常感受的精神纯化理想已经难以实际维系人的生活实践指向之际，碎片化、即时化和

"草根化"的生活"微化"实践，正在日益明确地体现日常生活意义生成的新轨迹——日常感受的平面模式及其低密度的价值意味，普遍置换了我们对生活审美的深度性和持久性要求。

微时代改变了人的生活，也实质性改变着我们对生活的理解方式；它大规模扩张了日常生活的感受领域，也普遍突破了既有美学传统所订立的知识规则。"去边界"的美学知识处境，更加突出了对于美学走向一种新的生活阐释能力的要求。

三、回到日常感受的出发点

进入微时代的生活现实，美学要想有效实现自身存在价值和具体的生活阐释能力，仅只通过既有知识边界的扩张已远远不够，甚至可能造成新的知识困境。微时代美学所从事的并非一项纯粹知识性工作，而是基于现实生活形态及其意义生成过程的实践性改变，亦即通过改变美学的知识形态，体现真正适应时代变化的理论主动性，进而在人的日常生活领域"重构"美学的现实话语。

这种美学话语重构的可能性，首先建立在我们重新认识既有美学知识传统之上。如果说，美学知识传统在对人的存在意义展开宏大性把握的基础上，曾经确立了一种从"日常生活的无意义向美学意义的知识性生成"模式；那么，微时代"去边界"的生活之美与审美现实，则在人的日常感受普遍性中引入了新的、明确指向当下意义满足的肯定方式，并且赋予人的日常感受以更加直接的审美生动性。而微时代的美学重构，便需要通过有意识地整理日常生活的现实碎片，具体把握意义生成的改变，通过一定程度地接受由凌乱和非整齐划一的生活信息所提供的日常感受的不准确性，发掘"微化"的日常生活现实及其意义"微化"所带来的审美满足经验。因此，对于既有美学知识传统的重新认识，是对微时代生活审美化方式的明确，也是对人的当下存在意义的文化肯定。

其次，日常生活的碎片化及其意义生成的"微化"，引导人们在"微时代"急速转向不寻求实践深度、普遍扩大直接消费性生活的日常感受模式，从而加剧了美学知识传统的边缘化趋势。而微时代美学话语的具体重构，也因此与其能否有效实现两方面的文化关注相关联：一是对"沟通无限"的移动互联网信息生产与传播能力的关注。这种微时代特有的日常生活形态，在技术层面构造出各种新的生活感受形式，在对象层面造就了规模巨大的日常感受内容。二是关注表象直观、需求多元、消费群体化的微时代生活实践，以及它影响人的意义感受不确定性的方式和程度。这两方面的关注，从前提性上制约了微时代美学的日常生活介入性批评能力，同时也在实质上提出了以丰富人的日常感受为基础、积极维护和改善日常感性功能价值的美学话语重构要求。

由此，从既有知识传统现实地回到人的日常感受这一出发点，在当下生活中寻得新的意义模式，便成为微时代美学实现自身重构性发展、在现实面前重建理论信心的根本。质言之，微时代的美学可能性，不在于其知识性功能强化或生活意义的知识性建构，而是在碎片化呈现、平面性传递的日常实践中，在人的日常生活感受的叙事性展开中，实现生活感动力量、生活意义满足的积极发现和新的体认。

（原载《光明日报》2015 年 4 月 29 日）

"微时代"：美学批评的空间意识建构

随着移动互联网络技术的不断发展，当下生活快速进入了一个前所未有的"微时代"——以"空间置换时间"或"时间的空间化"为特征的文化生产与消费时代①。"微时代"的到来，不仅迅速改变了人们置身其中的生活活动以及大多数有关生活的既定观念——它们在以往的时候往往引导和规范着人的现实意识，并且在一种对象化历史中成为一般生活的坐标系统——而且打破了人们向来所保持的文化—历史的"时间性"建构意识。在无限开放的网络空间里，移动互联网传播以其最大限度的自由性，导致人们对待文化—历史的敬仰态度直接陷入观念的困境，进而也使得我们在今天这个时候常常落入一种生活方向感的历史迷失之中。而在另一方面，移动互联网的发散性空间构造特性，以及与之共生的空间传播能力无限扩大与碎片信息海量化的双重叠加效应，又使得人们对于空间的占有不仅变得越来越轻而易举，而且也越来越具有形象的"私人化"外观——手机、iPad、PC 客户端的充分普及，使得每个行走在人流中的人都成为具体生活的空间传播者；每个移动客户端既是一种最为迅捷有效的生活空间，同时也是一种自足的空间占有形态。由此，空间置换时间的直接成果，就是人的当下空间占有的广泛性取消

---

① 参见本书《"微时代"的美学》，第 448—449 页。

了人对于文化—历史本来的时间性意识深度，是人的空间感受——以微博、Twitter、Facebook、微信和微信群等作为空间占有形态——急剧骤升与扩张，以及对于生活的时间性存在的心理淡漠与实际衰落。

当微博、Twitter、微信以及随之而来并大量附着其上的各种"微话语"纷至沓来，当人们无时无刻的"刷屏"已然扩散为整个生活现实的空间占有及其经验方式，当下生活的空间改变便内在地构成了人的存在意识的基本方面。换句话说，"微时代"在重塑人的空间存在感受及其日常占有方式的同时，迅速带来了包括美学批评在内的主体意识及其意识前提的改变，重新决定了各种阐释性批评活动的可能性。

"微时代"美学批评的空间意识建构，因此成了一个十分现实的讨论话题。

一、美学批评：空间意识传统与"在场性"的缺失

作为美学的理论应用，美学批评既是一种源自人的基本理论思考的体系化表达，也是根源于人的审美经验事实及其基本活动方式的意义阐释。它主要包含两个最基本的方面：其一是作为美学批评核心立场的那份强烈的主观性价值选择——它既是一种经验自觉，也是批评活动所秉持的特定意识，以及在这种主观性价值选择中不断演绎生成的批评指向，包括一系列被主观性选择本身所控制的批评范畴和概念。其二，美学批评的具体展开及其实现，需要一种能将主观性价值选择加以客观化的理论作为自身前提，同时直接依赖于批评活动的空间存在形式——具体涉及美学批评对于对象存在的实际占有，亦即通常所谓批评活动的指向范围或场域。

因此，在根本上，美学批评的展开与实现，就是一个在自身指向中不断把批评对象当作经验事实、又在主观性价值选择中将之不断客体

化为对象事实的过程。在这样的过程中，一个由历史积淀性、观念恒定性所保持的空间场域显然是必不可少的。它是美学批评得以显现其自身指向性存在的基本所在，也是美学批评实现价值判断的落脚点；是美学批评活动的主观性构造，也是一个相对固定且具有特定对象属性的空间聚合，是践行批评活动并以此实现批评目的的意识载体。

在这里，所谓"相对固定"，意味着美学批评的空间意识必定有其特殊的存在形态。实际上，一直以来，尽管作为批评前提的美学经验总是包含广泛，但就美学批评传统来看，其特定的对象"审视性"经验，总是规定其习惯于将某种"令人愉悦的对象"当作自身出发点。在传统的美学批评活动中，人们通常十分仔细地关注以艺术为对象"审视性"经验的领域，在直接关联美学与各种"艺术的"思考之际，也把美学批评与艺术活动的空间存在直接联结在一起。这也就是黑格尔在《美学》开篇所指出的：美学的"对象就是广大的美的领域，说得更精确一点，它的范围就是艺术，或则毋宁说，就是美的艺术"①。"美的领域""美的艺术"在艺术的空间（场域）里给予美学批评以一种愉快的价值判断。应该说，自康德、黑格尔以来，这一传统已变得尤为普遍而执着。正因此，在一般观念中，美学批评的空间意识建构总是联系着艺术的空间存在，美学批评的对象"审视性"经验自然而然地被锁定在作为一种特定价值共同体的艺术活动场域。

在这里，我们发现，传统上，美学批评首先不仅是一种空间指向十分明确的理论应用活动，也是一种以观念性态度凌驾既定对象空间的主体实践。其次，艺术、艺术活动作为对象"审视性"经验的必然性，十分具体地规范了美学批评的空间意识传统；而反过来，美学批评的空间限定则同时决定了艺术、艺术活动的空间发生形态（美的艺术）。再次，"一旦美的艺术在文化中取得了特殊的地位，一种特殊的感受就会

---

① ［德］黑格尔：《美学》第 1 卷，朱光潜译，商务印书馆 1979 年版，第 3 页。

与艺术产生特殊的联系。结果，我们就逐渐开始使用美学这一通用术语（generic term），一方面描述某些特殊的感受，另一方面描述我们与艺术的所有关系"①。由于空间意识建构被观念地置于艺术的范围（场域）之内，美学批评的现实效用也往往同样限于艺术活动，尤其是美的艺术的经验事实。一旦越过艺术的存在空间，美学批评常常陷入无所举措的茫然之中——这种茫然却又常常以一种对待艺术之外空间存在形态的"不屑"态度而表现出来。

显然，美学批评的空间意识传统，其实指向了对象化的、有限的和作为价值共同体的艺术存在空间。在艺术与人的日常活动泾渭分明、艺术存在空间处处显现"美的"价值统一性的时代，努力建构和捍卫这样一种空间意识传统，成为美学批评的基本任务，也是美学批评体现其价值阐释能力的具体保障——艺术和艺术活动本身的空间自足性和封闭性是其基本的实现前提。在这一空间意识传统中，稳定性和整体性是最为根本的要素。所以，我们可以看到，长期以来，美学批评不仅围绕艺术、艺术家经验及其观念范式而展开，而且常常有意识地将这种关于艺术经验的表达及其观念，放大为对于整个文化经验、人生事实的表达和观念。"艺术即生活"的口号不仅解释了艺术经验的来源问题，更大程度上还暗示着艺术存在的空间经验对于更为具体的、"在场"的人的空间存在感受的超越和替代。随着这种艺术空间经验向现实存在空间的转移，艺术和艺术活动的空间绝对性进一步垄断了美学批评本身的空间意识建构——在一个更大的空间现实中，美学批评的对象"审视性"经验已经不再被具体关注。

由此，当美学批评试图凭借一种指向明确的艺术空间经验而为整个生活世界订立价值规则的时候，其空间意识本身的"在场性"缺失已然成为一项事实。换句话说，建立在艺术场域内的特定空间意识效度，

---

① [美] 达布尼·汤森德：《美学导论》，王柯平等译，高等教育出版社2005年版，第2页。

无法为美学批评不断复制出艺术经验之外的东西：一方面，空间意识传统的指向性根本地固化了美学批评的闭合性；另一方面，"在场性"空间存在经验的缺失进一步突出了美学批评本身的有限性。只是一直以来这种"在场性"空间存在经验的缺失并没有被美学批评本身所自觉；相反，美学批评往往采取一种观念化方式，有意识地在一个闭合空间中将艺术经验移植到具体现实之中，竭力从艺术活动的知觉经验中寻找进入现实空间的方式，进而将艺术的法则确立为一种现实法则。这就像 H. 帕克所强调的："美学也同批评有密切关系。这种关系基本上就是理论与理论的应用之间的关系……因此，在规范性方面，美学从理想上说是完备的批评理论，是要从理论上去有系统地完成善于思考的批评家为了直接的欣赏目的而力求完成然而并不能那么精确地加以完成的任务。"[①] 应该说，长期以来，正是由于美学批评"在场性"空间意识缺失，同时造成了作为其理论前提的美学观念、美学方法的一系列窘迫，即：作为艺术哲学的美学，几乎无从适应艺术存在空间之外的经验事实；美学批评空间意识传统的闭合性，决定了它只能通过将艺术经验转换为现实存在经验的方式来解决美学的理论乏力与无力。而反过来，人的现实存在空间的广大性、空间经验的庞杂性及其变动性，也无法真正进入美学批评的空间意识建构之中，而只能游离在美学之外。

二、"微时代"：空间开放性与交互性

与以往时代相比，当下文化语境中美学批评的空间意识传统及其"在场性"缺失，益发限制了美学可能形成的现实效力。当然，这并不是说，美学批评在其原有场域无法形成特定的指向性，而是意味着当下

---

① ［英］H. 帕克：《美学原理》，张今译，广西师范大学出版社 2001 年版，第 7 页。

文化语境的巨大改变已经实际带来了人的存在空间的现实改变，它必定影响到美学批评的当下实践形态、美学批评实践对于现实存在空间的具体把握。在我们看来，美学批评之不同于美学理论建构的学理追问，在于后者着重于理论内部的逻辑严密性、观念深邃性和思想体系完整性的要求，而美学批评更强调自身实践指向的现实性和针对性。因此，我们便发现，文化—历史的当下性特征之于美学批评空间意识建构的重要性和内在性随之浮现——它明确要求美学批评对应和切入人的现实存在空间。而所谓美学批评空间意识传统的"在场性"的历史性缺失，恰恰在这里愈发凸显出来，并且直接局限着美学批评的理论意图。

正如本文开头所述，"微时代"的文化—历史语境特征，深刻改变了现实中人的文化—历史空间意识。随着"微时代"空间存在形态、方式以及人的空间感受的迅速改变，美学批评的对象"审视性"经验也已经大大超越其原本"相对固定"的场域。美学批评所面对的，不再只是作为传统知觉对象的艺术和艺术活动，而是由海量信息的大面积交互转移及其广泛播散所构造的艺术本身的扩张性改变。在保持对象"审视性"经验的同时，美学批评一方面继续持守着把对象观念化为特定价值事实的批评实践，另一方面也在更大程度上超出了一般性的艺术知觉经验，或者说已经不再局限于作为美学传统的艺术活动。

这里，有两个明显的事实是：第一，由于"微时代"信息交互方式的巨大开放性及其空间展开的无限性，大规模地实现现实空间的私人化占有成为一种可能。人的现实空间感受不必受制于时间性的历史意识，也不再受限于人身处其中的自然空间的客观性；信息交互的自由性及其人际交流的迅速扩散，使得人的空间感受同样可以获得一种"漫无边际"的现实占有感。由此，人的现实生活、包括人在移动互联网空间的存在方式的改变，同时造就了人的活动及其存在空间的实际扩张。这种扩张不仅现实地占有着物理的空间事实，而且改变了人对于"自我"空间存在的直接心理感受。这一点对于美学批评的最直接影响，在于它实际已经重新定义了"微时代"的空间构造方式及其存在形态，从而彻底打破了美学批评原有的艺术存在场域的闭合性，而迅速扩张为一种适应"微时代"而来的新的空间意识立场。"微时代"的美学批评已不能不将自身的对象"审视性"持续扩大到整个现实存在空间的实质性改变之上。

第二，移动互联网信息的广泛沟通互联，决定了空间存在的交互性已成为"微时代"生活的普遍现实。这种"交互性"，不仅是指整个移动互联网系统内部的信息生产、传递与交换有着彼此勾连、相互联络的特征，更重要的是，它意味着现实空间中人的存在意识的广泛流动与相互共享。因此，空间存在的交互性实现，一方面改变了人们在现实过程中对于自身存在空间的知觉和知觉把握方式，进而以一种相互沟通包容的空间存在感代替了以往时代人们对于空间唯一性的感受。另一方面，现实存在的知觉把握方式的改变，必然带来人的空间存在感受及其经验结果的"交互"，亦即空间意识的不确定化。原本由外部方式所决定的空间客观性，开始被更为内在的人的感受主观性所取代；存在空间已非人在其中的、直接的客体对象世界，而是在人的感受性活动发生、展开过程中的主观经验的空间。借用阿诺德·柏林特在《美学与环境》中所说的一句话："不是把空间当作独立的数量，而是当作与感知着的身体有关连的意向性对象。"① 空间在"交互性"作用下所形成的不再是独立的物理事实，而是与人在广泛信息沟通中交互形成的身体感受实际地结合在一起，人的主观意向性把握决定了空间对于人的存在意义。现实空间成为"意识与环境知觉之间的互相渗透与贯通"②，一切都是在与人的直接感受关系中被知觉和把握。所以，空间意识本身的互通互渗便

① ［美］阿诺德·柏林特：《美学与环境》，程相占等译，河南大学出版社2013年版，第11页。

② ［美］阿诺德·柏林特：《美学与环境》，程相占等译，河南大学出版社2013年版，第13页。

成为一种人的具体存在的当下关系。对于美学批评来说，这种关系既包括批评者本身所处的位置、其在互联网环境中的身份特征等，也包括了美学批评活动的感知状态——在不同网络环境中的具体知觉方式。正是这种关系的存在及其变动，直接决定着美学批评的空间意识结构。对于"微时代"的美学批评活动而言，移动互联网环境下空间存在的意向性特征，构成了批评者特定的身份意识以及批评活动的对象性指向。

上述两个事实已经表明，美学批评在"微时代"的可能性及其实现，大大超离了"相对固定"的艺术存在的空间意识，而实际指向了一个与对象"审视性"方式直接关联的"意识空间"。在这个意识空间中，重要的不再是存在空间的客观属性，而是空间知觉把握与人的存在经验的交互沟通，以及由此而来的存在空间的现实扩张。也可以说，这种空间存在的扩张，实际上体现了整个"微时代"文化—历史语境中，美学批评活动的空间意识正在经历一种"主观化"的指向性改变——存在空间的交互性扩张与空间的主观化是一体的，它意味着美学批评活动的空间总是一个被主观地对象化、感情化"审视"的场域。在这个场域中，美学批评对象所提供的，是一种相关性——主观对象化的意向性空间及其在内之物与批评指向之间的相关性。正是这种相关性的出现及其随同互联网信息交互的不断扩大，迅速改变了我们与我们自身空间存在的关系，改变了美学批评活动在一种对象"审视性"中的空间把握立场和态度。

三、"在场"的美学批评

同样是在《美学与环境》一书中，阿诺德·柏林特曾这样理解人的存在与其实际空间的关系："构想活生生的身体的空间性就是要认识到：场所和运动都是在与身体的关系中被感知的，被看作生活在这里或在那里。只有与身体的中心位置相关，才能洞察场所的价值和意义……上述现象学的诸多观点在研究空间时，都考虑到空间与身体和环境的关系；它们不是把空间当作独立的数量，而是当作与感知着的身体有关联的意向性对象。"①在这里，柏林特把"空间性"直接同人的"活生生的身体"、亦即"在场"的亲历性质联系在一起，强调了空间存在作为人的知觉把握（"意向性对象"）的必然性。我们把这一观点借用到对于美学批评的空间意识问题的认识上，同样可以看到，进入"微时代"，美学批评的空间意识建构也正面临着如何能够"不是把空间当作独立的数量，而是当作与感知着的身体有关联的意向性对象"的问题。在这个问题上，"微时代"美学批评的空间意识建构需要在这样几个方面做认真的思考：

第一，空间不仅是人的存在场域、人在其中实现自身存在方式和基本特性的现实，同时也是存在的媒介、一种将人与人的活动及其自我审视方式联系在一起的现实媒介。在这个作为"媒介"的空间现实中，各种活动力量以及吸引这些活动力量的各种知觉特征相互贯穿，从而形成一种动态的联结。美学批评正是通过对于空间现实的特定知觉形态，以一种对象"审视性"经验来显现自身价值指向，因而它必须能够一方面吸引"活生生的身体"、从而进入到人的活动之中；另一方面又需要能够借助空间现实的媒介作用，在一个动态联结的生活世界中扩大并且包括人的全部现实。这也就意味着，今天的美学批评除了可以继续在原有的艺术经验范围内从事自己的活动以外，还将不得不严肃地思考如何改变"只能通过将艺术经验转换为现实存在经验的方式来解决美学的理论乏力与无力"这样一个问题。换句话说，既然作为媒介的空间现实的有限性已被日渐强悍的"微时代"所打破，那么，"美学批评空间意识

① ［美］阿诺德·柏林特：《美学与环境》，程相占等译，河南大学出版社2013年版，第11页。

传统的闭合性"自然也就失去其存在的功能及其指向性。当"活生生的身体"已经在一个无限广大的移动互联网世界里与现实发生着前所未有的感受关系之际，"将艺术经验转换为现实存在经验"的美学批评还能不能继续有效？也许，在这种情况下，美学批评的空间意识建构更需要在空间现实的媒介作用下，通过扩大艺术经验的多元性，而将现实存在经验转换为全部艺术经验的"在场性"呈现，亦即在一种充分开放的、"在场"的方式中将"微时代"人的现实当作为自身的审视对象。

第二，由于移动互联网无限发达的信息生产与传递交换功能，以及它在信息交互过程中制造和无限放大现实存在景象的可能性，在日益广泛的空间及人的现实空间意识的改变中，美学批评的存在场域已然发生实质性改变，其空间指向呈现了以往所无法想象的巨大延展。可以说，较之以往任何一个时候，"微时代"更能提供数量众多、涉及面极为广泛的"批评体验"——空间的开放性不仅彻底打破了现实存在空间的闭合性，也实质性地形成了一种大众普遍加入的"参与性空间"。它通过激发人们的参与兴趣，广泛鼓励、持续吸引着人们从日常生活的现实空间不断进入互联网空间的开放性体验之中，进而将人们聚集和包围在一个全新的、现实空间中难以进入的自由发表与交换的空间体验状态；人们得以通过这一开放的空间存在而普遍参与各种批评活动，并在其中重新建构起自身的意识空间。由此，置身于"微时代"的文化—历史语境，美学批评的空间意识建构必须时刻注意到这种由"参与性空间"的开放性所造就的大众"批评体验"的特殊性，将这种"参与性空间"纳入美学批评空间意识建构的具体要素之中，积极地寻求确立大众广泛参与的批评维度，并且具体考虑到这种大众参与对于美学批评活动的具体影响。

当然，必须注意到，作为一个知觉—文化系统，空间包含了人和人的处所—存在环境，它既可以将人及其处所的关系状态引向一种平稳和谐的状况，同样也可以通过各种空间的分割而导致各个人的处所—存在环境之间的彼此疏离，从而阻碍整体空间内部的和谐平稳。把这种可能性引入到"微时代"美学批评空间意识建构的思考当中，就应该看到，在持续追逐互联网世界所提供的空间交互性过程中，一方面，"参与性空间"的扩大同时鼓励了人对空间占有的私人化企图，就像微信的"建群"，不断鼓励人们为自己或他人制造一个又一个特定的空间，"微时代"的空间交互性由此出现并迅速形成更多的私人性特点。另一方面，这种私人性空间占有的大规模扩张，由于还同时伴随着网络速度的不断提升，从而突显了大众"批评体验"的时间效度，这也使得"参与性空间"往往会陷入一种缺失整体建构的困境。因此，"微时代"美学批评的空间意识建构将不得不直接面对碎片化的风险，而美学批评的"微化"或碎片化有可能危及其价值实现的整体稳定性。

第三，与上述相关联，"微时代"空间意识的自由性、空间存在的交互性，普遍激化了美学意识的平民化和泛化。对于美学批评活动而言，首要的，显然不是在"相对固定"的艺术活动场域内部重新规划自己的既定指向，而是能够将自身空间意识建构拓展并安置在"微时代"人的活动参与方式之上，以"在场"身份重新构造自己的对象"审视性"，进而在不断扩大的艺术与当下生活的联结状态中重新确立美学批评的空间经验。在这个意义上，我们也可以认为，"微时代"的到来，其实已使得美学批评的空间意识建构不再仅仅从属于"艺术的"特定性和确定性，而更像是通过人的交互体验方式所建立起来的人的现实存在形态。在这一空间意识建构中，艺术及其存在方式不再是确定无疑的；艺术在移动互联网时代的存在形态以及人们参与其中的体验方式，作为一种新的文化—历史的美学形态，构成了美学批评空间意识建构的新前提。它表明，进入"微时代"，美学批评的空间指向植根于它自身的"在场"方式，一切"在场性"经验均已成为建构"微时代"美学批评空间意识的基础。这种"在场的"美学批评，致力于强化对于人们参与现实空间的体验方式的认同和适应，而不是试图去概念化这一空间体验方式。对于"微时代"的美学批评来说，物理空间的客观性不再是主要的和决定性的；人们参与并在其中进行广泛知觉活动的交互性存在，才真正决定着美学批评活动的现实指向。

这种新的空间意识建构特点，促使美学批评有理由超越纯粹艺术的空间事实，在"微时代"现实空间的改变中重新激发起自身的生活参与性，进而将艺术的改变与人在当下的空间体验方式的改变直接联系在一起。应该说，这种生活参与性不仅没有解除美学批评对于艺术活动的关注，相反，它有可能在一个更加广大的场域——移动互联网环境下的艺术实践及其大众体验的巨大空间，积极实现美学批评指向的有效性，进而寻获当下文化—历史存在形态之于大众艺术经验、包括大众艺术经验取向的实际影响。

（原载《浙江社会科学》2017 年第 1 期）

第 四 编

当代审美文化研究的学科定位

一、为美学重新"定位"的理论方式

在最近一些年的人文学术研究中，有一个现象值得我们注意，即学科话语转型——其目的直接是为了解决学科本身的重新"定位"——在许多学者那里成了一个热门话题。而人们通常又发现，那些期待"转型"的学科往往并没有因为这种"转型"的期待而产生出真正实质性的改变。于是，今天这个时候，我们真的有必要认真清理一下当代中国人文学科发展的思路，回过头来看一看这种"转型"研究的基本规定。

在我看来，兴起并红火于20世纪90年代、在中国美学界引起极大反响的"当代审美文化研究"，就属于这种需要重新加以理性审视，同时也需要我们对之作出更为细致的理论建设工作的一个对象。因为很显然，这一研究活动的提出和展开本身，至少在其内在的学术期待方面，是瞄准了"美学话语的当代转型"这一20世纪90年代中国美学理论建构目标的。这一点，不仅体现在它的提出过程上——从一开始，当代审美文化研究就同人们对于"当代中国美学建构"的学术思考过程联系在一起。可以说，正是由20世纪80年代后期、90年代初中国美学界对"美学学科定位"的讨论，带出了有关"美学的当代话语体系"问题，而后一个问题则似乎理所当然地把"美学转型"前景交给了那种试图舍弃或改变美学的传统（经典）形式的话语努力。由此，在事实上，当代审美文化研究的提出本身，就意味着一种为美学做新的"定位"的理论方式。

与此同时，我们还必须看到，当代审美文化研究在起步之初，就已经十分鲜明地表达了自己的基本追求，既为当代中国美学寻找一条可行的并且也是"合法的"发展路向，以此在传统（经典）美学话语"失效"或"合法性丧失"的"理论现实"中，重新确立中国美学理论话语的有效性。显然，这种学术意图在本质上便带有了某种理论攻击性，它在一种自行设定的前提下，对原有的美学体系和规则进行了直截了当的批评，而这种批评过程的主要策略就是把美学同直接生活现实放在一块，将美学学科"定位"问题悄悄转换为理论的功能问题及其直接境遇。也因此，虽然当代审美文化研究本身并没有脱离"美学定位"这一原属于本体论范畴的话题，但我们在它的具体展开过程上，却又很少看到以严格逻辑形式表现出来的本体探讨形式。也许，这正是"当代审美文化研究"能够在 20 世纪 90 年代中国美学界产生如此巨大理论诱惑力的原因之所在。

在经历了五六年时间之后，再来考察一番已有的当代审美文化研究活动以及其间出现的各种争论和思想成果，我们不难发现，对于直接从事这一研究活动的学者（包括笔者本人在内）而言，一则，"当代审美文化"主要是被当作"当代大众文化"或"当代文化的审美化"来理解的。也就是说，在理论上，"当代审美文化"被看作为一个现实而又充分展开的、明确而又是具有生活特性的存在现象；它所反映的，不是那种简单的"文化的审美方面"，也不是经典范畴中更为纯粹的"艺术文化"形式，而是范围广大、甚至概括了当代生活基本过程的总体现象，是一个体现了强烈现实倾向的文化存在。对此，我们从现有关于当代审美文化研究的著述中可以清楚地见出。它表明，至少，在已有的"当代审美文化研究"层面上，学者们关心的，并不是作为美学学科之逻辑存在的价值本体系统，而是体现美学研究之现实合法性的理论领域。这样，在对象的设定上，当代审美文化研究就已经不可能认真地去回答"什么是美学"这类涉及学科属性的问题了。

再则，由上一点，也决定了当代审美文化研究本身必然回避对本体问题作一种纯学术理性的阐述和细化，而采用了一种类似于文化批评的路数，将许多过去根本不可能进入美学视野的社会文化现象及日常生活价值准则，一并纳入了自己的考察、分析范围，力图以一种更为彻底的方式来置换美学既有的纯学术讨论特性，将美学活动扩大到整个文化领域和大众生活过程之中。因为毫无疑问的是，既然"当代审美文化"本身属于一种具体的现象集合体，那么，用纯逻辑的形式来做思辨的探究，便总是会显得离题太远、太绕，难以见出理论的直接针对性和有用性。相反，以思想的宏大性涵盖具体生活本身，以批评的尖锐性直面生动直观的事件及其发生与发展，这对于当代审美文化研究活动来说，乃是它的基本存在方式。

这样，我们不妨可以认为，在当代审美文化研究中，"美学"最终不过是一面锦绣的旗帜，它的存在意义在于能够为从事当代审美文化研究的人提供一条方便的道路，至于人们以什么样的形式去走路，却已经不是"美学"所能管辖的了。

二、不应混淆"当代审美文化研究" 与"美学学科定位"

正是在这样的意义上，我个人以为，尽管"当代审美文化研究"的发生，直接联系着以"美学学科定位"为目标的那一"美学话语转型"努力，然而，实际上，当代审美文化研究的展开及其具体表现，却又无疑在另一个层面上做着另外的一件工作。换句话说，进入 20 世纪 90 年代以后，当代审美文化研究的出现不仅没有减少"美学学科定位"问题的难度，甚而也没有改变这一问题的存在维度。当代审美文化研究只是从一个可能的方面，在一种非常现实、非常具体的理论活动中，形成并确立了一种有益于美学的学科发展、有助于将美学问题同直观现实更加紧密地联结起来的理论立场和态度——提出并在这样的立场、态度上前行，恰恰是当代审美文化研究在 20 世纪 90 年代勃兴的基本条件，也是它不可否认的存在价值。为此，有学者将当代审美文化研究视为"美学的第三个层面"，是有道理的。其实，无论就当代审美文化研究的具体过程来说，还是拿它所意欲讨论的具体问题来看，我们都不能不承认，在学科建设内部，当代审美文化研究所产生的，主要是那种以批评为特性的理论力量；它对于美学的最直接意义，就在于从功能形态方面表达了美学与现实生活、现实文化的关系。如果说，这样一种关系在传统（经典）的美学学科体系中还不十分具体、不十分明确且不具有直接操作性的话，那么，当代审美文化研究的提出与展开，则将这种关系直接转化为与现实实践相对应的价值系统，同时还在这个系统里注入了更具意识形态性的东西——几无例外的是，与文化实践及其存在的意识形态性质相一致，在当代审美文化研究中，批评过程的意识形态意图始终是一个不可忽视的基本因素，而这也正是我们指证"当代审美文化研究主要是确立了一种立场和态度"的原因之一。与之相比，"美学的学科定位"问题则因其本体论上的抽象性而逃离了意识形态的是非矛盾。

把"当代审美文化研究"当作为"美学学科定位"问题来对待，应该说是一种难得的理论热情，但也许又是一种理论误会——就问题的根本来说，当代审美文化研究其实是不可能承担这样的任务的。所以，对于我们来说，重要的不是执着于从"学科建构"的意义上来理解当代审美文化研究，而是应该卸下那份沉重的学术包袱，直接肯定它所带来的那样一种直面现实、关怀现实、介入现实以求得美学的更大价值实现的立场和态度，从而使美学真正获得新的生存能力和前景。也许，只有在这样的基础上，我们才有可能真正面对"美学学科定位"或"美学话语转型"的问题，并产生真正有效的思想。

今天，"美学学科定位"仍然是一个尚在持续中的问题。它的解决，有赖于我们的思辨理性和纯粹逻辑能力。而"当代审美文化研究"则是我们在"美学"旗帜下可能走下去的又一条新路。问题的关键是："当代审美文化研究"与"美学学科定位"不应混淆为同一个问题。

（原载《文艺研究》1999 年第 4 期）

审美文化批评与美学话语转型

我在发表于《文艺研究》今年第 1 期的一篇文章中提出了这样一个看法："当代审美文化问题与我们现实生存活动相联系的性质，决定了它必然超出单纯审美经验范围而直接关涉当代文化的全部现实。以一种文化批评／建设意识来审慎把握其中的问题，这是一种较之美学研究本身更具有价值特性的理论活动。"

一、超越经典美学话语

这一看法的出发点中，包含有两个方面的考虑：

第一，经典形式的美学话语着重于从美（审美）的本体性质方面来逻辑地诠释人的生命精神现象，探讨人的生命价值实现的永恒理想。作为一种本体论研究方式，它已经持续了数千年，并且至今仍不失其内在的理论魅力。然而，这并不意味着对本体问题的探讨就是美学唯一有效的话语。事实上，在当代文化的现实环境中，美学研究如果仅仅守持这样一种本体论的探寻方式，以为在理想的高度就能合法地驾驭人的生命精神的现实进程，那么，面对当代人生命精神中具体、复杂的状况，这样的美学便未免显得故步自封了。从根本意义上说，在当代文化的特殊环境中，当代美学研究只有超越经典形式的美学话语，在巡视、切近当代文化现实的过程中，才有可能产生出自身新的理论对象、理论规范。

第二，当代美学话语的转型，绝非单纯是理论系统内部的问题，而是与当代人的现实文化处境密切相关的。这就表明，对于当代美学话语转型问题的理解，应当同我们对现时代文化环境的省察具体地联系在一起。也因此，对于我们来说，能否从经典美学话语形式走向高度理性和自觉的文化批评／建设立场，就成为我们能否真正有力地把握当代美学话语转型的关键，也是我们能否有效超越经典形式的美学话语的根本。

二、建设性的审美文化批评

从这一理解出发，在我看来，当代美学的话语转型在根本上所指向的，应是一种具有建设性的审美文化批评。换言之，在当代人类文化实践的生成与发展中，美学和美学研究的基本前途，在于使自身成为一种直接关涉当代人生命精神及其价值实现的文化批评活动。

这里，需要说明的问题有三：其一是这种审美文化批评的核心是什么？其二是美学如何能在自身话语转型过程中成为一种审美文化批评活动？其三是当代审美文化批评的策略是什么？由于篇幅所限，这里仅作一点概略的解释。

依我之见，所谓审美文化批评的核心，是与人作为自由生命主体的现实文化境遇密切相关的。实际上，真正深刻的美学观念从来就是一套建立在特定人文关怀基础上的价值体系；无论其能否真正成为特定时代的精神坐标、人文导向，归根到底，美学的深厚文化底蕴就在于它所崇尚的特定价值理想、生命意识及其践行方式。以此而论，寻求、发现并设计人的生命精神的理想之境，满足人在自身价值实现过程中的自由发展需要和利益，应该是美学的终极本质。这种终极本质不仅贯彻于经典形式的美学话语中，也应该是审美文化批评的旨归。问题在于，较之经典形式的美学话语，审美文化批评在自身话语的现实原则和操作方面，更加强调从实际生成着的文化环境中来关注人的生命精神的现实存在——在当代人生命精神的感性和理性的两极来把握人的生命活动。因此，在当代美学话语的转型中，审美文化批评凸现了其对于当代文化现实的有效性和合法性。

可以认为，当代文化的多元嬗变，使得人的生命精神及其价值实现，在感性和理性方面产生了许多实际的困惑与问题，而人的现实的文化境遇与人类长远的文化利益、当代人生命精神的现实践行方式与人类永恒的价值追求总是息息相联。所以，对于审美文化批评来说，其核心工作就是将那种永恒的、终极关怀性质的美学价值体系，同那种当代人生命精神的现实文化境遇统一起来，即：审美文化批评的目的，在于将那种并不直接呈现为某种文化现实的美学理想、并不立即反映为当代人生命精神及其价值实现的美学形式，落实到当代文化的持续建构进程之中，重新形成一套有效而合法的理论话语。正是在这个意义上，审美文化批评体现了它的独特性：第一，在关注当代人生命精神及其价值实现的现实文化境遇之际，审美文化批评没有放弃对于人、人的生存活动以及人的价值追求的关怀，永恒的价值理想、长远的生命目的作为一种内在信仰，始终引导着审美文化批评以更加切近的方式介入人的现实进程。由此，在根本方向上，审美文化批评仍然指向了某种美的理想价值规范、生命意识。第二，美学和美学研究是以特定的人的生命精神现象——审美实践——为自身对象，而人在现实文化环境中的审美实践又总是具体表现为有着一定文化意蕴的集体或个体的审美情感、审美观念、审美判断力以及艺术活动，等等；因此，在当代美学话语转型过程中，审美文化批评必定直接关涉当代人审美情感、审美观念、审美判断力、艺术活动等在现实文化环境中的地位和性质，关涉当代人生命精神在具体审美实践中的价值实现和实现形式。只不过由于审美文化批评的理论目标在于寻求和践行人这一自由生命主体在现实文化环境中的自我自觉，因而，它一定程度地突破了经典美学话语形式的局限，指向了更为广泛的文化层面。

就上述而论，在当代美学话语转型的意义上，审美文化批评的核心之处，便是作为自由生命主体——人的生命精神及其价值实现在现实文化环境中所遭遇的各种问题。对于这些问题的发现与阐释，也是美学和美学研究更加有效而合法地进入当代文化建构的基础。

三、美学如何成为审美文化批评

至于美学如何能够成为一种审美文化批评，这个问题既在一定程度上与上述问题相联系，又更加突出了对审美文化批评的合法性的要求。就美学话语的转型来说，当代美学和美学研究要实现自身对人的生命精神及其价值实现的终极关怀，除了始终守持自己的人文理想并探入到人的永恒的生命精神进程之中，还应当体现清醒的现实文化意识，能够发现并解答人的实际生存困惑，以此在审美实践方面完善人的现实文化追求。这就是说，当代美学话语的转型，最终必须实现美学和美学研究与当代人的文化环境间的一致性，强化美学和美学研究对当代人生命精神现象的具体敏感力。以这一点来考察审美文化批评在当代美学话语转型过程中的合法性，那么，就可以认为，美学在当代文化环境中之所以能够成为一种审美文化批评活动，一方面是依据了其内在的人文关怀理想——这种关怀在根本意义上总是指向人的生命精神的完善而理想的价值实现过程；另一方面，它又必定与当代人的文化建构理性有关——在这里，有必要进一步提出的是，尽管在经典的美学话语形式中，人、人的生命精神问题总是非常明确地得到考虑，无论是柏拉图从"理念"的完美性中演绎出来的"美理念"的进化图式，还是康德所提出的不涉及实用功利、道德目的的"审美判断力"概念，抑或马克思有关"人的本质力量对象化"这一实践本体论的美学理想，它们都相当理性地构造了一种从本体论或认识论上说明人的生命精神及其价值实现的话语形式。然而，正是这种试图从本体论或认识论方面展开的美学话语，由于它没有能够具体突出并确切显示人的生命精神及其价值实现在现实文化环境中的位置，因而在面对当代文化环境时往往显得虚弱无力，一定地丧失了其可能具有的话语权力。这不能不说是一种理论上的遗憾。而我们所指称的审美文化批评，其全部理论话语都将生成于当代文化的现实之境，并且强调了同当代文化环境中人的生命精神的直接联系。因此，审美文化批评的理论话语权，无疑是具有现实规范力量的。在这样的审美文化批判中，理论上的终极关怀本质作为一种有效的价值体系，既可能有力地介入到当代文化的现实进程，同时也不失其对于当代文化环境中人的生命精神的价值判断。

特别是，在人的生命精神及其价值实现面临前所未有的重负、不断遭到拆解的当代文化环境中，从当代美学话语转型方面来把握审美文化批评的合法性，将有益于我们更加全面、实际地考察人的具体生存境遇。毫无疑问，在当代文化的具体环境中，随着"文化作为一种工业产品"日益成为一种现实，随着技术话语对人文价值领域的不断侵入，人的生命精神及其价值实现不断在原有规范基础上受到挑战。文化活动的消费性趋向、生命精神的平庸化、大众文化意识深度的消解，这些都已经成为当代文化建构中一个又一个现实的问题。它们反映到当代人的审美实践中，带来了诸如艺术"制作"或"复制"的可能性、主流意识形态的瓦解与艺术的多元分化趋向、展示性／表演性取代艺术活动的深度历史价值等等一系列问题。这些问题的出现，揭示出当代人的生命精神及其价值实现所遭遇的各种困惑，实际正是一系列文化嬗变在人的价值追求领域中的表现，它不仅没有否定，相反更加需要那种与现实文化进程相适应的价值理性来引导人的生命精神的现实实践，以便建构起有效的文化发展机制。而审美文化批评的合法性，正在于它可以提供这样的价值理性。即以当代艺术活动中的"技术本体化"现象而言，由于技术力量的实际运作，经典意义上的艺术"创造"概念受到空前的拆解，经典形式的"艺术活动"失去了其在技术语境中的延伸能力，产生出自身的"合法性危机"。面对这样的艺术景观，如何从"重写艺术概念"方面来理解"技术本体化"之于艺术本身的效度和话语权问题，就已经超出了经典美学话语的权威形式，只能通过审美文化批评的现实机制来加以审视和判断，进而从经典美学话语与当代艺术活动的裂隙间找到一种立足于现实文化环境的把握，并产生对于那些围绕在艺术活动周围的、广泛的当代审美文化现象的深刻理解。

总之，美学如何能够成为一种审美文化批评或审美文化批评的合法性问题，其关键在于美学和美学研究必须从自身话语转型中确立起一种与当代文化环境相适应的话语权力，在人的生命精神及其价值实现的当代性进程中，有效地维护价值信仰的现实目标，为当代文化的合理建构带来真正希望。

四、审美文化批评的策略

有关审美文化批评的策略问题，则是一个极为复杂也相当微妙的问题。因为很明显，这个问题早已超出单纯人类审美经验的范围，直接关系到我们对于当代文化现实的把握，关系到当代文化环境中人的具体生存境遇及其前途。从这一点来讲，审美文化批评的策略既是我们的一种特定文化立场，同时也应当成为一种可以践行的价值意识，一种可以引导出合理的文化建构活动的价值理想。它一方面不应是某种权宜之计，而必须具有对当代人类文化建构活动的坚定信念，另一方面则不是停留于对各种复杂混乱的文化现象的"客观"描述，而应当凸现一种深刻的洞察力量和揭示力量，能够透过无序的文化现象，理性地把握人的生命精神及其价值实现在当代的合法地位。

也许，从当代美学话语转型与当今中国文化现实的关系方面来考虑审美文化批评的策略，能使我们获得更为明确的认识。可以说，当今中国社会政治、经济、思想的急剧变革，使得"我们向何处去"这一价值论问题不仅指向了经济活动的层面，而且与"我们现在何处"的文化沉思相联系，成为当今中国文化建构的最现实问题。作为一种理性而审慎的把握方式，审美文化批评在理智地考察中国文化的当代性建构时，完全可能借助于那种以审美／艺术表达方式交流着社会共同的文化／生存价值体验的文化对话过程，进入到大众的普遍认知活动之中。由于人的审美实践的各种形式已经普遍地进入到中国社会的现实生存活动领域，"以前不了解艺术的广大阶层的人物已经成为文化的'消费者'"（阿多诺语），大众在生存活动的各种审美形式中所感悟的，不仅是对对象感性存在的观照，更是对现实中国人的文化／生存价值的直接理解。因而，以审美方式而实现的大众文化对话过程，已经把中国人的自我文化理解的可能性大大加强了。即以当代中国的各种艺术活动而言，其对当代中国人的文化／生存现实的批判性审视，既依据了当代中国人对自身状态的思考以及对现实文化环境的感受，又常常作为当代中国人的文化／生存现实的直接喻示，象征了中国人在当今文化变革中的自我认识进程。这样，当代中国的各种艺术活动能够在充分多样地运用新的文化语汇过程中，直接与社会大众在日常活动层面进行对话，进而在向中国人提供某种自觉审视现实文化环境和人的生命精神境遇的认识／理解模式上，产生别具一格的价值（如果我们认真审视一下"85美术思潮""新生化"绘画运动、"第五代导演"艺术以及"先锋文化""新写实小说"等等，我们是可以找到这方面例证的）。因此，借助体现了大众文化对话过程的审美／艺术表达方式，审美文化批评可以在更大范围和更直接的程度上，反省当代人的文化／生存现实，推动人们对自身历史深刻性的理解以及对中国文化现实环境的把握，促进人们在主体理性的自由自觉中完成中国文化的当代性实践。

值得注意的是，审美文化批评策略所要求的那种深刻的洞察力量与揭示力量，在当代文化的现实环境中必然同某种意识形态话语有关——事实上，当代美学话语转型的文化动因，在一定意义上就来自于当代文化的意识形态危机。由于当代文化急剧变革所造成的种种人的生命精神及其价值实现的失落，以往用以制约人的文化／生存活动和价值体验的那种意识形态中心话语权，正逐渐地却又必然地失去其文化辖制力，被逼入"解中心化"的尴尬境地。换句话说，主流意识形态话语权的日渐消解，一方面表征了当代文化建构过程之于旧文化形式的破坏性作用；另一方面也说明，以往种种主导大众文化／生存活动的中心价值目标，在今天的复杂文化环境中正遭遇无情抗拒。在此情形下，重建新的人文价值理想，在主流意识形态的中心话语权暂时"空白"之处重新聚合起新的生命精神的实践力量，便必然要求审美文化批评首先强化文化上的历史主义意识和现实主义功能，全面反省主流意识形态话语权的危机与失落状况，抵制文化进程中的价值虚无主义和消极意识，从而在提供当代人的价值理性与当代文化建构目标方面，成为开放的、综合的引导性力量。这也就意味着，在一定意义上，审美文化批评策略实际上首先强调了自身在当今意识形态氛围中的话语权问题。这种意识形态的话语权，无疑又同审美文化批评本身对于当代文化多元环境的介入程度联系在一起，是审美文化批评对于整个当代文化建构进程的干预性力量的实现。

（原载《求是学刊》1994 年第 5 期）

审美文化的当代性问题

20 世纪 90 年代以来，作为中国美学界的一个热门话题，围绕"审美文化"的一系列讨论，引起了人们浓厚的兴趣。但与此同时，直到今天，正是由于在"审美文化"的理解上所存在的诸多分歧意见，也使得有关审美文化的研究变得相当复杂化[①]——一方面，它在一定程度上带来了人们对审美文化研究课题本身的理论合法性的质疑和沉思；另一方面，由此也产生了某种理论建构上的困难。所以，近一两年来，不少学者试图对"审美文化"概念本身作出某种确定，以此为审美文化研究建立一种"科学性"的学术规范。在我看来，这种概念确定工作固然是必要的，但对于审美文化研究的理论建构来说，更重要的，恐怕还是确定"确定概念"的理论前提，即明确审美文化研究本身的当代理论性质，这样，我们才能从特定理论立场出发，进行有效的学术工作。

一、文化批判和重建相统一的人文意识

尽管"审美文化"并非最近才出现的概念，不过，就其现实的理

---

① 参见章建刚《何谓"审美文化"?》，载《哲学研究》1996 年第 12 期。

论特性而言，它却不能不主要是一种当代性的和描述性的话语形式。也就是说，作为概念，"审美文化"的性质不仅超越了它的"命名史"，而且也绝不限于一种纯粹抽象、孤立的经典理论范围；它同中国美学在当代文化背景下的自身理论话语转型联系在一起：正是在美学话语的当代转型意义上，"审美文化"概念才具体地体现了作为理论描述话语的当代性特征。

首先，20世纪90年代以来，中国社会跳跃式地进入到一个空前复杂地交织了多种文化因素的状态：前工业时代、工业时代及后工业时代的许多文化特性，在一种缺少相互间内在联系的过程中，奇特地集合在中国社会的共时体系上；多元文化因素交错并置且彼此克制，令现实中国文化变得扑朔迷离，整个社会处处潜在着文化变异的巨大可能性。在此情况下，任何一种人文科学理论话语的确定，都面临着各种选择和认同上的困难：在一个不确定的、程序交叠和因素混乱的现实文化氛围里，存在着多种层面和性质的具体操作活动和现象积聚方式，其中任何一种文化因素、现象的运行和演衍，都为自己订立了特定而强烈的导向性和制约性，从而给中国社会和文化的归趋制造了种种不同的精神迫力。

尤其是，20世纪90年代以来，西方后工业社会的某些可描述的文化表象，也逐渐从敞开的国门缝里挤了进来，从而进一步加剧了中国文化进程的复杂性和不确定性。环视近几年里中国文艺创作的种种现象，就可以发现，在中国社会和文化的连续性变革中，"后现代"的某些价值倾向、精神要求，至少在大众接受最广泛、最频繁的影视、小说创作领域已经开始显山显水。然而，只要我们理智地考虑到20世纪80年代末以后中国文艺"后现代"因素的虚假性、混杂性、表面性——仅在小说方面，我们便从刘索拉的《你别无选择》中读解出了反抗权威的"后现代性"与执着自我的"现代性"之间的背反，从王朔的《顽主》看出了一连串肆无忌惮的调侃背后的浪漫主义理想的天真热情，从刘震云的《一地鸡毛》中发现了具体生活的琐细无奈与小人物对自身感情的痛苦回忆之间的相互冲撞——我们就能够知道，当今中国社会其实并没有向我们提供多少真切具体的"后现代性"。也因此，在现实中国，多元文化因素的并置，使得20世纪90年代以来的中国文化（包括文艺活动和大众日常生活）进程呈现出令人深感困惑的一面，任何单一的文化因素和文艺现象也往往丧失或根本不存在其典型性。这一切，庶几可以说明，当代中国社会正处在一个向现代化迈进的艰难进程之中，其文化模式和价值结构还有待形成现代品格或现代性。这正是当前人文科学活动必须正视的问题。

其次，相应于中国文化的现实氛围，任何一种试图获得自身确定表述和具体有效性的人文科学话语，都不能不从特定层面考虑现实文化要求及其可能性问题，在文化策略的设计上，表达对于文化建构的深厚关怀与信念，特别是对于中国文化现状及其未来建构的洞察与揭示。这就是说，包括美学在内的中国人文科学，所面临的仍然是如何捍卫中国文化现代化进程的合法性这一问题。正由于今天的中国社会还没有真正面临西方后工业时代一系列由政治、经济、管理以至科学所产生的深刻的"后现代"危机，而是面临了一系列由社会转型时代的政治、经济及意识形态发展变化在整个社会文化领域所引发的矛盾——其最深的、直接的根源，在于现实文化中主体力量的缺失，以及与此相关的社会文化分层运动（主流文化、知识分子文化和大众文化）的急剧扩张和复杂性；因此，重新高扬起现代文化的旗帜，建立一种普遍的、大众自觉的主体理性，并且在其中迅速培植起以现代性为核心的文化价值意识，推动中国文化在有序分层过程中坚定地走向自身的当代建构历程，正是当今中国人文科学活动（包括美学）向自身所提出的艰巨课题，也是包括美学在内的人文科学理论真正实现自身转型的可能性之所在。

以这种对于当今中国文化现实的策略性把握为基础，结合我们对当代文艺进程、大众生活发展的审视，我认为，当代美学主要应该确立的，就是能够积极引导中国文化走向现代性建构的必要的文化批评能力，以及能够使主体理性成为大众自觉文化意识的美学态度。实现这一点，无疑要求美学通过自身理论话语的转型，找到一种与以往不同的、真正体现当代文化追求的新的理论精神：其核心就是积极开拓美学在文化批判／重建进程上，同大众日常生活及其现实利益充分"对话"的直接领域。换句话说，以文化批判和重建相统一的人文意识，来构造当代美学对于现实生活的意义，乃是我们在今日文化景观中所寻求的理论前景。

二、具有建设性功能的文化批评活动

具体来讲，在美学话语转型方面，大众对话的要求及其可能性，为生成当代形态的审美文化研究提供了现实前提；而当代社会中人的审美活动与现实生活的关系，则决定了审美文化研究在现实中，已经不可能仅仅存在于以往美学那种纯思辨的观念判断和单纯心理范围的审美经验分析，而必定直接关涉当代社会的全部文化现实，体现当代大众的具体生活意志。也就是说，以特定的文化批判／重建意识来审慎把握当代大众生活的价值方向、艺术活动的精神本质，乃至相关文化现象的生成演变，使得作为美学话语转型具体形式的审美文化研究，具有了比一般美学话语本身更广泛的现实魅力和活力。

在上述认识的出发点中，包含有两个方面的考虑：

第一，从柏拉图、亚里士多德，一直到康德、黑格尔，乃至马克思，一以贯之的经典的美学话语，基本上都着重从"美／审美"的本体论或认识论方面，逻辑地诠释人的生命精神现象，探讨人生价值的终极理想。"尽管美学的概念和理论具有多变性，然而，美学的历史却仍然表现出某些永恒的论题，亦即经久不衰的或反复出现多次的论题。"① 应该说，作为终极本质的探索方式，美学的这种经典话语形式持续了数千年，并且至今仍不失其特殊的理论风采。然而，这是否意味着，对本体问题的逻辑追问就是美学唯一有效的理论话语？甚至，在当代文化语境中，这种话语仍然能够以纯粹逻辑的形式进行自我确认的理论活动？在我看来，本体论或认识论的理论话语的必要性，并不等于它一定具有持续不变的现实有效性。事实上，在当代文化现实中，美学研究如果只是持守这样一种话语形式，以为在理想价值的"乌托邦"中就能够合法地驾驭当代人生命精神的现实展开，那么，面对当代大众日常生活中具体的要求，面对当代文化价值变异的复杂状况，就未免显得过于封闭而又自以为是了。从根本上说，在当代文化现实中，美学研究只有在不断巡视、切近当代文化现实和大众日常生活的过程中，才能真正发现自身新的理论对象、理论规范，并因此成为当代文化建构中的一种特定而有效力量。

第二，当代美学话语转型，绝非只是既定理论系统内部的话语增生活动，也非单纯是一个对象的变换问题，而是与当代文化的现实境遇和当代人生活活动密切相关。这就表明，对当代美学话语转型问题的理解，应当同我们对当代文化的认真省察联系在一起。对于我们来说，能否从经典美学话语自身圆满的逻辑形式，走向现实层面上高度负责和自觉的文化批判／重建立场，是我们能否真正把握当代美学话语转型的关键，也是当代形态的审美文化研究是否真的能够超越经典美学话语形式的根本。

从这样的理解出发，在我们所说的当代美学话语转型上，当代形态的审美文化研究所指向的，便理应是一种具有建设性功能的文化批评活动。也就是说，在当代文化的生成与发展上，美学话语转型的基本前途，就在于使理论自身成为直接关涉当代人生活、当代文化价值变异的

---

① ［波兰］符·塔达基维奇：《西方美学概念史》，褚朔维译，学苑出版社 1990 年版，第 473 页。

批评性存在。

三、适应当代文化现实的话语形式

就美学话语转型的现实意图来看，美学研究要实现自身对人的生活实践及其价值存在方式的具体关怀，除了持守必要的人文理想并探入人的生命精神发展进程之中，还应当充分体现清醒的现实意识，能够发现并解答人的实际生存困惑，以此在审美实践（包括人的日常生活和艺术活动）方面完善人的现实文化追求。这就是说，美学话语的转型，最终必须实现美学研究与当代文化环境间的一致性，强化自身对于当代文化现象的具体敏感力和阐释力。以这一点来考察当代形态的审美文化研究的合法性，可以认为，作为一种建设性的审美文化批评活动，它一方面依据了自身内在的人文关怀立场——这种关怀在根本意义上总是指向人的生命精神的完善化过程；另一方面，它又必定与当代文化建构要求相联系——在这里，有必要进一步指出的是，尽管在经典的美学话语形式中，人以及人的生命精神的终极问题总是非常明确地得到了必要的考虑，无论是柏拉图从"理念"的完美性中演绎而来的"美理念"的进化图式，还是康德所提出的不涉及实用功利、目的的"判断力"概念，抑或马克思有关"人的本质力量对象化"这一实践本体论的美学命题，它们都相当理想化地构造了一种从本体论或认识论上说明人的生命精神及其价值实现的话语形式。然而，正如维特根斯坦所说的："形而上学的非理论性质本身不是一种缺陷；所有艺术都有这种非理论性质而并不因此就失去它们对于个人和对于社会生活的高度价值。危险是在于形而上学的欺惑人的性质，它给予知识以幻想而实际上并不给予任何知识。"①

---

① ［奥］维特根斯坦：《逻辑哲学论》，贺绍甲译，商务印书馆 1962 年版，第 20 页。

正是这种试图从本体论或认识论方面展开的美学话语，由于其对于美的本质的追求总是建立在"这是美的"一类判断的绝对性和反复性之上，而"美的"本身的脆弱、无力及其在当代生活中的可疑性。特别是，由于经典的美学话语几乎不可能具体突出并确切显示人的生命精神及其价值实现在当代生活中的现实性质，因此，一旦它们进入当代文化过程中，便往往显得虚弱无力，一定地丧失了其可能具有的话语权力。这不能不说是一种理论上的遗憾。而我们所指称的当代形态的审美文化研究，其全部理论话语都直接生成于当代文化的现实之境，并且强调自身同当代大众具体生活活动的直接联系，所以，审美文化研究的批评话语无疑是具有现实力量的。在这样的审美文化批评中，理论上的具体关怀品格作为一种有效的价值维度，既可能有力地介入当代文化的现实进程，同时也不失其对于当代文化景观中人的生活实践的价值判断。

尤其是，在人的生命精神面临前所未有的重负、价值实现的深度模式不断遭到拆解的当代文化现实中，从美学话语转型方面来把握当代形态的审美文化研究的合法性，将有益于我们更加全面而实际地考察人的具体生存境遇。毫无疑问，在当代文化的具体现实中，随着"文化作为一种工业产品"日益成为一种现实，随着商品观念大规模地主宰人的精神世界，随着技术话语对人文价值领域的不断侵入，人的生活活动及其价值存在方式不断在原有规范基础上遭遇巨大挑战。现实文化活动的消费性趋向、生命精神的平庸化、大众日常生活价值深度的消解，这些都已经成为当代文化（现实中国）所面临的一个又一个现实问题。而这些反映到审美文化领域，则产生了诸如艺术"制作"或"复制"的可能性、主流文化意识形态的瓦解与艺术的多元分化趋向、展示性/表演性取代艺术活动的深度历史意识等一系列具体现象。这些问题的出现，揭示了当代人生活活动及其价值存在方式所遭遇的各种困惑，实际正是一系列文化变异在人的精神/价值活动领域中的具体表现；它不仅没有否定，相反更加需要那种与现实文化进程相适应的批判理性来引导人的生命精神的现实实践，以便建立起有效的文化发展机制。而当代形态的审美文化研究正可以通过特定的审美文化批评方式，不断揭示这样的文化变异和价值重建的现实前提。即以当代艺术活动中"技术本体化"现象而言，由于现代技术成果、手段和材料大量运用于艺术活动和艺术作品，技术力量的实际运作使得曾经在经典意义上为艺术提供了基本意义的"创造"概念遭到拆解，"艺术"的经典形式失去了在技术语境中的自足性和延伸能力，产生了自身的"合法性危机"[①]。面对这样的艺术景观，如何从"重写艺术概念"方面来阐释"技术本体化"之于当代艺术的效度，这样的问题就已经超出了经典美学话语的权威形式，而只能通过与现实文化直接关联的审美文化批评的现实机制来加以审视，进而从经典美学话语与当代艺术活动的裂隙间，找到一种立足于现实之上的批评性把握，并为当代艺术的存在形态确立文化根据。

总之，当代形态的审美文化研究，确立了一种与当代文化现实相适应的新的话语形式；其直接的理论目标，则在于具体深入到人的生活活动及其价值存在方式的当代性结构之中，从而为当代文化的合理建构作出新的阐释。

四、"审美文化"概念的当代性质

从美学话语转型来理解当代形态的审美文化研究，为我们把握"审美文化"的当代性质提供了基本理论前提。在我看来，在概念上对"审美文化"作出具体确定，一是必须立足于当代形态的审美文化研究本身的学术理性，不仅考虑到概念确定的逻辑层面，更要注意到概念本

---

① 参见拙著《扩张与危机——当代审美文化理论及其批评话题》第 5 章，中国社会科学出版社 1996 年版。

身应当体现出审美文化研究的"批判／重建"指向；二是必须立足于当代社会的文化现实，切实反映当代文化进程上的价值变异，包括日常生活活动和艺术方式的新的特征。

由此出发，我认为，作为当代形态的审美文化研究的特定概念规定，"审美文化"的当代性质突出了这样几方面的特征：

第一，在当代形态的审美文化研究中，"审美文化"不是一种"类美"或"类艺术文化"的规定性；它也拒绝像经典美学话语那样，为人类生存领域的价值实践进行"感性"与"理性"的高低层次规定——当黑格尔把"美"规定为"理念的感性显现"，要求"感性的客观的因素在美里并不保留它的独立自在性，而是要把它的存在的直接性取消掉（或否定掉）"①，我们看到，他其实同鲍姆加通一样，把"理性"存在当作了人类生存的最高和最后的价值归宿。而在"审美文化"里，"美"却不再是一种抽象理性的专有权力象征，也不再是具有终极本体属性的价值实现形式；"艺术"不再是"美／审美"的同义物或唯一通道，也不再是纯粹理性的显现与观照活动。由经典形式的美学话语所规定的感性向理性的投入、"直接性的取消"，在"审美文化"概念中失去了它那种由严密的思辨逻辑所限制的必然性，感性作为现实生活的表现性存在而向理性价值理想炫耀自身的力量。也因此，仅仅以"包含艺术在内的人的审美活动"来解释"审美文化"，除了具有某种指涉范围的意义以外，并没有能够全面地"确定""审美文化"本身，也不能真正显示"审美文化"概念的当代理论价值。实际上，"审美文化"概念的内在规定性，主要由当代形态的审美文化研究来确定；它是一种基于当代文化进程之上的特殊规定，而非指涉范围的规定。正是在这个意义上，我们说，在当代形态的审美文化研究中，"审美文化"概念超越了经典的"美"或"艺术"概念，呈现出某种"非美"或"非艺术"的特性。它

---

① ［德］黑格尔：《美学》第 1 卷，朱光潜译，商务印书馆 1979 年版，第 142—143 页。

较之经典美学话语的逻辑性规定形式，更加突出了对于各种当代性现象的描述性把握——"审美文化"概念就此也绝不可能依从传统话语的先在性逻辑去加以确定。

第二，"审美文化"的当代性质，突出体现在它对于大众生活活动的普遍的、日常的价值存在方式的强烈认同，即作为"审美文化"概念的一个基本内涵所反映出来的，是当代人生活实践与体验的直接性、具体性和形象性，是对大众生活的日常经验的价值描述。对于"审美文化"来说，其与当代社会文化环境中的大众利益和价值观念、大众日常趣味之间，有着不可分割的联系；它是当代大众日常生活活动在"审美化"方向上的自我规定的表现。正因此，在当代形态的审美文化研究中，"审美文化"又突出了自身与当代文化的商业性结构、当代传播制度的联系：就文化的商业性结构本质而言，其直接的价值维度建立在文化"生产/消费"一体化的活动之上；文化生产在现实层面上，直接构造并满足了大众在日常生活中消费、占有文化产品的欲望，而文化消费欲望的不断膨胀、文化消费活动的大规模实践，则进一步加剧了文化生产的直接消费本性。因而，对于当代社会的大众日常生活活动及其现实目标来讲，文化"生产/消费"的一体化不仅产生了人的具体价值理想的转向，而且也同时完成了现实文化在商业性上的内在追求，完成了大众生活价值存在方式的改造。商业性的消费可能性，为当代大众日常生活确立了各种富有诱惑性的感性目标，从而使大众日常生活活动的自我规定日益具体地追逐消费满足的丰富性，在美轮美奂的经验形式上享受感性的快悦。而就当代传播制度来看，其所追求的形象化原则，正是当代文化活动本身具体而普遍的存在形式。正是由于当代大众传播活动总是积极地追求感性层面视觉、听觉的直观生动性，追求思想性活动向身体感受性活动的不断转换，追求信息传递的广泛化和生活化，所以，在当代传播制度中，各种观念、意志、欲望的表现与满足，无不体现出"以形象生产形象，以形象生产效应"的具体特性。"形象"成为当代传播制度的权力所在，"形象化"则是其权力实现的感性机制。而当代大众传播的广泛发展，大众传媒之无所不在，则使得大众日常生活活动总是不可避免地受制于传播制度的要求，"形象化原则"同样成为大众日常生活的经验方式和价值表现。就此而言，在当代形态的审美文化研究中，"审美文化"之于大众日常生活活动的普遍的、日常的价值存在方式的认同，在性质上，便同当代文化的商业性结构、当代传播制度有着内在的关联，成为当代文化特有的制度性表现。可以说，作为概念的"审美文化"，无法拒绝把包括艺术活动在内的当代文化活动的商业性及大众传播特征包容在自身之中。

第三，与上述特征相联系的是，在当代形态的审美文化研究中，"审美文化"具有强烈的"世俗性"意味。这也正是"审美文化"概念与纯粹观念形态的"美"概念、"艺术"概念存在巨大区别的方面之一。它表明，作为经典美学话语的概念形式，"美"或"艺术"属于纯精神的、原创性的价值范畴，它们强调了观念上的纯粹性、超然性和非功利性；其与现实的联系必须经过理性抽象的思辨中介，并且总是凌驾于日常生活形式之上，具有某种为现实进行价值引导和评判的意义。而在当代形态的审美文化研究中，"审美文化"概念所意味的，却是与现实人生处境、日常活动直接相关的具体的感性存在方式、观念和追求理想，即现实生活的"世俗性"形式和经验。一方面，在重视大众日常生活的意义生成方面，"审美文化"意味着感性生活价值的肯定和表现，强调从个人的普通生活活动中发现现实生命的存在意义，以及感受现实生活的主动性和积极性；它不是把现实生活的日常活动形式视为必须超越的"无价值存在"，而是充分肯定现实生活的具体功能，表现大众对日常生活的要求与满足，实现人在现实中的价值占有。另一方面，"审美文化"概念作为一种描述性话语，不仅放弃了理性抽象的纯逻辑过程，因而对现实生活有着直接性；而且，更重要的是，"审美文化"通过强调并肯定大众生活的感性经验事实，通过对现实本身的价值揭示，确立了"回到日常生活"的立场，把精神的活动从超凡世界拉回到一个平凡人生的实际经验之中，从而反映了生存方式的日常化、生活价值的平凡化、大众活动的现实化，强调了"世俗性"存在的普遍性和有效性，完成了对于一种直接现实的价值把握。可以说，"审美文化"概念消解了"美""艺术"一类经典话语的神圣性，从现实文化的积极关注方面显现了世俗生活的人生意义。也因此，作为概念，"审美文化"不是抽象的，而是生活的、具体的。

第四，"审美文化"概念的当代性质，就在于它所强调的"批判 /重建"及其与大众日常生活的积极"对话"，实际上针对了文化结构的价值一元性。强调异质多元，强调价值立场的"非意识形态化"和"非中心化"，成为大众日常生活活动的基本文化形式。由此，作为当代文化的特定实践形式，"审美文化"的生成与展开，在同这一现实倾向相一致的过程中，以大众日常生活活动的"审美化"，描述了一元价值"神话"的结束和一种源于大众生活本身的价值多元性文化景观。关于这一点，我们从当代中国审美文化进程上可以看得很清楚：20 世纪 90年代以来，中国文化多元景观的形成及文化分层的现实，标志着一个多元文化时代的到来；我们不仅不复再现那种在结构上规整一律的社会文化趋势、意识形态的绝对"中心"话语，也不复再现那曾经汪洋恣肆的激进文化批判实践。于是，当代中国审美文化的多元分化、多元发展亦如文化的多元性一样，成了一种现实、一种唯一可以满足各层次文化利益和要求的直观现实。在这一时代，不仅必然出现艺术审美上的"雅""俗"分层，同时也必然造就整个社会审美文化实践全面质疑价值观念的一元性、拆解同一性的价值话语。正是由于对旧的"同一性"的拆解，使得曾经主宰人的历史 / 文化精神的一元性价值观念被"零碎化"，成为不可重合的价值碎片，而新文化、新艺术的价值建构，则有可能从大众日常生活的现实中重新获得希望。

五、"审美文化"概念不具有逻辑先在性

综上所述，审美文化的当代性问题首先不是一个单纯的概念确定问题，而是如何理解审美文化研究的当代旨趣，并从中把握"审美文化"的概念特征。换句话说，"审美文化"概念并不具有逻辑上的先在性。这样，我们才能真正看到：

第一，在当代形态的审美文化研究中，"审美文化"概念总是积极保持了自身与当代社会的大众文化利益的直接联系，反映着大众日常生活活动及其价值存在方式的具体性。同时，在这种联系和反映中，"审美文化"又表达了对于经典形式的美学话语的消解性，在一个新的文化维度上体现了当代文化的价值理想。

第二，"审美文化"概念从一个特定的价值层面，重新肯定了文化与大众的关系：大众不再被置于文化价值的传统体系之外，而是被理解为文化价值建构的主体；文化不再是控制大众欲望的各种理性模式，而直接就是大众日常生活的实践形式和价值描述过程。也因此，在"审美文化"中，作为价值主体而出现的，不再是某种抽象的、神话式的理想精神，而是活生生的、有欲望、有感觉、平凡而普通的大众，以及他们的活动。

第三，在实践层面上，"审美文化"的现实性功能，既表现为对大众日常生活活动及其价值存在方式的"审美化"，同时更具体地表现为对旧有文化制度体系的批判，以及对于一个新的、大众的文化时代的建设性要求。它使得美学有可能通过自身理论话语的转型，从抽象的思辨走向具体的生活，从而积极地介入现实文化的丰富实践。

（原载《文艺研究》1998 年第 3 期）

批评的诞生

——当代审美文化理论的合法性问题

　　作为一种理论上的特定学术术语，"审美文化"（Aesthetic Culture）一词的出现，并没有太长的历史。迄今为止，这个词作为一个概念来运用，仍然包含有多种歧义。当然，不管怎么说，"审美文化"包含了一定历史的、社会的、民族的意味，因而总是一个不断生成中的现象，这一点应该是可以肯定的。在中国学术界，如果从审美文化的当代延续和演变以及作为一种学术趋势的当代审美文化现象的学理性探讨方面来看，当代审美文化研究相对普遍的展开并进而引人注目，主要是 20 世纪 90 年代以来的事情。这一事件的重要性，至少对于当代中国美学界来说，绝非只在于某种纯粹的理论表述形式方面。在很大意义上，进入 20 世纪 90 年代以后，中国美学界对于当代审美文化现象及其理论研究的浓厚兴趣，特定地表明：经历了 80 年代美学"热""冷"交加、此长彼伏的快乐与焦虑，以及 90 年代以后中国社会文化和群体精神的大面积转换，当代中国美学研究开始在更大范围、更深的意识层面，向自身提出了一种理论挑战和向文化现实切近的要求①。

---

① 参见李泽厚、王德胜《关于哲学、美学和审美文化研究的对话》，载《文艺研究》1994
年第 6 期。

一、问题的提出及其可能性

（一）问题的提出：要求与现实

20 世纪 90 年代以来，中国学术界有关当代审美文化问题的各种理论探讨，从根本上讲，直接生成于现实中国社会的具体文化语境，其与 20 世纪 80 年代末、90 年代以来的中国文艺进程、中国社会的大众日常生活活动，以及 90 年代中国文化的变革现象等休戚相关。因此，当代审美文化理论及其各种相关问题的提出，有着强烈而鲜明的现实方面的意图。

20 世纪 80 年代末、90 年代以来，中国社会进入到一个空前复杂地交织了多元文化因素的状态：前工业时代、工业时代以及后工业时代的诸多文化特性及其价值实践，在一种缺少相互间逻辑联系的过程中，却又奇特地相互集合在一个社会的共时体系之上。在显层次上，这些多元的文化因素交错并置且彼此克制；在深层次上，整个社会处处潜在着文化变异的巨大可能性。在此情况下，任何一种理论话语的确定，都将面临各种选择和认同上的困难：在一个不确定的、程序交叠和因素混乱的现实氛围里，结构了多种层面和性质的具体操作性过程和现象积聚方式，其中任何一种文化因素、现象的运行和演衍，都为自己订立了特定而强烈的导向性和制约性，从而给中国社会和文化的归趋制造了种种不同的迫力。

尤其是，20 世纪 80 年代后期、特别是 90 年代以来，西方后工业社会的某些可描述的文化表象，逐渐从敞开的国门缝里挤了进来。环视最近几年里中国文艺创作的种种现象，就可以发现，在中国社会和文化的连续性变革中，"后现代主义"（Post—modernism）的某些价值倾向、精神要求，至少在中国大众接受最广泛、也最频繁的影视、小说创作领域已开始显山显水①。但只要我们理智地考虑到当代中国文化进程的不确定性、变异性和特殊性，考虑到 20 世纪 80 年代末以后中国文艺之"后现代"因素的虚假性、混杂性、表面性——仅在小说领域，我们便从刘索拉的《你别无选择》中读解出了反抗权威的"后现代性"与执着自我的"现代性"之间的背反，从王朔的《顽主》看出了一连串肆无忌惮的调侃背后的浪漫主义价值理想的天真热情，从刘震云的《一地鸡毛》中发现具体生活的琐细无奈与小人物对自身感情的痛苦回忆之间的相互冲撞——我们就能够知道：当今的中国社会不仅没有向我们提供多少真切具体的"后现代性"（Post—modernity），相反，在中国，"后现代主义"由于缺少自己典型的文化语境——多元文化因素的并置，使得 20 世纪 80 年代末以后的中国文化（包括文艺活动和大众日常生活）进程呈现出令人深感困惑的一面——因而使得任何一种单一的文化因素和文艺现象都丧失了或根本不存在其典型性。这一切，庶几可以说明，当代中国社会正处在一个向现代化迈进的艰难进程之中，其文化价值模式和精神结构还有待形成现代品格或现代性（Modernity）。因此，相应于中国文化的现实氛围，任何一种试图获得自身确定表述和具体有效性的人文科学话语，就不能不从特定层面来考虑现实文化要求及其可能性问题，甚而在某种文化策略的设计上，摈弃权宜心理，以便通过自身理论话语的转型，表达对于文化建构的深厚关怀与信念，特别是对于中国文化现状及其未来建构的洞察与揭示。换句话说，20 世纪 80 年代末以后，包括美学在内的中国人文科学研究，已不可能仅停留于对各种复杂混乱的文化现象（包括"后现代"因素）的"客观"描述——这样做的

---

① "后现代"（Postmodern）这个外来词在中国的大量出现，是最近一些年里的现象。西方早在 20 世纪 30 年代即已有"后现代主义"一说。但一般看来，作为一种独立的文化思潮，后现代主义却是 20 世纪 60 年代中期以后伴随西方"后工业社会"来临才兴起的；作为一种文化景观（Scene），"后现代"所带给我们的，又首先是一个文化哲学和精神价值取向的复杂话题。

结果，只会助长我们对当今中国文化（包括中国文艺以及中国大众的日常生活）的失望与不自信，甚至扼杀人文科学研究所应有的起码的道义责任。面对 20 世纪 80 年代末、90 年代以来中国社会多元混杂、缺乏程序的文化现象的滋长，包括美学在内的中国人文科学，所面临的仍然是如何捍卫中国文化现代化进程的合法性问题。也许，正由于今天的中国社会还没有真正面临西方后工业时代一系列由政治、经济、管理以至科学所产生的深刻的"后现代"危机，而是面临了一系列由社会变革时代的政治、经济及其意识形态发展变化在整个社会文化领域所引发的矛盾冲突——其最深的、直接的根源，在于现实文化中主体力量的消沉和缺失，以及与此相关的社会文化分层运动（主流文化、知识分子文化和大众文化）的急剧扩张和复杂性；因此，重新高扬起现代文化的旗帜，建立一种普遍的、社会共同追求和认同的、大众自觉的主体理性，并且在其中迅速培植起以现代性为核心的文化价值建构意识，推动中国文化在有序分层过程中坚定地走向自身的当代建构历程，正是当今中国人文科学活动（包括美学、文艺理论）向自身所提出的艰巨课题，也是包括美学、文艺理论在内的中国人文科学理论真正实现自身转型的可能性之所在。

以这种对当今中国文化现实的策略性把握为基础，结合我们对当代文艺进程、当代大众生活发展的审视，我认为，进入 20 世纪 90 年代以后的当代中国美学，主要应该确立的，是能够引导中国文化走向现代性建构的必要的文化批评能力，以及能够使主体理性成为大众自觉文化意识的美学态度。而要实现这一点，无疑就要求美学在自身理论话语的转型中，寻找到一条与往日有所不同的、能够真正体现当代文化追求的新的理论精神。在我看来，这一理论精神的核心，就是积极地寻求美学在文化批判 / 重建进程上同大众日常生活及其利益的充分"对话"。换句话说，以文化批判和重建相统一的理性，来构造当代美学对于生活的意义，乃是我们在今日文化景观中所寻求的理论前景。

在这里，我们先概要地谈两点：

第一，当代艺术发展已经在很大程度上改变了我们既有的美学观念。由于当代艺术活动从艺术家的个人独白，变成为人们反省、改变或直观自身文化／生存状态的一种独特形式，这样，对于美学话语转型的可能性来说，一方面，我们对当今中国文化的现代性建构要求与信念，可以在艺术活动、艺术作品、艺术家与社会大众的广泛对话中得到认同，并形成为大众日常生活中的自觉文化意识；另一方面，在对话／交流过程中，大众日常生活的文化意识、艺术家与大众共同的现实文化感受，能够通过艺术活动、艺术作品的直接表达方式而获得感性具体的确定，从而强化大众意识中的主体自主性的发展，在持续的动态过程中使大众得以批判性地审视自身的文化困厄与局限。

第二，当今中国社会政治、经济的大变革，使得"往何处去"问题不仅指向经济活动层面，而且与"我们现在何处"的文化困惑相关联，成为中国文化在今天这个时代最现实的问号。为此，美学作为一种人文科学活动对于今天中国文化现代性建构的理智考虑，有必要通过那种交流着人的共同文化／生存感受的大众对话过程，进入到社会大众普遍的认知范围之中。而当代艺术与大众对话的双向动态过程，则使美学有可能借此在更大范围和更直接具体的程度上，从特定层面来反省当代人的文化／生存状态，形成一种与当代艺术活动、艺术作品、艺术家和大众共同享有的文化批判能力，自觉地把对现代性的追求理解为中国文化的建构意识和建构方向，从审美的感性层面来完善中国文化的现代化实践。可以肯定，只要我们能够在当今中国文化现实中，把握住与大众对话的进程，在对话中把握"我们现在何处"这一问题的严峻性和紧迫性，那么，以现代性为核心的文化价值建构意识是可以在当代文化的审美实践中获得其阐释效力的；当代中国美学话语的转型，也将因此进入整个中国文化的当代建构进程中，实现其与大众对现代性的确认和对当今中国文化现实的审视。当然，这意味着，当代中国美学话语的转型，不仅是学理上的工作，更重要的，它必须进入我们的文化批评进程。

（二）审美文化批评的可能性

在当代美学话语转型方面，正是大众对话的要求与现实，为当代审美文化研究的生成提供了一个现实前提。而当代审美文化现象及其与我们现实生存实践的关系，则决定了当代审美文化研究及其批评实践，在今天的现实文化境遇中已经不可能仅仅存在于以往美学那种单纯审美经验的心理范围，而必定直接关涉当代社会的全部现实，体现当代文化建构的意志。也就是说，以特定的文化批判/重建意识来审慎把握当代社会大众生活的价值方向、艺术活动的精神性质，乃至具体文化现象的生成演变，使得当代审美文化研究成为一种较之一般美学本身更具有现实价值和魅力的学术活动。

上述看法的出发点中，包含有两个方面的考虑：

第一，从柏拉图、亚里士多德一直到康德、黑格尔，乃至马克思，一以贯之的经典形式的美学话语，基本上都着重于从"美/审美"的本体的或认识论的方面来逻辑地诠释人的生命精神现象，探讨人的生命价值实现的永恒理想。这一点，恰如塔达基维奇在《西方美学概念史》中所指出的："尽管美学的概念和理论具有多变性，然而，美学的历史却仍然表现出某些永恒的论题，亦即经久不衰的或反复出现多次的论题。"①

作为一种对终极本质的探索方式，美学的经典话语形式已经持续了数千年，并且至今仍不失其理论风采。然而，这是否就意味着，对本体问题的不懈追问始终是美学唯一有效的理论话语？如果说，"古代美学到近代美学的发展是通过一个从抽象到具体的自然进步过程进行

---

① ［波兰］符·塔达基维奇：《西方美学概念史》，褚朔维译，学苑出版社1990年版，第473页。

的"①，那么，在我看来，在当代文化的现实环境中，美学研究如果仅仅守持这样一种本体论或一般认识论的探寻方式，以为在理想价值的"乌托邦"（Utopia）中就能够合法地驾驭当代人生命精神的现实活动，那么，面对当代人生命精神中的具体、复杂的状况，这样的美学未免就显得过于封闭而又自以为是了。从根本的意义上来说，在当代文化景观中，当代美学研究只有不断寻求超越经典形式的美学话语的新的可能性，在巡视、切近当代文化现实和大众日常生活的过程中，才能产生出自身新的理论对象、理论规范，并因此成为当代文化建构中的一种理性力量。

第二，当代美学话语的转型绝非单纯是理论系统内部的问题，而是与当代人的现实文化境遇密切相关的。这就表明，对当代美学话语转型问题的理解，应当同我们对当代文化的省察联系在一起。对于我们来说，能否从经典的美学话语形式走向高度负责和自觉的文化批判／重建立场，就成为我们能否真正把握当代美学话语转型的关键，也是当代审美文化研究是否真的超越经典形式的美学话语的根本。

从这样的理解出发，在我们所说的当代美学话语转型中，当代审美文化研究根本上指向的，便应是一种具有建设性功能的文化批评活动。换句话说，在当代人类文化实践的生成与发展中，美学话语转型的基本前途，就在于使自身成为一种直接关涉当代人生存实践及其价值方式的审美文化批评。

这里，需要说明的问题是：当代美学如何能够在自身话语转型中成为一种生成于当代语境中的审美文化批评和理论？

这一问题实际上突出了对当代审美文化研究及其理论的合法性（Legitimation）要求。事实上，就美学话语的转型来说，当代美学和美学研究要实现自身对人的生存实践及其价值实现的具体关怀，除了始终

---

① ［英］鲍桑葵：《美学史》，张今译，商务印书馆1985年版，第14页。

守持自己的人文理想并探入到人的永恒生命精神进程之中，还应当充分体现清醒的现实文化意识，能够发现并解答人的实际生存困惑，以此在审美实践（包括人的日常活动和艺术活动）方面完善人的现实文化追求。也就是说，当代美学话语的转型，最终必须实现美学和美学研究与当代文化环境间的一致性，强化美学和美学研究对当代文化现象的具体敏感力。以这一点来考察当代审美文化理论及其批评实践在美学话语转型过程中的合法性，可以认为，美学在当代文化环境中之所以能够成为一种审美文化批评活动，一方面是依据了其内在的人文关怀理想——这种关怀在根本意义上总是指向人的生命精神的完善而理想的价值实现过程；另一方面，它又必定与当代人的文化建构要求相联系——在这里，有必要进一步指出的是，尽管在经典的美学话语形式中，人、人的生命精神的终极问题总是非常明确地得到了必要的考虑：无论是柏拉图从"理念"的完美性中演绎而来的"美理念"的进化图式，还是康德所提出的不涉及实用功利、道德目的的"审美判断力"概念，抑或马克思有关"人的本质力量对象化"这一实践本体论的美学理想，它们都相当理想化地构造了一种从本体论或认识论上说明人的生命精神及其价值实现的话语形式。然而，正如维特根斯坦所说的：

> 形而上学的非理论性质本身不是一种缺陷；所有艺术都有这种非理论性质而并不因此就失去它们对于个人和对于社会生活的高度价值。危险是在于形而上学的欺惑人的性质，它给予知识以幻相而实际上并不给予任何知识。①

正是这种试图从本体论或认识论方面展开的美学话语，由于其对于"美的本质的追求建立在'这是美的'这句话的反复使用上，而'美

---

① ［奥］维特根斯坦：《逻辑哲学论》，贺绍甲译，商务印书馆 1962 年版，第 20 页。

的'这类词是脆弱的、无力的、多余的"①，"在实际生活中，当人们作出审美判断时，诸如'美的''好的'等审美的形容词几乎不起什么作用"②；特别是，由于经典的美学话语几乎不可能具体突出并确切显示出人的生命精神及其价值实现在当代文化景观中的位置，因而，当它们进入当代文化环境时，往往显得虚弱无力，一定地丧失了其可能具有的话语权力。这不能不说是一种理论上的遗憾。而我们所指称的当代审美文化理论及其批评实践，其全部理论话语都将生成于当代文化的现实之境，并且强调自身同当代文化景观中人的具体生活活动的直接联系。因此，当代审美文化理论的批评话语无疑是可以具有现实力量的。在这样的审美文化批评进程中，理论上的具体关怀品格作为一种有效的价值维度，既可能有力地介入当代文化的现实进程，同时也不失其对于当代文化景观中人的生存实践的价值判断。

尤其是，在人的生命精神及其价值实现面临前所未有的重负、不断遭到拆解的当代文化现实中，从美学话语转型方面来把握当代审美文化理论的合法性，将有益于我们更加全面而实际地考察人的具体生存境遇。毫无疑问，在当代文化的具体现实中，随着"文化作为一种工业产品"日益成为一种现实，随着商品观念大规模地主宰了人的精神世界，随着技术话语对人文价值领域的不断侵入，人的生存实践及其价值实现不断在原有规范基础上受到巨大挑战；现实文化活动的消费性趋向、生命精神的平庸化、大众日常生活价值深度的消解，这些都已经成为当代文化（包括现实中国文化）所面临的一个又一个现实问题。它表明，"在文化中始终有一种回跃，即不断转回到人类生存痛苦的老问题上去。人们对问题的解答可能因时因地而异，他们采取的提问方式也可能受到社会变革的影响，或干脆创造出新的美学形式，但是其中确

---

① 张法：《20世纪西方美学史》，中国人民大学出版社1990年版，第14页。
② ［奥］维特根斯坦：《美学、心理学和宗教信仰讲演与对话集》，牛津，1966，p3.

实没有一项清楚无误的变化'规矩'"①。而这些反映到当代审美文化领域，则产生了诸如艺术"制作"或"复制"的可能性、主流文化意识形态的瓦解与艺术的多元分化趋向、展示性／表演性（Performance）取代艺术活动的深度历史价值，等等一系列具体问题。这些问题的出现揭示出，当代人的生存实践及其价值实现过程所遭遇的各种困惑，实际上正是一系列文化嬗变在人的精神／价值活动领域中的具体表现；它不仅没有否定，相反更加需要那种与现实文化进程相适应的批判理性来引导人的生命精神的现实实践，以便建构起有效的文化发展机制。而当代审美文化理论及其批评活动的合法性，正在于它可以通过一种特定的审美文化批评方式来不断揭示这样的价值理性。即以当代艺术活动中的"技术本体化"现象而言，由于技术力量的实际运作，曾经在经典意义上为艺术提供了基本意义的"创造"概念遭到空前拆解，经典形式的"艺术活动"失去了其在技术语境中的延伸能力，产生出自身的"合法性危机"（Legitimation Crisis）。面对这样的艺术景观，如何从"重写艺术概念"方面来理解"技术本体化"之于当代艺术本身的效度和话语权，就已经超出了经典美学话语的权威形式，而只能通过与现实文化直接关联的当代审美文化批评的现实机制来加以审视和判断，进而从经典美学话语与当代艺术活动的裂隙间，找到一种立足于现实文化之上的批评性把握。

美学如何能够成为一种当代性质的审美文化批评或当代审美文化理论的合法性问题，其关键在于美学和美学研究必须从自身话语转型中，确立起一种与当代文化现实相适应的新的话语形式，在人的生存实践及其价值实现的当代进程中，有效地维护价值信仰的现实目标，为当代文化的合理建构带来真正的希望。

---

① ［美］丹尼尔·贝尔：《资本主义文化矛盾》，赵一凡等译，生活·读书·新知三联书店1989年版，第58页。

二、核心问题与主导性意识

（一）核心问题

当代审美文化理论及其批评实践，为我们寻求美学在当代文化环境中的话语转型方向提供了新的可能性。紧接而来的问题是：这种当代审美文化理论的基本核心又是什么？

在我看来，当代审美文化理论及其批评实践的核心，乃是与人的现实文化境遇密切相关的。实际上，真正深刻的美学观念从来就是一套建立在特定人文关怀基础上的价值体系，无论其能否真正成为特定时代的精神坐标、人文导向，归根到底，美学的深厚文化底蕴即在于其所崇尚的特定价值理想、生命意识及其践行方式。"它关心的远不止是艺术，而涉及了整个人类、个体心灵、自然环境，它不是艺术科学，而是人的哲学。"① 以此而论，寻求、发现并设计人的生存实践的理想生命之境，满足人在精神／价值活动中的自由发展需要和利益，应是美学精神的本质。这一点不仅贯彻于经典形式的美学话语中，而且也能够成为当代审美文化理论的旨归。问题在于，较之经典形式的美学话语，当代审美文化理论之于现实文化的批判／重建，其在自身话语的现实原则和操作方面，更加强调了从实际生成着的文化环境中来关注人的生存现实——在当代生活实践的感性和理性的互通中来把握人的具体境况。因此，在当代美学话语转型中，当代审美文化理论常常更自觉地体现了对于当代文化现实的省察和批评要求。

当代文化的多元嬗变，使得人的生存实践及其生命精神的价值实现，在感性和理性方面都产生了许多实际的问题和矛盾。但是，人的现

---

① 李泽厚：《美学四讲》，生活·读书·新知三联书店 1989 年版，第 47 页。

实的文化境遇与人类长远的文化利益、当代人生命的具体践行方式与人类永恒的精神／价值追求，又总是息息相关。所以，对于当代审美文化理论及其批评实践来说，其核心的工作，就是将那种永恒的、终极关怀性质的美学价值体系，同当代人生存实践的现实文化境遇统一起来；即：当代审美文化理论及其批评实践的目的，在于将那种并不直接呈现为某种文化现实的美学理想、并不立即反映为当代人生存实践及其价值实现的美学形式，落实到当代文化的持续建构进程中，重新形成一套有效而合法的理论话语。正是在这个意义上，当代审美文化理论体现了它作为一种文化批评活动的独特性：

第一，在关注当代人生存实践及其价值实现的具体文化境遇之际，当代审美文化理论没有放弃对于人、人的生存活动以及人的精神／价值追求的关怀，价值理想、长远的生命目的作为一种内在信仰，始终引导着当代审美文化理论及其批评实践以更加切近现实的方式介入人的现实进程；由此，在根本方向上，当代审美文化理论仍然指向了某种美的理想价值规范、生命意识。

第二，美学和美学研究是以人的特定生命精神活动——审美实践——为自己的对象，而人在现实文化环境中的审美实践，又总是具体地表现为有着一定文化意蕴的集体或个体的审美情感、审美观念、审美判断力以及艺术活动，等等；因此，在当代美学话语转型过程中，当代审美文化理论必定直接关涉当代人审美情感、审美观念、审美判断力、艺术活动等在现实文化中的地位和性质，关涉当代人生命精神在具体审美实践中的实现和实现形式。只不过，由于当代审美文化理论的目标，在于寻求和践行人这一自由生命主体在现实文化环境中的自我自觉，因而，它一定程度地突破了经典的美学话语形式的局限，指向了更为广泛的文化方向。

就上述而论，在当代美学话语转型的意义上，当代审美文化理论及其批评实践的核心之处，便是作为自由生命主体——人的生存实践及其生命精神的价值实现在整个现实文化中所遭遇的各种问题。

（二）"批评的观念"

从上述基础上来理解当代审美文化理论的主导性意识问题，我们便有了较为明确的方向。

从学科形态角度来看，当代审美文化的研究和理论，乃属于某种学科边界不确定（甚至取消了传统意义上的学科边界）的当代性学术活动。虽然我们在这里仍然主要着眼于从当代美学话语转型的角度来考虑审美文化理论问题，并且主要是在艺术／审美活动的文化延续性上来分析当代审美文化的各种具体现象，但应该承认，就像我们前面已经多次指出的，当代审美文化理论与其说是一种"美学"，不如更准确地称之为一种当代的文化批评活动。一句话，单纯经验性的美学边界在这里已经被尽可能地超越和突破了。

因此，当代审美文化理论及其批评实践要在人类生存活动和文化建构的现实景观中表明自身的合法性，首选的课题，就是确立自身与其他理论活动、特别是与经典美学所不同的主导性理论意识。因为毫无疑问，所谓"审美文化"，并非仅是一般意义上的个体经验的心灵／意识现象；它超出经典美学一贯的"审美的"判断的抽象范围，进入并展开在普遍的人类历史／文化进程之中，成为一种"审美的文化活动"或曰"文化实践的审美形式"。而"当代审美文化"则更为具体、现实地表征了生活中的历史／文化"隐喻"，表征了当代人在特定文化环境中的生存现实。在这个意义上，正如我们已经指出的，当代审美文化理论突破了我们一般经验中的学科边界，突破了已有的来自经验判断的美学规范；迄今为止，我们还未能为其制订出一份明确的"学科说明书"。

然而，"边界的突破"或"边界的消失"，也许正将一种当代性理论建构的特殊可能性推进到我们的研究兴趣之中。当代审美文化理论有可能在我们已有的美学学科"边缘"，独特地建构起自身特殊的范畴、原则和方法。

作为一项当代性的理论活动，当代审美文化理论的全部特殊性，总是与其主导性理论意识相联系的。毫无疑问，在经典美学范围内，对象之为"审美的"判断对象，其前提是具有经验把握或"对象化"的可能性；对象之为"美"或"不美"，也必定是某种特定"审美经验"的结果。"为了判别某一对象美或不美，我们不是把（它的）表象凭借悟性连系于客体以求得知识，而是凭借想象力（或者想象力和悟性相结合）连系于主体和它的快感和不快感。鉴赏判断因此不是知识判断，从而不是逻辑的，而是审美的。至于审美的规定根据，我们认为它只能是主观的，不可能是别的。"① 若从这样一种"美学"的理论意识出发来理解当代审美文化理论，那么，它便似乎同社会学美学、心理学美学、技术美学等等一样，不过是美学的分支而非美学话语转型意义上的新型理论活动和理论建构。而事实上，以这种经典形态的美学理论意识来寻求当代审美文化理论的建构，将很难完满地回答这样几个问题：

第一，当代审美文化理论的对象，究竟是那个一般经验意义上的个体感性及感性活动形式，抑或是在更加广泛、普遍的领域中所进行的由个体指向群体并最终引导个体全部历史／文化活动的现实实践形式？

第二，人"活着"，因而升华出审美的需要和审美活动。但是，"活着"的人不仅要求获得个体感性的审美满足，而且更深刻地追求自身在整体文化建构过程中的理想性价值的实现。"个体存在的巨大意义和价值将随着时代的发展而愈益突出和重要，个体作为血肉之躯的存在，随着社会物质文明的进展，在精神上将愈来愈突出地感到自己存在的独特性和无可重复性。"② 这样，在人的感性的审美需要、审美活动与人的全面实践形式之间，究竟是怎样的关系？这种关系的当代形态又是什么？

---

① ［德］康德：《判断力批判》上卷，宗白华译，商务印书馆 1965 年版，第 39 页。

② 李泽厚：《康德哲学与建立主体性论纲》，见《我的哲学提纲》，（台湾）风云时代出版公司 1991 年版，第 181 页。

第三，在"美"或"不美"的边界不断变得可疑和动摇的今天，"审美的"判断何以能够继续保持其在人的现实文化活动中的合法性？如果说，"审美"的诗意之境是人的安身立命、终极关怀，它又如何可能照临人的当下具体的文化建构？

显然，这些问题需要有一种新的理论及其理论意识来加以把握。

于是，全部问题便又回到了这样一点上：我们如何确定当代审美文化理论自身的主导性意识？在此，作为一种探讨性的尝试，我们将从"批评的观念"上来把握这种主导性理论意识。质言之，在我们这里，当代审美文化理论的主导性意识，就归结为一种"批评的观念"。

理由有三：

第一，作为已经进入并展开在具体而普遍的人类历史／文化进程中的当代现象，当代审美文化的全部问题乃是"审美的文化活动"或"文化实践的审美形式"问题。这就表明，任何一种当代审美文化现象，都已不再是纯粹经验的感性事实，它总是具体生成于当代人以特定价值要求为根本的全部现实活动中，具体展现着人在现实文化层面上的生存利益和生存方式，展现着人对自身历史的当下要求。也就是说，当代审美文化现象及其生成过程，从一开始就隐喻了当代人生存实践本身的历史／文化精神。因此，有关当代审美文化的考察和研究，在突破既定学科、包括美学的有限性的同时，必须能够积极介入当代历史／文化实践进程，介入当代人的现实生存领域，从而实现当代审美文化理论之于各种当代现象的有效揭示。而"批评的观念"则恰好从理论意识层面上，为当代审美文化理论提供了这种"介入"的可能性：由于"批评的观念"是一种 Consciousness，一种指向理论本身精神内核的主导性意识规范，它不同于一般描述性的评论（critique），而主要是一种针对当代现象本身的建设性批评（constructive criticism）。因此，它一方面将一种解构特性直接带入了对当代审美文化现象的具体批评过程，通过暴露各种文化现象间的复杂关系和现象本身的内在隐喻，使当代审美文化理论的"批评"成为有着特殊、鲜明的具体针对性的现实理性；尤其是，通过艺术和大众生活的审美取向层面，来揭示现实文化进程中偏执化的传统意识形态和"消费意识形态"的双重危机，将使当代审美文化理论的批评实践产生出巨大的警示功能。另一方面，"批评的观念"之解构特性又不是一种单纯破坏性力量，而是凸现了一种对于当代文化价值、当代历史精神的重建意识，即在解构中重建、在批评中建设。因而，"批评的观念"之为一种意识，总是这样或那样地表明了某种对于当代历史／文化进程、当代人生存现实的基本态度，提示着某种完善性建设的要求，其基本出发点总是离不开各种当下现象的具体存在。也因此，在"批评的观念"主导下，当代审美文化理论及其批评实践之于当代历史／文化实践、当代人生存现实的"介入"，本质上便具有了为当代社会、当代人提供文化策略的意义。而这一点，正是我们进行当代审美文化批评的实质所在。于是，强调"批评的观念"，以"批评的观念"作为当代审美文化理论的主导性意识，其实也就是强调了当代审美文化理论及其批评实践之批判与重建相一致的内在建设本性，强调了当代审美文化研究从当代现象本身出发的策略性和设计性。

第二，"批评的观念"之为当代审美文化理论的主导性意识，其客观性决定于当代文化现实、当代人生存实践本身的"审美化"：技术的高度发达，大众传播的日益泛化，以及人与其自身自然本性的急剧分化，一方面不断加剧了人对现实生活之当下的、易逝的感性要求；另一方面，则不断制造了人的文化连续性的中断和历史深度的瓦解，从而使当代历史／文化实践、当代人的生存现实日趋突出了感性的、消费的特征；人的历史／文化实践、最普遍的日常生活活动成为人的"文化消费"的广泛领域，自由生活的目标为一连串迷人的"文化广告"承诺所取代，形成为某种特定的"审美化"景观。换言之，当代生活中感性力量的不断扩张和强化，既将当代历史／文化进程中的创造性价值意识、理性和创造实践平面化了，同时也将人自身在当代境遇中的生存现实平面化了；感性的肆意扩张与弥漫制造了"审美化"本身内在的失落性危机。面对这样一种"审美化"的文化现实与生存实践，仅仅凭借经验性的"客观的"美学描述便将显得十分的软弱无力和缺少针对性。而当代审美文化理论及其批评实践，就是要通过揭示这种"危机"而反拨"危机"本身，以便为当代文化的真实发展提供一种独特的观照方式。因此，在我们寻求当代审美文化理论的主导性意识的时候，不仅要考虑到它对理论范畴、概念的规定，更重要的，是要考虑这种主导性理论意识的现实客观性。"批评的观念"之能成为当代审美文化理论的主导性意识，就在于它从根本上把有关当代审美文化现象的考察、研究，引入了一个具体而现实的客观过程：它并不把当代文化现实、当代人生存实践的"审美化"当作纯粹经验的"美学事件"，而是以一种建立在"现代性"基础上的文化批评理性来把握"审美化"现象背后的种种精神／价值问题，关注这种"审美化"如何可能产生出感性力量的极端扩张。这样，当代审美文化理论对于当代现象中的"危机"的揭示和反拨，就与特定的文化建构理性联系在一起，形成并产生了独具魅力的现实作用；当代审美文化理论不仅成了一种特殊的文化批评理论，而且具有了与经典美学所不同的现实的意识形态性质。

第三，当代审美文化理论之批判／重建的内在建设本性，隐匿着一定的意识形态立场。从某种意义上说，当代审美文化理论及其批评实践总是守持着"意识形态化"的特定理论企图。也就是说，当代审美文化理论与一般经典美学的一个很大的区别特征就在于，当代审美文化理论不是把自身当作一个封闭自足的体系来加以构造；相反，它在直接指向当代人的生存实践、当代历史／文化境遇的过程中，始终保持着高度敏感的现实省察能力，以现实文化问题的特定审美批评，作为自己不断展开的理论活力，并以此强化审美文化批评的可能性前景——当代审美文化研究是对现实文化境遇的一种理智的判断，是对于"现代性"不断展开中的文化与人之关系的审美把握。而"批评的观念"在为当代审文化理论提供主导性意识这一方面，正满足了这种"意识形态化"的企图。当然，这里所谓"意识形态化"，实质是指当代审美文化理论之批判／重建当代历史／文化进程、当代人生存现实的种种策略性设计。

首先，"批评的观念"强化了当代审美文化理论的现实理性，其指向不是维护各种现实存在的具体利益，而是为了更加有效而合法地规范现实文化的未来前景，使现实存在的必然性满足合法性的要求。所以，"批评的观念"在主导性意识方面，有助于实现当代审美文化理论的"意识形态化"追求。其次，"批评的观念"既与一定的现行意识形态相联系，却又并不体现为现行意识形态本身，也不与其发生直接、正面的对抗。在当代审美文化理论及其批评实践中，"批评的观念"主要通过规范解构与重构的方向而潜移默化地制造"批评性力量"的合法化，而不是以单纯破坏性的方式来冲撞现行意识形态的既定秩序。这样，当代审美文化理论的"意识形态化"，也就是实现其在批判／重建的策略方面的合法化：通过对各式当代现象的"审美"表层的剥离，当代审美文化理论在自身的批评行程中，逐步消解了现行意识形态的一元性强制话语权，以对建设性策略的设计而完成自身的"意识形态化"——在"批评的观念"中实现对现行意识形态与审美文化现象间关系的解构与重构。

"天下同归而殊途，一致而百虑"①。"途"即为路向，就是视角。当代审美文化理论就是一种路向，亦即一种对当代历史／文化进程、当代人生存实践的特定视角的选择。依此而言，"批评的观念"之为当代审美文化理论的主导性意识，实际上便是这种特定选择的内在原始规定。当代审美文化研究正是从这个内在原始规定中，延伸出有关"审美的文化活动"或"文化实践的审美形式"的批评性考察活动。

（原载《浙江社会科学》1997 年第 1 期）

---

① 《周易》。

当代审美文化理论中的"现代性"话题

当代审美文化理论及其批评实践要坚守"现代性"的立场，在批判／重建过程中致力于当代中国文化的"现代性"建构。然而，"什么是现代性"及"现代性是否可能"的问题，却又是一个值得当代审美文化理论认真深思的话题。特别是，在一个"后现代"思潮叠起的多元复杂的文化时代，坚守"现代性"不仅要求有一份勇气，更需要在当代审美文化理论及其批评实践上廓清"现代性"的新的诠释前景。

一、文化"现代性"：由启蒙导致的理性权威化运动

"现代性"（Modernity）的问题，从始至终都是与启蒙／理性／主体性等联系在一起的。可以这么说，所谓"现代性"的问题，其实正是启蒙／理性／主体性等所遭遇的自身意义与价值问题。而所有这些，至少在知识学层面上，是西方文化自启蒙时代以来便一直没有真正化解的：面对理性与感觉经验的对立，关于思维与存在如何同一或人类知识的来源及可靠性，一直困扰着人们对历史／文化过程及其价值判断的具体把握。当经验主义者们以经验归纳所建立的综合判断知识为"真知识"时，理性则以其抽象演绎的可能性对此提出质疑；而当理性主义把"真

知识"当作为抽象思维原则所建立的分析的知识时，经验则以其具体的直观性不断否定了这种思维逻辑的客观性。只是到了康德那里，人类知识如何可能的问题终于演变为一场感觉经验和先天认识能力的综合运动：在认识活动中，人运用自己先天的认知能力去整理感觉经验，从而形成具有普遍有效性的科学知识，"一切现象，就其应当由对象给予我们而言，必须遵守一些把它们综合统一起来的先天规则，只有遵照这些规则，它们在经验直观中的关系才是可能的，也就是说，它们在经验中必须依靠统觉必然统一的那些条件，正如在单纯的直观中必须依靠空间和时间这两个形式条件一样；只有凭借这两项条件，一切知识才成为可能的"①。理性的地位最终被确定为替知识立法；理性与感性的关系在人类认识的可能性进程中就此被规定了。

这样，对于文化实践中的人类而言，人类知识及其实践能力的获得与进步，必定同人的主体理性能力相关，而主体理性在"现代性"的文化设计中，又被规定为"启蒙"的义务和责任。

必须承认，这是西方自近代以来启蒙思潮的文化主线，同时也是关于"现代性"话题的实质内容："现代性"的文化意图通过启蒙理性而实施着自己的价值要求，而"让理性当家是高度文明社会的一个典型特征"②。

那么，何谓"启蒙"？用康德在《答复这个问题："什么是启蒙运动？"》中的话来说，就是：

> 启蒙运动就是人类脱离自己所加之于自己的不成熟状态。不成熟状态就是不经别人的引导，就对运用自己的理智无能为力。当其原因不在于缺乏理智，而在于不经别人的引导就

---

① ［德］康德：《纯粹理性批判》A97—110，见《西方哲学原著选读》下卷，商务印书馆1982年版，第298页。

② ［美］克莱夫·贝尔：《文明》，张静清等译，商务印书馆1990年版，第80页。

缺乏勇气与决心去加以运用时，那么这种不成熟状态就是自己所加之于自己的了。Sapere aude！要有勇气运用你自己的理智！这就是启蒙运动的口号。①

显然，在这里，康德是把理性对于理性自身（理智）的自觉自由，当作为启蒙的中心本质；启蒙的前提就是人类先天存在的理性能力，而启蒙的过程则是理性被发掘及理性运用自身权力的活动。不仅人类知识——判断自然与社会的认识内容——必须依靠主体理性的自觉，而且人类一切实践性的历史／文化活动也无不是运用主体理性的过程。于是，启蒙的主题，便成为理性重新确立自身的内在运动；启蒙产生了人类对理性权威的自觉认识和理性的权威实践。一切启蒙话语无非是理性话语。

由此，文化的"现代性"，也无非是一个由启蒙而导致的理性权威化运动；一切"现代性"的文化设计意图，亦即理性意图的自我展开。而且，归根到底，理性及理性的可能性，由于总是与人的主体性的完成联系在一起的，所以，启蒙——理性——主体性，就成为"现代性"的一条贯彻始终的文化纲领。"18 世界为启蒙哲学家们所系统阐述过的现代性设计含有他们按内在的逻辑发展客观科学、普遍化道德与法律以及自律的艺术的努力。同时，这项设计亦有意将上述每一领域的认知潜力从其外在形式中释放出来。启蒙哲学家力图利用这种特殊化的文化积累来丰富日常生活——也就是说，来合理地组织安排日常的社会生活。"② 通过启蒙及启蒙自身，理性为"现代性"的文化设计安排了一种可能的社会秩序；以开发人的主体自觉理性能力为目的的启蒙话语，在"现代性"发展中充当着权威的身份。自此之后，在"现代性"的历程上，

① ［德］康德：《历史理性批判文集》，何兆武译，商务印书馆 1990 年版，第 22 页。
② ［德］J. 哈贝马斯：《论现代性》，见王岳川、尚水编《后现代主义文化与美学》，北京大学出版社 1992 年版，第 17 页。

"各式各样的理性化早已存在于生活的各个部门和文化的各个领域了；要想从文化历史的观点来说其差异的特征，就必须明了哪些部门被理性化了，以及是朝着哪个方向理性化的"①。

二、"现代性"的危机

诚如丹尼尔·贝尔所指出的：

> 西方意识里一直存在着理性与非理性、理智与意志、理智与本能间的冲突，这些都是人的驱动力。
>
> 不论其具体特征是什么，理性判断一直被认为是思维的高级形式，而且这种理性至上的秩序统治了西方文化将近两千年。②

然而，以启蒙/理性为标志和内容的"现代性"文化设计，从一开始就暗含了一个很大的漏洞，这就是：理性权威的自我确立，并没有真正克服人类异化的疯狂过程——当人们打着"正义"和"信仰"的旗帜，进行着一场又一场以牺牲人的生命为残酷过程的"战争游戏"时，这难道能说是人的"成熟状态"？正是在人们指望用理性扫除粗鲁野蛮的狂热而保持一切事物的合理性之际，理性权威的"合法化"却出乎意料地导致人生产出来的物质财富开始反过来奴役人自身；知识成为一种强制性的象征，而并没有像它希望的那样使人真正变成世界和自己的主

---

① [德] 马克斯·韦伯：《新教伦理与资本主义精神》，于晓、陈维纲译，生活·读书·新知三联书店 1987 年版，第 15 页。
② [美] 丹尼尔·贝尔：《资本主义文化矛盾》，赵一凡等译，生活·读书·新知三联书店 1989 年版，第 85 页。

人；理性承诺的"自由"不仅没有像它所承诺的那样真实地实现，反而却排斥了自由的本体。于是，现代以来，对理性的怀疑又始终是人们质疑"现代性"根据的一个基本出发点。"人们感到，启蒙主义作出的通过理性而创造人类走向自由的阶梯的理性承诺已经失效"，"理性注定了必须服从逻辑、服从共同的法则，这样才不失去工具性和明晰性、真实性。究极而言，理性并不对任何事情做判断，它也不能对任何幸福加以承诺，它与自由是格格不入的。"① 这一批评也许过于严厉了，但它却也道出了几份实情。

于是，"现代性"及其文化设计遭遇了危机。从根本上讲，这一"危机"也就是理性的危机本身。而作为"现代性"旗帜的启蒙，则在理性话语的危机中暴露了自身的不足。这一"危机"日益表现了理性话语无限的扩张运动，最终带来了理性权威力量的分裂性矛盾。这里，一方面，近代以来理性主义的绝对化，在人类近百年历史的灾难性面前产生了自身"合法性"的瓦解，"以前，现实与理性相对立并面对理想，这种情况是由想象的自主个人逐渐造成的：现实应按这种理想来塑造。今天，这样一些意识形态将被进步的思想所放弃和超越，这种情况因而不知不觉地促使把现实提高到理想状况的高度。因此，适应变成了一切可以想象的主观行为的标准。主观的、形式化的理性的胜利也是面对作为绝对、强大的主体的现实的胜利"。这种理性绝对性的主观化、形式化的后果，是"正义、平等、幸福、宽容，以及所有在前几个世纪就该是固有的成为理性所认可的概念，都已经失去其理性基础。虽然它们仍然是目的，但并没有得到认可的理性力量去评价它们，并把它们同客观现实联系起来"②。也因此，作为理性的自我自觉运动，"后来启蒙的目的都是使人们摆脱恐惧，成为主人。但是完全受到启蒙的世界却充满着

---

① 王岳川：《后现代主义文化研究》，北京大学出版社 1992 年版，第 151 页。
② ［德］霍克海默：《理性的黯然失色》，纽约，1974，第 95—96、23 页。

巨大的不幸"①。

另一方面，也是更根本的方面，由启蒙所开启的主体理性，在陷入"人文理性"与"工具理性"的分裂与对立的同时，走向了对"工具理性"的全面投降，并使得近代以来关于"现代性"的启蒙话语的理性权威性异化为单纯的科技力量的片面胜利，并最终导致人的主体自主性的牺牲。对此，霍克海默和阿多尔诺在他们合著的《启蒙辩证法》一书中作了很敏锐的分析。在他们看来，启蒙精神在自身发展中分化为"人文理性"和"工具理性"两类：前者以人类精神价值的创造和确立为目的，并力图改变人类被奴役的状态而进入理想之境；后者则使人陷入计算、规范并以度量厘定世界和驯服自然。在早期启蒙运动中，"人文理性"与"工具理性"是和谐统一的，表现为对自由、理性、平等和自然秩序的追求；但是，近代以来工业文明的高度发达却破坏了两者的和谐形式，导致了一种以科技为主导的"工具理性"的急剧扩张。这种"工具理性"绝对地压抑了"人文理性"，突出了标准化、工具化、操作化和整体化，以"精确性"为唯一标准垄断了社会生活和人的文化的各个方面，造成了冷冰冰的非人化的现实，"甚至当技术知识扩展了人的思想和活动的范围时，作为一个人的人的自主性，人的抵制日益发展的大规模支配的机构的能力，人的想象力，人的独立判断也显得缩小了。启蒙精神在技术工具方面的发展，伴随着一个失却人性的过程。""由于放弃了自主性，理性已经变成一种工具。"② 科技的巨大力量取代了启蒙话语的绝对真理之声，理性已堕落为人世间可检验的技术操作的文明规程，其存在仅仅是为了能够被操纵、加工和消耗。因此，在"现代性"的历程上，启蒙话语的理性法则使人脱离了蒙昧却又陷入了"工具理性"的制度化专制；启蒙话语成为一则理性的"神话"，科学却在"工

① ［德］霍克海默、阿多尔诺：《启蒙辩证法》，洪佩郁、蔺月峰译，重庆出版社1990年版，第1页。

② ［德］霍克海默：《理性的黯然失色》，纽约，1974，第21、5—6页。

具理性"的极度膨胀中为这一神话制造了新形式。所以，虽然启蒙话语的绝对性理性功能抬高了人统治自然的力量，但与此同时，也造成了人与自然、人与自身的异化，"人们以他们与行使权力的对象的异化，换来了自己权力的增大。启蒙精神与事物的关系，就像独裁者与人们的关系一样。独裁者只是在能操纵人们时才知道人们"①。最终，曾经以平等、自由、社会公正为开路大旗的理性启蒙，走向了自己的反面："工具理性"的统治权力及其无处不在的"话语暴政"，使人类以内在精神的沉沦去换取外在的物质丰厚，"理性本身，变成了包罗万象的经济结构的单纯的协助手段。理性成了用来制造一切其他工具的一般的工具，它为固定的目的服务，它像生产出对人毫无用处的产品的所有物质生产活动一样，厄运重重"②。理性基本上变异为"非理性"，而启蒙为"现代性"所进行的设计也遭到了毁灭性的拆解。

正是在"现代性"遭受危机的过程中，"后代现性"（Postmodernity）及后现代文化（Postmodern Culture）思潮浮出水面，加速了启蒙／理性／主体性的消解。

问题是："现代性"在原有的启蒙话语形式上的种种"危机"，是否真的已经表明"现代性"的文化设计彻底过时或失效？在当代审美文化理论及其批评实践中，"现代性"理论前景又在哪里？

三、"现代性"的展开

我们曾反复指出，当代审美文化理论及其批评实践，就是要在理

---

① ［德］霍克海默、阿多尔诺：《启蒙辩证法》，洪佩郁、蔺月峰译，重庆出版社1990年版，第7页。

② ［德］霍克海默、阿多尔诺：《启蒙辩证法》，洪佩郁、蔺月峰译，重庆出版社1990年版，第26页。

论与实践相统一的层面重塑"现代性"的文化旗帜，追求当代历史／文化、当代人生存状况的批判／重建。这一设想在"现代性"遭遇危机的今天，是否只是再生了一种审美的"乌托邦"呢？看来，问题的症结还在于：对于"现代性"应该如何加以重新理解？

也许，哈贝马斯所强调的"现代性"是一项"尚未完成的计划"，"现代性"向未来敞开且远未终结，这一观点可以给我们很大的启发。在我看来，"现代性"及其在启蒙话语上所遭致的"危机"，根本上是一种"理性绝对性"的危机，而并不能反映出人类理性本身的全面终结——理性的失效与理性主义的绝对权威意志的失败，这原本是两个不同的命题。事实上，"现代性"的文化设计在启蒙理性的自身范围内，其在具体实践中一再出现的偏差，主要表现为：第一，理性未能真正并始终按照科学、道德、艺术各自不同的范式去发展出自身的合理性。换句话说，对于"科学语言、道德理论、法理学以及艺术的生产与批评都依次被人们专门设立起来"这一文化"现代性"所应该遵循的自律规则，启蒙的理性并未予以坚定地守护，从而导致了理性作为世界主宰的绝对性权力话语的泛滥。而当我们的生活／世界、历史／文化越来越为科学主义的"工具理性"所控制时，"理性绝对性"的分裂便带来了传统启蒙话语的失效和"现代性"设计的困厄。第二，由于作为知识的唯一裁决者的理性无限制地扩张自己的边界，因而，当传统启蒙话语对于生活幸福、公平、自由的许诺为现实生活／世界的残酷性和科技的暴政所摧毁之时，原来那种超验意义上的全知全能的理性（"上帝"）便彻底失落了；理性不再具有超越人类生活的唯一主宰的意义，不再可能成为绝对真理的唯一决定者，而由其"可误性"和"不完全性"决定了启蒙的"神话"功能的丧失。必须承认，这正是"现代性"危机最致命的地方——当启蒙话语奉理性为唯一绝对的人类生活／世界、历史／文化主宰时，在"人文理性"与"工具理性"的灾难性分裂中，不可避免地会产生出理性权威化过程中人的主体性衰败和文化的变异，"它扩大了物质文化的范围，加速了获得生活必需品的过程，降低了安逸和豪华生活的代价，扩大了工业生产的领域——但在同时，它却又在维护着苦役和行使着破坏。个体由此付出的代价是，牺牲了他的时间、意识和愿望；而文明付出的代价则是，牺牲了它向大家许诺的自由、正义和和平"①。

于是，在我们的理解中，"现代性"在当代审美文化理论及其批评实践中的前景，便只能是：

1. 从人的日常生活的审美层面、艺术和艺术活动的文化可能性出发，当代审美文化理论在行使文化批评过程中对于"现代性"的理解，依然标志着启蒙的要求。然而，对于当代审美文化理论及其批评实践来讲，由艺术和艺术活动、人的日常生活的审美层面所践行的启蒙要求，是在当代文化的现实可能性中，尤其是大众时代的具体语境中，不断把对当下历史／文化的批判性反思确立为"现代性"展开的内容。换句话说，"现代性"之于当代审美文化，主要是一种态度、一种特质，而不是一个理性的绝对性概念，也不是一种单纯的时间／空间范畴。

在当代审美文化理论及其批评实践中，启蒙之为"现代性"文化设计的展开，突出了"反叛传统的标准化机能"的功能：对于艺术而言，这种启蒙的过程是对现行秩序和被"合法化"的文化制度的批判性审查，以便由此向人们展示突破现实有限性的文化前瞻姿态；对于日常生活的审美实践而言，启蒙则要在批判中重新找回人的失落的自主性、人性的完整性，在反抗科技主导的"工具理性"的同时，恢复人的自主选择性及其实践，恢复理性生活与感性可能性之间的统一。所以，在当代审美文化理论层面，启蒙意味着一种批判性实践能力的增长，"文化批评"成为当代审美文化理论捍卫自身启蒙力量的主题形式。

2. 在当代审美文化理论及其批评实践中来理解"现代性"问题，

---

① ［美］H. 马尔库塞：《爱欲与文明》，黄勇、薛民译，上海译文出版社1987年版，第71页。

不是把绝对理性奉作为至上的权威和主宰，不是把启蒙当作为现代神话来加以扶持。当代审美文化理论所确立的文化批评姿态，恰恰是要在反抗以往时代理性的唯一绝对性过程中，重建新型的理性与感性统一模式——在这一过程中，启蒙的任务是引领价值领域重新回到人文世界之中，使启蒙成为人文世界中的价值重建活动，而不是为人们制造新的精神霸权。这就意味着，在当代审美文化理论中，"现代性"的文化设计，一方面要对抗"理性绝对性"话语的粗暴强制及其异化，把理性从天上拉回到地上，重新赋予它以人的主体特性；另一方面，"理性绝对性"的被剥夺，并不代表理性的无能，而只是表明在文化批评过程中，当代审美文化理论力图在人的日常生活的审美层面、艺术实践的当代形式中重新恢复理性的合理位置——理性在文化实践中并不具备任何先见之明和先天权力，它只是在人的批判能力的不断增长中，保持自身的有效性——促进其与当代人感性运动的平衡。也就是说，当代审美文化理论之于"现代性"的文化设计，是追求当代文化的重建过程——人与自身现实、现实与理智、理论能力与实践能力、理性规则与感性功能之间关系的重建。特别是，在当代中国文化现实中，面对人的主体性依旧是一个严重的现实价值问题这一境况，强调文化重建的具体针对性，确立人在日常生活、艺术和艺术活动中的主体自主性地位，乃是当代审美文化理论之于"现代性"的首要理解。当然，在这一过程中，必要的理性的增长与人的感性地位的肯定，需要有一种机制来加以制约。这个机制，在我看来，就是现实与理智、理性与感性、人与自身现实之间的交流／对话。而当代审美文化理论在批判／重建立场上来理解"现代性"的文化设计，便需要从当代人的日常生活的审美层面及艺术形式的广泛可能性中，再现这一交流／对话的具体过程。

总之，在当代审美文化理论及其批评实践中，"现代性"的展开依然是一个重要问题，因而，启蒙依然是一个不断"敞开"的过程。只是在这一过程中，理性已不复具有其过去的那种绝对性和唯一性，而成为当代文化"现代性"进程上交流／对话的一极。这里，我们有必要重新理解康德所说的"启蒙运动就是人类脱离自己所加之于自己的不成熟状态"这句话：当代审美文化理论及其批评实践的现实追求，至少是在现实文化活动的日常生活层面和艺术层面，以对"现代性"及其内部关系的新的确认方式，通过批判／重建的文化实践，来逐步实现人与人的文化的真实审美原则。

（原载《北京社会科学》1997 年第 2 期）

"真实感性"及其命运

——当代审美文化的哲学问题之一

　　"美（艺术）/审美"与感性的关系，向来是经典美学理论中最基本的一个话题。

　　当初，鲍姆加通在设定"Aesthetics"为"感性认识的科学"时，所依据的就是人的"低级认识能力"/感性与"美（艺术）/审美"间的特殊关系原则：当鲍姆加通提出"美学的目的是感性认识本身的完善（完善感性认识）。而这完善也就是美"，认为"感性认识的美和审美对象本身的雅致构成了复合的完善，而且是普遍有效的完善"①。很显然，他把感性及"感性的可能性"与"美（艺术）/审美"及其可能性，当作了在认识论维度上直接同一的对象和过程而引入他的"理论美学"之中。"'混乱的观念'可以有一种可为感觉感知的它自己的秩序。美的观念中似乎就包含着这样的先决条件"，"鲍姆加通就想到在沃尔夫的逻辑学，即清晰的认识方法前面增添一门更在先的科学，即感觉的或朦胧的认识方法，叫做'埃斯特惕克'"②。事实上，无论在鲍姆加通之前或之后，感性与"美（艺术）/审美"之间的错综纠缠，始终令美学家们或

---

① ［德］鲍姆加藤：《美学》，简明、王旭晓译，文化艺术出版社1987年版，第18、20页。
② ［英］鲍桑葵：《美学史》，张今译，商务印书馆1985年版，第241、240页。

兴奋，或烦恼，或彷徨；也因此，它在整个经典美学理论中便具有了相当特殊的地位，成了美学的老问题。

然而，这个"老问题"在当代文化现实、当代人生存实践的"审美化"景观中，却不断引发出一系列新的问题，从而使它在不断被"颠覆"的同时，也不断重构出种种新的理论可能性。也许，马尔库塞的一段话可以表明美学中的感性问题在当代审美文化理论中的阐释前景：

> 感性的世界是一个历史的世界……感官遭遇和领悟的对象，是特定文明阶段的特定社会的产物，而感官反过来，又被引向它们的对象。①

正是由于感性与"美（艺术）/审美"在当代文化关系上的新的可能性，因此，当我们希望实现当代审美文化理论在思辨上的深入性时，就不能不把感性及"感性的可能性"纳入批评范围之中——尽管在我看来，当代审美文化研究作为一项新的理论活动，在叙事话语、范围和目标等方面，已成为一种广泛的文化批评活动，但是，就其作为一种特定"审美文化批评"的出发点而言，它实际上仍然内在地寓含了有关"美（艺术）/审美"问题的当代文化阐释价值，"感性"的话题依旧是它所关注的对象②。

特别是，把感性及"感性的可能性"作为当代审美文化理论及其批评实践的基本问题，也表明了我们对于各种当代审美文化现象所隐喻

---

① ［美］H. 马尔库塞：《审美之维》，李小兵译，生活·读书·新知三联书店 1989 年版，第 111、118 页。

② 何况"感性"问题在当代审美文化扩张与危机的双重性中所占有的地位，使得"当代审美文化现象"在很大程度上就直接呈现为某种"感性原则"的再现，"这不仅突出体现了文化准则和社会结构准则的脱离，而且暴露出社会结构自身极其严重的矛盾。"（［美］丹尼尔·贝尔《资本主义文化矛盾》，赵一凡等译，生活·读书·新知三联书店 1989 年版，第 119 页）

的当代人生存状况的关怀态度，这种态度在理论上联系了两个方面的思考：

第一，在当代历史中，文化现实及大众生存实践的"审美化"所隐喻的"物质主义"精神特征，根本上表明了当下生活在"现实感性"层面上的意识形态颠覆性。

第二，在当代审美文化理论中，感性及"感性的可能性"联系着"真实感性"的基本规定；作为当代审美文化理论的思辨性命题，"真实感性"所要求的本体论上的创造性意味，与作为当下生活具体辩护的"现实感性"之间，存在着本体性的差异。这种差异一方面构成了当代审美文化领域中"感性主义"的泛滥，另一方面也潜伏着对文化建构意义的价值消解。

一、"真实感性"

卡尔·雅斯贝尔斯曾经以一个思想家的洞察能力，对现代人类的精神处境进行了深刻分析：

> 有关人类处境的问题，一个世纪多以来，已经变得愈来愈重要；而每一世代都尽力想要根据自己所得到的启示，来解决这个问题；……由于这个世界，就我们目前所知，并不是一成不变的，我们的希望也不再寄托在超越者身上，却已经落实到尘世的层次；它可以由我们自己的努力而改变，因此我们对于现世寻求圆满的可能性充满信心。①

---

① ［德］雅斯贝尔斯：《当代的精神处境》，黄藿译，生活·读书·新知三联书店 1992 年版，第 1、3 页。

这一看法，对我们具有很大的启发。事实上，从当代文化现实来看，这种从"现世寻求圆满的可能性"，正不断促使当代人越来越具体地把生存实践的前景托付给了某种感性的"完满"与欢悦。人们在经历了长久文化演变过程的心灵痛苦和精神焦虑之后，在当代生活境遇中发现了某种足以为当下生活活动提供享受／消费根据的感性生存形式——这种生存形式的普遍化，借助技术方式和大众传播活动，不断演化为人的一种当下价值态度，演化为大众的生活意志。在某种极端形式化的美学认识中，这种感性生存形式即表现为当代文化现实、当代人具体生活过程的"审美化"：当下生活被确认为一种轻松、嬉戏的感觉对象，现实文化的价值实践被确认为不断以一种"工艺"方式而"诗意"表现的消费体系——尽管"诗意"早已不再是创造性深度上的自我精神的历史实践与体验，尽管"诗意"不过是感官的高度快悦的抚慰，但它却是人在当代境遇中为自身建立的生存庇护。

面对这种普遍的文化景观，在我看来，当代审美文化理论及其批评实践的一个很重要的课题，莫过于从人的当下生活享受／消费的生存形式及其普遍化中，批判地考察其形式化美学认识的根据——"现实感性"的存在及其活动，从而在剥开当下生活的绚烂外衣之际，深刻展示当代审美文化领域的"感性可能性"及其表征危机。为此，我们有必要从"真实感性"的质的合法性方面，来把握当代审美文化的诸种现象。

这里，所谓"真实感性"的命题，必须从人的基本生存能力和文化实践能力的主体性根据方面来加以领悟。

> 人不仅通过思维，而且以全部感觉在对象世界中肯定
> 自己；……

> 只是由于人的本质的客观地展开的丰富性，主体的、人
> 的感性的丰富性，如有音乐感的耳朵、能感受形式美的眼睛，

总之，那些能成为人的享受的感觉，即确证自己是人的本质力量的感觉，才一部分发展起来，一部分产生出来。①

马克思在《1844年经济学哲学手稿》中所说的话，表明了一个事实，即人的感性力量、感性活动的发展，不仅构建了人的全部自然史，而且书写着人的文化的全部精神历史。而对于当代审美文化理论来说，内在于人和人的活动之中的"真实感性"，就体现着人之为人的本能的和生命情感的运动；"真实感性"的本质，在于人作为物质性存在和精神性存在相一致的整体性，在于这种整体性的和谐发展。因此，在一定意义上，"真实感性"的质的合法性，就在于它是人为自己所确立的一种价值实践尺度，人在这一尺度中确定着整合其他多种目标的自我根据，同时也为自己确定了基本的生存实践形式。

而在"美（艺术）/审美"与感性的无可争辩的文化关系中，"真实感性"之为人的基本生存能力和文化实践能力，不仅内化了人的物质动机，而且内化了人的理智、理性。在人的生存实践的历史进程中，"真实感性"将人的肉体的、物质的发展要求，同人的精神和心灵的价值意识联系在一起，在人性的价值维度上同构了两者的整体性要求，从而"人以一种全面的方式，也就是说，作为一个完整的人，占有自己的全面的本质"②，使"自然人化"和"人的对象化"体现为真正人性的创造性表现。也因此，"真实感性"在美学意义上，绝非单纯生物性的东西，而恰恰是超生物性的存在——尽管它仍然以生物性的个体现实活动为基础。"真实感性"成为人在日常生活的审美实践方面的主体性基础，成为"美（艺术）/审美"的本体，而"在自由直观的认识创造、自由意识的选择和自由享受的审美愉悦中，来参与建构这个本体，这一由无数

---

① 《马克思恩格斯全集》第42卷，第128、129页。
② 《马克思恩格斯全集》第42卷，第126页。

个体偶然性所奋力追求的，即是历史性和必然性"①。于是，"真实感性"不仅在理论上，而且在实践上，决定了感性与"美（艺术）/审美"的文化关系，并为人的审美/艺术活动乃至全部文化价值实践提供了创造性根源。

把感性问题从单纯经验性的经典美学范围，具体引渡到融批判与重建为一体过程的当代审美文化理论，正是在"真实感性"的本体性意义上，关注着感性与"美（艺术）/审美"在人的当下生活中的具体变异关系，关注当代审美文化现象的价值维度。也可以说，当代审美文化理论及其批评实践所要求的，正是从感性及"感性的可能性"方面来理解当代文化现实、人的生存实践的"审美化"现象，在"真实感性"的现实变异中来理解作为当代文化喻像的"美"，并由此具体肯定着：

第一，"真实感性"对人在现实关系中的压抑性满足的冲破与挣脱。可以认为，以形式化的美学认识而言，当代人通过享受/消费的感性生存形式所得到的"自由生活"，较之过去任何时候都更为广泛：当"闲暇""休闲"不仅作为经济学名词，而且是一种当代人的生存观念和价值态度，它表明，在人的当下生活享受/消费的具体直接性中，"现实感性"已经扩张到了前所未有的程度。即如"XO 马爹利"不只是一种酒的品牌，而且是一种特定的生活感受、一种在感性方式上极度挑逗了人的享受/消费欲望而又为这一欲望的满足赋予了"审美的"外观的自由形式，由"现实感性"所带来的生活享受/消费的"自由"实践，已经从生存观念和价值态度方面完成了当代人对于当下生活的"审美的"享乐。然而，这种"自由"的获得，却在根本上割裂了人的物质性存在与精神性存在相一致的整体性：在"现实感性"的扩张中，"自由"作为当下生活享受/消费的满足，已丧失了它与人的本体生存的联系，成

---

① 李泽厚：《我的哲学提纲》，（台湾）风云时代出版公司 1991 年版，第 217 页。

为一种人所永远渴望却又无法真实占有的"形象"（"影像"），"事物变成事物的形象的过程，然后，事物仿佛便不存在了，这一整个过程就是现实感的消失，或者说是涉指物的消失"①；"自由"成了人对当下生活的纯粹消费的感性，而失去了与人的价值理性的平衡，因而也失去了自身创造性生成的前景。"它不断地改变享乐的活动和装潢，但这种许诺并没有得到实际的兑现，仅仅是让顾客画饼充饥而已。"②在这种广泛的"自由"中，人越来越依赖于社会的物质／商品关系，当下生活则越来越成为社会的对象而非人的理性自觉的活动："现实感性"的力量以及它对于人的具体生活的享乐功能的夸张，把当下生活过程中的人引向了永无止境的忙忙碌碌，使人们为了获得并保持这种"自由生活"的"形象"（"影像"）而越来越深地退回到由现代技术、大众传播所编制的"审美化"空间——这一点，也正是发达的广告业日益发达并自称为"艺术"的前提所在，因为正是"现实感性"的无限扩张制造了现代广告业对于当下生活的装饰功能，使得类似柯达胶卷的"美好生活从这一刻开始"的许诺获得了空前的生活统治权，而广告的装饰效应又无疑加剧了"现实感性"在人的当下享受／消费活动中的膨胀。

于是，当下生活被"审美化"地"自由"享受／消费的同时，也逐渐制造了人的另一种形式的压抑性生存关系——当下生活"审美化"所依赖的"自由生活"过程，乃建立在个体享受／消费的满足形式上，而个体享受／消费活动之于技术、大众传播的屈从，则在"现实感性"的极度扩张中，深陷于现实关系的制度性结构；个体实践本身因此被当下生活所同化，失去了创造性地建构自身全面实践能力的主体性基础。

---

① ［美］弗·杰姆逊：《后现代主义与文化理论》，唐小兵译，陕西师范大学出版社1986年版，第204页。

② ［德］霍克海默、阿多尔诺：《启蒙辩证法》，洪佩郁、蔺月峰译，重庆出版社1990年版，第131页。

生产力的发展、不断增长的对自然的支配、商品生产的扩大和改进、货币以及普遍的物化，伴随着新的需要，创造了更大的享受的可能性。但是，这些享受的现存可能性却使人处于困境之中……追求享受的活动不能实现它们自己的意图。甚至当它们实现其意图的时候，它们仍旧不是真实的。①

而在当代审美文化理论及其批评实践中，这种人在现实关系中的压抑性满足，不仅表明了当代文化中物欲流行的实践危机，同时也从另一个维度反映出"真实感性"命题在当代文化境遇中的基本意义：因为很显然，在当代审美文化理论中，作为人的超生物性的主体性根据，"真实感性"在构造人的基本生存能力和文化实践能力的过程中所表达的，是个体人性的历史深度；它所张扬的，乃是人的创造/享受、生产/消费的整体生存利益，而不是形式化美学认识上的享受/消费的"自由生活"：它所强调的，是人"不能回到人类之前那种动物与自然和谐相处的状态，他必须着手发展他的理性直到他成为自然的主人，他自己的主人"②。换句话说，"真实感性"这一命题在当代审美文化理论中的实质，在于把人的生活欲望、欲望的满足理解为个体主体性的自由与解放，理解为人对自我生存的本体性体验，并以此充分强化人在现实关系中的主动创造性和批判性。正是在这一维度上，"真实感性"作为当代审美文化理论的重要命题，体现了对于现实文化关系中的压抑性结构的批判，以及对于人在自身整体生存利益上的全面满足的把握。

首先，"真实感性"超越了由现代技术、大众传播媒介所制造的当下生活享受/消费的"审美"幻觉，在个体主体性的自由自觉中，反映出人在精神与物质两方面的整体性存在本质，使人的生存需要得以超越

---

① ［美］H. 马尔库塞：《现代文明与人的困境》，李小兵等译，上海三联书店1989年版，第343页。

② ［美］E. 弗洛姆：《健全的社会》，孙恺详译，贵州人民出版社1994年版，第18页。

有限的物质世界及其生物性现实，深入到人的"内在生活"的历史深层，成为当下生活及其所依附的现实关系的一种批判性力量，而非单纯的屈从。

其次，"真实感性"在超生物性的本体意义上，冲破了人在现实关系中依赖享受 / 消费生活所得到的压抑性满足，即破除了形式化美学认识之于生活"感性"的片面性，破除了"现实感性"之于人的当下生活的纯粹物欲动机，从而在"美（艺术）/ 审美"与感性的完整联系中，建立起人对当下生活的要求，创造性地完成当下生活的审美建构——在人之为人的本体基础上实现生活的高度自由性与个体实践的创造性。

可以认为，对人的现实文化关系中的压抑性满足的冲破与挣脱，从"真实感性"命题方面，体现了当代审美文化理论的特殊意义，即：在人的生存本体层面，重新阐释了人的生活与普遍性美学原则的真实联系——"真实感性"的主体性要求与人的生存实践之间的关系，决定了感性与"美（艺术）/ 审美"的内在联系必定成为我们批判地考察当代审美文化现象的一个基本出发点，而当代审美文化理论的诸多批评性话题，恰恰揭示了"现实感性"与"真实感性"之于人的生活的不同利益。

第二，"真实感性"对人的文化想象力的建构，重新整合了人类审美文化领域中感性与理性的内在统一性。应当指出，在当代审美文化理论及其批评实践中，感性与"美（艺术）/ 审美"的关系，不仅在一般意义上指明了人的自由前景，而且，它还通过"真实感性"的命题，提出了人的文化想象力如何可能的问题——这一问题的现实性，直接根源于人在当代生活境遇中所面临的想象力危机："现实感性"中"物欲"的极度膨胀，不仅逐步取消了人的理性的冷静空间，而且也腐蚀着人在现实关系中的创造性敏感；当下生活享受 / 消费的丰富诱惑，既掩盖了精神领域深度追求的匮乏，也带来了人的文化历史感的相对衰退。人"除了追求一些有实际效用的具体目标外，不想去发掘自己的能力；

他没有耐心去等待事物的成熟，每件事情都必须立即使他满意，即便是精神生活也必须服务于他的短暂快乐"，"人们完全意识到自己生活在这样一个时代：新的世界正在形成，往事的价值日趋降低"①。这种文化想象力的危机，既是当代审美文化的现实处境，同时也是个体主体性的陷阱。因此，"真实感性"作为当代审美文化理论的重要命题，由于其内在本质的规定，决定了它必定从感性与理性在审美文化发展中的统一性方面，重新厘定人在当代生活境遇中的文化想象力建构，并以此产生超越现实危机的批判性，形成对于当下／未来、现实／理想、情感／理智的新的想象性要求。这种新的想象性要求，在现实危机的创造性超越方面，不仅在满足人的本体生存利益中不断延伸了当代人的个体实践能力，完善着个体实践的具体方向，而且，它也不断促进着人在当代生活境遇中的创造性功能的持续深化，在扩大当代文化创造空间的同时，改善着这一空间的现实形式——个体生命的现实发展不是受制于纯粹外在的、制度化的物质形式，不是局限在当下生活享受／消费的"自由"欲望之中，而是活动于自身功能的创造性生成和延续中，活动于自我生命的整体性联系中；当下生活不仅体现了享受／消费的价值，而且是创造性意志的展开及其与享受／消费活动的真正统一。在这样的文化创造空间中，人们完全有理由相信，"他不断需要找到更新的办法来解决生存中的矛盾，找到更高一级的形式来与自然、与他的同胞、与他自己相结合，而这种需要就是他的精神动力的来源，也是他的各种感情、爱恋以及焦虑的源泉"②；也完全可以相信，建立在"真实感性"基础上的个体实践，既构造了现实文化关系的直接感性前提，同样也构造了文化价值的超生物性的精神必然性。正是在这样的文化创造空间中，"真实感性"之于人在现实关系中的压抑性满足的冲破与挣脱，产生着想象力的创造

---

① ［德］雅斯贝尔斯：《存在与超越》，余灵灵等译，上海三联书店 1988 年版，第 173、174 页。

② ［美］E. 弗洛姆：《健全的社会》，孙恺详译，贵州人民出版社 1994 年版，第 19 页。

性建构——作为人的文化想象力的建构力量，"真实感性"在生存活动的本体维度上，实现着人对于自我生命的自由体验，以及对于文化创造的审美想象；它不仅批判地面对了人的现实生活境遇，而且包含着对文化理想的重建意义。

进一步说，"真实感性"对于人的文化想象力的建构，也具体整合了人类审美文化领域中感性与理性的统一性：人的文化想象力不仅内在地联系着人的感性能力，而且决定于感性的经验内容——历史地被知觉的文化活动、对象世界；这一感性的经验内容不仅由智慧的心灵、理智的认识活动所构成，而且遵循着世代相传的、活跃于人的整体文化思维之中的概念逻辑，依据了作为经验总体的理性过程及其维度。也因此，人的文化想象力的建构，不仅表现着感性和理性在人的普遍性文化实践中的内在统一性，而且表现着感性与理性在人类审美文化领域的相互运动——就个体实践在审美文化领域（艺术、日常生活）总是不断通过追求"美（艺术）/审美"维度的实现而表现自身价值这一点而言，"美（艺术）/审美"的维度不仅闪耀着感性的光辉，也昭示着人类理性的自由自觉。当人类审美文化不断肯定和确认着自身对人的生存世界的改造，人的文化想象力的自由功能便在感性和理性的内在统一中得到了历史的实现。于是，"真实感性"对于人的文化想象力的建构，在具体整合感性与理性的内在统一性方面，不断激发了人们超越各种现实关系的想象性要求，并在这种想象性要求和当下生活的可能性关系中，推进人类审美文化的创造性实践，构造人自身自由而美的生活前景。"想象力……将会把它的生产力转向对经验和经验世界的彻底重建。在这个重建中，美学的历史地位将得到改变，美将在对生活世界的改造中，也就是说，在成为艺术作品的社会中表现出来。"①

---

① ［美］H. 马尔库塞：《审美之维》，李小兵译，生活·读书·新知三联书店1989年版，第126页。

总之，当代审美文化理论"真实感性"命题的现实价值，正在于：一旦它获得自身真实的实现，便将作为一种主体创造性实践力量，通过人和人的活动，实现人在生存本体层面对于现实关系、当下生活的重建——这种重建在缔造人与世界的真实美学关系的同时，将把这种关系及其缔造过程不断转化为现实关系、当下生活的批判力量，从而深刻地满足人以审美/艺术方式真实地塑造生活过程、享受现实的文化潜能和生命欲望。这一点，也正如马尔库塞所说：

> 沟通着感性和理性的想象力，当它成为实践的东西后，就是"生产性"的东西了，这意味着它在现实的重构中成为一股指导力量；……对社会的根本改造，意味着把新的感性与新的理性结合起来。
>
> 想象力也可以变成生产性的：只要让想象力成为沟通以感性为一方与理论理性和实践理性为另一方的中介。①

二、"现实感性"："物质主义"与"有用性"

从感性和"感性的可能性"方面对当代审美文化理论之"真实感性"命题的思辨，并非只是理论层面的抽象话语；相反，正如我们反复声明的，"真实感性"命题的现实根据，正是人在当代文化现实、当代生存实践的"审美化"过程中所面临的感性危机本身。

因此，在当代审美文化理论及其批评实践中，"真实感性"这一命题便具体引出了下面两个问题：

----

① ［美］H. 马尔库塞：《审美之维》，李小兵译，生活·读书·新知三联书店1989年版，第113、119页。

问题之一：当代生活在人的"现实感性"方面的意识形态颠覆性，其具体生成形式如何表明了"真实感性"在当代审美文化中的分裂？

对于这一问题，我们须从两个方面来考察：

第一，"现实感性"在当代生活中的性质。

当代生活的种种具体境遇表明，在文化现实、人的生存实践的"审美化"进程上，人的"现实感性"集中体现了当代审美文化领域的"物质主义"精神特征。也就是说，"现实感性"作为当代人的个体实践的直接基础，一方面表现为人在当代生活境遇中的自我文化感受方式，另一方面，又表现为当下生活的实现过程。在总体上，"现实感性"体现了当代"审美化"文化形式的"工艺性"要求，即感受活动的"物欲"动机和具体实现过程的物质积累形式的一致性——"审美化"在"工艺"性质上成为当下生活的文化"包装"，其所完成的，是当下生活在享受／消费形式上所具有的丰富的物质前景、当下生活"物欲"满足的感性规定；物质／商品生产规模的不断扩大、物质／商品积累的日益迅速，极大地刺激了当下生活中人的"现实感性"的物欲动机，高度充实了人与当下生活之间关系的物质性内涵。由此，"现实感性"作为个体实践的现实基础，演化出个体实践中物质利益的纯粹性；当代文化现实、人的生存实践的"审美化"则成为"现实感性"在当下的具体表现，根本上充当了"物质主义"精神特征的生活象征，其中隐喻着："现实感性"在当下生活的现实展开中，以文化现实、人的生存实践的"审美化"方式抬高了"物性"的价值，直接肯定了人在具体生活中的物质需求，而在这种需求中，"人们因物质上不能满足而产生的无意识痛苦也精神化了。这种痛苦必定迫使人们去消除物质上的不满足"[①]。于是，在90年代中国经济迅速发展的同时，我们可以看到，诸如《北京人在纽约》《东边日出西边雨》等影视剧所编织的，便如同"桑普"电

---

① ［德］阿多尔诺：《否定的辩证法》，张峰译，重庆出版社1993年版，第90页。

火锅的广告，是一种"好吃看得见"的"物性"文化"影像"——无论编剧和导演们如何一本正经地编织那一串串"王起明式"的"创业"神话，其实，它们根本上是在向人们展示一场感性的全面出击、一种把物质的胜利转化为生活快乐的感性功能，观众在其中获得的视觉快感，正是"现实感性"的物欲动机在现实关系下的成功经验：它以"审美化"方式消除了"人们因物质上不能满足而产生的无意识痛苦"。

第二，"现实感性"的生成形式。

"现实感性"在当代生活中的生成形式，体现了特定意义上物质享受/消费活动的持续性。也就是说，"现实感性"在当下生活中呈现为享受/消费需求对于人的"有用性"，它产生了人"对自己有利"的生活现实的充满愉快感的追求。这种"现实感性"之于"有用性"的呈示，不仅表达了"现实感性"在当代生活境遇中的生动活跃性，而且表明了"审美化"何以能够在当下生活中极端夸张地获得表现的原因——在物欲的现实满足中，"现实感性"把人对当下生活的具体经验同化到"对自己有利"的情感需要上，"对自己有利"再现了"现实感性"以文化现实、人的生存实践的"审美化"方式对人的物欲要求和操作规定。由此，"有用性"作为"现实感性"的具体呈现，把人在当下生活中的愉快感确定为享受/消费的现实满足，包括物欲权力的运用、生活狂想的表达等，均指向了这种"有用性"的愉快感。也正因为这样，当代审美文化实践在以日常生活为目标体系的过程中，决定了人在"日常生活中的满足是两种主要成分：愉快和有用性的混合物。出现在这两种成分中的强度和持续性因素，决定着一个人在多大程度上可以说自己对日常生活'满意'或'满足'"①。就像当代艺术作为当代审美文化的一种实践样式，为了突出并确切地表达人们对这种"有用性"的愉快感的需要，便以满足大众感性的作品形式来不断调和现实的东西与

---

① ［匈］A.赫勒：《日常生活》，衣俊卿译，重庆出版社1990年版，第272页。

可能的东西之间的紧张关系，"美"在艺术话语中成了一种"对快乐的承诺"。

从以上两个方面，不难发现，"现实感性"在当代生活境遇中的"物质主义"精神特征及其在享受／消费活动中对人的"有用性"的愉快感的激化，从"感性的可能性"方面，揭示了"真实感性"命题在当代审美文化领域的精神分裂。它表明，在当代生活境遇中，文化现实、人的生存实践的"审美化"，在张扬"现实感性"的"物质主义"精神特征过程中，颠覆了"真实感性"的本体性意义，以"现实感性"之于"有用性"的愉快感取代了"真实感性"之于自身同"美（艺术）／审美"关系的根本要求。如果说，在人类审美文化实践中，"真实感性"作为一种个体实践的主体性根据所规定的，是人的生存活动在感性与"美（艺术）／审美"关系上的创造和感受的沟通，那么，当代文化现实、当代生存实践的"审美化"本来应该体现出真正人性的历史性特征，即物质实践对于人之为人的整体文化创造利益的归趋与服从、物欲的感性满足之于人的长久历史实践的创造性价值意义。而事实上，无论是"现实感性"的性质，还是其生成形式，都具体表明了当下生活的物欲支配权力和人的享受／消费的感性利益。在"美（艺术）／审美"的幻觉实现——"审美化"形式中，当下生活强化了"现实感性"的"有用性"，却取消了人的文化的深刻历史性和持久性。尤其是，当"现实感性"以其"排他主义"特征——"只要满足仅仅从愉快产生，它就是排他主义特性。在达到自己利益中的个人满足也同样如此"①——剥夺了当代人在现实文化关系中的其他文化想象力，使人的生活仅仅服从于"对自己有利"的愉快感，那么，在当代审美文化领域，"现实感性"的发展便具有了影响深远的意识形态性质：人在快乐地享受／消费当下生活之际，当代文化现实、当代人生存实践的"审美化"进程已然蜕变为

---

① ［匈］A.赫勒：《日常生活》，衣俊卿译，重庆出版社1990年版，第275页。

物欲形式的充分扩张，人在其中的"愉快感"成了"现实感性"对自身支配性权力的肯定性话语，这种"完全是以现实为基础的语言，只是使人们迫不及待地去达到现实中所提出的活动目的的手段"①。于是，当代文化现实和当代人生存实践的"审美化"就成了人的物欲包装、历史的"感性化"。

三、"感性主义"的消解功能

问题之二：当代审美文化中的"感性主义"泛滥，其消解性如何在"真实感性"命题中得到批判性阐释？

对此，我们在前面的叙述中已经一定地涉及了。这里所要进一步强调的是：

第一，"现实感性"在当代生活境遇中之于"真实感性"的分裂，使得当代文化在"审美化"日趋表面性的扩张中，不断推进了自身"物质主义"的精神特征，而"物质主义"精神特征所对应的，正是当代审美文化的"感性主义"泛滥：感性在总体上成了当代审美文化的具体表象，构成了当代生活的直接利益。这里，"感性主义"一方面无限制地扩张了人在当下生活中的物欲动机；另一方面，又巧妙地为这种物欲掩上了一层"诗意"的审美包装，使得物欲的生物性利益在幻觉性的审美满足中取得了自身独立性，成为个体实践的堂皇理由。这一点，正像杰姆逊教授在论述后现代文化的深度模式丧失时所指出的："现在人们感到的不是过去那种可怕的孤独与焦虑，而是一种没有根、浮于表面的感觉，没有真实感。这种感觉可以变得很恐怖，但也可以很舒适。"② 正是

---

① ［德］霍克海默、阿多尔诺：《启蒙辩证法》，洪佩郁、蔺月峰译，重庆出版社1990年版，第133页。

② ［美］弗·杰姆逊：《后现代主义与文化理论》，唐小兵译，陕西师范大学出版社1986年

由于感性与物欲的合谋，策划了一起又一起令大众觉得"很舒适"的生活享受／消费的事件：从 20 世纪 90 年代"休闲"风潮的涌起，到津津有味地讨论"家庭轿车何时进入中国家庭"，再到 1995 年中国电影发行公司在"十大进口巨片"上的全面成功，感性与物欲的合作被推向了空前"诗意"的地步——这样，在当代生活境遇中，感性与"美（艺术）／审美"的关系，已经直接演变为由"感性主义"所表象的物质生活享受／消费的直观性；"审美化"的文化由于"感性主义"的实现而成为"形象"（"影像"）文化的存在。反过来说，这种"感性主义"的不可避免，既成功揭示了人以本能方式存在的生物性根据，同时也成功地掩饰了这种生物性根据的赤裸裸的物欲体验：这种物欲体验在"现实感性"的巨大支配下，同形式化美学认识的"审美的"表象产生了某种联系。由此，"感性主义"为"物质主义"的当下利益谱写了一出"浪漫"轻歌剧。

第二，由"现实感性"在当代文化现实、当代人生存实践中所制造的"审美化"表象，反映出"感性主义"在与"物质主义"精神特征相表里的一致性中，对于人类文化本体性构造的极端消解；这种"消解"，恰恰构成了当代审美文化的某种消极意义。这种"消解"主要表现为：首先，对现实与未来关系的真实美学意义的解构。作为人类文化本体构造的内容，现实之于未来可能性的具体实践，总是隐喻着人在文化创造价值上的某种想象力，而未来之多种可能性的意识形态特征，则具体制约着现实实践的利益。这种现实与未来关系的普遍性，也同时决定了感性与"美（艺术）／审美"在日常生活方面的关系，决定了现实与未来关系的美学本质。然而，在当代生活境遇中，这种现实与未来的本体关系，却在"感性主义"的极度自我夸张中失去了存在的现实根据。"现实感性"的片面独立性、"物质主义"精神特征的具体要求，以

版，第 190 页。

"感性主义"的表象形式再现了人在当下生活中对于未来可能性的冷漠，以及对于现实过程的当下利益的执着。"想象力一直避免不了物化过程。我们被我们的形象所把握，忍受着我们自身的形象"，"这种美学和现实的可恶结合，摈弃了那些把'诗的'想象力同科学和经验的理性对立起来的哲学"①。于是，在今天这个时候，人在不断扩张而超越命运时，已同时失去了一种本真的生命虔敬。当下生活的物质享受 / 消费的无限欢悦，使"现实感性"成为唯一可能为人的生存需要所提供的根据；现实与未来的关系由于感性与"美（艺术） / 审美"关系的主体性根据的丧失，而被割裂为单纯当下性的满足形式：文化现实、人的生存实践的普遍"审美化"因此成为当下性的叙事话语，舍弃了对未来的想象性能力，并完成了"现实感性"对于人的生存本体的消解。换句话说，对于"现实感性"的要求来讲，"物质主义"与"感性主义"的"诗意"结合，既搭造了人们踏上当下生活享受 / 消费的阶梯，同时也在当代文化现实和人的生存实践的"审美化"中体现了"未来"的虚无。它再一次证明，作为当下生活的物质享受 / 消费，"享乐意味着全身心的放松，头脑里什么也不思念：忘记了一切痛苦和忧伤。这种享乐是以无能为力为基础的"②。

其次，对当下生活深度历史的潜在抹平。这一点，可以借用马尔库塞在《单向度的人》中的一段话来加以领悟：现实关系中的文化"产品有灌输和操纵作用；它们助长了一种虚假意识，而这种虚假意识又回避自己的虚假性"。马尔库塞紧接着指出：

> 随着这些有益的产品在更多的社会阶级中为更多的个人所使用，它们所具有的灌输作用就不再是宣传，而成了一种

---

① ［美］H. 马尔库塞：《单向度的人》，张峰译，重庆出版社 1988 年版，第 211、209 页。

② ［德］霍克海默、阿多尔诺：《启蒙辩证法》，洪佩郁、蔺月峰译，重庆出版社 1990 年版，第 136 页。

生活方式。它是一种好的生活方式——比以前的要好得多，而且作为一种好的生活方式，它阻碍着质变。因此，出现了一种单向度的思想和行为型式，在这种型式中，那些在内容上超出了既定言论和行动领域的观念、渴望和目标，或被排斥，或被归纳为这一领域的几项内容。它们被既定体系及其量的扩张的合理性所重新定义。①

借助马尔库塞的上述判断，我们可以认为，当人在现实关系中的当下生活被"审美化"为"现实感性"的自我夸张性满足形式，感性作为文化表象便填充了"未来"失落后所留下的精神空隙；它激化了人在当下境遇中的现实欲望和直接需求，激化了"现实感性"在物质享受／消费的平面展开中对人的当下生活的承诺；而这种"承诺"，就是一种"好的生活方式"——"审美化"的当下生活过程；它成为人在当下境遇中的"思想和行为型式"，一头联系着人的现实关系体系，一头联系着人的"愉快感"，并且积淀在当代文化和文化活动的"审美化"进程上，成为现实关系被放大了的"影像"；它具有在文化平面上包容一切的感性力量，却无力也无心改变或推进当下生活过程的历史本质——当下生活成为"形象"（"影像"）的集合，在"现实"中具体张扬了人的生活享受／消费的当下动机和满足，却逃避了为自我寻求新的历史深度的体验义务。"毫无疑问，削平深度模式，就是消除现象与本质、表层与深层、真实与非真实、能指与所指之间的对立，从本质走向现象，从深层走向表层，从真实走向非真实，从所指走向能指。这实际上是从真理走向本文，从为什么写走向只是不断地写，从思想走向表述，从意义的追寻走向本文的不断代替翻新。"② 换句话说，在"审美化"的当下现实

---

① ［美］H. 马尔库塞：《单向度的人》，张峰译，重庆出版社 1988 年版，第 12 页。
② 王岳川：《后现代主义文化研究》，北京大学出版社 1992 年版，第 237 页。

中，"我们只存在于现时，没有历史；历史只是一堆文本、档案，记录的是个确已不存在的事件或时代，留下来的只是一些纸、文件袋"[①]。于是，在"现实感性"的具体要求及其"物质主义"精神特征下，"感性主义"文化表象几乎彻底抹平了当下生活在历史深度上的自觉，而将其转移为一种平面化的感性享受/消费的欢悦。

第三，当代审美文化理论的"真实感性"命题，在本体论层面，对"现实感性"在当代审美文化中的功能具有批判的或反拨的意义。但是，这种批判性、反拨性，在当代生活境遇中，只是保持了它自身总体上的价值理想维度：由于其与"现实感性"间差异性的扩大，以及"物质主义"作为当代文化精神特征占据着人的日常实践过程、"感性主义"作为当下生活"审美化"的直接表象规定了人的具体文化感受性要求，因而，"真实感性"的被淹没、被放逐成了当代审美文化的直观。对此，丹尼尔·贝尔曾经在《资本主义文化矛盾》中不无启发性地向我们提到过。在贝尔看来，当今时代，视觉文化成为现代文化的重要方面，电影、电视、声音和形象造成的巨大冲击力、眩晕力，成为生活的主导性审美潮流；即如视觉艺术为当代人看见和想看见的事物提供了大量优越的机会，这与当代大众渴望参与、追求新奇刺激、追求轰动相合拍——事实上，视觉的同步性（如电视直播）可以强化感性的直接性，将观众拉入行动，甚至将一些场面和形象强加给观众。可以这么说，对文化的创造性深度历史的追求，对当下生活的理想价值实践，尽管总是体现了"真实感性"在人的生存本体方面的质的合法性，但这种合法性的现实过程，却又充满了荆棘与坎坷。因此，面对当代审美文化领域中"现实感性"的量的扩张，如何具体把握"真实感性"问题，不仅要求从感性与"美（艺术）/审美"的文化关系中寻求突破现行关系的实践，而且，

---

① 〔美〕弗·杰姆逊：《后现代主义与文化理论》，唐小兵译，陕西师范大学出版社1986年版，第187页。

它也要求当代审美文化理论的"真实感性"命题具有超越理论层面的具体性，即："真实感性"命题的提出，既具有否定性的价值——在"现实感性"的量的扩张中认识其文化消解的危机本质，同时具有现实建构的引导意义，能够产生一定的认识和实践力量。当然，在当代审美文化理论及其批评实践中，"真实感性"命题的本体性规定，并非是对现实文化关系中人的文化实践、生存现实的绝对否定。由于当代审美文化中的感性扩张有其意识形态的性质，而且，感性的冲动在一定意义上乃是基于传统理性秩序之"合法性危机"而强烈地表现出来的，因此，在超越理论层面的具体性中来把握"真实感性"命题，就必须同时意识到当代审美文化领域中"感性扩张的危机"与"传统理性秩序的合法性危机"的双重性，以此来真正深刻地省察当代文化的审美建构问题。一句话，在"真实感性"命题下，"非此即彼"的思维形式必须被一种新的文化"批评／重建的共时结构"所置换。这样，"真实感性"的本体性要求才不至于在当代审美文化实践中沦为一种"虚妄"。

"如果不许诺某种超越生活的东西，任何东西也不能被体验为真正有生命的，任何概念的努力也不能超出此外。"① 应当说，这正是当代审美文化理论把"真实感性"作为自身重要命题的意义所在。

（原载《求是学刊》1996 年第 5 期）

---

① ［德］阿多尔诺：《否定的辩证法》，张峰译，重庆出版社 1993 年版，第 376 页。

后　记

收录在这里的 40 多篇文章，此前都曾陆续在一些学术刊物或报纸上公开发表，其时间跨度则长达 20 多年。回头看去，这些年，这些文章，大体反映了我在美学领域的个人经历：围绕现代中国美学史、文艺美学理论和当代审美文化三个方面所从事的研究工作，主导了这些年里我自己最基本的学术取向。在这个意义上，可以说，这本集子的最大意义，莫过于让我再一次"自我认识"了一番。

为了这份"自我认识"能够呈现出必要的客观性，我在文章的选取以及编辑方面，尽可能保持了它们原初发表时的样子。除了补正个别错漏字和统一全书的引文注释之外，其他均未做任何增删。

在这本集子之前，我已选编过两本专题性的个人文集。所以，此次再做新辑，其中多有重复，实在也是一桩很勉强的事情。奈因学校统一出版"文库"之需，还是把它当作了一个任务来完成——尽管我自己是不满意的——也算是一份阶段性的学术回顾吧！

谨以为记。

王德胜

2019 年 10 月

责任编辑:郭星儿

封面设计:源　源

图书在版编目(CIP)数据

美学:历史与当下:王德胜学术文集/王德胜 著. —北京:

　人民出版社,2019.12(2022.1重印)

ISBN 978-7-01-021561-7

Ⅰ.①美…　Ⅱ.①王…　Ⅲ.①美学史-中国-学术会议-文集

　Ⅳ.①B83-092

中国版本图书馆 CIP 数据核字(2019)第 275344 号

美学:历史与当下

MEIXUE LISHI YU DANGXIA

——王德胜学术文集

王德胜　著

人民出版社 出版发行

(100706　北京市东城区隆福寺街 99 号)

北京兴星伟业印刷有限公司印刷　新华书店经销

2019 年 12 月第 1 版　2022 年 1 月第 2 次印刷

开本:710 毫米×1000 毫米 1/16　印张:34.75　字数:483 千字

ISBN 978-7-01-021561-7　定价:94.00 元

邮购地址 100706　北京市东城区隆福寺街 99 号

人民东方图书销售中心　电话 (010)65250042　65289539